数据分析实用教程

刘 政 巫银良 左春琦 马晓丽 李 岚 著

电子工业出版社
Publishing House of Electronics Industry
北京·BEIJING

内 容 简 介

本书共 14 章，内容涵盖：统计学的基本概念、推断性统计的相关理论和实例、方差分析、相关分析与回归分析、Logistic 回归、主成分分析与因子分析、聚类分析、判别分析、时间序列分析、SAS 编程基础、宏的概念和应用原理及上机练习指导。

本书内容全面，汇集了统计学、多元统计学和 SAS 编程技术的核心内容。本书针对不同的实战案例进行分析和总结，并展示了程序运行的结果，使之具有较强的可操作性，便于读者理解和研习。

本书可作为各行业数据分析师的应用参考书、开设数据分析课程高校中的教师讲义，以及希望进入数据分析领域人员的自学读物。

未经许可，不得以任何方式复制或抄袭本书之部分或全部内容。
版权所有，侵权必究。

图书在版编目（CIP）数据

数据分析实用教程 / 刘政等著. —北京：电子工业出版社，2021.4
ISBN 978-7-121-40813-7

Ⅰ. ①数… Ⅱ. ①刘… Ⅲ. ①数据处理 Ⅳ. ①TP274

中国版本图书馆 CIP 数据核字（2021）第 048584 号

责任编辑：张月萍　　　　　特约编辑：田学清
印　　刷：三河市良远印务有限公司
装　　订：三河市良远印务有限公司
出版发行：电子工业出版社
　　　　　北京市海淀区万寿路 173 信箱　　邮编：100036
开　　本：787×1092　1/16　　印张：32.5　　字数：817.4 千字
版　　次：2021 年 4 月第 1 版
印　　次：2021 年 4 月第 1 次印刷
定　　价：99.00 元

凡所购买电子工业出版社图书有缺损问题，请向购买书店调换。若书店售缺，请与本社发行部联系，联系及邮购电话：(010) 88254888，88258888。
质量投诉请发邮件至 zlts@phei.com.cn，盗版侵权举报请发邮件到 dbqq@phei.com.cn。
本书咨询联系方式：010-51260888-819，faq@phei.com.cn。

推荐者序一

在刚刚进入 21 世纪的第二个十年，我们有一位研究生毕业以后加入了 SAS 中国研发中心文本分析团队，由此，建立起了北京大学和 SAS 之间的合作。我们经常会组织一些学术交流。SAS 总部领导到了北京以后，也会邀请我一同交流与沟通。那时候，社会上刚刚兴起大数据热，我们交流的题目都很热门，与以往其他企业的交流完全不一样。SAS 是世界领先的数据分析厂商，在这个领域已经有了几十年的历史，很多产品都是世界领先的。经过一段时间的交流，我们之间有了很多的了解，我也在考虑为北京大学引入一门数据分析课程，把 SAS 过去几十年的经验分享给同学们。2012 年上半年，我跟 SAS 中国研发中心总经理刘政博士商量由他们在北京大学开设一门数据分析课程。刘政博士是 SAS 中国研发中心总经理，负责 SAS 全球三大研发中心之一的整体运作。刘政博士于 2002 年回国，一直致力于提高中国高校在信息技术方面的教育水平。从 2003 年起，刘政博士参与了中国科学技术大学在北京的软件工程硕士项目的教学工作；在 2012 年，他又积极推动开启了 SAS 软件在中国高校的免费项目。当时，SAS 还没有为中国的大学提供免费的软件。刘政博士开始跟美国总部进行沟通，经过几个月的不懈努力，SAS 第一个中国大学校园项目落户北京大学。

2012 年秋季学期，由 SAS 中国研发中心总经理刘政博士带领的团队正式在北京大学信息科学技术学院开设研究生和本科生合上的公选课程"统计分析与商务智能"。这是 SAS 公司首次与中国高校联合开设课程。该课程由一线高级工程师介绍前沿的大数据分析技术，受到了来自信息学院、数学学院、元培学院、光华管理学院、工学院等选学学生的广泛好评。2020 年已经是这门课程开设的第九个年头。随着大数据和人工智能的发展，会有越来越多的学生选修这门课程。

大数据是计算机应用和互联网发展带来的时代产物。它的出现让一切都有迹可循，有源可溯。我们每天都在生产和使用数据，而且我们一直都生活在一个大数据时代里，只是我们浑然不觉。由于技术的局限性，人们在很长一段时间里没有办法使用这些集容量大、种类多、增长速度快等特征于一身的全量数据。随着技术的发展与创新，大数据分析正在成为各行各业的必备技能，以及企业管理和决策的重要依据。因此，大数据分析在生产活动中扮演着越来越重要的角色，很多新兴行业，譬如物联网、人工智能、金融科技、生命科学等都是建立在这一基础之上的。电商等互联网企业在拥有了海量的用户数据之后，开始着手开展各类数据分析工作，以支撑自身的电子商务、定向广告和影视娱乐等业务。面对快速增长的个人贷业务及不断变化的个贷市场环境和政策，某银行基于大数据分析突破了传统审批流程和风险控制过程中的业务发展"瓶颈"，在市场竞争中迅速准确地制定相关的贷款政策，量化控制风险率、批准率。零售企业通过大数据建立用户画像，并监控营销活动的实时数据，确定最佳营销方案，实现精准营销。制造行业通过收集流水线上各种仪器的参数数据，找到更优的工艺参数，从而降低生产成本，提高生产效率。这些具有大数据分析战略和能力的企业终将在市场上占据主动。

　　大数据分析战略着眼于对数据进行专业化处理，其重点应在"分析"二字，而不仅仅是获取海量数据。当前有关大数据的信息繁多，谈的问题都不太系统，谈技术的多，谈分析的少。如何进行有效的数据处理、分析，找出数据内部蕴含的模式和规律才是大数据分析的根本。而数据分析能力的强弱将直接影响一个企业对数据的使用情况，也能反映其在市场上的竞争力。猎聘 2019 年大数据人才就业趋势报告显示：中国大数据人才缺口高达 150 万人，其中需要具备行业背景知识的大数据分析行业，如金融领域的数据分析行业，尚未完全开启的人工智能、物联网、智慧城市等新兴行业，未来将有大量的人才需求。海量信息的搜索、实时通信工具的信息传递、引发亿级流量的电商购物、亿万游戏玩家的数据信息处理、互联网金融的风险控制等，都需要大量的数据分析人才。所以数据分析人才正在成为这个时代的宠儿。

　　大数据分析不仅涉及计算机软件开发领域的专业技能，还涉及数学和统计相关学科的理论知识。在时代需求的背景下，北京大学信息科学技术学院与 SAS 中国研发中心自 2012 年起展开合作，成功开设了运用 SAS 进行数据处理、数据分析的课程，为北京大学各专业的学生提供了学习并实践数据分析的机会。SAS 公司专门为该课程提供了免费使用的商业软件。该课程很好地结合了数据分析的理论知识、实用案例分析、软件使用和程序编写，给学生创造了一个深入浅出的学习曲线。借此契机，SAS 中国研发中心的教师秉持 SAS 在数据分析领域的专注和严谨，通过总结日常学生的课堂反馈和学习成果，不断改进课程内容编排并适时地与当前大数据分析的趋势相结合，经过几个月的精心编写，完成了《数据分析实用教程》一书。

　　本书着眼于实战，汇集了统计学、多元统计学和 SAS 编程分析技术的核心要点，以清晰的学习脉络为引导，并辅以贯穿各种分析案例的简洁的分析代码。本书开篇生动有趣地介绍了统计学代表人物的故事，向读者描绘了一幅清晰完整的统计学发展历程，对多种统计思维模式做了集中介绍，为接下来的统计学基本概念、描述性统计、推断性统计等内容的讲解奠定了基础。本书以方差分析、相关分析与回归分析、Logistic 回归、主成分分析与因子分析、聚类分析、判别分析、时间序列分析为重点，介绍了各类分析的基本思想和概念；结合实际案例数据和详细的分析过程，对分析思想进行了全面细致的介绍，使统计分析的理论知识和现实应用相呼应，具有很强的可操作性，易于理解和研习。

　　作者融入了多年的统计分析经验，总结了不同分析方法之间的特点，对各方法的应用场景和注意事项提出了独到的见解，通过大量统计分析图形和细致的分析报告展示了重点内容，并辅以 SAS 程序的分析结果对前面的知识点进行了印证。更难能可贵的是，即使没有任何 SAS 编程经验的初学者，也能通过自学开始一段奇妙的 SAS 数据分析之旅。

　　本书配套提供了完整的课件、练习数据和课后实践代码，为使用本书的授课教师节省了大量时间。同时授课高校可以获得 SAS 公司的软件支持，方便师生使用。对于自学的读者，该书提供了 SAS 免费软件 SAS University Edition 的专题介绍，读者可以按照操作步骤自行搭建 SAS 软件的运行环境，通过运行教程中的 SAS 程序或自行编写的程序，真正做到理论与实践相结合。

　　本书用翔实的内容、独到的实践总结和完备的课件，充分展现了作者的诚意和对推动数据分析人才建设的初心，旨在为有志成为新一代数据分析人才的读者提供一本高效实用的学习教程，帮助他们在大数据分析的浪潮中积蓄力量。根据我八年来与 SAS 团队的合作经验，这是一本值得推荐的好书。

北京大学教授
张铭博士

张铭教授简介

张铭，北京大学信息科学技术学院计算机科学技术系教授，博士生导师，1984 年考入北京大学，先后获得学士、硕士和博士学位。

张铭教授的研究方向为海量文本挖掘、知识图谱、深度学习，目前主持国家自然科学基金面上项目"知识图谱辅助的垂直领域自动人机对话系统框架"和国家重点研发计划新一代人工智能课题"知识图谱演化及协同推理"。张铭教授合作发表科研学术论文 200 多篇，出版学术专著 1 部，获软件著作权 6 项，获发明专利 3 项，被谷歌学术引用 8300 余次，H 因子 36，获得了机器学习顶级会议 ICML2014 唯一的最佳论文奖，这是中国科研团队首次在 ICML 获得最佳论文奖。张铭教授的研究团队提出了基于深度学习的大规模网络表征模型 LINE，该模型是深度学习在图数据应用上的重要基石，自 2015 年发表以来已经被引用 2200 余次。在推荐系统最好的会议 RecSys 2008 上合作发表的论文提出了分布式 FP-Growth 算法 PFP，该算法使查询推荐在速度和效率上得到显著提高，被纳入网络模型领域重要的开源 Apache Mahout 算法库，被引用 500 余次。此外，张铭教授在异构时序事件表征学习、图注意力网络学习、基于知识图谱的可解释性机器学习等理论方面有创新性的研究，在电子病历分析、推荐系统和个性化学习指导、生成式对话系统等应用领域取得了具有影响力的成果。张铭教授主持研发的模型和系统被各高校、机构广泛使用，取得了很好的社会效益。

张铭教授在国内外计算机教育领域非常活跃，担任教育部计算机课程教学指导委员会委员、CCF 教育工委会副主任、ACM 教育专委会唯一的中国理事、ACM SIGCSE China 主席、ACM/IEEE CC2020 计算机学科规范执委。张铭教授主编了多部教材，其中 2 部教材为国家"十一五"规划教材，《数据结构与算法》获北京市精品教材奖，并得到国家"十二五"规划教材支持。张铭教授是国内首批开设慕课课程的教授之一，主讲的"数据结构与算法"入选 2008 年国家级和北京市级精品课程、2016 年国家级精品资源共享课程、2018 年国家精品在线课程。2012 年秋季学期，张铭教授邀请 SAS 中国研发中心总经理刘政博士的团队到北京大学信息科学技术学院开设研究生和本科生合上的公选课程"统计分析与商务智能"，这是 SAS 公司首次与中国高校联合开设课程，由一线高级工程师介绍前沿的大数据分析技术，受到来自信息学院、数学学院、元培学院、光华管理学院、工学院等选课学生的广泛好评。

张铭教授于 2020 年入选"人工智能全球 2000 位最具影响力学者榜单"（清华大学-中国工程院"知识智能联合研究中心"），在网络信息检索和推荐系统领域名列全球第 24 位。

推荐者序二

谈到"统计学"一词的由来,人们往往会追溯到300多年前欧洲对国势学的研究,但如果讨论广义统计概念(包括计数、汇总等含义)的应用,其历史应该远早于城邦的出现,甚至可以追至远古。统计伴随着人类计数记事的需求,一路走来成为人们生产和生活中不可或缺的工具。四大文明古国都无一例外地留下了运用统计方法治国理政的印迹。随着回归分析和相关分析、假设检验、χ^2 分布和 t 分布等理论的出现,现代数理统计学逐渐发展成为一门完整的学科。人们的关注点也从计数统计、描述统计逐渐转向推理统计、预测统计。根据不同应用对象的特征,统计学又衍生出社会统计学、生物统计学等不同分支。

与其他学科一样,统计学一直在发现和研究现实世界(自然的、社会的)的规律,并逐渐向学术研究和实践应用两个方向发展。与其他学科不一样的是,统计学以概率论为基础,从诞生起就有着定性"精准"、定量"模糊"的特征。在小数据时代,数据采集成本很高,计算能力受限,人们不得不探索用部分样本数据来推断整体,用科学的手段减少样本选择偏差,不断提高置信度。

21世纪初,大数据技术浪潮扑面而来,计算能力、传输能力、存储能力都有了大幅度提高,数据的采集成本、传输成本、存储成本及计算成本都在迅速降低,对社会生活中的数据规律的探究也迎来了新的机遇与挑战。曾一度有人议论,既然我们已经有能力关注全量数据而不再只是关注抽样数据,那就不再需要统计学了。事实并非如此。宇宙是无限的,而人类的认识是有限的。人类一直在试图用数据逼近事实真相,大数据时代只是赋予了人们增加数据维度和细化数据颗粒度的能力,使人们有机会更接近事实真相而已。哪有什么绝对的全量数据!人们能采集、能计算的数据不论是维度还是颗粒度永远都是有限的。人类的计算能力永远赶不上数据的增长速度,统计学通过对有限的数据进行分析,用以呈现更大范围内有统计意义的事实,其方法论在大数据时代依然有学习、借鉴和应用的价值。特别是对统计学中建模思想的借鉴,是未来大数据分析师的基本技能。

在过去一段时间里,由于政策导向,学院派以发表学术文章为目的的统计学和应用统计日渐脱节,从高校统计学教科书的内容组织上看也是重理论、轻实践。近年来,国家越来越重视"产教融合""产研融合",旨在改变学术脱离实践的现象。科技是第一生产力,越是经济下行压力大的时候,越要让学术为生产力服务,为实业赋能。在我国,人才短缺是困扰大数据发展的问题之一。传统教学内容跟不上科技的发展,跟不上社会的需求,学生的能力结构就出现了偏差。因此,需要在教授统计学的一招一式时与实践相结合。《数据分析实用教程》正是在这样一个背景下面世的。

本书由刘政博士领衔组织撰写。刘政博士的应用统计学功底深厚,任职SAS软件研究开发(北京)有限公司总经理多年。我有幸邀请刘政博士担任清华大学大数据硕士项目教育指导委员会主任,并请他为跨专业跨领域的大数据硕士项目学生讲授"数据分析与优化建模"课程。这是一项极具挑战性的任务,因为大数据硕士项目的学生来自不同的专业

（相关统计数据显示全校 44 个院系都有学生参加该项目），有着不同的教育背景和知识结构，而且这个项目要求突显实践应用，教学难度很大。

刘政博士及其团队在面对北大、清华两所高校不同教学要求的情况下，积累了高校的统计学教学经验，加之对产业应用的深刻理解，确立了本书的定位。本书不仅较为全面地涵盖了统计分析的相关内容，而且附以丰富的应用案例，有理论、有实践，让读者能够学以致用。本书既可以作为教科书，也可以当成工具书。

为本书写推荐者序时，正值新冠肺炎猖獗，居家隔离，思绪万千。我们以为大数据可以把我们武装起来，变得无敌。突如其来的灾害告诉了我们自身的脆弱，人类还有很多未知的东西等待我们探索。同 17 年前的 SARS 相比，随着城镇化的推进，交通的发达，同是以空气传播为主的传染病，但其扩散模型一定是不同的，相应的防控措施也要有所不同。有很多灾中、灾后的宝贵数据等着我们去分析、去利用。

大数据时代无疑为人类带来了观察事物的全新视角，给各产业、各领域的发展带来了新的机遇。大数据人才知识结构中重要的组成部分就是数理统计能力和数据建模能力。对于想在大数据时代"建功立业"的在校学生或已走上社会的新生代，学习本书都将大有裨益。

清华大学数据科学研究院原执行副院长
韩亦舜

韩亦舜先生简介

- 1982 年本科毕业于清华大学数学系应用数学专业，1985 年获清华经管学院管理工程硕士学位，1986 年赴美，在普度大学学习经济学并工作多年。
- 1995 年回国后投身企业经营管理事业，多年公司高级管理人员工作经历，是第一批职业经理人的代表；多年作为独立管理咨询顾问，为多家公司提供经营管理咨询服务，涉足多个高科技和传统产业。
- 拥有企业经营和实体产业多层次的工作经历，在企业运营管理、投融资、改制上市等方面拥有丰富的经验和资源。
- 2014 年 6 月，参与清华大学数据科学研究院的建设工作。带领新锐团队致力于打造大数据领域全方位的科研平台，探索跨学科合作方法，研究技术应用创新，汇聚清华大数据研究不同领域的专家和学科带头人，先后成立了 11 个大数据研究中心，以"产学研用"为导向，在经济金融、智慧城市、司法法律等方面与相关政府企业充分合作，主导完成了一系列落地项目。首任执行副院长至退休。目前，仍然兼任清数大数据产业联盟理事长。
- 研究兴趣：数据共享、数据治理、数据安全、数据隐私、数据伦理。

前　言

　　2012年大数据的概念在社会上刚刚开始传播，这时，北京大学信息科学技术学院的张铭教授问我是否可以在北京大学开设一门数据分析课程。经过我们积极的准备，"统计分析与商务智能"课程于当年的秋季在北京大学开课了。

　　统计学的数学基础是创建在17世纪布莱兹·帕斯卡和皮埃尔·德·费马发展的概率论之上的。运筹学在第二次世界大战时得到了广泛应用和发展，被用于战时资源的调配和人员调动。计量经济学起源于20世纪50年代的美国。这些学科的核心是数据分析，而数据分析真正在现代生活中获得广泛应用则开始于和计算机技术的结合。现代计算机技术极大地提高了数据处理速度和解决复杂问题的能力，人们由此发明了许多过去无法用人工计算的数学模型。1966年，美国农业部委托南方8所大学开发统计分析软件，用于分析农业数据，由此，开启了统计软件时代。然而数据分析一直是高高在上的领域，非专业人员很少涉猎其中，因此名气不大。20世纪80年代出现了个人计算机，软件开发变得热门；20世纪90年代互联网开始兴起，数据库在企业中被广泛使用，办公实现了自动化；21世纪CRM和ERP开始流行，同时互联网应用也得到了爆炸式的增长，尤其是电子商务、社交媒体和移动互联网的出现。这些技术进步、业务发展带来了一个同样的结果，那就是数据量开始急剧地增加，并散布于世界的各个角落。人们现在的一切行为几乎都会留下数据痕迹，如使用手机、在超市买东西、日常各种消费、出行（道路监控、出入关记录）等。全世界的数据累积已经超过了40ZB的量级。大数据时代就是数据分析时代，如果没有数据分析，大数据就是占据大量存储资源的废物。

　　数据记录了很多事情的发生过程和状态。而一件事情的发生会受很多因素的影响，这些因素的内在联系是什么，如何影响事情的发展，都可以用数据记录下来。人们希望通过对数据的分析，找到事情发生的来龙去脉，以便预测将来的发展。为此，人们找到了很多方法研究数据，如统计学、计量经济学、时间序列分析、运筹学、概率论等数学方法，以及可视化技术、各种辅助的计算机技术和算法。数据分析不仅在各行各业得到了应用，还可以作为一种主要方法进行科学研究。数据分析也能开辟新的应用，建立新的行业。

　　大数据和计算机技术、互联网一样，具有普适性和通用性，各行各业都需要，不仅传统行业需要，而且是新兴行业的依托。大数据技术的出现使得物联网、云计算、人工智能得以变成现实。所以，大数据是计算机时代、互联网时代后，能够真正撑得起一个时代的技术。

　　如今，大数据分析已经成为各领域追逐价值的重要手段，数据分析能力也成为各行各业的核心竞争力，而数据分析相关岗位的人才却呈现严重短缺的状况。对数据科学及数据分析人才短缺的预测五花八门，有预测100多万的，也有预测1400万的。这个差异来自增量数据和实际需求。增量数据就是用户需要增加的数据分析人员的数量，而实际需求除了包括增量数据，还包括对现有信息技术人员进行数据分析能力培养的人员数量。大数据时代到来了，社会上出现了各种相关的行业协会，各高等院校也纷纷建立了数据科学研究院，并开设了一系列的数据分析相关课程，其中统计分析相关的课程是核心，也是基础。在这个过程中，高等院校普遍遇到的难点就是课程内容的设置和相应教师的短缺。首先，不能走过去的老路：只讲统计，不讲分析；只有理论，没有实践；只有手工的简单计算，没有现代统计分析工具的支持。其次，要与当代的数据分析技术相结合，带给学生最新的分析方法和技术。最后，要学完就会用，就能解决实际问题。

2017年春季，我们接受清华大学数据科学研究院韩亦舜执行副院长的委托，在清华大学开设了"数据分析与优化建模"课程，报名的学生大多是各专业的研究生，甚至有清华大学美术学院的学生。经过 8 年 12 个学期在北大、清华两所高校的教学，通过反复打磨和不断提炼，我们定制编写了《数据分析实用教程》一书。我们希望这本书能够成为各高等院校教学的范本，各领域数据分析师的应用参考书，以及广大数据分析爱好者的自学用书。对读者来说，拥有一本详细阐述了数据分析的理论和实践方法，并深入阐述了数据分析技术，指导其用数据分析工具进行数据分析实战的图书，成为一种渴求，而本书正是这样一本书，相信它会给读者带来实实在在的收获。

目前国内市面上关于数据分析的图书众多且繁杂，第一个显著的特点是"散"，很多相关书籍只针对部分统计分析内容做了深入详细的探讨；第二个显著的特点是实用性不强，广大读者在研读完成后并不能迈出分析应用的第一步，他们至少要研读几本书才可以，而这要花费大量的阅读时间。

本书具有如下特点。

（1）抓住了大数据分析热点。大数据分析是大数据时代必备的技能，已经成为各领域的核心竞争力。人才短缺是各企业的痛点。一本好的教材是使学生快速成才的关键。

（2）内容全面，兼顾广度和深度。本书根据实战要求，将统计学、多元统计学和 SAS 编程技术这三门课程有机地结合起来，概念、思想脉络讲解清楚，让学生能够真正地理解这门课程。

（3）实战性强。本书针对不同的实战案例进行分析和总结，有 SAS 程序运行的结果，使之具有较强的可操作性，便于读者理解和研习。学生学完以后，有能力完成一个实战性的大课题，并参加答辩。

（4）适合自学。本书的编写和组织概念清晰，简单易懂，思路明晰，理论直达要点核心，示例更贴近实用性。

（5）适合作为教材。有相应的课件、练习数据集和作业搭配，节省教师大量的时间去组织内容和写讲稿。大学开设本课程，可以获得 SAS 免费的软件支持。

本书主要适用于：

（1）各行业数据分析师的应用参考书。
（2）大专院校在校学生的教材。
（3）希望开设数据分析课程高校教师的讲义。
（4）希望进入数据分析领域人员的参考书。
（5）行业高管熟悉分析业务的参考书。

本书共 14 章，第 1 章介绍了统计学的基本概念，并详细介绍了描述性统计中的正态分布、概率与二项分布、两大极限定理，以及数据类型与图示。第 2 章和第 3 章全面讲述了推断性统计的相关理论知识，并用大量实例帮助理解理论点，内容包括点估计、区间估计、假设检验、参数检验等。第 4 章介绍了方差分析的基本概念，以及单因素、双因素和多因素方差分析。第 5 章主要介绍了相关分析、回归分析、简单线性回归、多元线性回归、可变换为线性回归的曲线回归。第 6 章涉及交叉表分析、Logistic 回归、多元 Logistic 回归、有交互效应的多元 Logistic 回归等内容。第 7 章讲述了主成分分析的基本思想、数学模型与几何解释、主成分的推导与性质、主成分分析的步骤、主成分分析的例子，因子分析和因子分析 SAS 实例。第 8 章集中介绍了聚类分析的理论基础、层次聚类、K 均值聚类及确定聚类数等内容。第 9 章介绍了判别分析基础、距离判别法、贝叶斯判别法、Fisher 判别法的理论和实例。第 10 章介绍了什么是时间序列及其分解方法，并详细阐述了时间序列的描述性分析、预测程序、平稳序列的预测、趋势序列的预测、季节性序列的预测、复合序列的分解预测，以及周期性分析等内容。第 11~13 章是 SAS 编程基础，内容主要涉及编程基础知识、如何使用 SAS 读取数据（文本文件、Excel 文件等）、处理数据（条件处理、自定义格式、SAS 函数等）、分析数据（报告输出）及背后的运行机制。除此之外，还着重介绍了 SAS 宏的概念和应用原理、宏变量和宏定义及应用语法。第 14 章介绍了使用 SAS 编程进行数据分析的重要分析工具 SAS Enterprise Guide 产品的功能展示和上机练习指导。

本课程通常需要 15 到 16 次课，每次 3 小时。第 1 次课会讲第 1 章，讲解统计学的基本概念；第 2 次课讲第 11 章，介绍 SAS 编程基础；第 3 次课讲第 14 章，是上机课，学会 SAS 软件配置和使用 SAS Enterprise Guide，为后续的课程打好基础；第 4 次和第 5 次课分别讲第 12 章和第 13 章。接下来，从第 2 章开始，按照顺序讲。本书提供了 14 章内容，而第 15 次课通常是大课题的答辩环节。教师在课程完成前 3 周，给出几个课题供大家选择，3 到 4 名学生组成一组，选择一个课题进行实际操作。答辩主要考查学生对数据描述、数据处理、数据分析、结果展示和综合报告等几项主要技能的掌握。我们每学期会安排一些讲座，如"数据的可视化分析技术""大数据""机器学习""企业数据分析与建模"等。

对于有意使用本书的各类学校，我们将提供免费的 SAS 软件（仅限于高等院校）、各章作业的数据集和作业题（教师也可以自己出作业题）、PPT 格式的讲稿。

本书的完成来自整个创作团队的辛勤耕作。大家利用自己的休息时间，反复查阅资料，构思内容，完成配图，才使得这本书得以和各位读者见面。我在这里衷心地感谢大家的付出和各位家庭的支持。感谢那些以各种方式为本书的完成提供了帮助的同事和朋友。

SAS 公司在过去的几十年里，为行业贡献了各种里程碑式的产品，以及各种相应的图书和教学培训资料。在这里我们要感谢 SAS 开发出来的优秀产品，感谢公司提供的工作学习环境和各种资料，以及对本书出版和员工参与中国高等人才教育的鼓励。

最后，要特别感谢成都道然科技有限责任公司团队。感谢他们理解、支持我们的教学理念和学习方法,毅然接受了我们特定格式的出版请求,并为本书的出版付出了大量的努力;同时感谢他们的指导和帮助,以及提出的各种宝贵建议。

刘　政
2020 年 10 月于北京

目 录

第 1 章 描述性统计 1
   1.1 统计学的发展历史 1
   1.2 统计学的基础知识 4
   1.3 连续型随机变量的概率分布 18
   1.4 概率与二项分布 26
   1.5 两大极限定理 33
   1.6 数据类型与图示 38

第 2 章 推断性统计：参数估计 45
   2.1 推断性统计概述 45
   2.2 点估计 46
   2.3 区间估计 54

第 3 章 推断性统计：假设检验 69
   3.1 假设检验 69
   3.2 参数检验 76
   3.3 置信区间检验和 P 值检验 91
   3.4 非参数检验 94
   3.5 非参数检验——符号检验法 95
   3.6 非参数检验——秩和检验 98

第 4 章 方差分析 108
   4.1 方差分析的提出 108
   4.2 单因素方差分析 111
   4.3 双因素方差分析的概念及其基本假定 123
   4.4 多因素方差分析 132

第 5 章 相关分析与回归分析 140
   5.1 相关分析 140
   5.2 回归分析 150
   5.3 简单线性回归 150
   5.4 多元线性回归 159
   5.5 可变换为线性回归的曲线回归 174

第 6 章　Logistic 回归 175
- 6.1　交叉表分析 175
- 6.2　一元 Logistic 回归 184
- 6.3　多元 Logistic 回归 192
- 6.4　有交互效应的多元 Logistic 回归 196

第 7 章　主成分分析与因子分析 202
- 7.1　主成分分析的概念与原理 202
- 7.2　主成分分析 SAS 实例 210
- 7.3　因子分析 220
- 7.4　因子分析 SAS 实例 228

第 8 章　聚类分析 234
- 8.1　聚类与分类的区别 234
- 8.2　聚类分析概述 235
- 8.3　层次聚类 240
- 8.4　K 均值聚类 246
- 8.5　确定聚类数 256

第 9 章　判别分析 266
- 9.1　判别分析基础 266
- 9.2　距离判别法 269
- 9.3　贝叶斯判别法 279
- 9.4　Fisher 判别法 301

第 10 章　时间序列分析 310
- 10.1　时间序列基础 310
- 10.2　描述性分析与预测方法 315
- 10.3　平稳序列的预测 327
- 10.4　趋势序列的预测 335
- 10.5　复合序列的预测 351

第 11 章　SAS 编程基础 375
- 11.1　SAS 基础 375
- 11.2　使用 SAS 分析数据 387
- 11.3　SAS 处理数据集原理 413

第 12 章　SAS 编程进阶 423

12.1　读取原始数据（文本）文件 423
12.2　访问 Excel 工作表 436
12.3　创建自定义格式 438
12.4　使用 SAS 函数 440
12.5　有条件处理 451
12.6　PROC SQL 简介 453

第 13 章　SAS 宏编程 458

13.1　SAS 宏简介 458
13.2　熟悉 SAS 宏变量 459
13.3　如何编译宏语言 469
13.4　宏程序简介 474
13.5　在数据操作中使用宏（案例研究）..479
13.6　间接引用宏变量 494

第 14 章　SAS Enterprise Guide 操作应用 497

14.1　SAS Enterprise Guide 简介 497
14.2　SAS Enterprise Guide 上机练习 498

第 1 章　描述性统计

统计学是一门古老的学科，在上千年的历史长河中不断地发展、成熟，并应用于各种场合。统计学是从初始的记录数据、归纳总结、简单的计算开始的。后来，人们用一些特定的量来描述获得的数据。这种对数据的定量描述可以区分两组不同数据的差别。本章介绍了统计学的基本概念，详细介绍了描述性统计中的统计量、正态分布、概率与二项分布、两大极限定理，并且介绍了数据类型与相应的图示。

1.1　统计学的发展历史

统计学一般被认为起源于古希腊的亚里士多德时代，用于研究收集上来的国家经济数据，至今已有两千三百多年的历史。统计学的发展经历了三个时期：古典统计学时期、近代统计学时期和现代统计学时期。

1.1.1　古典统计学

古典统计学时期开始于 17 世纪中叶，持续到 19 世纪初，其中有三个主要的学派：国势学派、概率论学派、政治算术学派。

（1）国势学派以德国学者为主，研究国家的地理、人口、财政、军事、政治和法律制度等。国势学派的代表人物有海尔曼·康令（H. Corning）、M. Schmertzel 等。丹麦人 J. D. Ancherson 首创以表式分栏排列各种数据，被称为"表式统计学派"。国势学派只注重对国情的记述，偏重于对事物性质的解释，不注重数量对比和计算，属于比较定性的分析。

（2）概率论学派起源于对赌博中投骰子问题的研究，其主要代表人物有法国人帕斯卡（B. Pascal）和费马（P. de Fermat）等。法国人拉普拉斯（P. S. Laplace）的《概率分析论》奠定了古典概率理论的完整体系，而概率论是统计学的理论基础。

（3）政治算术学派的代表人物有英国的约翰·葛兰特（J. Graunt）和威廉·佩蒂（W. Petty）等。佩蒂也被称为近代统计学之父，他的《政治算术》被称为近代统计学的来源。政治算术把统计方法与数学相结合，开启了对社会经济问题的定量分析方法。他也被称为近代统计学之父。

1.1.2　近代统计学

近代统计学时期开始于 19 世纪初，持续到 20 世纪初。比利时人凯特勒（A. J. Quetelet）发表了《社会物理》一书，在书中他提出了偶然误差的概念，并提出了统计方法的普适性。他把国势学、概率论和政治算术融合为一门学科：统计学，从而奠定了近代统计学的基础。

同时，英国人高尔顿（F. Golton）提出了回归分析的概念。英国人皮尔逊（K. Pearson）提出了经验分布函数、相关分析、动差法、卡方检验和大样本的抽样理论，并且完成了描述性统计学的体系，被认为是近代统计学的创始人。

1.1.3 现代统计学

现代统计学时期始于20世纪初。英国人威廉·戈塞（W. S. Gosset）用Student的笔名发表了小样本抽样分析的t分布理论，创立了小样本代替大样本的方法，开创了统计学的新纪元。

法国人博雷尔（E. Borel）把测度论方法引入概率论问题的研究，在测度论和实变函数理论的基础上实现了严格的公理化概率理论。

英国人费舍尔（Fisher）提出了F分布、显著性水平检验研究、自由度的作用，阐明了最大似然法及随机化、重复性和统计控制的理论，论证了方差分析的原理和方法，并将其应用于实验设计。

美国人维纳（N. Wiener）的控制论和美国人香农（C. E. Shannon）的信息论对推断统计学及概率和统计等学科都有奠基性的贡献。

20世纪50年代，计算机技术兴起，统计分析实现了软件程序化，新的方法不断出现，如多元统计分析、随机过程、非参数统计、时间序列分析、机器学习、神经网络、深度学习等。统计学的方法被应用到各个领域。在计算机技术和大数据发展的基础上，出现了很多新兴行业，如人工智能、物联网、生物工程、金融科技等。统计分析方法仍然是所有行业的数据分析的基础。统计分析方法在各学科领域的应用反过来也促进了统计学研究的进步和发展。

1.1.4 随机性和规律性

数学是一门严谨的学科，其计算非常精确。宏观物理学是建立在数学模型基础之上的，也有严谨性，如牛顿三定律、爱因斯坦的质能守恒定律，因此，我们可以为发射的火箭计算出精准的轨迹和落地点。在微观世界，粒子和分子的运动服从个体的随机性、总体的统计规律性。

随机性就是我们说的偶然性。随机性主要是针对个体或一次性事件而言的，如一个人的寿命是无法准确预测的；扔一次骰子会出现哪一面是无法准确预测的。规律性或统计规律性是对群体或整体而言的，多个随机个体或多次随机事件在整体上显示出一定的统计规律性。

根据国家统计局2012年公布的数据，我国人口平均预期寿命为74.83岁。我们虽然无法预测一个人的寿命，却能够比较准确地预测整个人口的平均寿命。当骰子被扔出足够多的次数以后，骰子每一面出现的机会相等，这也是扔骰子的规律性。有时候我们也可以把统计规律的结果推广到个体上。如果我们扔了30万次骰子，那么我们可以预测每一面出现的次数接近5万次。

1.1.5 概率和机会

概率（Probability）是反映随机事件出现的可能性大小的量度。随机事件是指在相同条件下，可能出现也可能不出现的事件。概率不能超过100%，也不会低于0%。因此，概率是介于1和0之间的一个值，概率描述了随机事件发生的机会。

天气预报说今天的降雨概率为7%，说明降雨的可能性（机会）比较小。我们知道天气预报经常预测不准，有时预报说有较高的降雨概率，可是实际上并没有下雨，人们很难给出一个准确的降雨概率。

在观看某场足球赛时，有人预测中国有20%的概率战胜巴西，为何不是10%或60%呢？因为很多因素无法预测，如球员的临场发挥、教练指挥的稳定性、各种意外等。

概率是无法准确预测的，因为外部条件是无法把握的，也是随时变化的。有些概率是可以准确预测的，如抛硬币、扔骰子等。在同等条件下，硬币每一面出现的概率是二分之一；骰子每一面出现的概率是六分之一。

1.1.6 统计思想

统计的基本思想是从随机性中寻找规律性。统计思想的基本方法就是根据样本性质推断总体性质。推断的两大支柱是概率和误差，这两点贯穿于整个统计学的所有关键知识。统计学最终归结为两个核心理念：

（1）允许误差下的概率保证；

（2）允许误差下的统计推断。

1.1.7 统计思维模式

统计思维模式就是在统计的实际工作中和统计学理论的应用研究中，必须遵循的基本理论和指导方法。统计思维模式主要包括均值模式、变异模式、估计模式、相关模式、拟合模式、归纳模式、检验模式和比较模式。

1. 均值模式

均值是对所要研究对象最简明的表示，也是对象最重要的特征。均值模式是从对象的总体看问题，观察对象普遍的发展趋势，而不受个别偶然现象的影响，是总体观的体现。

2. 变异模式

均值代表了某种变异，否则无从谈起。统计研究对象中的个体必须存在差异，统计方法就是要认识事物数量方面的差异。在统计学中，用来反映变异的概念是方差，它表示离散程度。平均与变异都是对具有同类个体的总体特征的抽象和宏观度量。

3. 估计模式

估计模式是应用某种合理的方法，通过对有限量样本的分析，对未知总体或未发生事物进行估计和推测的思想，即由部分事物的特征和规律来推测总体事物的特征，并对其进行认识。使用估计方法的前提条件要求获取的样本要与总体具有类似的性质，这样，在某种条件下，样本特性才能代表总体特性。在估计的过程中，须保持逻辑的严谨性。

4. 相关模式

并不是所有事物之间都存在严格的因果关系。在某些统计样本的变化过程中，经常会出现一些其他事物相随共变或相随共现的情况，我们把这种非确定性关系的相随共变叫作统计相关性。它们之间不存在确定的函数关系，也会有奇异值出现。

5. 拟合模式

在统计世界中，个体显随机性，群体显规律性。拟合是对群体规律性的抽象，即公式化或模型化。一旦事物的变化被模型化，我们就找到了解决问题的方法，知道了变化趋势。

6. 归纳模式

由某类事物中部分对象的特征推断出该类事物全部对象的特征，或者由个别事实概括出一般结论的推理称为归纳推理。归纳推理是由部分到整体，由个别到一般的推理。在推断性统计中，由随机抽样样本性质推断总体性质的方法就是归纳法。有时归纳法得出的结论未必真实，还需要用实际样本资料对结论进行检验。

7. 检验模式

推断性统计的依据是归纳法。归纳法得出的结论永远是概率性质的。为了保证基于局部特征和规律所推断出来的对整体的判断的可信度，我们需要增加一道检验过程，即利用实际样本资料来检验事先对总体某些数量特征的假设是否正确。

8. 比较模式

比较模式是按照比较方式、遵从比较原则，将比较对象与比较标准进行对比，追踪对象的差异和变化，进而对比较对象做出评价和判断。统计的比较模式在相对指标、变异指标、时间序列分析、指数、抽样推断、模式比较迭代和相关分析中得到了有效的运用。

1.2　统计学的基础知识

统计学是通过随机的方法采集数据，用各种分析方法了解数据的内涵，推断数据特性的一门科学。统计学由描述性统计和推断性统计两部分组成，如图 1-1 所示。我们先从描述性统计开始讲解。

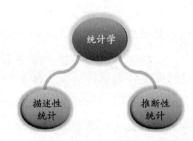

图 1-1　统计学的组成

所谓描述性统计，是指对一组样本数据的各种特征量进行分析，以便描述这组样本的各种特征及推断其本源总体的特征。描述性统计分析的类别很多，主要包括数据的频数分析、数据的集中趋势分析、数据的离散程度分析、数据的分布形式分析及一些基本的统计图形分析，如图 1-2 所示。这些分析是做进一步统计分析的基础。

图 1-2 描述性统计分析

1.2.1 统计学的基本概念

统计学的基本概念主要有总体（Population）和样本（Sample）。我们把所研究对象的全部元素组成的集合称为总体。总体含有 N 个元素或个体。从总体中抽取的部分元素组成的集合叫作样本。样本所包含元素的个数称为样本容量。容量为 n 的样本常用 n 个随机变量 $X_1, X_2, \cdots, X_n$ 表示，其观测值或样本数值则表示为 $x_1, x_2, \cdots, x_n$，为了简单起见，有时不加区别。

每个样本都有同样的机会被选中，样本要尽可能多地涵盖总体的特征，使得整个样本的特征类似于总体的特征，如图 1-3 所示。

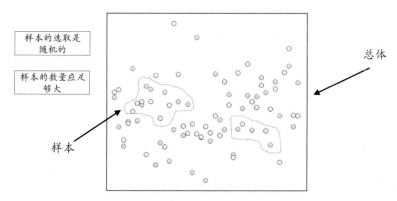

图 1-3 统计学中的总体和样本

1.2.2 抽样方法

样本通常是通过抽样的方法获得的。统计抽样的方法很多，主要分成随机抽样和非随机抽样。随机抽样又包括简单随机抽样、系统抽样、分层抽样和整群抽样；非随机抽样包括便利样本、立意抽样、定额抽样、滚雪球抽样和空间抽样。抽样方法的结构图如图 1-4 所示。

1．随机抽样方法

随机抽样方法总结如表 1-1 所示。

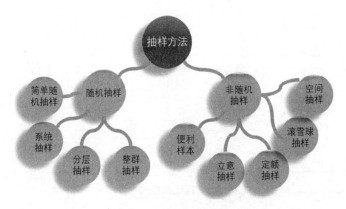

图 1-4 抽样方法的结构图

表 1-1 随机抽样方法总结

类 别	共 同 点	各自特点	联 系	适用范围
简单随机抽样	（1）每个参与抽样的个体被抽到的机会相等； （2）每次被抽出的个体不再放回，并且不参与下次的抽样	从总体中逐一抽取		个体较少的总体
系统抽样		先把总体平均分成几部分，再按预先制定的规则从各部分中抽取	在各部分采用简单随机抽样法	个体较多的总体
分层抽样		将总体分成几层，分层进行抽取	各层采用简单随机抽样法或系统抽样法	总体由差异明显的几部分组成，各部分样本比较有代表性
整群抽样		以整群为单位抽取	每群体的抽取都是随机的	已经划分成等数目的群体

2．非随机抽样方法

非随机抽样方法简单易行、成本低、省时间，在统计上也比随机抽样方法简单。但由于无法排除抽样者的主观性，无法控制和客观地测量样本的代表性，因此样本不具有推论总体的性质。非随机抽样多用于探索性研究和预备性研究，以及总体边界不清，难于实施随机抽样的研究。在实际应用中，非随机抽样往往与随机抽样结合使用。

非随机抽样方法总结如表 1-2 所示。

表 1-2 非随机抽样方法总结

非随机抽样分类	定 义	实 例
便利样本	样本是总体中易于抽到的或偶遇抽到的一部分	常见的便利样本是偶遇抽样样本
定额抽样	定额抽样又称配额抽样，是将总体依某种标准分层或群，然后按照各层样本数与该层总体数成比例的原则主观抽取样本	婚姻和性别是研究自杀行为的重要因素，研究中可将对象分为未婚男性、已婚男性、未婚女性和已婚女性四个组，然后从各组非随机地抽样
立意抽样	立意抽样又称判断抽样，是指研究人员从总体中选择那些被判断为最能代表总体的单位作为样本的抽样方法	为了对云南省旅游市场的状况进行调查，可以选择丽江、香格里拉、西双版纳等旅游景区作为样本进行调查

非随机抽样分类	定 义	实 例
滚雪球抽样	把若干个具有所需特征的人作为最初的调查对象，然后依靠他们提供认识的合格的调查对象，再由这些对象提供第三批调查对象，依次类推，样本就如同滚雪球般由小变大	为了研究退休老人的生活，可以到公园去结识几位健身、跳舞的老人，再通过他们结识其老人，层层推广，就可以结识一大批老年朋友
空间抽样	对动态的、暂时性的空间内的群体进行抽样的方法	从参加游行或集会的人群中进行抽样。这个总体是不断变化的，总会不断地有一些人离去，又有一些人进来，但这个事件是在一定范围内进行的

例　　　　　　　　　　一个关于抽样的著名案例

前面汇总了各种抽样方法。抽样是统计分析的第一步，抽样的随机性及其是否能够很好地代表总体，直接影响统计结果的可靠性。因此，样本的选择是至关重要的。下面我们来看一个关于抽样的著名案例。

1936年，美国民主党总统富兰克林·罗斯福任满一届，参加下一届的总统大选。共和党的候选人是阿尔佛雷德·兰登。著名的《文学文摘》通过对240万人的民意测验，预测共和党的候选人兰登将当选。而一家由乔治·盖洛普新成立的舆论研究所只对5000人进行了问卷调查，却准确地预测了民主党的罗斯福会胜出。表1-3所示是美国1936年总统大选预测和选举结果。

表1-3 美国1936年总统大选预测和选举结果

候 选 人	《文学文摘》的预测结果	舆论研究所的预测结果	选 举 结 果
罗斯福	43%	56%	62%
兰登	57%	44%	38%

最终的结果是罗斯福当选，而不是《文学文摘》预测的兰登当选。

用240万人的样本推测出的结果不如用5000人的样本推测出的结果准确，问题出在了哪里呢？

《文学文摘》根据电话簿和俱乐部会员名册向1000万人邮寄了调查问卷，有240万人回复。

显然，抽样漏掉了没有安装电话和俱乐部会员以外的人。当年电话的普及率不是很高，可以说样本来自少数富人。另外，相关调查表明，回复与不回复的人群也有差异。这些样本不能代表全体选民的观点。

这种通过便利的方式获取的样本称为便利样本（Convenience Sample）。便利样本随意但是不随机，样本不具有代表性，偏差较大，因此，预测结果与最终结果不符的可能性非常大。

练习1

一名医学研究人员想验证在一个特定的时间区间医院中病人入住的情况。在这个特定的时间区间，共有5000名病人入住。这名医学研究人员选取了200名病人作为样本。

请匹配正确的组合。

(1) 全部 5000 名病人；
(2) 选择的 200 名病人；
(3) 本段时间内前 200 名入住的病人；
(4) 从 5000 个病例号码中，随机选取 200 个号码所对应的病人。
a．简单随机样本　　b．便利样本　　c．总体　　d．样本
答案：（1）c（2）d（3）b（4）a

1.2.3　参数和统计量

我们先讲解统计学中的基本概念：参数和统计量。

参数是描述总体特征的数量指标，通常是未知的，一般用希腊字母表示，如 μ、σ、π。

统计量是描述样本特征的数量指标，一般用英文字母表示，如 $\bar{x}$、s、p 等。

常见的统计参数和统计量如表 1-4 所示。

表 1-4　常见的统计参数和统计量

变量名	统计参数	统计量
均值	μ	$\bar{x}$
方差	σ^2	s^2
标准差	σ	s
比例	π	p

1.2.4　总体比例与样本比例

总体比例是一部分数据在总体数据中所占的份额，用 π 来表示。样本比例是一部分样本数据在样本数据中所占的份额，用 p 来表示。

某征兵机构要了解全市范围内的兵源情况，即 18 岁以上的应届高中毕业生有多少人。全市 400 多所高中共有 60000 名应届高中毕业生，其中 41400 名毕业时已超过 18 岁。符合征兵条件的毕业生占总体应届高中毕业生的比例是 41400/60000=0.69，即总体比例 π。

对全市 400 多所高中进行统计是一项非常繁重的工作，时间也不允许，因此，征兵机构在每个区选取 2 所高中（共 14 所）进行抽样统计。在这 14 所高中共抽取了 2000 人作为样本，其中符合征兵条件的毕业生有 1420 人，样本比例为 p=1420/2000=0.71。因此，我们可以知道在全市的 60000 名应届高中毕业生中，有 60000×0.71=42600 人符合征兵条件。

由上述分析可知，抽样计算的结果跟实际数据有差异，但并不是很大，可以作为参考依据。能够获得总体精确的数据自然好，但是，要耗费大量的人力、物力，还要花费大量的时间，有时会得不偿失。在有些情况下，获取全样本是无法企及的事情，如一国选民的选票、全球的高血压患者等。

1.2.5　数据的特征度量

如何描述数据的特征、用哪些量是描述性统计学的关键。我们根据描述的数据不同方面的特点，将这些量分成如图 1-5 所示的几类，以便读者全面了解。

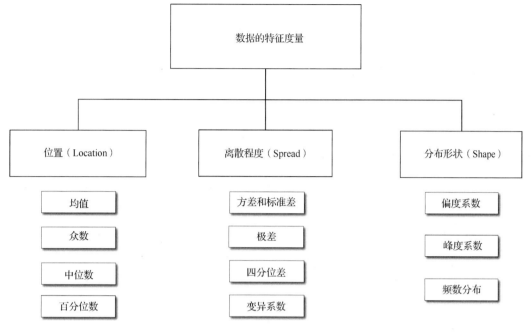

图 1-5 数据的特征度量

1.2.6 表示数据位置的统计量

如果要用简单的数字来概括一组观测数据 $x_1, x_2, \cdots, x_n$，则可以把位置统计量作为数据的总体代表。常见的位置统计量有均值、中位数、众数、分位数等。

1. 均值（Mean）

均值是所有观测值的平均值，是描述数据取值中心位置的一个度量，计算公式如下：

$$\bar{x} = \frac{1}{n}\sum_{i=1}^{n} x_i = \frac{x_1 + x_2 + \cdots + x_n}{n}$$

某人拥有 7 只股票，根据表 1-5 中的数据，计算他所拥有股票的加权平均价值。

表 1-5 股票投资组合

股票名	股价（X_i/元）	股票数（F_i）	$X_i F_i$
贵州茅台	740	50	37000
平安银行	9	200	1800
万科 A	24	120	2880
国农科技	19	90	1710
世纪星源	3	350	1050
中国宝安	5	150	750
深物业 A	10	80	800
合计	—	1040	45990

$$\overline{X} = \frac{\sum_{i=1}^{n} X_i F_i}{\sum_{i=1}^{n} F_i} = \frac{45990}{1040} \approx 44.22$$

两个正数的平均数计算公式如表 1-6 所示，多个正数的求平均计算公式如表 1-7 所示。

表 1-6 两个正数的平均数计算公式

调和平均数	算术平均数	几何平均数	三者的关系
$H = \dfrac{2}{\dfrac{1}{x_1}+\dfrac{1}{x_2}} = \dfrac{2x_1 x_2}{x_1+x_2}$	$A = \dfrac{x_1+x_2}{2}$	$G = \sqrt{x_1 x_2}$	$H = \dfrac{G^2}{A}$

表 1-7 多个正数的求平均计算公式

平均类别	公式
算术平均	$A(x_1, x_2, \cdots, x_n) = \dfrac{\sum_{i=1}^{n} x_i}{n} = \dfrac{x_1 + x_2 + \cdots + x_n}{n}$
加权算术平均	$A = \dfrac{\sum_{i=1}^{k} x_i f_i}{\sum_{i=1}^{k} f_i} = \dfrac{x_1 f_1 + x_2 f_2 + \cdots + x_k f_k}{f_1 + f_2 + \cdots + f_k}$
几何平均	$G(x_1, x_2, \cdots, x_n) = \sqrt[n]{\prod_{i=1}^{n} x_i} = \sqrt[n]{x_1 \cdot x_2 \cdots x_n}$
调和平均	$H = \dfrac{n}{\sum_{i=1}^{n} \dfrac{1}{x_i}} = \dfrac{n}{\dfrac{1}{x_1}+\dfrac{1}{x_2}+\cdots+\dfrac{1}{x_n}}$
加权调和平均	$H = \dfrac{\sum_{i=1}^{n} m_i}{\sum_{i=1}^{n} \dfrac{m_i}{x_i}}$
平方平均	$M(x_1, x_2, \cdots, x_n) = \sqrt{\dfrac{\sum_{i=1}^{n} x_i^2}{n}} = \sqrt{\dfrac{x_1^2 + x_2^2 + \cdots + x_n^2}{n}}$

2. 中位数（Median 或 Med）

中位数是描述观测值数据中心位置的统计量，大体上比中位数大或小的数据量各占一半。中位数的一个优点是不受个别极端数据的影响，具有稳健性。中位数的计算方法是：先将数据从小到大排序为 $X_1, X_2, \cdots, X_n$，然后计算：

$$\begin{cases} x_{(n+1)/2} & n \text{为奇数} \\ \dfrac{1}{2}\left(x_{\frac{n}{2}} + x_{\frac{n}{2}+1}\right) & n \text{为偶数} \end{cases}$$

3. 众数（Mode）

观测值中出现次数最多的数称为众数，众数不如均值和中位数应用普遍。在属性变量分析中，常须考虑频数，因此众数用得多一些。

根据图 1-6 和图 1-7 的示例可以很好地理解上述概念。

第 1 章 描述性统计 | 11

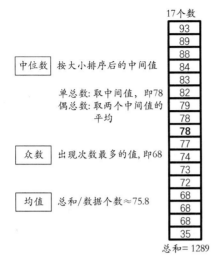

图 1-6 中位数、众数和均值示例 1

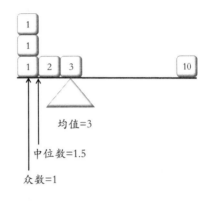

图 1-7 中位数、众数和均值示例 2

4. 百分位数（Percentile）

百分位数是指在排序的数据集中，一组数据个数在数据集个数中占的百分比位置。百分位数是描述数据分布和位置的统计量。四分位数（Quartiles）是指把数据个数分成四个均等的部分，0.5 分位数就是中位数，记为 Q2；0.25 分位数和 0.75 分位数又分别称为下、上四分位数，并分别记为 Q1 和 Q3，如图 1-8 和图 1-9 所示。

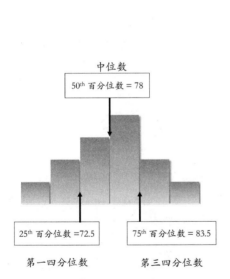

图 1-8 百分位数示例 1

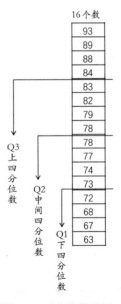

图 1-9 百分位数示例 2

1.2.7 表示数据分散程度的统计量

1. 极差（Range）与半极差（Interquartile range）

极差是指数据中的最大值和最小值之间的差，即

$$极差 = \max\{x_i\} - \min\{x_i\}$$

上、下四分位数之差称为四分位极差或半极差，它描述了中间半数观测值的分布情况。

2. 方差（Variance 或 Var）

样本方差是由各观测值到均值距离的平方和除以观测量减1，即

$$s^2 = \frac{1}{n-1}\sum_{i=1}^{n}(x_i - \bar{x})^2 = \frac{(x_1 - \bar{x})^2 + (x_2 - \bar{x})^2 + \cdots + (x_n - \bar{x})^2}{n-1}$$

总体的均值为 μ，总体容量为 N，总体标准差为 σ，总体的方差为

$$\sigma^2 = \frac{1}{N}\sum_{i=1}^{n}(x_i - \mu)^2$$

在统计学中，自由度（Degree of Freedom，df）是指当用样本统计量推断总体参数时，取值不受限制的样本变量个数。通常 df=n-k，式中，n 为样本容量，k 为限制条件数。

通常样本均值和容量是已知的，只要知道 n-1 个样本的值，就能够计算出第 n 个样本的值。这就是为什么计算总体方差的分母是 N 而计算样本方差的分母是 n-1 的原因。

例如，一个容量为 n=5 的样本，平均值为 $\bar{x}$=8，其限定条件只有一个，即 $\bar{x}$=8。当我们确定了其中的四个数据（6、3、5、9）后，第五个数据就可以计算出来，只能是 17。该样本的自由度为 df=n-1=5-1=4。

3. 标准差（Standard deviation 或 Std Dev）

方差的开方称为标准差，其量纲与原变量一致。

$$总体标准差为 \sigma = \sqrt{\sigma^2}$$
$$样本标准差为 s = \sqrt{s^2}$$

4. 变异系数（Coefficient of Variation 或 CV）

变异（离散）系数是指将标准差表示为均值的百分数，是观测数据分散性的一个度量，它在比较用不同单位测量的数据的分散性时有用。

$$总体变异系数为 CV = \frac{\sigma}{\mu} \times 100\%$$

$$样本变异系数为 CV = \frac{s}{\bar{x}} \times 100\%$$

> **例** 变异系数的例子

某中学为了了解初中三年级男生的生长发育情况，从班上抽取 10 名男生，并测量了他们的体重、身高，如表1-8所示。试比较男生体重与身高的离散程度。

表1-8　10名男生的体重、身高数据

人员编号	体重（kg）X_1	身高（cm）X_2
1	45	158
2	49	157
3	46	156
4	51	154
5	58	153

人员编号	体重（kg） X_1	身高（cm） X_2
6	37	153
7	49	151
8	36	151
9	40	150
10	41	150

通过计算，我们可以知道身高的变异系数为 1.89（见图 1-10），明显小于体重的变异系数 15.18（见图 1-11），这说明男生的身高差异不大，而体重差异较大，也说明了男生在饮食和锻炼方面有较大的差异。

矩			
数目	10	权重总和	10
均值	153.3	观测总和	1533
标准差	2.9078438	方差	8.45555556
偏度	0.44196016	峰度	-1.2196637
未校平方和	235085	校正平方和	76.1
变异系数	1.89683222	标准误差均值	0.91954095

矩			
数目	10	权重总和	10
均值	45.2	观测总和	452
标准差	6.86051504	方差	47.0666667
偏度	0.36894628	峰度	-0.288031
未校平方和	20854	校正平方和	423.6
变异系数	15.1781306	标准误差均值	2.16948535

图 1-10 身高的变异系数　　　　　　图 1-11 体重的变异系数

例　方差的例子

某射击队有 F、G 两名运动员，成绩不分伯仲，经常出现平局。最近，要选拔一名运动员参加区里的运动会，又举行了一次选拔赛，两名运动员的成绩如表 1-9 所示。

表 1-9 两名运动员的成绩

运动员	命中环数					总分	平均分
	第一次	第二次	第三次	第四次	第五次		
F	6	8	8	8	10	40	8
G	10	6	10	6	8	40	8

两个人的总分和平均分相等，该派谁好呢？

我们先来看看偏差是否有差别。

运动员 F 的射击成绩与平均成绩的偏差和为

$$(6-8)+(8-8)+(8-8)+(8-8)+(10-8)=0$$

运动员 G 的射击成绩与平均成绩的偏差和为

$$(10-8)+(6-8)+(10-8)+(6-8)+(8-8)=0$$

我们再来看看偏差的平方和是否有差别。

运动员 F 的射击成绩与平均成绩的偏差平方和为

$$(6-8)^2+(8-8)^2+(8-8)^2+(8-8)^2+(10-8)^2=8$$

运动员 G 的射击成绩与平均成绩的偏差平方和为

$$(10-8)^2+(6-8)^2+(10-8)^2+(6-8)^2+(8-8)^2=16$$

运动员 F 的成绩的方差为

$$\sigma_F^2 = \frac{1}{N}\sum_{i=1}^{n}(x_i-\mu)^2 = 8/5 = 1.6$$

运动员 G 的成绩的方差为

$$\sigma_G^2 = \frac{1}{N}\sum_{i=1}^{n}(x_i-\mu)^2 = 16/5 = 3.2$$

方差越大，波动越大，越不稳定；方差越小，波动越小，越稳定。因此，选择运动员 F 比较稳妥。

1.2.8 数据的分布

我们通常会用计数的方法统计我们获取的数据。例如，在一定的数值范围内，计数有多少个案发生。把各个数值范围内的个案计数（或频数）按坐标顺序描绘在坐标系中，就形成了数据分布图。

频数分布图通常用直方图来表示，每个直方条代表某一观测值范围内的个案数，每个直方条的宽度代表该观测值范围，直方条横坐标是该观测值范围内的中点，而高度是在该观测值范围内个案的频数。

图 1-12 所示为某中学 77 名学生身高的频数分布图。靠近平均身高（145.88cm）的学生数较多，而太高或太矮的学生数较少。高于平均身高的学生数量比低于平均身高的学生数量要多。

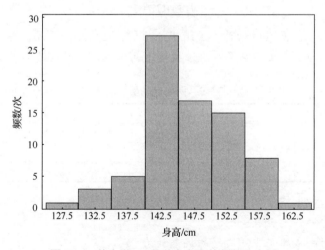

图 1-12 某中学 77 名学生身高的频数分布图

1.2.9 表示数据分布形状的统计量

表示数据分布形状的统计量有频数、偏度系数和峰度系数等，其中偏度系数和峰度系数是描述数据分布形状的指标。

1. 频数（Frequency）

频数是指一个变量的各个观测值出现的次数。例如，对于某班语文考试的成绩，可以统计出各分数值的人数，分数在 80～90 的共有几人。

2. 偏度系数（Skewness）

偏度系数是刻画数据对称性的指标。偏度系数的计算公式为

$$SK = \frac{n}{(n-1)(n-2)} \sum_{i=1}^{n} \left(\frac{x_i - \bar{x}}{s} \right)^3$$

在 SAS 软件中，我们对偏度的说明如下。

（1）关于均值对称的数据的偏度系数为 0。
（2）左侧更为分散的数据的偏度系数为负，称为左偏。
（3）右侧更为分散的数据的偏度系数为正，称为右偏。

偏度系数描述了数据分布偏离中线的程度和方向，如图 1-13 所示。

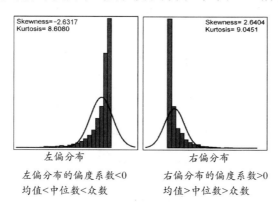

图 1-13　偏度

3. 峰度系数（Kurtosis）

峰度系数描述数据向分布尾端散布的趋势。峰度系数的计算公式为

$$K = \frac{n(n+1)}{(n-1)(n-2)(n-3)} \sum_{i=1}^{n} \left(\frac{x_i - \bar{x}}{s} \right)^4 - \frac{3(n-1)^2}{(n-2)(n-3)}$$

利用峰度系数研究数据分布的形状是以正态分布为标准（假设正态分布的方差与所研究分布的方差相等）比较两端极端数据的分布情况。若尾部近似于标准正态分布，则峰度系数接近于零。若尾部较正态分布更稀疏，则峰度系数为正，称为轻尾。若尾部较正态分布更集中，则峰度系数为负，称为厚尾。

峰度系数描述了数据分布曲线在平均值处峰值高低的特征。峰度是和正态分布相比较而言的。从图 1-14 可以看出，峰度度量数据向中心或向尾部分布的趋势。

对于对称的分布（SAS 软件认为）：

峰度系数 = 0，正态分布（Normal Distribution）；
峰度系数 < 0，低峰态分布（Platykurtic Distribution）；
峰度系数 > 0，尖峰态分布（Leptokurtic Distribution）。

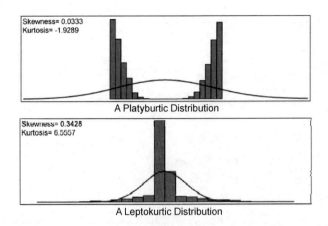

图 1-14　峰度

练习 2

根据学过的数据分布方式，将图 1-15 中的图形与词组进行匹配。直方图上面的曲线代表根据估计的均值和标准差得到的正态分布的形状。

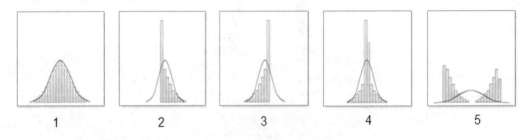

图 1-15　不同的数据分布方式

a．重尾 Heavy-tailed

b．轻尾 Light-tailed

c．右偏 Right-skewed

d．正态 Normal

e．左偏 Left-skewed

答案：1．d；2．c；3．e；4．b；5．a

练习 3

将左右两列词语进行匹配。

均值（Mean）　　　　　　　　　　　a．位置（Location）

峰度（Kurtosis）

中位数（Median）　　　　　　　　　b．离散（Spread）

标准差（Standard deviation）

方差（Variance）　　　　　　　　　c．形状（Shape）

众数（Mode）

偏度（Skewness）

四分位差 IQR（Interquartile Range）
答案：acabbacb

1.2.10 其他统计量

除了本节前面介绍的统计量，其他统计量如表 1-10 所示。

表 1-10 其他统计量

其他统计量	公　　式
标准误差均值（Std Error Mean）	$\dfrac{s}{\sqrt{n}}$
校正平方和（Corrected Sum of Squares）	$CSS = \sum\limits_{i=1}^{n}(x_i - \bar{x})^2$
未校平方和（Uncorrected Sum of Squares）	$USS = \sum\limits_{i=1}^{n} x_i^2$
k 阶原点矩（$k=1$，$A_1 = \bar{x}$）	$A_k = \dfrac{1}{n}\sum\limits_{i=1}^{n} x_i^k \quad k=1,2,\cdots$
k 阶中心矩（$k=2$，$B_2 = S^2$）	$B_k = \dfrac{1}{n}\sum\limits_{i=1}^{n}(x_i - \bar{x})^k \quad k=2,3,\cdots$

1.2.11 SAS 程序示例

过程步（Univariate）可以对单变量数据进行统计量和分布图分析，以便人们对数据有一个基本的了解，描述性统计的内容基本上会被涵盖其中。如果要绘制直方图，则加上 histogram 即可，normal 会显示正态分布曲线。运行如图 1-16 所示的程序，能够得到对初中男生体重数据分析的相应结果和分布图（见图 1-17～图 1-21）。

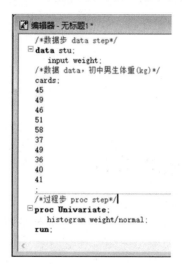

图 1-16　SAS 程序

图 1-17　分析结果

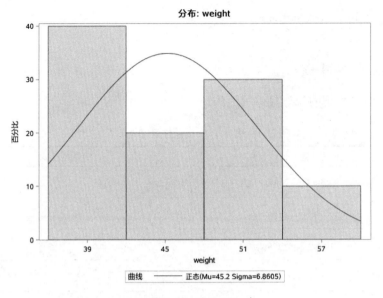

图 1-18 分布图

图 1-19 统计量输出 1　　　图 1-20 统计量输出 2　　　图 1-21 统计量输出 3

1.3 连续型随机变量的概率分布

如果人们抽取的数据是连续型的随机变量,那么它们通常会形成正态分布、均匀分布、指数分布或其他分布,如图 1-22 所示。其中,我们日常生活中最常见的就是正态分布。下面我们就从正态分布开始讲解。

图 1-22 连续型随机变量的概率分布

1.3.1 什么是正态分布

如果一个随机变量受诸多互不相干的因素的影响，其中各因素不分主次，那么该随机变量一定服从或近似服从两头低、中间高、左右对称的分布曲线，我们把这种分布称为正态分布（Normal Distribution）或高斯分布，如图 1-23 所示。

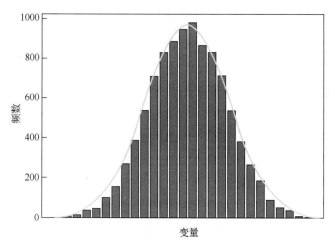

图 1-23　正态分布曲线

正态分布是概率论中最重要的分布，原因如下。

（1）大量随机现象服从或近似服从正态分布，是自然界及科学技术中最常见的分布之一。

（2）正态分布有许多良好的性质，能够显示数据的对称性、离散性，这些性质是其他分布所不具备的。

（3）正态分布可以作为许多分布的近似分布。

（4）正态分布是推断性统计的基础。

正态分布也叫高斯分布，是具有两个参数（μ 和 σ^2）的连续型随机变量的分布。μ 为服从正态分布的随机变量的均值，σ^2 为此随机变量的方差，正态分布通常记为 $X \sim N(\mu, \sigma^2)$。

服从正态分布的随机变量的概率分布为取 μ 邻近值的概率较大，取离 μ 越远的值的概率越小。σ^2 越小，分布越向 μ 集中，曲线越尖锐；σ^2 越大，分布越分散，曲线越扁平。

正态分布的密度函数的特点是关于 μ 对称，在 μ 处达到最大值，在正、负无穷远处取值为 0，在 $\mu \pm \sigma$ 处有拐点。正态分布曲线的形状是中间高、两边低，位于 x 轴上方的钟形曲线。当 $\mu=0$，$\sigma^2=1$ 时，称为标准正态分布，记为 $X \sim N(0, 1)$。

连续型随机变量的数学期望为

$$E(X) = \int_{-\infty}^{\infty} x f(x) \mathrm{d}x = \mu$$

方差为

$$D(X) = \int_{-\infty}^{\infty} [x - E(X)]^2 f(x) \mathrm{d}x = \sigma^2$$

若随机变量 X 服从数学期望为 μ、标准方差为 σ^2 的正态分布，记为 $X \sim N(\mu, \sigma^2)$，则其概率密度函数为

$$f(x) = \frac{1}{\sigma\sqrt{2\pi}} e^{-\frac{(x-\mu)^2}{2\sigma^2}}$$

正态分布的期望值 μ 决定了其位置，其标准差 σ 决定了分布的幅度，如图 1-24 所示。当 $\mu=0$，$\sigma=1$ 时，称为标准正态分布，随机变量 x 的频数为

$$f(x) = \frac{1}{\sqrt{2\pi}} e^{-\frac{x^2}{2}}$$

式中，σ^2=总体方差；

x=随机变量的取值（$-\infty < x < \infty$）；

μ=总体均值；

π=3.14159；

e=2.71828。

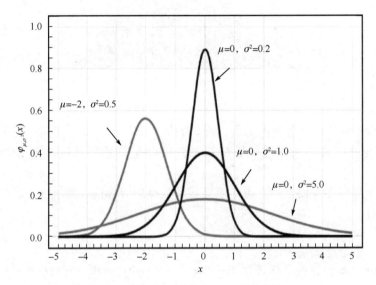

图 1-24　不同参数的正态分布曲线

1.3.2　正态分布函数的性质

正态分布函数有如下性质。

（1）概率密度函数在 x 的上方，即 $f(x) \geqslant 0$。

（2）正态曲线下方的总面积等于 1，即 $\int_{-\infty}^{\infty} f(x)\mathrm{d}x = 1$。

（1）（2）两条性质是判定一个函数 $f(x)$ 是否为某随机变量 x 的概率密度函数的充要条件。

（3）正态曲线的最高点位于均值 μ 处，它也是分布的中位数和众数。

（4）正态分布是一个分布族，每一特定正态分布通过均值 μ 和标准差 σ 来区分。μ 决定曲线的位置，σ 决定曲线的平缓程度，即宽度。

（5）曲线 $f(x)$ 相对于均值 μ 对称，尾端向两个方向无限延伸，且理论上永远不会与横坐标轴相交。

（6）随机变量的概率由曲线下方的面积给出，如图 1-25 所示。

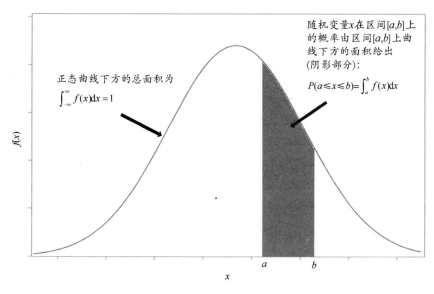

图 1-25 随机变量的概率

1.3.3 标准正态分布函数

任何一个一般正态分布可通过下面的线性变换转化为标准正态分布：

$$z = \frac{X-\mu}{\sigma} \sim N(0,1)$$

（1）标准正态分布的概率密度函数（见图 1-26）为

$$\varphi(x) = \frac{1}{\sqrt{2\pi}} e^{-\frac{x^2}{2}} \quad (-\infty < x < \infty)$$

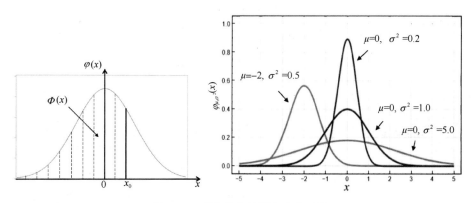

图 1-26 正态分布的概率密度函数

（2）标准正态分布的累积分布函数（见图 1-27）为

$$\Phi(x) = \int_{-\infty}^{x} \varphi(x) dt = \int_{-\infty}^{x} \frac{1}{\sqrt{2\pi}} e^{-\frac{t^2}{2}} dt$$

标准正态分布函数的重要特性如下。

（1）一般的正态分布取决于均值 μ 和标准差 σ。标准正态分布是正态分布的特例，$\mu=0$，$\sigma=1$。

（2）计算概率时，每个正态分布都需要有自己的正态概率分布表，这种表有无穷多个。

（3）若能将一般的正态分布转化为标准正态分布，则计算概率时只需要查一张表。

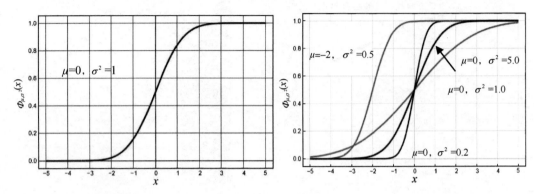

图 1-27　正态分布的特征

1.3.4　由标准正态分布表求概率

由标准正态分布表求概率通常采用如下步骤。

（1）先通过变换 $Z = \dfrac{X - \mu}{\sigma}$ 将一个正态分布转换为标准正态分布。

（2）根据 Z 值，查标准正态分布表得到概率 P。

（3）如果 x 为负值，可做如下变换：$\Phi(-x) = 1 - \Phi(x)$。

（4）对于标准正态分布 $X \sim N(0,1)$，有
$$P(a \leqslant X \leqslant b) = \Phi(b) - \Phi(a)$$
$$P(|X| \leqslant a) = 2\Phi(a) - 1$$

（5）对于一般正态分布 $X \sim N(\mu, \sigma^2)$，有
$$P(a \leqslant X \leqslant b) = \Phi\left(\dfrac{b - \mu}{\sigma}\right) - \Phi\left(\dfrac{a - \mu}{\sigma}\right)$$

两种正态分布的变换图像如图 1-28 所示。

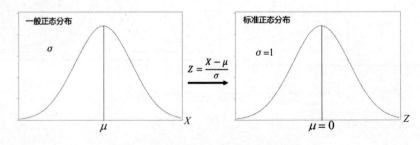

图 1-28　两种正态分布的变换图像

下面来看一个正态分布标准化的例子。

假如存在一个正态分布 $X \sim N(5, 10^2)$，求 X 出现在区间 [2.9, 6.5] 的概率。

做标准正态分布变换，则有 $Z_1 = \dfrac{X-\mu}{\sigma} = \dfrac{2.9-5}{10} = -0.21$，$Z_2 = \dfrac{X-\mu}{\sigma} = \dfrac{6.5-5}{10} = 0.15$。

根据 $Z_2 = 0.15$ 和 $Z_1 = -0.21$，分别查标准正态分布表（见图 1-29）。

X 出现在区间 [2.9, 6.5] 的概率为 $P(2.9 \leqslant X \leqslant 6.5) = 0.0832 + 0.0596 = 0.1428$。

一般正态分布如图 1-30 所示。

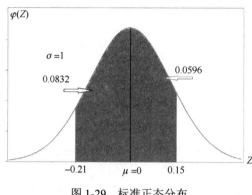
图 1-29　标准正态分布

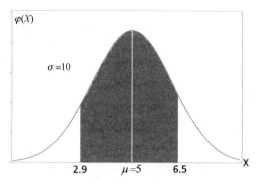
图 1-30　一般正态分布

1.3.5　正态分布示例

例 正态分布的例子

在标准正态分布 $X \sim N(0, 1)$ 情况下，求以下概率。

（1）$P(X > 2.5)$

$$P(X > 2.5) = 1 - P(X \leqslant 2.5) = 1 - \Phi(2.5) = 1 - (0.5 + 0.4938) = 0.0062$$

（2）$P(|X| \leqslant 1.5)$

$$P(|X| \leqslant 1.5) = P(-1.5 \leqslant X \leqslant 1.5) = \Phi(1.5) - \Phi(-1.5)$$
$$= \Phi(1.5) - [1 - \Phi(1.5)] = 2\Phi(1.5) - 1 = 2 \times (0.5 + 0.4332) - 1 = 0.8664$$

已知一正态分布 $X \sim N(5, 2.3^2)$（见图 1-31），求以下概率。

（1）$P(X \leqslant 8)$

$$P(X \leqslant 8) = P\left(\frac{X-5}{2.3} \leqslant \frac{8-5}{2.3}\right) = P\left(\frac{X-5}{2.3} \leqslant 1.304\right)$$
$$= \Phi(1.304) = 0.5 + 0.4032 = 0.9032$$

（2）$P(3 \leqslant X \leqslant 8)$

$$P(3 \leqslant X \leqslant 8) = P\left(\frac{3-5}{2.3} \leqslant \frac{X-5}{2.3} \leqslant \frac{8-5}{2.3}\right)$$
$$= P\left(-0.87 \leqslant \frac{X-5}{2.3} \leqslant 1.304\right)$$
$$= \Phi(1.304) - \Phi(-0.87) = \Phi(1.304) - [1 - \Phi(0.87)] = \Phi(1.304) + \Phi(0.87) - 1$$
$$= (0.5 + 0.4030) + (0.5 + 0.308) - 1$$
$$= 0.711$$

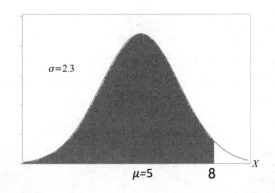

图 1-31　正态分布概率计算

1.3.6　正态分布的特征与概率图

对于一个如图 1-32 所示的正态分布，SAS 软件规定：Skewness=0，Kurtosis=0；而其他非 SAS 软件规定：Skewness=0，Kurtosis=3。

正态概率图是一种可视化的方法，用来确定数据是否来自一个近似于正态的分布。如果一组数据服从正态分布，则正态概率散点图是一条直线，如图 1-33 所示。

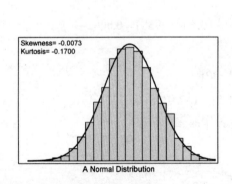

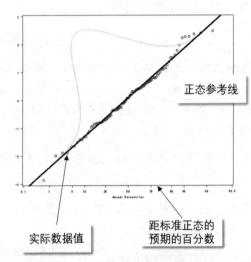

图 1-32　正态分布　　　　　　　　图 1-33　正态概率图

如果数据分布偏离正态分布，出现了右偏、左偏、轻尾、重尾的情况，则其正态概率散点图依次如图 1-34 中的第 2～5 张图所示。

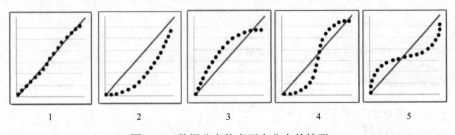

图 1-34　数据分布偏离正态分布的情形

1.3.7 3σ 准则

如图 1-35 所示，根据标准正态分布与正态分布的变换关系：$Z = \dfrac{X-\mu}{\sigma} \sim N(0,1)$ 可以得到

$$P(|X-\mu| \leqslant \sigma) = \Phi(|Z| \leqslant 1) = 0.6826$$
$$P(|X-\mu| \leqslant 2\sigma) = \Phi(|Z| \leqslant 2) = 0.9544$$
$$P(|X-\mu| \leqslant 3\sigma) = \Phi(|Z| \leqslant 3) = 0.9974$$

可见，X 的取值以 99.74% 的概率集中在 [μ-3σ, μ+3σ] 区间内，超出这个范围的可能性仅占 0.26%。

根据小概率事件的实际不可能性原理，人们把 [μ-3σ, μ+3σ] 当作随机变量 X 实际可能的取值区间，在统计学上称为 3σ 准则。

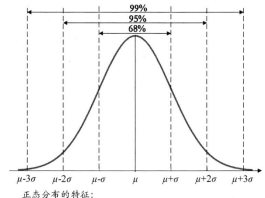

图 1-35 3σ 准则的示意图

例

荷兰男人的平均身高达 182.5cm，荷兰女人的平均身高达 170cm。亚洲人到荷兰常常够不着汽车扶手。由此可见，公共汽车的设施设计是有讲究的，车门的高度要保证男子与车门顶碰头的机会小于 0.01。相关统计数据表明，北京男子的平均身高为 175.23cm，方差为 36，服从正态分布：$X \sim N(175.23, 6^2)$，车门如何设计才能满足要求？

解：设车门高度为 h cm，按设计要求

$$P(X \geqslant h) \leqslant 0.01 \text{ 或 } P(X \leqslant h) \geqslant 0.99$$

根据 $X \sim N(175.23, 6^2)$，标准正态分布为

$$\frac{X-175.23}{6} \sim N(0,1)$$

$$P(X \leqslant h) = \Phi\left(\frac{h-175.23}{6}\right) \geqslant 0.99$$

查正态分布表得

$$\Phi(2.33) = 0.991 > 0.99$$

由此得到

$$\frac{h - 175.23}{6} \approx 2.33$$

$$h = 175.23 + 6 \times 2.33 = 189.21$$

当把车门高度设计为 189.21cm 时，可使男子与车门顶碰头的机会小于 0.01。

1.4 概率与二项分布

在相同条件下进行 n 次随机试验，假如事件 A 出现了 m 次，比值 m/n 被称为事件 A 发生的频率。随着试验次数 n 的增加，该频率会围绕着某一常数 p 上下波动，并且波动的幅度逐渐减小，并趋向于稳定。这个稳定的频率值就是事件 A 的概率，记为

$$P(A) = \frac{m}{n} = p$$

例如，投掷一枚硬币，开始正反面出现的次数相差较大，随着投掷次数 n 的增大，正面和反面出现的频率稳定在 1/2 左右，其概率分布如图 1-36 所示。

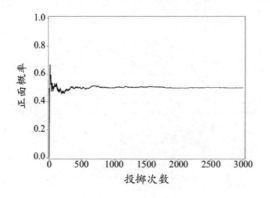

图 1-36 概率分布

1.4.1 概率的事件

基本事件：随机试验的每一个可能结果不可再分。例如，投掷一枚骰子，出现其中的一个点数。

样本空间：所有基本事件的结果集合，用 Ω 表示。在掷骰子的试验中，样本空间为 $\Omega = \{1,2,3,4,5,6\}$；在掷硬币的试验中，样本空间为 $\Omega = \{$正面，反面$\}$。

随机事件：在相同条件下，每次试验可能出现也可能不出现的事件。例如，掷一枚骰子，出现的点数可能是 5，也可能不是 5。

必然事件：每次试验都一定出现的事件。必然事件的概率 $P(\Omega) = 1$，如掷一枚骰子出现的点数为 1~6。

不可能事件：每次试验都不会出现的事件。事件集是空集，用 $\varnothing$ 表示，如掷一枚骰子出现的点数大于 6 的概率 $P(\Omega) = 0$。

等可能事件:在某一事件集中,每个结果出现的可能性都相等。例如,骰子的六面出现的可能性相等。

对任意事件 A,有 $0 \leq P(A) \leq 1$。

1.4.2 概率的事件关系

事件之间可能存在如下关系。

互斥关系:不可能同时发生的两个事件,两个事件也可能都不发生,事件 A 和事件 B 的交集为空,即 $A \cap B = \varnothing$。

一个箱子里有三种颜色的球,每次抽取一个,每两个球互为相斥。

对立关系:在两个互斥事件中,必有一个事件发生,$P(A)+P(B)=1$。

一个箱子里有两种颜色的球,每次抽取一个。

包含关系:如果事件 A 发生,事件 B 就一定发生,那么事件 B 含有事件 A,记为 $A \subseteq B$。

相等关系:如果事件 A 和事件 B 相互包含,即 $A \subseteq B$,且 $B \subseteq A$,那么 A 与 B 是相等关系,记为 $A=B$。

合并关系:如果事件 C 发生,当且仅当事件 A 发生或事件 B 发生,则称事件 C 是事件 A 和事件 B 的并事件,记为 $A \cup B$ 或 $A+B$。

交积关系:如果事件 C 发生,当且仅当事件 A 发生且事件 B 发生,则称事件 C 是事件 A 和事件 B 的交事件,记为 $A \cap B$ 或 AB。

几种事件关系如图 1-37 所示。

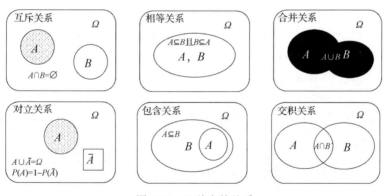

图 1-37 几种事件关系

1.4.3 概率的加法法则

概率满足以下两个法则。

1. 法则一

(1) 设有两个互斥事件 A 和 B,即 $A \cap B = \varnothing$,它们并集的概率等于两个事件概率之和:
$$P(A \cup B) = P(A) + P(B)$$

(2) 对于多个两两互斥事件 $A_1, A_2, \cdots, A_n$,则有
$$P(A_1 \cup A_2 \cup \cdots \cup A_n) = P(A_1) + P(A_2) + \cdots + P(A_n)$$

2. 法则二

任意两个随机事件 A 和 B 的并集概率为两个事件概率的和减去两个事件交集的概率：
$$P(A \cup B) = P(A) + P(B) - P(A \cap B)$$

如果事件 A、事件 B 满足 $A \subset B$，则有 $P(B-A)=P(B)-P(B \cap A)$，$P(B) \geqslant P(A)$。

1.4.4 离散型随机变量的概率分布

如果人们抽取的数据是离散型的随机变量，那么它们会服从下列几种分布，如图 1-38 所示。

图 1-38 离散型随机变量的概率分布

1.4.5 离散型随机变量的数学期望和方差

1. 数学期望

随机变量 X 在一切可能取值中的各可能取值 x_i 与其对应的概率 p_i 乘积之和记为 $E(X)$，其表示离散型随机变量取值的集中程度，计算公式如下：

$$E(X) = \sum_{i=1}^{n} x_i p_i, \ 1 < n < \infty$$

$$p_i = P(X = x_i)$$

2. 方差

随机变量 X 的每个取值与期望值的离差平方和记为 $D(X)$，其表示离散型随机变量取值的离散程度，计算公式如下：

$$\begin{aligned}
D(X) &= \sum_{i=1}^{n} [x_i - E(X)]^2 p_i \\
&= \sum_{i=1}^{n} x_i^2 p_i - \sum_{i=1}^{n} 2 x_i p_i E(X) + \sum_{i=1}^{n} [E(X)]^2 p_i \\
&= \sum_{i=1}^{n} x_i^2 p_i - 2 E(X) \sum_{i=1}^{n} x_i p_i + [E(X)]^2 \sum_{i=1}^{n} p_i \\
&= E(X^2) - 2 E(X) E(X) + [E(X)]^2 \\
&= E(X^2) - [E(X)]^2
\end{aligned}$$

式中，$1 < n < \infty$。

即方差恰好等于平方的期望减去期望的平方。

> **例** 离散型随机变量实例

典型的离散型随机变量是掷骰子的点数,其概率分布如表 1-11 所示。计算数学期望和方差。

表 1-11 骰子概率分布

x_i	1	2	3	4	5	6
p_i	1/6	1/6	1/6	1/6	1/6	1/6

解:数学期望为

$$E(X) = \sum_{i=1}^{6} x_i p_i = 1\times\frac{1}{6} + 2\times\frac{1}{6} + 3\times\frac{1}{6} + 4\times\frac{1}{6} + 5\times\frac{1}{6} + 6\times\frac{1}{6} = 3.5$$

方差为

$$\begin{aligned} D(X) &= \sum_{i=1}^{n}[x_i - E(X)]^2 p_i \\ &= (1-3.5)^2 \times \frac{1}{6} + (2-3.5)^2 \times \frac{1}{6} + (3-3.5)^2 \times \frac{1}{6} + (4-3.5)^2 \times \frac{1}{6} + \\ &\quad (5-3.5)^2 \times \frac{1}{6} + (6-3.5)^2 \times \frac{1}{6} \\ &= 2.9167 \end{aligned}$$

方差也可以按如下公式计算:

$$D(X) = E(X^2) - [E(X)]^2 = \sum_{i=1}^{6} x_i^2 p_i - 3.5^2 = \frac{1+4+9+16+25+36}{6} - 12.25 = 2.9167$$

1.4.6 二项分布

在相同条件下,做 n 次重复的伯努利试验(每次试验只有成功和失败两种可能)。若成功的次数为 x,成功的概率为 p,随机变量 X 的概率分布表示为

$$P(X=x) = C_n^x p^x (1-p)^{n-x}, \quad x = 0,1,2,\cdots,n$$

$$C_n^x = \frac{n!}{x!(n-x)!}$$

则称 X 服从参数为 n,p 的二项分布(Binomial distribution),又称为伯努利分布,记为 $X \sim B(n,p)$。

二项分布是离散型随机变量的概率分布,是指统计事件中只有两种不同性质的、对立事件的概率分布。二项分布是伯努利研究重复独立试验所引出的一种很重要的分布,应用广泛。例如,生物、医药临床试验等服从二项分布。事件发生与否的概率在每次独立试验中都保持不变,这一系列试验总称为 n 重伯努利试验。当试验次数 $n=1$ 时,二项分布服从 0-1 分布。

1.4.7 二项分布的数学期望和方差

如果离散型随机变量 X 经过 n 次试验后有 n 个 x 值和其对应的 n 个概率 p,那么 X 的数学期望就定义为

$$E(X) = \sum_{i=1}^{n} x_i p_i$$

如果 X 的取值只有 0 和 1，那么 $E(X)=1\times p+0\times(1-p)=p$。

X 的方差定义为

$$\mathrm{Var}(X) = E[(X-\mu)^2]$$

由 $\mu=E(X)=p$，X 的取值为 1 和 0，以及 $E(X)$ 的公式，可得

$$\mathrm{Var}(X) = E[(X-\mu)^2] = (1-p)^2 p+(0-p)^2(1-p) = p(1-p)$$

根据前面对二项分布的描述，在 n 重伯努利试验中，每次 X 发生的概率 p 相同。因此，将二项分布分解为 n 个相互独立，且以 p 为参数的 0-1 分布随机变量之和。

若随机变量 $X(x)$（$x=1,2,\cdots,n$）服从 0-1 分布，则 $X=X(1)+X(2)+X(3)+\cdots+X(n)$。因 $X(x)$ 相互独立，二项分布的数学期望为

$$E(X) = E[X(1)+X(2)+\cdots+X(n)]=np$$

方差为

$$D(X) = D[X(1)+X(2)+\cdots+X(n)]=np(1-p)$$

1.4.8 二项分布与实例

如图 1-39 所示，对于不同参数的二项分布，当 n 和 p 不同时，分布曲线也不一样。

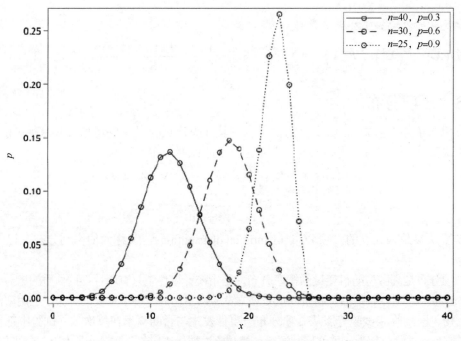

图 1-39 不同参数的二项分布曲线

例

产品检验经常会用到二项分布，以帮助人们了解样本抽样方法，找到次品的概率。假设某工厂生产的 100 件产品中有 4 件次品，从 100 件产品中任取一件，放回去重新抽取，

共抽取 5 次，则在 5 次抽取中，有 2 次是次品的概率为多少？

解：设 X 为 5 次抽取中的次品数，则 $X \sim B(5, 0.04)$，由二项分布公式得到其概率为

$$P(X=2) = C_5^2 0.04^2 \times (1-0.04)^{5-2} = 0.014$$

1.4.9 泊松分布

泊松分布（Poisson Distribution）用于描述在一指定时间间隔内或一定空间（面积、体积）内某事件出现次数的分布，是二项式分布在 n 很大，而 P 很小时的特殊情况，也是二分类资料在 n 次试验中发生 x 次某种结果的概率分布。若随机变量 X 的分布律为

$$P(X=x) = \frac{\lambda^x}{x!} e^{-\lambda}, \quad x=0,1,\cdots,n, \quad \lambda > 0$$

式中，λ 为单位时间（或单位面积）内随机事件"成功"的平均数，通常称为抵达率或强度；

e 为自然常数 2.71828；

x 为给定的时间间隔、空间内"成功"的次数。

则称 X 服从参数为 λ 的泊松分布，记为 $X \sim P(\lambda)$。

使用泊松分布的前提条件如下。

（1）在两个相同时间长度、相同大小空间内，一个事件发生的概率是相同的。

（2）事件发生与否是相互独立的，不受其他事件发生与否的影响。

泊松分布是二项分布的近似，是由法国数学家泊松在 1838 年发表的，它成功地描绘了随机事件在时间和空间上的发生次数的概率分布，其在管理科学的质量控制、排队论、可靠性理论等领域都有重要应用。在实际生活中一般稀有的事件，如一定的时间内电话交换中心收到的呼叫次数、产品中的次品数、DNA 序列的变异数等均服从或近似地服从泊松分布。

1.4.10 泊松分布的数学期望和方差

根据泊松分布的公式和 $E(X)$ 的定义，我们可以得到其数学期望 $E(X)$：

$$E(X) = \sum_{x=1}^{n} xp = \sum_{x=1}^{n} x \frac{\lambda^x}{x!} e^{-\lambda} = \lambda e^{-\lambda} \sum_{x=1}^{n} \frac{\lambda^{x-1}}{(x-1)!} = \lambda e^{-\lambda} e^{\lambda} = \lambda$$

式中使用了泰勒展开式

$$e^{\lambda} = 1 + \lambda + \frac{\lambda^2}{2!} + \frac{\lambda^3}{3!} + \cdots + \frac{\lambda^n}{n!} = \sum_{x=1}^{n} \frac{\lambda^{x-1}}{(x-1)!}$$

同理，根据泊松分布的公式和 $D(X)$ 的定义，我们可以得到其方差 $D(X)$：

$$D(X) = E(X^2) - [E(X)]^2 = \lambda(\lambda+1) - \lambda^2 = \lambda$$

式中

$$E(X^2) = \sum_{x=1}^{n} x^2 \frac{\lambda^x}{x!} e^{-\lambda} = \lambda e^{-\lambda} \sum_{x=1}^{n} \frac{x \lambda^{x-1}}{(x-1)!} = \lambda e^{-\lambda} (\lambda e^{\lambda} + e^{\lambda}) = \lambda(\lambda+1)$$

1.4.11 从二项分布到泊松分布

在一个特定时间内，某个事件会在任意时刻随机发生（发生与时间无关）。我们把这

个特定时间分成非常小的时间段，在每个时间段内，该事件可能发生，也可能不发生。例如，抛一次硬币到其落地用时 1s（秒），我们把 1s 分成 1000 份，前面的 999 份时间都没有发生硬币落地，最后一刻才会显示结果，因此，n=1000，p=0.001，np=1 是常数，设为 λ，称为该事件在指定时间内发生的频度。再例如，客服中心每 10 分钟收到一名客户的电话，那么每秒收到客户电话的概率就非常低。下面在 n 很大，p 很小的条件下，通过二项分布推导泊松分布。

$$P(X=x)=C_n^x p^x (1-p)^{n-x}=\frac{n(n-1)\cdots(n-x-1)}{x!}p^x(1-p)^{n-x}$$

当 n 趋于无穷大，p 趋于 0，np=λ 时，则有

$$P(X=x)=\frac{n^x}{x!}p^x(1-p)^{\frac{\lambda}{p}-x}=\frac{(np)^x}{x!}\left[(1-p)^{-\frac{1}{p}}\right]^{-\lambda}\frac{1}{(1-p)^x}$$

当 p 趋于 0 时，$(1-p)^{-\frac{1}{p}}$ 收敛到自然常数 e，$(1-p)^x$ 趋于 1，则有

$$P(X=x)=\frac{\lambda^x}{x!}e^{-\lambda}$$

在实际应用中，当 p≤0.25，n>20，np≤5 时，近似效果较好。

1.4.12 泊松分布与实例

图 1-40 所示为不同参数 λ 的泊松分布曲线。

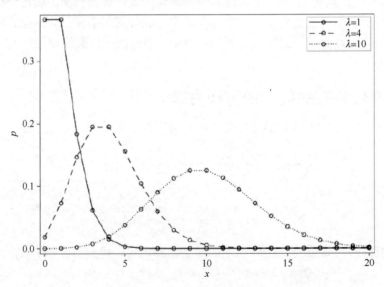

图 1-40　不同参数 λ 的泊松分布曲线

例

2017 年 6 月，《中国心血管病报告 2016》发布的数据表明，2016 年城市心血管病死亡率为 264.84/10 万人。如果我们对某市的 1000 名心血管病人进行调查，2 人会死亡的概率有多大？

解：
$$\lambda = np = 1000 \times 0.00265 = 2.65$$
$$P(X=2) = \frac{2.65^2}{2!} e^{-2.65} = 0.248$$

因此，1000 名心血管病人中有 2 人死亡的概率为 24.8%。

离散型随机变量的概率只是近似的，正态曲线增加的概率和减少的概率并不相等，如图 1-41 所示。

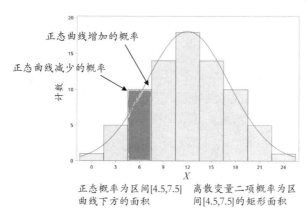

图 1-41 离散型随机变量和正态随机变量的关系

1.5 两大极限定理

大数定律（Law of Large Numbers）和中心极限定理（Central Limit Theorem）是概率论的重要基本理论，它们揭示了随机现象的重要统计规律，在概率论与数理统计理论研究和实际应用中具有重要的意义。人们已经发现了很多大数定律，就是大量数目的随机变量所呈现出的规律性，这种规律一般用随机变量序列的某种收敛性来描述。

1．大数定律

在试验条件不变的情况下，随机事件大量重复出现往往呈现某些必然的规律性，这种大量平均结果稳定性的一系列定理统称为大数定律。大数定律用来描述频率和均值的稳定性。频率收敛于或稳定于概率，均值收敛于数学期望值。大数定律是一种自然规律，因此，不叫大数定理而叫大数定律。定理通常是经数学家证明，并以数学家的名字命名的。

2．中心极限定理

在自然界中，一些现象受到许多相互独立的随机因素的影响，每个因素产生的影响都很微小，大量随机变量积累分布就会逐渐收敛到正态分布，这样的一系列定理统称为中心极限定理。

中心极限定理描述分布的稳定性。

1.5.1 大数定律

大数定律有弱大数定律和强大数定律。大数定律有若干种表现形式，这里仅介绍常用的三个重要定律。

1．切比雪夫（Chebyshev）大数定律

切比雪夫大数定律要求随机变量的数学期望值 $E(X)=\mu$ 和方差 $D(X)=\sigma^2$ 均存在。将此定律用于样本抽样，就会得出：随着样本容量 n 的增加，样本均值将趋近于总体均值，从而为在统计推断中依据样本均值估计总体均值提供了理论依据。

2．伯努利（Bernoulli）大数定律

伯努利大数定律是切比雪夫大数定律的特例，其含义是当试验次数足够多时，可以用事件发生的频率来代替事件发生的概率，即频率的稳定性。这也是在抽样调查中用样本比例估计总体比例的理论依据。

3．辛钦（Khinchin）大数定律

辛钦大数定律不要求随机变量的方差存在。该定律说明，用算术平均值近似代表实际真值是合理的，也是用算术平均值估计数学期望值的理论依据。

1.5.2 概率收敛

在概率论中，依概率收敛是随机变量收敛的方式之一。一个随机变量序列 X_n（$n \geqslant 1$）依概率收敛到某一个随机变量 X，意味着 X_n 和 X 之间存在一定差距的可能性会随着 n 的增大而趋向于零。

依概率收敛是一种常见的收敛性质，依概率收敛比依分布收敛更强，比平均收敛则要弱。如果一个随机变量序列依概率收敛到某一个随机变量，则该随机变量序列也一定依分布收敛到这个随机变量；反之则不然。只有当一个随机变量序列依分布收敛到一个常数的时候，才能够推出该随机变量序列也依概率收敛到这个常数。

对于任意的 $\varepsilon>0$，当随机变量序列的数目 n 充分大时，事件 $|X_n - \mu| < \varepsilon$ 的概率几乎等于 1，即

$$\lim_{n \to \infty} P(|X_n - \mu| < \varepsilon) = 1$$

称为随机变量序列 X_n 收敛于 μ，记作

$$X_n \xrightarrow{P} \mu$$

1.5.3 切比雪夫大数定律

相互独立的随机变量序列 X_n 的数学期望为 $E(X_n)$，方差有界，即 $D(X_n) \leqslant L$，对于任意的 $\varepsilon > 0$，有

$$\lim_{n \to \infty} P\left(\left|\frac{1}{n}\sum_{i=1}^{n} x_i - \frac{1}{n}\sum_{i=1}^{n} E(x_i)\right| < \varepsilon\right) = 1$$

当 n 很大时，随机变量序列的均值依概率收敛于其数学期望值，这表明了当数据量足够大时，随机变量序列的均值不再随机，而是趋于稳定。这就是切比雪夫大数定律给出的平均值稳定性的科学论据。

在同样的情况下，我们也可以得到切比雪夫不等式：

$$P(|X_n - E(X_n)| < \varepsilon) \geqslant 1 - \frac{\sigma^2}{\varepsilon^2}$$

$$P(|X_n - E(X_n)| \geqslant \varepsilon) \leqslant \frac{\sigma^2}{\varepsilon^2}$$

由切比雪夫不等式可以得出，σ^2 越小，P 的值就越大，即随机变量集中在期望值附近的可能性越大。由此可见，方差描述了随机变量的离散程度。

例 　　　　　　　　　　　　切比雪夫不等式实例

已知每毫升正常成人男性血液中白细胞数的平均值是 7300，标准差为 700。利用切比雪夫不等式估计每毫升正常成人男性血液中白细胞数为 5200～9400 的概率。

解：设每毫升正常成人男性血液中白细胞数为 x。依题意可知 $\mu=7300$，$\sigma=700$，所求概率 P 为

$$P(5200 \leqslant X \leqslant 9400) = P(5200-7300 \leqslant X-7300 \leqslant 9400-7300)$$
$$= P(-2100 \leqslant X-\mu \leqslant 2100) = P(|X-\mu| \leqslant 2100)$$

由切比雪夫不等式可推出

$$P(|x-\mu| \leqslant \varepsilon) \geqslant 1 - \frac{\sigma^2}{\varepsilon^2} = P(|x-\mu| \leqslant 2100) \geqslant 1 - \frac{700^2}{2100^2} = 1 - \frac{1}{9} = \frac{8}{9}$$

即每毫升正常成人男性血液中白细胞数为 5200～9400 的概率不低于 $\frac{8}{9}$。

1.5.4 伯努利大数定律和辛钦大数定律

1. 伯努利大数定律

在 N 重伯努利试验中，事件 A 发生了 n 次。如果事件 A 在每次试验中发生的概率为 p，那么对于任意的 $\varepsilon>0$，有

$$\lim_{N \to \infty} P\left(\left|\frac{n}{N} - p\right| \geqslant \varepsilon\right) = 0$$

频率 $\frac{n}{N}$ 依概率收敛于 p，记为

$$\frac{n}{N} \xrightarrow{P} p$$

伯努利大数定律从理论上证明了频率的稳定性。

2. 辛钦大数定律

随机变量序列 x_i（$i=1,2,\cdots,n$）独立且有同样的分布，其数学期望值 $E(x_i)=\mu$ 存在，对于任意的 $\varepsilon>0$，有

$$\lim_{n \to \infty} P\left(\left|\frac{1}{n}\sum_{i=1}^{n} x_i - \mu\right| < \varepsilon\right) = 1$$

即随机变量的算术平均值依概率收敛于 μ，记为

$$\frac{1}{n}\sum_{i=1}^{n} x_i \xrightarrow{P} \mu$$

辛钦大数定律与方差无关，伯努利大数定律是辛钦大数定律的特殊情况。

1.5.5 中心极限定理

中心极限定理：设从均值为 μ 和方差为 σ^2 的任意一个总体中抽取容量为 n 的样本，当 n 充分大时，样本均值的抽样分布近似服从均值为 μ、方差为 σ^2/n 的正态分布，如图 1-42 所示。

中心极限定理是概率论中讨论随机变量序列之和的分布收敛于正态分布的一类定理，这组定理是数理统计学和误差分析的理论基础，指出了大量随机变量积累分布函数逐渐收敛到正态分布的积累分布函数的条件。

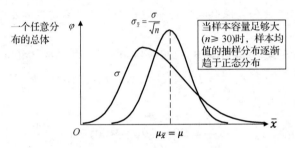

图 1-42 中心极限定理的示意图

1.5.6 样本均值的抽样分布

设有一总体包含 4 个元素，每个元素的取值分别为 $x_1=1$、$x_2=2$、$x_3=3$、$x_4=4$。
该总体的均值为

$$\mu = \frac{1}{N}\sum_{i=1}^{N} x_i = 2.5$$

该总体的方差为

$$\sigma^2 = \frac{1}{N}\sum_{i=1}^{N}(x_i-\mu)^2 = 1.25$$

样本的总体分布如图 1-43 所示。

如果从总体中随机抽取 2 个样本，再放回去重新抽取，依次反复，那么 4 个元素会有 16 种组合，如表 1-12 所示。

表 1-12 样本的抽样数据

第一个观察值	第二个观察值			
	1	2	3	4
1	1, 1	1, 2	1, 3	1, 4
2	2, 1	2, 2	2, 3	2, 4
3	3, 1	3, 2	3, 3	3, 4
4	4, 1	4, 2	4, 3	4, 4

样本的抽样分布如图 1-44 所示。

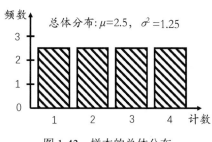

图 1-43 样本的总体分布

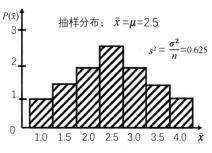

图 1-44 样本的抽样分布

利用中心极限定理可得

$$\bar{X} = \frac{1}{N}\sum_{i=1}^{N}\bar{x}_i = \frac{1.0+1.5+\cdots+4.0}{16} = 2.5 = \mu$$

$$s^2 = \frac{1}{N}\sum_{i=1}^{N}(\bar{x}_i - \bar{X})^2 = \frac{(1.0-2.5)^2+\cdots+(4.0-2.5)^2}{16} = 0.625 = \frac{\sigma^2}{n}$$

当总体服从正态分布 $N(\mu,\sigma^2)$ 时,来自该总体所有容量为 n 的样本的均值 $\bar{X}$ 也服从正态分布,$\bar{X}$ 的数学期望值为 μ,方差为 σ^2/n,即 $\bar{X} \sim N(\mu,\sigma^2/n)$。随着 n 的增加,样本均值的抽样分布逐渐趋于正态分布,分布向以 $\bar{X}$ 为中心聚集,峰变锐利。不管总体的分布如何,当抽取样本的数量 n 增加时,样本均值 $\bar{X}$ 的分布趋于正态分布的过程如图 1-45 所示。

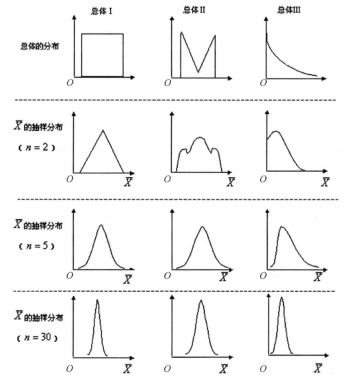

图 1-45 样本均值 $\bar{X}$ 的分布趋于正态分布的过程

1.5.7 大数定律与中心极限定理

大数定律是说,当 n 重伯努利试验的次数 n 增加的时候,统计量概率收敛于统计参数,但是,我们不知道统计量的分布状况,说的是统计量的"收敛"。

中心极限定理是说,当 n 重伯努利试验的次数 n 增加的时候,样本均值的分布趋于以 μ 为均值,σ^2/n 为方差的正态分布,说的是统计量的"分布"。

常用的三个中心极限定理如表 1-13 所示。

表 1-13 常用的三个中心极限定理

中心极限定理	成 立 条 件
棣莫佛-拉普拉斯定理(De Moivre–Laplace)	随机变量相互独立,且同 0-1 分布
林德伯格-列维定理(Lindeberg–Levy)	随机变量相互独立,且同分布
李雅普诺夫定理(Liapunov)	随机变量相互独立

1.6 数据类型与图示

数据分析中遇到的数据并不仅仅是数字,还有很多是非数字的数据,如性别、级别等。每种数据都有特别的意义,不同的数据类型有不同的分析方法。下面对数据类型做一个总结,如图 1-46 所示。

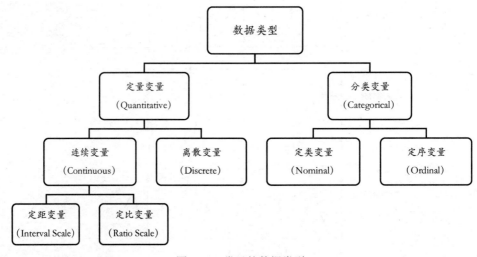

图 1-46 常见的数据类型

1.6.1 测量尺度

根据每个变量的测量尺度,选择与之相配的统计方法,如表 1-14 所示。

表 1-14 不同数据类型的适用性

数据等级	变量	变量类型描述	运算操作	使用实例	一般描述统计
↓ 高级	定类变量	按事物的某种属性对其进行平行的分类或分组，名义级数据	决定相等或不等，可用=、≠	按性别将人分为男、女两类；按语言分为中文、英文、法文、日文四类；按参会与否分为出席、缺席两类	众数
	定序变量	对事物之间等级差别和顺序差别的一种测度，中间级数据	决定大小、级别，可用=、≠、>、<	学生可以分为小学生、初中生、高中生、大学生等；满意度可分为非常满意、满意、不满意、很不满意	众数、中位数、分位数
	定距变量	对事物类别或次序之间距离的测度，差异或类同，无真正零点	决定间距的相等性，可用=、≠、>、<、+、−	除了包括定序变量的特性，还能准确测量同一类别中个案间高低、大小次序之间的距离，因此具有加与减的数学特质	众数、中位数、分位数、均值、全距
	定比变量	是指常说的数值变量，拥有零值及含有前三个测量尺度的特征，最高级数据	决定等比的相等性，可用=、≠、>、<、+、−、×、÷	可以进行各种运算，大多数是物理量	众数、中位数、分位数、均值、全距、标准差、变异系数

一般来说，数据的等级越高，应用范围就越广；等级越低，应用范围就越受限。不同测度级别的数据应用范围不同，等级高的数据可以兼有等级低的数据的功能，而等级低的数据不能兼有等级高的数据的功能。

练习 4

请对下面的两组内容进行两两匹配。

（1）班里的学生数量

（2）头发的颜色（黑色、棕色、灰色、红色）   a. 分类（定序变量）

（3）收入（低、中、高）   b. 定量（离散变量）

（4）运动衫号码   c. 分类（定类变量）

（5）森林中树的高度   d. 定量（连续变量）

（6）人名（Adam、Becky、Christina、Dave…）

（7）灯泡的寿命

（8）一家公司接收到的电话数量

答案：（1）b；（2）c；（3）a；（4）c；（5）d；（6）c；（7）d；（8）b

练习 5

请对下面的两组内容进行两两匹配。

（1）证件号码   a. 分类（定序变量）

（2）体温　　　　b．定量（离散变量）
（3）性别　　　　c．分类（定类变量）
（4）心率　　　　d．定量（连续变量）
答案：（1）a；（2）b；（3）c；（4）d

1.6.2　各种数据类型的图示

数据里面的信息可以通过图示的方式展示出来，不同的数据类型需要不同的图示方法。常见数据类型与图示如图 1-47 所示，其中线图如图 1-48 所示，折线图如图 1-49 所示，直方图如图 1-50 所示，茎叶图如图 1-51 所示，箱线图如图 1-52 所示，雷达图如图 1-53 所示，条形图如图 1-54 所示，环形图如图 1-55 所示，饼图如图 1-56 所示。

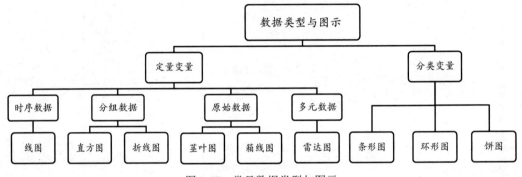

图 1-47　常见数据类型与图示

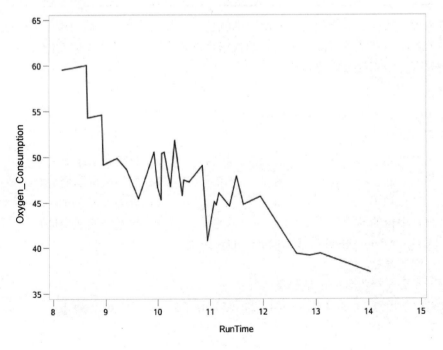

图 1-48　线图

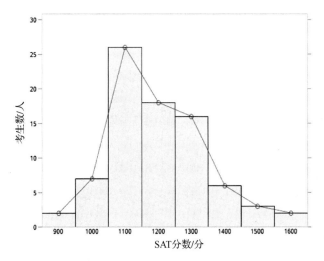

图 1-49 折线图

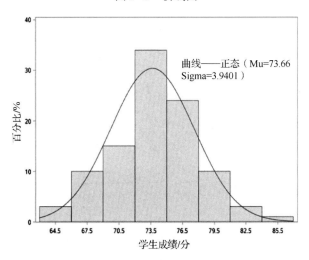

图 1-50 直方图

一区域快递站每人日投递量的茎叶图

树茎	树叶	数据个数
20	13378	5
21	2334677899	10
22	001222334555667789	18
23	01333467889	11
30	245	3

图 1-51 茎叶图

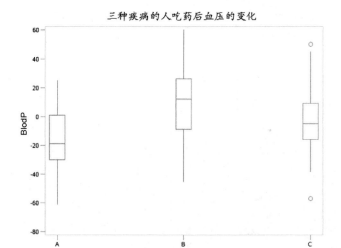

图 1-52　箱线图

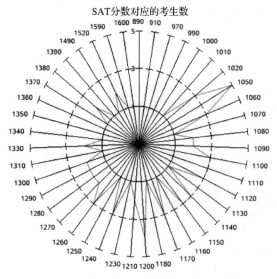

图 1-53　雷达图

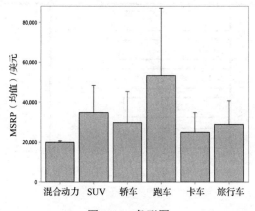

图 1-54　条形图

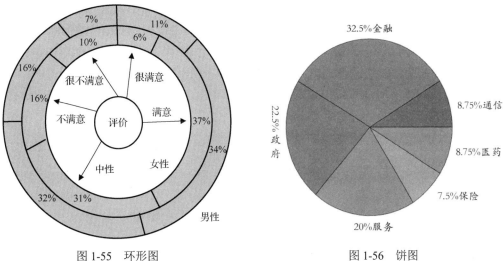

图 1-55　环形图　　　　　图 1-56　饼图

上述图形中的线图、直方图、折线图、雷达图、环形图、饼图等是大家耳熟能详的。在这里我们重点补充讲解箱线图和茎叶图。

1. 箱线图

箱线图是使用五个位置统计量（最小值、第一四分位数 Q1、中位数、第三四分位数 Q3 和最大值）来描述数据的一种图示法，它从不同的角度观察数据的对称性、集中趋势、离散趋势、不正常观测值等信息，奇异值和极值均可被排除后重新分析，还可以进行几个样本的对比。

在图 1-57 中，框高代表第一四分位数到第三四分位数的距离；粗线代表中位数；上下中央的垂直线是触须线，触须线的上下截止线分别对应于观测值的最大值和最小值；用 8 标记的是奇异值（与框边距离超出框高 1.5 倍）；用*标记的是极大值或极小值（与框边距离超出框高 3 倍）。

2. 茎叶图

茎叶图是将数组中的数按位数分别进行比较，将比较稳定的位数作为主干，称为茎；将变化大的位数作为分枝，称为叶。

用茎叶图表示数据时没有丢失原始数据信息，可以从茎叶图中找到，而且茎叶图中的数据可以随时添加。茎叶图只便于表示两位有效数字的数据，而且只便于两组数据做对比。茎叶图虽然能够记录两组以上的数据，但是对比效果不好。

运动员的赛季成绩会随着比赛的进行而不断更新。这里有两个队的运动员，他们本赛季的成绩分别为

甲队：6、13、22、24、31、33、37、37、41、45、49、53、55、65、75

乙队：8、15、16、16、20、22、26、29、30、33、38、45、51、56、72

请用茎叶图将这些数据表示出来，并观察数据分布情况，比较两队运动员的成绩。

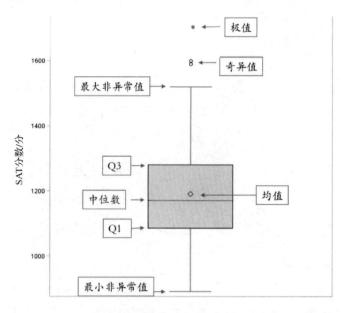

图 1-57 箱线图解释

茎叶图数据如表 1-15 所示,由表可以看出,乙队的分数集中偏向于茎值比较小的区域,而甲队的分数集中偏向于茎值大的区域,总体得分较高。甲队的分数分布更趋向于正态分布;乙队的分数分布要偏一些。

表 1-15 茎叶图数据

甲 队 叶	茎	乙 队 叶
6	0	8
3	1	5665
42	2	0269
7731	3	038
951	4	5
53	5	16
5	6	—
5	7	2

第 2 章　推断性统计：参数估计

上一章介绍了总体、样本、简单随机样本、统计量和抽样分布的概念，给出了几个重要的抽样分布定理，它们是进一步学习推断性统计的基础。

2.1　推断性统计概述

人们经常遇到的问题是如何选取样本及根据样本对总体的种种统计特征做出判断。通常总体的大致分布类型可知，但确切形式未知，即总体的参数未知。为了求总体的分布函数$\Phi(x)$或密度函数$\varphi(x)$（有时候用$f(x)$表示），必须根据样本特征估计出总体的参数，这就是总体的参数估计问题。

推断性统计研究统计量和评价推断方法的有效性，其过程如图 2-1 所示。

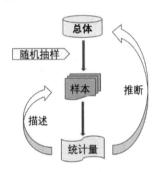

图 2-1　统计推断的过程

2.1.1　推断性统计的定义

推断性统计是研究如何利用样本数据的统计量来推断总体参数特征的统计方法。统计推断的理论和方法论基础是概率论和数理统计学。

推断性统计包含如下两个方面。

（1）参数估计，用样本数据推断总体特征。

（2）假设检验，用样本统计量判断总体的假设是否成立。

个体是总体的一部分，部分总体中的元素的特性能反映总体的特征。但是，由于总体的不均匀性和样本的随机性，样本不具有完整的代表性，不能精确地反映总体的特征。因此，根据抽取的样本来分析总体的特征可能存在偏差和错误。从理论上讲有两种途径可以消除和减少这种偏差和错误。

（1）尽量均匀。总体中的各种数据种类均匀分布，使得随机抽出的样本具有代表性，而不是偏重于某类或某几类样本。数据的均匀性能保证抽样的代表性。在居民区进行抽样调研就会遇到样本不均匀的问题。通常，高校周边的小区居民以老师和学生居多；工厂周边的小区以工厂职工居多。这样采集到的样本会非常不均匀，并且会漏掉某类人群。

（2）确保抽样的代表性。采取适当的抽样方法来确保抽样的代表性，可有效地控制和提高统计推断的可靠性和正确性。例如，我们在做选民抽样调查的时候，要尽可能选择各阶层人员都会去的地方，而不是只有特定人群会去的地方，大型赛事运动场周边比校园周边的人群更具有代表性。

推断性统计就是用从总体中随机抽取的样本特征来推断这个总体特征的统计方法。推断性统计由两方面内容组成：参数估计和假设检验。推断性统计的内容如图2-2所示。

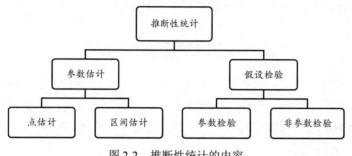

图2-2　推断性统计的内容

2.2　点　估　计

点估计（Point estimation）是一种用样本统计量来估计总体参数的方法之一，另外还有区间估计。因为样本统计量为数轴上某一点的具体值，估计出的参数也是数轴上一个具体的数值，所以称为点估计。点估计的方法如图2-3所示。

图2-3　点估计的方法

设总体的分布函数为 $f(x,\theta)$，θ 是总体未知参数。点估计就是利用样本 $X_1, X_2, \cdots, X_n$ 构造一个待估统计量 $\hat{\theta}(X_1, X_2, \cdots, X_n)$ 函数，以估计 θ。称 $\hat{\theta}$ 是 θ 的点估计量，也是一个随机变量，表示为 $\hat{\theta} \to \theta$。

将样本的值 $x_1, x_2, \cdots, x_n$ 代入 $\hat{\theta}(X_1, X_2, \cdots, X_n)$ 函数，就能得到一个具体的 $\hat{\theta}$，这个就是 θ 的点估计值。

用哪一个统计量来估计总体参数呢？如果有多于一个统计量来估计总体参数，它们的结果是否一致？有什么评估标准吗？

优良估计量的三条评判标准是无偏性、有效性、一致性。

1. 无偏性

如果估计量的数学期望等于被估计的总体参数，估计量就是无偏的，如图2-4所示。

设 $X_1, X_2, \cdots, X_n$ 为总体 X 的一个样本，θ 是总体 X 的待估参数。若估计量 $\hat{\theta} = \hat{\theta}(X_1, X_2, \cdots, X_n)$ 的数学期望 $E(\hat{\theta})$ 存在，且对于任意的 θ，有 $E(\hat{\theta}) = \theta$，则称 $\hat{\theta}$ 是 θ 的无偏估计量；若 $E(\hat{\theta}) \neq \theta$，则称 $\hat{\theta}$ 是 θ 的有偏估计量，$\lim_{n \to \infty} E(\hat{\theta}) = \theta$ 就是渐进无偏估计。

例如，$\bar{X}$ 是 $E(X) = \mu$ 的无偏估计，$s^2 D(X) = \sigma^2$ 的渐进无偏估计。

无偏估计的意义是无系统误差。如果 $\hat{\theta}$ 是 θ 的无偏估计量，$\hat{\theta}$ 是样本随机变量的属性，当进行大量重复试验时，都存在 $E(\hat{\theta}) = \theta$，即 $\hat{\theta}$ 在多次试验或观察中的观测值总是围绕着 θ 的真值摆动，所有观测值的平均值等于 θ 的真值。

2. 有效性

有效性是指估计量无偏性，且与总体参数的离散程度最小。离散程度是用方差度量的，因此在无偏估计量中，方差越小越有效，如图2-5所示。

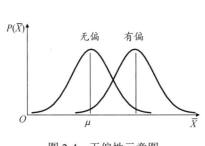

图2-4 无偏性示意图

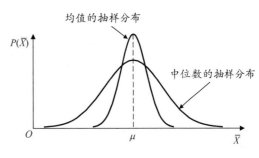

图2-5 有效性示意图

假设参数 θ 有两个无偏估计量 $\hat{\theta}_1 = \hat{\theta}_1(X_1, X_2, \cdots, X_n)$ 和 $\hat{\theta}_2 = \hat{\theta}_2(X_1, X_2, \cdots, X_n)$，在样本容量 n 相同的情况下，对于任意一个 θ 的无偏估计量，若 $\hat{\theta}_1$ 的观测值在真值 θ 附近较 $\hat{\theta}_2$ 的观测值更密集，即 $D(\hat{\theta}_1) \leqslant D(\hat{\theta}_2)$，则认为 $\hat{\theta}_1$ 较 $\hat{\theta}_2$ 更有效。

最小方差无偏估计提供了一种优良的估计方法，但是无偏估计的方差是不可能任意小的，是有下限的。

对于 μ 的无偏估计方差下限是 $D(\bar{X}) = \sigma^2 / n$，称为罗-克拉美下界，即 $\bar{X}$ 是 μ 的最小方差无偏估计。

3. 一致性

一致性又称相合性，是指随着样本容量的增大，估计量越来越接近总体参数的真值，如图2-6所示。一致性估计量仅在样本容量 n 足够大时，才显示出优越性。

设 $\hat{\theta} = \hat{\theta}(X_1, X_2, \cdots, X_n)$ 是总体参数 θ 的估计量，若对于任意的 $\theta \in \Omega$（实数空间），当 n 趋于无穷大时，$\hat{\theta}$ 以概率收敛于 θ，公式如下：

$$\lim_{n \to \infty} P\left(\left|\hat{\theta} - \theta\right| \geqslant \varepsilon\right) = 0$$

则称 $\hat{\theta}$ 是总体参数 θ 的一致估计量。

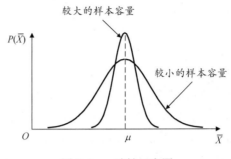

图 2-6 一致性示意图

一致性的两个重要结论如下。

(1) 根据大数定律，样本 k 阶矩是总体 k 阶矩的一致性估计量。

(2) 根据切比雪夫不等式可以证明，如果 $\hat{\theta}$ 是 θ 的无偏估计量，且 $\lim_{n\to\infty} D(\hat{\theta}) = 0$，则 $\hat{\theta}$ 是 θ 的一致估计量。矩法得到的估计量一般为一致估计量。最大似然法，在一定的条件下，得到的估计量为一致估计量。

估计量是样本函数、随机变量，每次试验都会得到不一样的参数估计值。一个好的估计应该在多次试验中体现出优良性，而不仅仅依赖一次试验的结果，这就要讨论对应于样本分布所得到的估计量的分布。

由于不同的样本值会得到不同的估计值，多次观测的估计值应在未知参数真值附近摆动，它们的平均期望值等于未知参数的真值。样本均值 $\bar{X}$ 是总体期望值 μ 的无偏、有效、一致估计量；样本比例 P 是总体比例 π 的无偏、有效、一致估计量；样本方差 s^2 是总体方差 σ^2 的无偏、一致估计量（有效讲的是方差最小）。

除此之外，还有如下几点说明。

(1) 无偏估计有时并不一定存在。

(2) 可估参数的无偏估计往往不唯一。

(3) 无偏估计不一定是好估计。

(4) 有偏估计可以修正为无偏估计。

(5) 点估计并不能反映估计的误差和精确程度，但是一个好的点估计量为区间估计提供了基础，也确定了区间的位置。

2.2.1 矩估计法

矩估计法是由英国统计学家卡尔·皮尔逊提出的一种基于替换思想的估计方法，即用样本矩估计总体矩。

根据大数定律中的辛钦大数定律，简单随机样本的原点矩依概率收敛到相应的总体原点矩，用样本矩替换总体矩就能求出参数的估计，这种求估计量的方法称为矩估计法。矩法估计量仅含有总体的部分信息，无法体现总体的分布特征，只有当样本容量 n 较大时，才能体现它的优势，所以，矩估计法只适用于大样本的情况。

在概率论中，常用 k 阶矩表示随机变量的一类数字特征，有原点矩、中心矩等分类方法。

k 阶原点矩是随机变量 X 偏离原点 $(0,0)$ 的"距离"的 k 次方的期望值。一般情况下，

对于正整数 k，如果 $E[(X-0)^k]=E(X^k)\leq\infty$，则称 $E(X^k)$ 为随机变量 X 的 k 阶原点矩。k 阶中心矩是随机变量 X 偏离其中心的距离的 k 次方的期望值，一般以其平均数为中心。对于正整数 k，如果 $E(X)$ 存在，偏离 $E(X)$ 的 k 次方的期望值存在，且 $E\{[X-E(X)]^k\}<\infty$，则称 $E\{[X-E(X)]^k\}$ 为随机变量 X 的 k 阶中心矩。例如，X 的方差是 X 的二阶中心矩，即 $D(X)=E\{[X-E(X)]^2\}$ 等。

物理学中的力矩=力×力臂长度。这里的随机变量 X 到中心的距离可以看作力臂。

一阶原点矩就是样本的均值，二阶中心矩就是样本的方差。矩估计法就是用样本的均值等于总体的期望，用样本的方差等于总体的方差。

接下来将刚才讲的内容进行总结，如表 2-1 和表 2-2 所示。

表 2-1 k 阶距的表示

	样 本	总 体
k 阶原点矩	$A_k = \dfrac{1}{n}\sum_{i=1}^{n} x_i^k$	$\mu_k = E(X^k)$
k 阶中心矩	$B_k = \dfrac{1}{n}\sum_{i=1}^{n}(x_i - \bar{X})^k$	$m_k = E\{[X - E(X)]^k\}$

表 2-2 随机变量的原点矩和中心矩

	原 点 矩	中 心 矩
随机变量 X 是离散变量	$A_k(X) = \sum_{i=1}^{n} x_i^k P(x_i)$	$B_k(X) = \sum_{i=1}^{n}[x_i - E(X)]^k P(x_i)$
随机变量 X 是连续变量	$A_k(X) = \int_{-\infty}^{+\infty} x^k f(x)\mathrm{d}x$	$B_k(X) = \int_{-\infty}^{+\infty}[x - E(X)]^k f(x)\mathrm{d}x$

1. 格里汶科定理

设 $X_1, X_2, \cdots, X_n$ 为总体 X 的一个样本，总体分布函数为 $F(X)$，样本分布函数为 $F_n(x)$，当样本容量 $n \to \infty$ 时，概率 $P\left[\sup|F_n(x) - F(x)| \to 0\right] = 1$；当 n 相当大时，样本分布函数是总体分布函数的一个优良的近似。

注：sup=supermum，表示一个集合中的上确界，即任何属于该集合的元素都小于等于该值。

格里汶科定理的含义是，当样本容量充分大时，$F_n(x)$ 在整个实轴上以概率 1 均匀收敛于 $F(x)$，$F_n(x)$ 能良好地逼近总体分布函数，这是统计学中以样本推断总体的理论依据。

2. 矩估计法的步骤

已知总体 X，分布 $X \sim F(X; \theta_1, \theta_2, \cdots, \theta_l)$，其中 $\theta_1, \theta_2, \cdots, \theta_l$ 是待估参数，$1 \leq k \leq l$。

（1）设总体的 k 阶矩 $\mu_k = E(X^k)$ 存在，则

$$\mu_k = \mu_k(\theta_1, \theta_2, \cdots, \theta_l)$$

（2）设来自总体 X 的样本的 k 阶矩为

$$A_k = \frac{1}{n}\sum_{i=1}^{n} x_i^k$$

（3）令总体的 k 阶矩分别与样本的 k 阶矩相等，即

$$\begin{cases} \mu_1(\theta_1,\theta_2,\cdots,\theta_l) = A_1 \\ \mu_2(\theta_1,\theta_2,\cdots,\theta_l) = A_2 \\ \quad\quad\vdots \\ \mu_l(\theta_1,\theta_2,\cdots,\theta_l) = A_l \end{cases}$$

由此联立方程组解出待估参数的解,即 $\hat{\theta}_1(X_1,X_2,\cdots,X_n), \hat{\theta}_2(X_1,X_2,\cdots,X_n), \cdots, \hat{\theta}_l(X_1,X_2,\cdots,X_n)$。

矩估计法简单易用,无须知道总体分布形式,但是要求总体相应的原点矩存在。不存在原点矩的分布就不能用该方法,如柯西分布(Cauchy Distribution)。

在总体分布已知的情况下,矩估计法不如最大似然法有优势。

例

某射击比赛海选,参赛选手每人有 10 发子弹的射击机会,从比赛成绩中随机抽取 10 名选手的成绩,如表 2-3 所示。求总体的平均成绩和标准差。

表 2-3 比赛成绩数据

编 号	1	2	3	4	5	6	7	8	9	10
成绩/分	99	95	90	87	83	79	74	66	62	58

解:总体的一阶矩和二阶矩为

$$\mu_1 = E(X), \quad \mu_2 = E(X^2) = D(X) + [E(X)]^2 = \sigma^2 + \mu^2$$

样本的一阶矩和二阶矩为

$$A_1 = \frac{1}{n}\sum_{i=1}^{n} x_i = \frac{1}{10}(99+95+\cdots+58) = 79.3$$

$$A_2 = \frac{1}{n}\sum_{i=1}^{n} x_i^2 = \frac{1}{10}(99^2+95^2+\cdots+58^2) = 6466.5$$

令总体与样本的同阶矩相等,则有

$$\begin{cases} \mu = 79.3 \\ \sigma^2 + \mu^2 = 6466.5 \end{cases}$$

解得 $\hat{\mu} = 79.3$,$\hat{\sigma} = 13.34$。

提示:在 1.4.5 节中指出:$D(X) = E(X^2) - [E(X)]^2$。

2.2.2 最大似然法

最大似然法是在总体的分布类型已知的情况下使用的一种参数估计方法,是由德国数学家高斯(Gauss)在 1821 年提出来的。1922 年,英国统计学家罗纳德·费舍尔重新发现了这一方法,并首先研究了这种方法的一些性质。

最大似然法的思想很简单,在已经得到试验结果的情况下,寻找使这个结果出现的可能性最大的 θ 作为真 θ 的估计。

如果某试验有 n 个可能的结果,然而在试验中事件 A_i 发生了,我们就认为试验条件对

事件 A_i 最有利，在这 n 个可能的结果中 A_i 出现的概率最大。

进行 n 次样本随机抽样，取值分别为 $x_1, x_2, \cdots, x_n$，当总体参数 θ 等于估计值 $\hat{\theta}(x_1, x_2, \cdots, x_n)$ 时，样本出现的概率最大，这就是最大似然估计。

在统计学中，概率和似然意思相近，但它们是不同的概念。在已知一些参数的情况下，概率用来预测接下来的观测结果；似然则是当已知某些观测结果后，对相关事物的性质的参数进行估计。概率是一个实际的值，似然度是一个模拟值，需要试验。

例   **最大似然法的实例**

假设有 2 个暗箱：甲箱和乙箱，其中甲箱有 99 个白球和 1 个黑球，乙箱有 99 个黑球和 1 个白球，如表 2-4 所示。现在随手从一个暗箱里拿出 1 个球，这个球是白球。请问这个白球最有可能是从哪个暗箱里面拿出来的？

表 2-4   球在暗箱中被抽取的概率

	球在暗箱中出现的概率	
	$P(甲)$	$P(乙)$
白球	99%	1%
黑球	1%	99%

显然，白球来自甲箱的可能性最大。我们认为白球最有可能来自甲箱。

2.2.3 似然函数

在统计学中，似然函数是一种关于统计模型参数的函数。当已知 x 时，关于参数 θ 的似然函数 $L(\theta|x)$ 等于给定参数 θ 后变量 X 的概率，即 $L(\theta|x) = P(X = x|\theta)$。离散型样本的联合概率函数为

$$L(\theta_1, \theta_2, \cdots, \theta_n) = \prod_{i=1}^{n} P(x_i; \theta_1, \theta_2, \cdots, \theta_n)$$

假设总体分布函数为 $f(x, \theta)$，$X_1, X_2, \cdots, X_n$ 为总体采样得到的样本，其中 $X_1, X_2, \cdots, X_n$ 独立同分布，连续型样本的联合概率密度函数为

$$L(\theta_1, \theta_2, \cdots, \theta_n) = \prod_{i=1}^{n} f(x_i; \theta_1, \theta_2, \cdots, \theta_n)$$

似然函数的构建分为两大类：离散型、连续型。似然函数就是每个样本元素出现概率的乘积。

1. 离散分布情况

设总体 X 是离散型随机变量，其概率函数为 $P(X; \theta)$，其中 θ 是未知参数。设 $X_1, X_2, \cdots, X_n$ 为取自总体 X 的随机样本，若样本值是 $x_1, x_2, \cdots, x_n$，则事件 $\{X_1=x_1, X_2=x_2, \cdots, X_n=x_n\}$ 发生的概率为 $\prod_{i=1}^{n} P(x_i; \theta)$，这一概率随 θ 值的变化而变化。因为样本 $X_1, X_2, \cdots, X_n$ 出现了，所以它们出现的概率相对来说应该比较大，应使 $\prod_{i=1}^{n} P(x_i; \theta)$ 取比较大的值，即 θ 应使样本

$X_1, X_2, \cdots, X_n$ 出现的概率最大。将 $\prod_{i=1}^{n} P(x_i; \theta)$ 看作 θ 的函数，并用 $L(\theta)$ 表示，即 $L(\theta) = L(X_1, X_2, \cdots, X_n; \theta) = \prod_{i=1}^{n} P(x_i; \theta)$，我们称 $L(\theta)$ 为似然函数。

2．连续分布情况

设总体 X 是连续型随机变量，其概率密度函数为 $f(x_i; \theta)$，样本观察值与总体同分布相互独立，为 $x_1, x_2, \cdots, x_n$，则联合密度函数为 $f(x_1, x_2, \cdots, x_n; \theta) = f(x_1; \theta) \cdot f(x_2; \theta) \cdots f(x_n; \theta) = \prod_{i=1}^{n} f(x_i; \theta)$。按最大似然法，选择的 θ 值应使此概率达到最大。我们取总体 X 的似然函数为 $L(\theta) = \prod_{i=1}^{n} f(x_i; \theta)$，然后求总体参数 θ 的最大似然估计值。

2.2.4 求解最大似然估计值

最大似然法是在参数 θ 的可取值范围内，选取使 $L(\theta)$ 达到最大的参数 $\hat{\theta}$ 作为参数 θ 的估计值，即求使得 $L(\theta)$ 达到最大的 θ。这样，求总体参数 θ 的最大似然估计值其实就是求似然函数 $L(\theta)$ 的最大值。

由于 $L(\theta)$ 是乘积函数，使用对数求解会更加便利。$L(\theta)$ 的自然对数 $\ln L(\theta)$ 为 $L(\theta)$ 的增函数，所以 $\ln L(\theta)$ 与 $L(\theta)$ 在 θ 的同一值处取得最大值，我们称 $\ln L(\theta)$ 为对数似然函数。

对 $\ln L(\theta)$ 中的 θ 求导并等于 0 的公式称为似然方程，即

$$\frac{dL(\theta)}{d\theta} = 0 \quad \text{或} \quad \frac{d\ln L(\theta)}{d\theta} = 0$$

解上述方程得到的 $\hat{\theta}$ 就是参数 θ 的最大似然估计值。如果上述方程有唯一解，且能验证是一个极大值点，那么该唯一解就是所求的最大似然估计值。如果无法对 $\ln L(\theta)$ 求导，则可以对 $L(\theta)$ 求导，以进行求解。

求最大似然估计值的一般步骤如下。

（1）由总体分布导出样本的联合概率函数。

（2）把样本联合概率函数（或联合密度概率函数）中的自变量看作已知常数，把参数 θ 看作自变量，得到似然函数 $L(\theta)$：

$$L(\theta_1, \theta_2, \cdots, \theta_n) = \begin{cases} \prod_{i=1}^{n} P(x_i; \theta_1, \theta_2, \cdots, \theta_n) & \text{离散型随机变量} \\ \prod_{i=1}^{n} f(x_i; \theta_1, \theta_2, \cdots, \theta_n) & \text{连续型随机变量} \end{cases}$$

（3）对似然函数取对数。

（4）对 θ 求导，得似然方程。

（5）解方程得 $\hat{\theta}$。

（6）做出结论。

2.2.5 最大似然法离散型示例

已知有两种可能结果的总体 X，一种结果的概率为 p，另一种结果的概率为 $1-p$，其分布律如表 2-5 所示。

表 2-5 离散型分布律表

X	0	1
P_i	$1-p$	p

求 p 的最大似然估计值。

解：根据二项分布，总体 X 的分布律为
$$P(X=x) = p^x(1-p)^{1-x}, \quad x=0,1$$

设 $(x_1, x_2, \cdots, x_n)$ 是来自总体 X 的样本值。

建立似然函数：
$$L(p) = \prod_{i=1}^{n} P(x_i, p) = \prod_{i=1}^{n} p^{x_i}(1-p)^{1-x_i} = p^{\sum_{i=1}^{n}x_i}(1-p)^{n-\sum_{i=1}^{n}x_i}$$

对似然函数取对数：
$$\ln L(p) = \left(\sum_{i=1}^{n}x_i\right)\ln p + \left(n - \sum_{i=1}^{n}x_i\right)\ln(1-p)$$

似然函数对 p 求导：
$$\frac{\mathrm{d}\ln L(p)}{\mathrm{d}p} = \frac{1}{p}\sum_{i=1}^{n}x_i - \frac{1}{1-p}\left(n - \sum_{i=1}^{n}x_i\right) = 0$$

解似然方程得 $\hat{p} = \dfrac{1}{n}\sum_{i=1}^{n}x_i$，这就是 p 的最大似然估计值。

2.2.6 最大似然法连续型示例

已知 $X_1, X_2, \cdots, X_n$ 是取自总体 X 的一个样本，概率密度函数为
$$f(x) = \begin{cases} \theta x^{\theta-1} & 0 < x < 1 \\ 0 & \text{其他区间} \end{cases}$$

求 θ 的最大似然估计值。

解：建立似然函数：
$$L(\theta) = \prod_{i=1}^{n}\theta x_i^{\theta-1} = \theta^n\left(\prod_{i=1}^{n}x_i\right)^{\theta-1}, \quad 0 < x_i < 1$$

对似然函数取对数：
$$\ln L(\theta) = n\ln\theta + (\theta-1)\sum_{i=1}^{n}\ln x_i$$

似然函数对 θ 求导：
$$\frac{\mathrm{d}}{\mathrm{d}\theta}\ln L(\theta) = \frac{n}{\theta} + \sum_{i=1}^{n}\ln x_i = 0$$

解似然方程得 $\hat{\theta} = -\dfrac{n}{\sum\limits_{i=1}^{n} \ln x_i}$，这就是 θ 的最大似然估计值。

设总体 $X \sim N(\mu, \sigma^2)$，μ 与 σ^2 未知，$x_1, x_2, \cdots, x_n$ 是来自总体 X 的样本值。试求 μ 与 σ^2 的最大似然估计值。

解：总体 X 的概率密度函数为

$$f(x) = \dfrac{1}{\sqrt{2\pi}\sigma} e^{-\dfrac{(x-\mu)^2}{2\sigma^2}}, \ -\infty < x < \infty$$

建立似然函数：

$$L(\mu, \sigma^2) = \prod_{i=1}^{n} \dfrac{1}{\sqrt{2\pi}\sigma} e^{-\dfrac{(x_i-\mu)^2}{2\sigma^2}} = (2\pi)^{-\frac{n}{2}} \cdot (\sigma^2)^{-\frac{n}{2}} \cdot e^{-\left[\dfrac{1}{2\sigma^2}\sum\limits_{i=1}^{n}(x_i-\mu)^2\right]}$$

对似然函数取对数：

$$\ln L = -\dfrac{n}{2}\ln(2\pi) - \dfrac{n}{2}\ln \sigma^2 - \dfrac{1}{2\sigma^2}\sum_{i=1}^{n}(x_i-\mu)^2$$

似然函数分别对 μ、σ^2 求偏导：

$$\dfrac{\partial}{\partial \mu}\ln L = \dfrac{1}{\sigma^2}\left(\sum_{i=1}^{n} x_i - n\mu\right) = 0$$

$$\dfrac{\partial}{\partial \sigma^2}\ln L = -\dfrac{n}{\sigma^2} + \dfrac{1}{2(\sigma^2)^2}\sum_{i=1}^{n}(x_i-\mu)^2 = 0$$

解似然方程得

$$\hat{\mu} = \dfrac{1}{n}\sum_{i=1}^{n} x_i = \bar{x}$$

$$\hat{\sigma}^2 = \dfrac{1}{n}\sum_{i=1}^{n}(x_i - \bar{x})^2 = \dfrac{n-1}{n} s^2$$

2.3 区间估计

区间估计是参数估计的一种，是在点估计的基础上估计出总体参数可能的范围，以及总体参数以多大的概率落在这个范围内。通过从总体中抽取的样本，根据样本指标和抽样平均误差推断总体指标的可能范围，将其作为总体分布参数真值所在范围的估计。常用的区间估计就是假设检验中经常使用的置信区间，如图 2-7 所示。

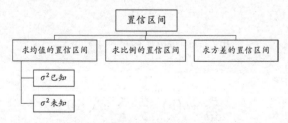

图 2-7 常见参数的置信区间估计

区间估计必须同时具备三个基本要素：估计值、抽样极限误差和概率保证程度。抽样极限误差决定抽样估计的准确性，概率保证程度决定抽样估计的可靠性，因此，保证了整个估计过程的科学性和严谨性。

设 θ 为总体 X 的未知参数，$X_1, X_2, \cdots, X_n$ 为来自总体的简单随机样本，对于预先给定的一个充分小的正数 α（$0<\alpha<1$），我们构造两个统计量：

$$\begin{cases} \hat{\theta}_1 = \hat{\theta}_1(X_1, X_2, \cdots, X_n) \\ \hat{\theta}_2 = \hat{\theta}_2(X_1, X_2, \cdots, X_n) \end{cases}$$

使得 $P\{\hat{\theta}_1 < \theta < \hat{\theta}_2\} = 1-\alpha$，则称区间 $(\hat{\theta}_1, \hat{\theta}_2)$ 为总体参数 θ 的区间估计或置信区间；$1-\alpha$ 称为置信区间的置信度，也称置信概率、置信系数或置信水平；α 称为显著性水平；$\hat{\theta}_1$ 称为置信下限，$\hat{\theta}_2$ 称为置信上限。

显著性水平 α 是事先给定的一个概率值，也称为风险值，它是总体均值不落在置信区间的概率。置信水平 $1-\alpha$ 是置信区间包含总体参数的概率。

常用的置信水平值有 99%、95%、90%，相应的 α 为 0.01、0.05、0.10。显著性水平 α 越小越好。

方差已知求均值用 Z 分布，方差未知求均值用 t 分布（用样本标准差 s 代替总体标准差 σ），均值未知求方差用卡方分布。在两个正态分布样本的均值和方差都未知的情况下求两个总体的方差比值用 F 分布。

2.3.1 均值的置信区间

置信区间源自样本统计量，并有可能包含未知总体参数值的取值范围。由于样本抽取的随机性，来自特定总体的两个样本一般不可能生成相同的置信区间。但是如果将样本重复许多次，则所获得的特定百分比的置信区间会包含未知的总体参数，如图 2-8 所示。

在图 2-8 中，黑色水平线表示未知总体均值的固定值 μ，与水平线相交的垂直细线为包含总体均值的置信区间。完全在水平线上方的粗线的置信区间不包含该均值。95% 置信区间表明来自同一总体的 20 个样本中有 19 个（95%）会生成包含总体参数的置信区间。图 2-9 中含有 $\bar{x}_2$ 样本均值的置信区间未包含总体均值。

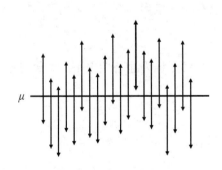

图 2-8　置信区间概率示意图 1

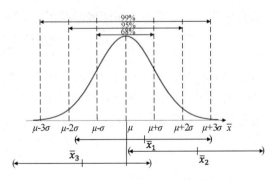

图 2-9　置信区间概率示意图 2

2.3.2 总体均值的区间估计

对总体均值进行区间估计时，需要考虑以下几种情形。
（1）总体是否为正态分布？
（2）总体方差是否已知？
（3）构成估计量的样本是大样本（$n \geqslant 30$），还是小样本（$n<30$）？

总体均值的区间估计如图 2-10 所示。

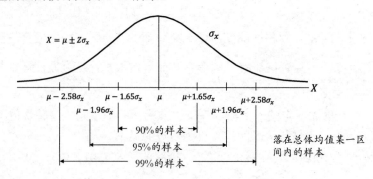

图 2-10　总体均值的区间估计

1. 总体均值的置信区间（方差已知）

在如下两种情况下：

$$\begin{cases} 总体呈正态分布，且方差已知 \\ 总体呈非正态分布，但是为大样本 \end{cases}$$

样本均值服从正态分布：$\bar{x} \sim N\left(\mu, \sigma^2 / n\right)$，如图 2-11 所示。

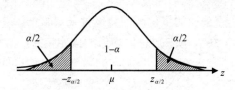

图 2-11　一定概率条件下的置信区间

通过变换，上述正态分布变成标准正态分布，z 分布统计量为

$$z = \frac{\bar{x} - \mu}{\sigma / \sqrt{n}} \sim N(0,1)$$

设 z_α 为 α 的分位点，α 是一个充分小的正数（$0<\alpha<1$），称为显著性水平。如果 $P(x>z_\alpha)= \alpha$，则称点 z_α 为标准正态分布的上 α 分位点。

根据正态分布的定义和 α 分位点的定义得到

$$P\left\{\left|\frac{\bar{x} - \mu}{\sigma / \sqrt{n}}\right| < z_{\alpha/2}\right\} = 1 - \alpha$$

解得

$$P\left\{\bar{x} - \frac{\sigma}{\sqrt{n}} z_{\alpha/2} < \mu < \bar{x} + \frac{\sigma}{\sqrt{n}} z_{\alpha/2}\right\} = 1 - \alpha$$

总体均值 μ 在置信水平为 $1-\alpha$ 下的置信区间（见图 2-12）为

$$\left[\bar{x} - \frac{\sigma}{\sqrt{n}} z_{\alpha/2}, \bar{x} + \frac{\sigma}{\sqrt{n}} z_{\alpha/2}\right]$$

式中，$z_{\alpha/2}$ 是标准正态分布右侧面积为 $\alpha/2$ 处的 Z 值；

$\frac{\sigma}{\sqrt{n}}$ 是样本均值的标准差；

$\frac{\sigma}{\sqrt{n}} z_{\alpha/2}$ 是估计总体均值时的边际误差，也称为估计误差，误差范围描述估计量的精度。

总体均值的置信区间由两部分组成：点估计值和边际误差。

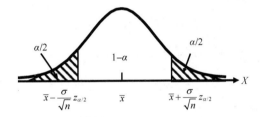

图 2-12　置信区间中各量的示意图

2. 总体均值的置信区间（方差未知）

方差未知的情况分为几种，一种是总体服从正态分布，方差未知；另一种是总体不服从正态分布，方差未知，这种又分为大样本情况和小样本情况。在大样本情况下用样本方差 s^2 代替总体方差 σ^2，总体均值 μ 在 $1-\alpha$ 的置信水平下的置信区间为

$$\left[\bar{x} - \frac{s}{\sqrt{n}} z_{\alpha/2}, \bar{x} + \frac{s}{\sqrt{n}} z_{\alpha/2}\right]$$

在总体服从正态分布，方差未知，小样本情况下，除了用样本方差 s^2 代替总体方差 σ^2，样本分布经过标准化变换后，服从自由度为 $n-1$ 的 t 分布：

$$t = \frac{\bar{x} - \mu}{s/\sqrt{n}} \sim t(n-1)$$

因此，用 t 分布来建立总体均值 μ 在 $1-\alpha$ 置信水平下的置信区间为

$$\left[\bar{x} - \frac{s}{\sqrt{n}} t_{\alpha/2}, \bar{x} + \frac{s}{\sqrt{n}} t_{\alpha/2}\right]$$

2.3.3　t 分布

t 分布是来自正态总体的三个常用的抽样分布之一，另外两个抽样分布是卡方分布（χ^2 分布）和 F 分布。

1908 年，英国人威廉·戈塞（William Sealy Gosset）以 Student 的笔名发表了 t 分布理论。后经罗纳德·费舍尔提高完善，并将其命名为学生分布。

学生分布或 t 分布用于根据小样本来估计呈正态分布且方差未知的总体的均值。在总体方差已知的情况下，可用正态分布 Z 估计总体均值。t 分布曲线的形态与自由度 df 或样

本容量 n 的大小有关。自由度 df 越小，t 分布曲线越平坦，曲线中间越低，曲线双侧尾部翘得越高；自由度 df 越大，t 分布曲线越接近正态分布曲线，当自由度 df 趋于 ∞ 时，t 分布曲线趋近于标准正态分布曲线。

t 分布与标准正态分布的比较及不同自由度的 t 分布如图 2-13 所示。

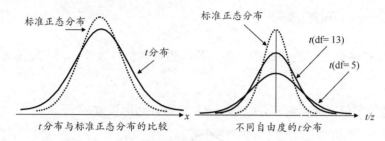

图 2-13　t 分布与标准正态分布的比较及不同自由度的 t 分布

表 2-6 总结了不同情况下总体均值的区间估计。

表 2-6　不同情况下总体均值的区间估计

总体分布	样本量	σ^2 已知	σ^2 未知
正态分布	大样本	$\bar{x} \pm \dfrac{\sigma}{\sqrt{n}} z_{\alpha/2}$	$\bar{x} \pm \dfrac{s}{\sqrt{n}} z_{\alpha/2}$
	小样本	$\bar{x} \pm \dfrac{\sigma}{\sqrt{n}} z_{\alpha/2}$	$\bar{x} \pm \dfrac{s}{\sqrt{n}} t_{\alpha/2}$
非正态分布	大样本	$\bar{x} \pm \dfrac{\sigma}{\sqrt{n}} z_{\alpha/2}$	$\bar{x} \pm \dfrac{s}{\sqrt{n}} z_{\alpha/2}$

2.3.4　总体比例的置信区间

总体比例是指总体中具有某种相同特征的个体所占的比值，这些特征可以是定量的（如高度、尺寸等），也可以是定性的（如男女、学历等）。通常用 π 表示总体比例，用 p 表示样本比例。

当 n（$n \geq 30$）很大，且 np 和 $n(p-1)$ 两者均大于等于 5 时，样本比例的抽样分布近似于正态分布。

使用正态分布统计量 z：

$$z = \frac{p - \pi_0}{\sqrt{\dfrac{\pi_0(1-\pi_0)}{n}}} \sim N(0,1)$$

式中，π_0 表示对总体比例的某一假设值。

$$P\left\{\left|\frac{p-\pi_0}{\sqrt{\pi_0(1-\pi_0)/n}}\right| < z_{\alpha/2}\right\} = 1-\alpha$$

在大样本情况下，p 可以代替 π_0，总体比例 π 的置信区间为

$$\left[p - z_{\alpha/2}\sqrt{\frac{p(1-p)}{n}},\ p + z_{\alpha/2}\sqrt{\frac{p(1-p)}{n}}\right]$$

> **例**

总体比例的置信区间实例

某大学想了解学生毕业后的就业倾向，从应届毕业生中随机选取200人组成一个样本。从调查问卷中了解到，140人以就业为第一选择。针对95%的置信度，请给出置信区间。

解：由题意可知，$p=140/200=0.7$，$1-\alpha=0.95$，$z_{\alpha/2}=1.96$，$n=200$。

$$p \pm z_{\alpha/2}\sqrt{\frac{p(1-p)}{n}} = 0.7 \pm 1.96\sqrt{\frac{0.7 \times (1-0.7)}{200}} = 0.7 \pm 0.0635$$

置信区间为[0.636, 0.764]。所以有95%的概率保证，以就业为第一选择的人介于63.6%与76.4%之间。

注释：查 t 值表，若 df=n>120，$\alpha=0.05$，则有 $z_{\alpha/2}=1.960$。

2.3.5 样本容量的确定

估计总体均值时，设边际误差为 Δ，根据均值区间估计公式：

$$\Delta = \frac{\sigma}{\sqrt{n}} z_{\alpha/2}$$

解出样本容量 n 为

$$n = \frac{z_{\alpha/2}^2 \sigma^2}{\Delta^2}$$

> **例**

某快递公司要估算各发送点每个月的包裹发送量。总体方差约为16500，要求置信度为95%，误差估计在总体均值附近50个包裹的范围之内，这家快递公司应至少抽多少个发送点？

解：由题意可知，$\sigma^2=16500$，$\alpha=0.05$，$\Delta=50$，$z_{\alpha/2}=1.96$。

根据公式可以求出样本容量为

$$n = \frac{z_{\alpha/2}^2 \sigma^2}{\Delta^2} = \frac{1.96^2 \times 16500}{50^2} = 25.35 \approx 26$$

估计总体比例时设边际误差为 Δ，根据比例区间估计公式：

$$\Delta = z_{\alpha/2}\sqrt{\frac{p(1-p)}{n}}$$

解出样本容量 n 为

$$n = \frac{z_{\alpha/2}^2 p(1-p)}{\Delta^2}$$

> **例**

一家市场调研公司去年在华东地区做过一个市场调研，发现只有25%的人使用支付宝。今年该公司想在全国进行同样的调研，希望估计误差不超过0.05，置信度为95%，应抽多大容量的样本。

解：由题意可知，$\alpha=0.05$，$\Delta=0.05$，$z_{\alpha/2}=1.96$，$p=25\%$。

根据公式可以求出样本容量为

$$n = \frac{z_{\alpha/2}^2 p(1-p)}{\Delta^2} = \frac{1.96^2 \times 0.25 \times (1-0.25)}{0.05^2} = 288.12 \approx 289$$

2.3.6 两个总体均值之差的估计

考虑到两个正态总体的均值之差服从正态分布，因此，两个总体均值之差的分布如图 2-14 所示。

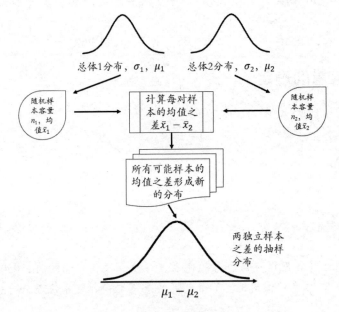

图 2-14 两个总体均值之差的分布

1. 两个总体均值之差的估计——方差已知

设有两个正态总体，方差已知，或者两总体为非正态分布，但为大样本（两个样本容量都分别大于等于 30），来自两个总体的随机独立样本均值之差应服从正态分布，其期望值和标准差为

$$E(\bar{x}_1 - \bar{x}_2) = \mu_1 - \mu_2$$

$$\sigma_{\bar{x}_1 - \bar{x}_2} = \sqrt{\frac{\sigma_1^2}{n_1} + \frac{\sigma_2^2}{n_2}}$$

正态分布统计量为

$$z = \frac{(\bar{x}_1 - \bar{x}_2) - (\mu_1 - \mu_2)}{\sqrt{\frac{\sigma_1^2}{n_1} + \frac{\sigma_2^2}{n_2}}} \sim N(0,1)$$

两个总体均值之差 $\mu_1 - \mu_2$ 在 $1-\alpha$ 置信水平下的置信区间为

$$(\bar{x}_1 - \bar{x}_2) \pm z_{\alpha/2} \sqrt{\frac{\sigma_1^2}{n_1} + \frac{\sigma_2^2}{n_2}} \text{ 或 } \left[(\bar{x}_1 - \bar{x}_2) - z_{\alpha/2} \sqrt{\frac{\sigma_1^2}{n_1} + \frac{\sigma_2^2}{n_2}}, (\bar{x}_1 - \bar{x}_2) + z_{\alpha/2} \sqrt{\frac{\sigma_1^2}{n_1} + \frac{\sigma_2^2}{n_2}} \right]$$

例 两个总体均值之差的估计实例

某互联网公司想了解两家银行吸引客户的层次,该公司从两家银行各随机抽取了 30 个客户。甲银行的样本均值为 25 万元,乙银行的样本均值为 13 万元。两个总体的方差已知,分别为 16 和 8.5,且服从正态分布。求置信度为 95% 的总体均值之差的区间估计。

解:甲银行:$\bar{x}_1=25$,$\sigma_1^2=16$,$n_1=30$。

乙银行:$\bar{x}_2=13$,$\sigma_2^2=8.5$,$n_2=30$。

两个总体均值之差 $\mu_1-\mu_2$ 在 95% 置信水平下的置信区间为

$$(\bar{x}_1-\bar{x}_2)\pm z_{\alpha/2}\sqrt{\frac{\sigma_1^2}{n_1}+\frac{\sigma_2^2}{n_2}}=(25-13)\pm 1.96\times\sqrt{\frac{16}{30}+\frac{8.5}{30}}$$

即置信区间为 [10.23, 13.77]。可见两家银行的客户存款差距有 10 万多元。

2. 两个总体均值之差的估计——方差未知且相等

设有两个正态总体,方差未知且相等,总体方差 σ^2 的联合估计量为

$$s_p^2=\frac{(n_1-1)s_1^2+(n_2-1)s_2^2}{n_1+n_2-2}$$

估计量 $\bar{x}_1-\bar{x}_2$ 的标准差为

$$\sqrt{\frac{s_p^2}{n_1}+\frac{s_p^2}{n_2}}=s_p\sqrt{\frac{1}{n_1}+\frac{1}{n_2}}$$

t 分布统计量为

$$t=\frac{(\bar{x}_1-\bar{x}_2)-(\mu_1-\mu_2)}{s_p\sqrt{\frac{1}{n_1}+\frac{1}{n_2}}}\sim t(n_1+n_2-2)$$

两个总体均值之差 $\mu_1-\mu_2$ 在 $1-\alpha$ 置信水平下的置信区间为

$$(\bar{x}_1-\bar{x}_2)\pm t_{\alpha/2}(n_1+n_2-2)s_p\sqrt{\frac{1}{n_1}+\frac{1}{n_2}}$$

例 两个总体均值之差的估计实例——方差相等

某调查机构想了解男女学生数学成绩的差异,分别从当年的高考学生中抽取男女学生各 10 名。男生的平均成绩为 87 分,方差为 38;女生的平均成绩为 75 分,方差为 42。假设男女学生的数学成绩都服从正态分布,且总体方差相等。试求男女学生平均成绩之差的 95% 的区间估计。

解:男生:$\bar{x}_1=87$,$s_1^2=38$,$n_1=10$。

女生:$\bar{x}_2=75$,$s_2^2=42$,$n_2=10$。

总体方差的联合估计量为

$$s_p^2=\frac{(n_1-1)s_1^2+(n_2-1)s_2^2}{n_1+n_2-2}=\frac{(10-1)\times 38+(10-1)\times 42}{10+10-2}=40$$

两个总体均值之差 $\mu_1-\mu_2$ 在 $1-\alpha$ 置信水平下的置信区间为

$$(\bar{x}_1 - \bar{x}_2) \pm t_{\alpha/2}(n_1 + n_2 - 2)s_p\sqrt{\frac{1}{n_1} + \frac{1}{n_2}} = (87 - 75) \pm 2.101 \times 6.32 \times \sqrt{\frac{1}{10} + \frac{1}{10}}$$

即置信区间为 $[6.06, 17.94]$。

注释：t 分布，df=18，α=0.05，查表得到 $t_{\alpha/2}(n_1 + n_2 - 2) = 2.101$。

3. 两个总体均值之差的估计——方差未知且不相等

设有两个正态总体，方差未知且不相等，使用的统计量为

$$t = \frac{(\bar{x}_1 - \bar{x}_2) - (\mu_1 - \mu_2)}{\sqrt{\frac{s_1^2}{n_1} + \frac{s_2^2}{n_2}}} \sim t(\mathrm{df})$$

式中，自由度 df 为

$$\mathrm{df} = \frac{\left(\frac{s_1^2}{n_1} + \frac{s_2^2}{n_2}\right)^2}{\frac{(s_1^2/n_1)^2}{n_1 - 1} + \frac{(s_2^2/n_2)^2}{n_2 - 1}}$$

两个总体均值之差 $\mu_1 - \mu_2$ 在 $1-\alpha$ 置信水平下的置信区间为

$$(\bar{x}_1 - \bar{x}_2) \pm t_{\alpha/2}(\mathrm{df})\sqrt{\frac{s_1^2}{n_1} + \frac{s_2^2}{n_2}}$$

例 　**两个总体均值之差的估计实例——方差不相等**

某调查机构想了解男女学生数学成绩的差异，分别从当年的高考学生中抽取男女学生各 10 名。男生的平均成绩为 87 分，方差为 38；女生的平均成绩为 75 分，方差为 42。假设男女学生的数学成绩都服从正态分布，但方差不相等。试求男女学生平均成绩之差的 95% 的区间估计。

解：男生：$\bar{x}_1 = 87$，$s_1^2 = 38$，$n_1 = 10$。

女生：$\bar{x}_2 = 75$，$s_2^2 = 42$，$n_2 = 10$。

先求自由度：

$$\mathrm{df} = \frac{\left(\frac{s_1^2}{n_1} + \frac{s_2^2}{n_2}\right)^2}{\frac{(s_1^2/n_1)^2}{n_1 - 1} + \frac{(s_2^2/n_2)^2}{n_2 - 1}} = \frac{\left(\frac{38}{10} + \frac{42}{10}\right)^2}{\frac{(38/10)^2}{10 - 1} + \frac{(42/10)^2}{10 - 1}} = 17.98 \approx 18$$

两个总体均值之差 $\mu_1 - \mu_2$ 在 $1-\alpha$ 置信水平下的置信区间为

$$(\bar{x}_1 - \bar{x}_2) \pm t_{\alpha/2}(\mathrm{df})\sqrt{\frac{s_1^2}{n_1} + \frac{s_2^2}{n_2}} = (87 - 75) \pm 2.101 \times \sqrt{\frac{38}{10} + \frac{42}{10}}$$

即置信区间为 $[6.06, 17.94]$。

2.3.7 两个总体比例之差的区间估计

设有两个独立、服从二项分布的总体，可以用正态分布来近似。两个总体比例之差

$\pi_1-\pi_2$ 在 $1-\alpha$ 置信水平下的置信区间为

$$(p_1-p_2)\pm z_{\alpha/2}\sqrt{\frac{p_1(1-p_1)}{n_1}+\frac{p_2(1-p_2)}{n_2}}$$

例

某连锁超市想对两家奶制品在店内的销售进行对比。在某店每 1000 份卖出的奶制品中，甲厂家的奶制品占 190 份，乙厂家的奶制品占 155 份。求两个厂家的奶制品销售比例之差的 95% 的置信区间。

解： 甲厂家：$p_1=0.19$，$n_1=1000$。

乙厂家：$p_2=0.155$，$n_2=1000$。

$\pi_1-\pi_2$ 在置信度为 95% 的置信区间为

$$(p_1-p_2)\pm z_{\alpha/2}\sqrt{\frac{p_1(1-p_1)}{n_1}+\frac{p_2(1-p_2)}{n_2}}$$

$$=(0.19-0.155)\pm 1.96\times\sqrt{\frac{0.19\times(1-0.19)}{1000}+\frac{0.155\times(1-0.155)}{1000}}$$

甲、乙两个厂家奶制品的销售比例之差的 95% 的置信区间为 $[0.002, 0.068]$。

2.3.8 正态总体方差的区间估计

设 $X_1, X_2, \cdots, X_n$ 为来自总体的简单随机样本，呈正态分布 $N(\mu, \sigma^2/n)$，均值未知，样本方差为 s^2，自由度为 df=n-1，则卡方分布统计量 k 为

$$k=\frac{(n-1)s^2}{\sigma^2}\sim\chi^2(n-1)$$

$$P\left\{\chi^2_{1-\alpha/2}(n-1)<\frac{(n-1)s^2}{\sigma^2}<\chi^2_{\alpha/2}(n-1)\right\}=1-\alpha$$

解出 σ^2：

$$P\left\{\frac{(n-1)s^2}{\chi^2_{\alpha/2}(n-1)}<\sigma^2<\frac{(n-1)s^2}{\chi^2_{1-\alpha/2}(n-1)}\right\}=1-\alpha$$

总体方差在 $1-\alpha$ 置信水平下的置信区间（见图 2-15）如下：

$$\left[\frac{(n-1)s^2}{\chi^2_{\alpha/2}(n-1)},\frac{(n-1)s^2}{\chi^2_{1-\alpha/2}(n-1)}\right]$$

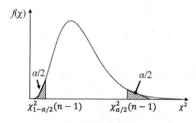

图 2-15 卡方分布置信区间示意图

2.3.9 卡方分布（Chi-square Distribution）

卡方（χ^2）分布是英国统计学家 Karl Pearson 于 1900 年提出的一种概率分布，具有广泛的用途。

有 n 个相互独立的随机变量 $X_1, X_2, \cdots, X_n$，均服从标准正态分布（独立同分布），它们的平方和构成的新随机变量的分布服从自由度为 df 的 $\chi^2(\mathrm{df})$ 分布。自由度不同就是一个不同的卡方分布，和正态分布中均值或方差不同就是另一个正态分布一样。

卡方分布是由正态分布构造而成的一个新的分布，这也反映了前面所说的正态分布的重要性。随着自由度 df 的增大，卡方分布趋近于正态分布，如图 2-16 所示。卡方分布是推断性统计中应用最为广泛的概率分布之一，如对假设检验和置信区间的计算。

卡方分布的特性如下。

（1）卡方分布曲线下的面积都是 1。
（2）卡方值都是正值。
（3）卡方分布是一个正偏态分布。
（4）不同的自由度决定不同的卡方分布，自由度越小，卡方分布越偏斜。随着自由度的增大，卡方分布趋近于正态分布。

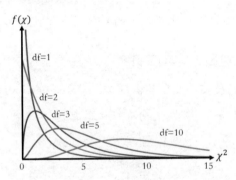

图 2-16　不同自由度的卡方分布示意图

例

有一堆刚采摘的苹果，从中随机抽取了 20 个作为样品。称量每个苹果后，算出的方差为 6。在 95% 的置信度下总体方差的置信区间为多少？

解：$n=20$，$1-\alpha=95\%$，$s^2=6$。

总体方差的置信区间为

$$\left[\frac{(n-1)s^2}{\chi^2_{\alpha/2}(n-1)}, \frac{(n-1)s^2}{\chi^2_{1-\alpha/2}(n-1)}\right] = \left[\frac{(20-1)\times 6}{32.9}, \frac{(20-1)\times 6}{8.91}\right] = [3.47, 12.79]$$

查卡方分布数值表：$\chi^2_{1-\alpha/2}(n-1) = \chi^2_{0.975}(19) = 8.91$；$\chi^2_{\alpha/2}(n-1) = \chi^2_{0.025}(19) = 32.9$。

2.3.10 两个正态总体方差比的区间估计

两个相互独立的随机样本 $X_1, X_2, \cdots, X_n$ 和 $Y_1, Y_2, \cdots, Y_n$ 分别来自正态总体 $N(\mu_1, \sigma_1^2/n)$ 和 $N(\mu_2, \sigma_2^2/n)$，总体均值 μ_1 与 μ_2 未知，样本方差分别为 s_1^2 和 s_2^2，自由度分别为

$df_1 = n_1 - 1$ 和 $df_2 = n_2 - 1$，卡方分布统计量分别是

$$\frac{(n_1-1)s_1^2}{\sigma_1^2} \sim \chi^2(n_1-1), \quad \frac{(n_2-1)s_2^2}{\sigma_2^2} \sim \chi^2(n_2-1)$$

根据 F 分布的定义：

$$\frac{s_1^2/s_2^2}{\sigma_1^2/\sigma_2^2} \sim F(n_1-1, n_2-1)$$

F 分布不依赖于任何未知参数，如图 2-17 所示。

$$P\left\{F_{1-\alpha/2}(n_1-1,n_2-1) < \frac{s_1^2/s_2^2}{\sigma_1^2/\sigma_2^2} < F_{\alpha/2}(n_1-1,n_2-1)\right\} = 1-\alpha$$

解出 σ_1^2/σ_2^2：

$$P\left\{\frac{s_1^2}{s_2^2}\frac{1}{F_{\alpha/2}(n_1-1,n_2-1)} < \frac{\sigma_1^2}{\sigma_2^2} < \frac{s_1^2}{s_2^2}\frac{1}{F_{1-\alpha/2}(n_1-1,n_2-1)}\right\} = 1-\alpha$$

两个总体方差比 σ_1^2/σ_2^2 在 $1-\alpha$ 置信水平下的置信区间为

$$\left[\frac{s_1^2}{s_2^2}\frac{1}{F_{\alpha/2}(n_1-1,n_2-1)}, \frac{s_1^2}{s_2^2}\frac{1}{F_{1-\alpha/2}(n_1-1,n_2-1)}\right]$$

如果 s_1^2/s_2^2 接近于 1，说明两个总体方差很接近，否则，差异较大。

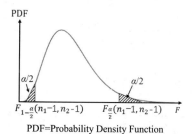

图 2-17　F 分布置信区间示意图

2.3.11　F 分布

F 分布是由英国统计学家罗纳德·费舍尔于 1924 年提出的，并以其姓氏的第一个字母命名。

F 分布的定义为：设 X、Y 为两个独立的随机变量，X 服从自由度为 n_1 的卡方分布，Y 服从自由度为 n_2 的卡方分布，这两个独立的卡方分布被各自的自由度除以后的比率的分布即服从第一自由度为 n_1、第二自由度为 n_2 的 F 分布。

F 分布是一种非对称分布，它有两个自由度，即 n_1 和 n_2，相应的分布记为 $F(n_1, n_2)$，n_1 通常称为分子自由度，n_2 通常称为分母自由度。

F 分布是一个以自由度 n_1 和 n_2 为参数的分布族，如图 2-18 所示，自由度决定了 F 分布的形状。当 n_1 和 n_2 趋于无穷大时，F 分布趋于正态分布。F 分布置信下限的值可以通过变换的置信上限查表值得到：

$$F_{1-\alpha/2}(n_1, n_2) = \frac{1}{F_{\alpha/2}(n_2, n_1)}$$

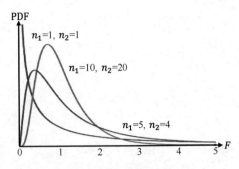

图 2-18　不同自由度配比的 F 分布

下面来看一个两个正态总体方差比的区间估计的案例。

例

某钢筋生产工厂一直为客户提供 10mm 的钢筋，从现有生产工艺生产的产品中抽取 21 根作为样本，其直径均值约为 9.2mm，方差为 0.06。为了给客户提供尺寸更加精准的产品，最近引入了新工艺。从用新工艺生产的产品中抽取了 25 根样本，其直径均值约为 9.8mm，方差为 0.05。求在 95% 的置信度下两个总体方差比的置信区间。

解：$\bar{x}_1 = 9.2$，$s_1^2 = 0.06$，$n_1 = 21$；$\bar{x}_2 = 9.8$，$s_1^2 = 0.05$，$n_2 = 25$；$\alpha = 0.05$。

两个总体方差比的置信区间为

$$\left[\frac{s_1^2}{s_2^2}\frac{1}{F_{\alpha/2}(n_1-1,n_2-1)}, \frac{s_1^2}{s_2^2}\frac{1}{F_{1-\alpha/2}(n_1-1,n_2-1)}\right] = \left[\frac{0.06}{0.05}\times\frac{1}{2.33}, \frac{0.06}{0.05}\times\frac{1}{0.415}\right] = [0.515, 2.892]$$

查 F 分布数值表：

$$F_{\alpha/2}(n_1-1, n_2-1) = F_{0.025}(20, 24) = 2.33$$

$$F_{1-\alpha/2}(n_1-1, n_2-1) = \frac{1}{F_{\alpha/2}(n_2-1, n_1-1)} = \frac{1}{F_{0.025}(24, 20)} = \frac{1}{2.41} = 0.415$$

2.3.12　如何用 SAS EG 求置信区间

如图 2-19 所示，打开 SAS Enterprise Guide（SAS EG）软件。在项目树栏中双击 "testscores"（testscores 数据主要记录了男女学生 SAT 的分数），右边会显现数据表，单击 "说明(E)"，选择 "汇总统计量(S)..."，弹出汇总统计量的对话框。

图 2-19　SAS EG 操作过程示意—分析选择

在左栏目中选择"数据",将"SATScore"拖曳到"分析变量"下,如图 2-20 所示。

图 2-20　SAS EG 操作过程示意—选择分析变量

在左栏目中的"统计量"中选择"其他",勾选"均值的置信限(M)",在"均值的置信限的置信水平(L)"文本框中选择 95%,如图 2-21 所示。单击"运行(R)"按钮,得到运行结果,从运行结果可以看到学生 SAT 成绩在 95%置信水平下的置信区间。

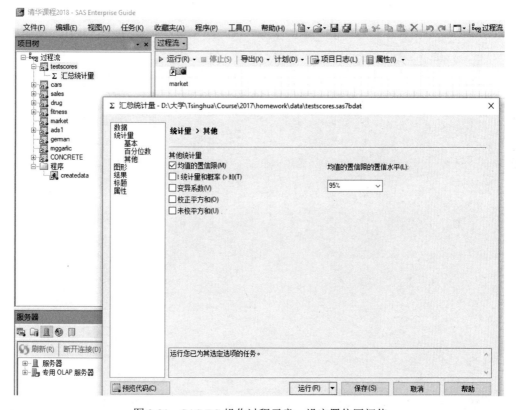

图 2-21　SAS EG 操作过程示意—设定置信区间值

汇总统计量分析结果如图 2-22 所示。

汇总统计量
结果
The MEANS Procedure

分析变量：SATScore						
均值	标准差	最小值	最大值	N	均值95%置信下限	均值95%置信上限
1190.63	147.0584466	890.0000000	1600.00	80	1157.90	1223.35

图 2-22　汇总统计量分析结果

第 3 章　推断性统计：假设检验

英国统计学家罗纳德·费舍尔在 1935 年出版的著作 *The Design of Experiment* 中提出了统计学假设检验方法，这种方法是根据一定假设条件由样本推断总体的一种方法，是参数估计之外另一类重要的统计推断方法。

3.1　假　设　检　验

假设检验的基本方法是小概率反证法。小概率是指小概率事件（$P<0.01$ 或 $P<0.05$）在一次试验中基本上不会发生。反证法是指先对总体参数或分布形式做出某种假设，再用相应的统计学方法和样本信息确定假设成立的可能性大小，如果可能性小，则认为假设不成立；如果可能性大，则还不能认为假设成立。由于样本的随机性，这种推断也有一定的不确定性。

（1）假设检验有参数检验和非参数检验。

参数检验：已知总体分布，假设某个参数的值，用样本值来检验这个假设是否成立。

非参数检验：假设一个总体分布，用样本值来检验这个假设是否成立。

（2）逻辑推理方法——反证法。反证法是指先假定原假设正确，然后对样本值与原假设的差异进行分析。如果有充分的理由证明这种差异并非完全是由样本的随机性引起的，即这种差异是显著的，就否定原假设（较有说服力）；如果有充分的理由证明这种差异完全是由样本的随机性引起的（差异不显著），就接受原假设（一般很难）。

（3）基本思想——小概率原理。小概率事件在一次试验中几乎不可能发生。如果对总体所做的某种假设是真的，那么样本值与原假设出现显著性差异的概率是很小的。如果在某次随机抽样中，显著性差异出现了，那么我们就有理由怀疑这一假设的真实性，因此，应该拒绝这一假设。

3.1.1　原假设与备择假设

1. 原假设的定义

原假设（Null Hypothesis）用 H_0 表示，是指想收集证据予以否定的假设。在一般应用中，以否定原假设为目标，如果否定不了，就说明证据不足。既无法否定原假设，也无法说明原假设正确。对原假设的判定过程如图 3-1 所示。

原假设总是用=、≤或≥。例如，设原假设 H_0：$\mu=30$。

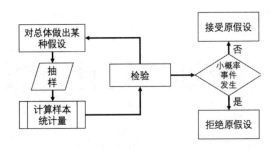

图 3-1 对原假设的判定过程

2. 备择假设的定义

备择假设（Alternative Hypothesis）用 H_1 表示，它与原假设陈述的内容相反。备择假设应该按照实际事件所代表的方向来决定，它通常被认为是可能比原假设更加符合数据所代表的现实。

备择假设总是用≠、<或>表示。例如，设备择假设 H_1：$\mu \neq 30$。

3.1.2 假设检验的显著性差异

置信区间与假设检验的关系如下：根据置信度 $1-\alpha$ 构建置信区间，如果样本统计量落在置信区间之内，就接受原假设；如果样本统计量落在置信区间之外，就拒绝原假设。

假设检验的显著性差异是在一定的显著性水平下的差异。显著性水平是出现显著性差异的概率，在检验之前事先给定。以总体均值的检验为例，如果样本均值落在非阴影区间内的概率为 $1-\alpha$（大概率），则认为该差异是由样本的随机性引起的，有 $1-\alpha$ 的可靠程度的保证；如果样本均值落在阴影区间内的概率为 α（小概率），则认为该差异是显著的，α 即显著性水平。

假设检验又称为显著性检验。假设检验分为单侧（或单尾）检验和双侧（或双尾）检验。

1. 单侧检验

单侧检验分为左侧检验和右侧检验，图 3-2 代表单侧检验的左侧检验，图 3-3 代表单侧检验的右侧检验。

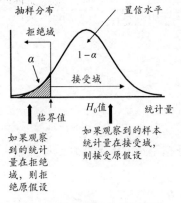

图 3-2 单侧检验的左侧检验

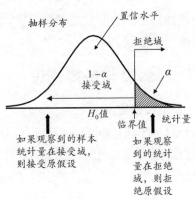

图 3-3 单侧检验的右侧检验

2. 双侧检验

双侧检验需要先确定原假设和备择假设。

双侧检验属于决策中的假设检验。不论是拒绝 H_0 还是接受 H_0，我们都必须采取相应的行动措施。双侧检验的表达式总结如表 3-1 所示，示意图如图 3-4 所示。

表 3-1 双侧检验的表达式总结

检测类型	原假设 H_0	备择假设 H_1
双侧检验	$\mu = \mu_0$	$\mu \neq \mu_0$
左侧检验	$\mu \geq \mu_0$	$\mu < \mu_0$
右侧检验	$\mu \leq \mu_0$	$\mu > \mu_0$

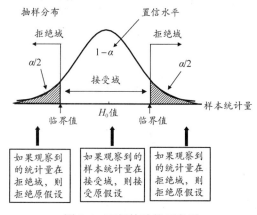

图 3-4 双侧检验的示意图

例如，要求某种零件的尺寸的平均长度为 10cm，大于或小于 10cm 均属于不合格。

建立的原假设与备择假设应为原假设 H_0：$\mu=10$；备择假设 H_1：$\mu \neq 10$。原假设和备择假设必须互斥并包含所有可能值。

3.1.3 假设检验中的两类错误

假设检验中的两类错误是相对于原假设而言的。

1. 第一类错误——α 错误（弃真错误）

α 错误是指原假设 H_0 是正确的，但是统计量的实测值却落入了拒绝域（小概率发生），从而拒绝了原假设。

α 错误的概率不超过显著性水平 α，P 值（拒绝 H_0 为真）$\leq \alpha$。

α 错误产生的可能原因是：小概率不会发生的假设；样本中的极端数值；采用的决策标准较宽松。

2. 第二类错误——β 错误（纳伪错误）

β 错误是指原假设 H_0 是错误的，但是统计量的实测值未落入拒绝域，从而接受了原假设。

β 错误的概率为 β，P 值（接受 H_0 为真）$=\beta$。

β错误产生的可能原因是：试验设计不灵敏；样本数据变异性过大；处理效应本身比较小。

3．两类错误的关系

α错误发生的前提条件是原假设为真；β错误发生的前提条件是原假设为假。它们是在两个前提下的概率，所以$\alpha+\beta$不一定等于1。

在样本容量确定的情况下，α和β不能同时增加或减少。另外，一类错误概率的减少会导致另一类错误概率的增加。但增加样本容量，可以同时减小α和β。

假设检验中的两类错误如表3-2所示。

表3-2　假设检验中的两类错误

判断	实际情况	
	H_0为真	H_0为假
接受H_0	正确判断（$1-\alpha$）	β错误
拒绝H_0	α错误	正确判断（$1-\beta$）

4．影响两类错误的因素

参数实际值与假设值之间的差越大，β值越小。

显著性水平α减小时，β会增大。

总体标准差σ增大时，β会增大。

样本容量n减小时，β会增大。

犯α错误的危害较大，由于报告了本来不存在的现象，因此对后续研究、应用的危害是不可估量的。相对而言，β错误的危害较小，因为如果研究者对自己的假设很有信心，可能会重新设计试验，直到得到自己满意的结果。但是如果坚持本就是错误的观点，则可能会演变成α错误。

例如，我们从2000名学生中抽取40名来检测他们的平均体重，理论上来说应该有无穷多种抽样法。如果显著性水平α为0.05，样本均值为48kg，标准差为12，那么

$$\bar{x} \pm 1.96 \frac{s}{\sqrt{n}} = 48 \pm 1.96 \times \frac{12}{\sqrt{40}}$$

即置信区间为[44.28, 51.72]。

我们知道有5%的样本均值是不会出现在这个置信区间内的。如果小概率事件出现，即我们抽到的样本没有出现在这个置信区间内，就拒绝了真实的原假设，这就是α错误出现的原因。

假如学生体重的均值为50kg，则样本均值的区间估计就是[46.28, 53.72]，我们把它称为命题A。如果一次抽样样本的均值落在了这个区间内，就接受原假设，我们把它称为命题B。如果A是真实的，并且A到B的演绎过程是正确的，则B也是真实的。反之，如果B是真实的，我们却不能由此确定A的真实性。如果这时我们接受了A是真实的，就可能会犯纳伪错误，这就是β错误出现的原因。

3.1.4 单侧假设

1. 研究中的假设

将所研究的假设作为备择假设 H_1，或者把希望（想要）证明的假设作为备择假设，将认为研究结果是无效的说法或理论作为原假设 H_0。

例如，采用新技术生产后，会使产品的使用寿命明显延长到 1500 小时以上，属于研究中的假设。建立的原假设与备择假设应为

$$H_0: \mu \leqslant 1500, H_1: \mu > 1500$$

改进生产工艺后，会使产品的废品率降低到 2% 以下，属于研究中的假设。建立的原假设与备择假设应为

$$H_0: \mu \geqslant 2\%, H_1: \mu < 2\%$$

学生中经常上网的人数超过 25% 吗？这属于研究中的假设。建立的原假设与备择假设为

$$H_0: \mu \leqslant 25\%, H_1: \mu > 25\%$$

2. 验证某项声明的有效性

将做出的说明（声明）作为原假设，对该说明的质疑作为备择假设，先确立原假设 H_0。除非我们有证据表明该说明无效，否则就应该认为该说明是有效的。

例如，某灯泡制造商声称，该企业生产的灯泡的平均使用寿命在 1000 小时以上，除非样本能提供证据表明灯泡的平均使用寿命在 1000 小时以下，否则就应该认为该制造商的声称是正确的。建立的原假设与备择假设应为

$$H_0: \mu \geqslant 1000, H_1: \mu < 1000$$

某批产品的平均使用寿命超过 1000 小时吗？这属于检验声明的有效性，先提出原假设，即

$$H_0: \mu \geqslant 1000, H_1: \mu < 1000$$

3.1.5 如何用 SAS EG 求置信区间

如图 3-5 所示，打开 SAS Enterprise Guide 软件。在项目树栏中双击"testscores"节点，右边会显现数据表，单击"分析(Z)"选项卡，单击"ANOVA(A)"选项，选择"t 检验(T)"后弹出对话框。

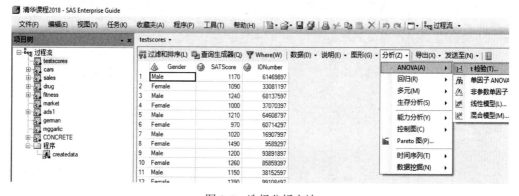

图 3-5　选择分析方法

在弹出的对话框中单击"t 检验类型",选择"单样本(O)",如图 3-6 所示。

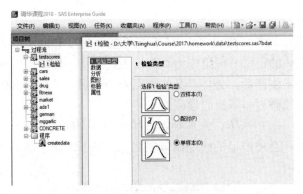

图 3-6　设置 t 检验类型

单击"数据",将"SATScore"拖曳到"分析变量"下面,如图 3-7 所示。

图 3-7　确定分析变量

单击"分析",设置指定原假设的检验值为 1200,置信水平为 95%,如图 3-8 所示。

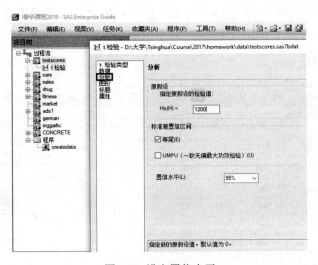

图 3-8　设定置信水平

单击"图形",勾选"汇总图(U)"、"直方图(H)"和"置信区间图(I)",然后单击"运行(R)"按钮,如图 3-9 所示。

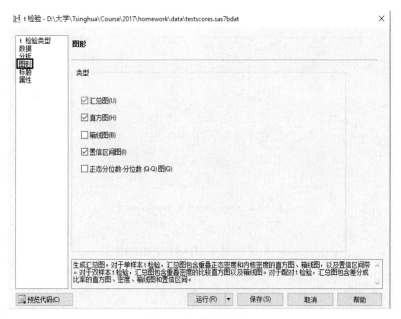

图 3-9　勾选所需图形

得到的分析结果如下:"SATScore"的分布如图 3-10 所示,"SATScore"均值如图 3-11 所示,各变量的值如图 3-12 所示。

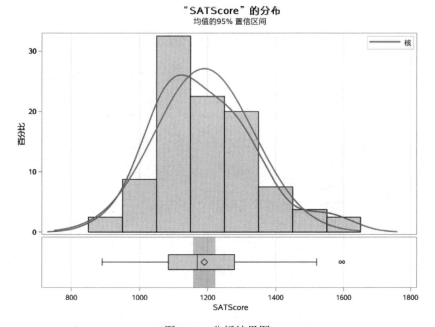

图 3-10　分析结果图

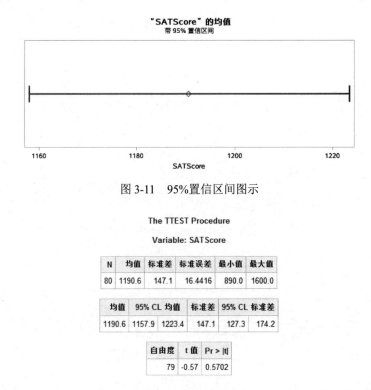

图 3-11　95%置信区间图示

图 3-12　统计量的输出

以上只给出了部分运行结果。从运行结果可以看出，均值在置信区间内，因此，维持原假设。

3.2　参 数 检 验

参数检验（Parament Test）或参数假设检验是对总体参数均值、方差、比例进行的统计检验。参数检验是推断性统计的方法之一。当总体分布已知（如正态分布）时，由样本数据对总体分布的统计参数进行推断。参数检验可以对单一正态总体或多正态总体进行检验。

3.2.1　单一正态总体

1．单一正态总体检验及其步骤

单一正态总体检验的内容及检验方法如图 3-13 所示。

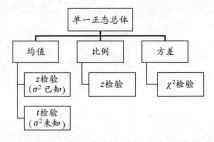

图 3-13　单一正态总体检验的内容及检验方法

单一正态总体检验的步骤如下。
（1）建立假设：原假设和备择假设。
（2）确定显著性水平：α。
（3）确定样本容量：n。
（4）根据要检验的参数来构造相应的检验统计量。
（5）根据计算出的检验统计量的结果做出统计判断。

2. σ^2 已知的均值检验

在均值检验中，如果不仅关注样本统计量的均值与总体均值的差异，还关注这个差异的特定方向，即谁大谁小，那么就用单侧（单尾）检验模式。如果仅关注样本统计量的均值与总体均值是否相等，而不关注谁大谁小，那么就用双侧（双尾）检验模式。

1）双侧 z 检验
（1）总体正态分布或大样本($n \geq 30$)。
（2）原假设 H_0：$\mu = \mu_0$。
（3）备择假设 H_1：$\mu \neq \mu_0$。
（4）μ_0 为假设的总体均值。
（5）检验统计量 z 的计算公式如下：

$$z = \frac{\bar{x} - \mu_0}{\sigma / \sqrt{n}} \sim N(0,1)$$

双侧 z 检验的图像如图 3-14 所示。

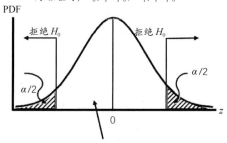

图 3-14 双侧 z 检验的图像

2）单侧 z 检验
（1）总体正态分布或大样本($n \geq 30$)。
（2）左侧检验时，H_0：$\mu \geq \mu_0$，H_1：$\mu < \mu_0$。
（3）右侧检验时：H_0：$\mu \leq \mu_0$，H_1：$\mu > \mu_0$。
（4）检验统计量 z 的计算公式如下：

$$z = \frac{\bar{x} - \mu_0}{\sigma / \sqrt{n}} \sim N(0,1)$$

左侧检验的图像如图 3-15 所示；右侧检验的图像如图 3-16 所示。

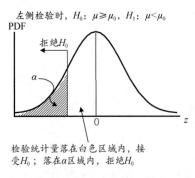
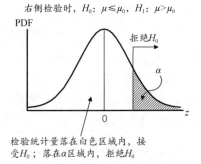

图 3-15 左侧检验的图像　　　　　图 3-16 右侧检验的图像

例　均值的双侧 Z 检验

一家材料加工厂批量供应 1000mm 长的四分钢管,标准差为 20,总体服从正态分布。为了提高生产效率,厂家引进了新的加工设备。从重新生产的钢管中抽取 100 个样本,测得其平均长度为 998mm。在显著性水平 0.05 的情况下,判断这批钢管与之前的钢管是否有显著的变化?

解:采用新技术生产后,是否会改变原有的状况,是属于决策中的假设。建立的原假设与备择假设应为

$$H_0: \mu = 1000, \quad H_1: \mu \neq 1000$$
$$\sigma = 20, \quad \mu_0 = 1000, \quad \bar{x} = 998$$
$$n = 100, \quad \alpha = 0.05$$

统计检验量 z 为

$$z = \frac{\bar{x} - \mu_0}{\sigma / \sqrt{n}} = \frac{998 - 1000}{20 / \sqrt{100}} = -1 > -1.96$$

如图 3-17 所示,z 值落在了接受域中,因此,接受原假设。这说明新的加工设备没有给产品的尺寸带来显著的变化。

中心竖线的右半边面积为 0.50,则 $p = 0.50 - 0.025 = 0.475$。在正态分布表中查找与 $p = 0.475$ 对应的 z 值,其为 1.96,即临界值为 1.96。

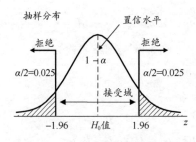

图 3-17 本例双侧检验示意图

例　均值的左侧 z 检验

一家生产电池的厂家接到一批订单,要求电池的使用寿命不低于 1000 小时,标准差为 20,总体服从正态分布。现从生产出的电池中抽取 100 个样本,测得平均使用寿命达到

了 975 小时。在显著性水平为 0.05 的情况下，判断这批电池是否满足合同要求？

解：生产电池的厂家自认为生产的电池满足使用 1000 小时的要求，属于检验声明的有效性。将所做出的声明作为原假设，建立的原假设与备择假设应为

$$H_0: \mu \geq 1000, \quad H_1: \mu < 1000$$

$$\sigma = 20, \quad \mu_0 = 1000, \quad \bar{x} = 975$$

$$n = 100, \quad \alpha = 0.05$$

统计检验量 z 为

$$z = \frac{\bar{x} - \mu_0}{\sigma / \sqrt{n}} = \frac{975 - 1000}{20 / \sqrt{100}} = -12.5 < -1.65$$

如图 3-18 所示，z 值落在了拒绝域中，因此，拒绝原假设。这说明这批电池的平均使用时间不能满足订单的要求。

中心竖线的左半边面积为 0.50，则 $p = 0.50 - 0.05 = 0.45$，在正态分布表中查找与 $p = 0.45$ 对应的 z 值，即 -1.65。

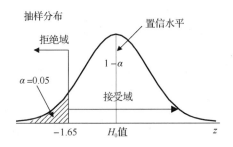

图 3-18 本例左侧检验示意图

均值的右侧 z 检验

一家生产电池的厂家根据现有数据测得过往电池的使用时间能够达到 980 小时，标准差为 100，总体服从正态分布。由于引进了新的设备，从重新生产的电池中抽取 20 个样本，测得的平均使用时间达到了 1050 小时。在显著性水平为 0.05 的情况下，判断这批新电池的使用时间是否有显著的提高？

解：采用新的设备生产后，会使电池的使用时间明显延长到 980 小时以上，属于研究中的假设。将研究中的假设作为备择假设，建立的原假设与备择假设应为

$$H_0: \mu \leq 980, \quad H_1: \mu > 980$$

$$\sigma = 100, \quad \mu_0 = 980, \quad \bar{x} = 1050$$

$$n = 20, \quad \alpha = 0.05$$

统计检验量 z 为

$$z = \frac{\bar{x} - \mu_0}{\sigma / \sqrt{n}} = \frac{1050 - 980}{100 / \sqrt{20}} = 3.13 > 1.65$$

如图 3-19 所示，z 值落在了拒绝域中，因此，拒绝原假设。这说明这批新生产的电池的平均使用时间比过往电池的使用时间有显著提高。

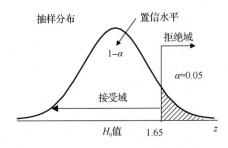

图 3-19 本例右侧检验示意图

3. σ^2 未知的均值检验

1) 双侧 t 检验

在总体服从正态分布或大样本（$n \geq 30$）情况下，原假设 H_0：$\mu = \mu_0$，备择假设 H_1：$\mu \neq \mu_0$，其中 μ_0 为假设的总体均值。检验统计量 t 的计算公式如下：

$$t = \frac{\overline{x} - \mu_0}{s / \sqrt{n}} \sim t(n-1)$$

2) 单侧 t 检验

在总体正态分布或大样本（$n \geq 30$）情况下，左侧检验时，H_0：$\mu \geq \mu_0$，H_1：$\mu < \mu_0$；右侧检验时，H_0：$\mu \leq \mu_0$，H_1：$\mu > \mu_0$。检验统计量 t 的计算公式如下：

$$t = \frac{\overline{x} - \mu_0}{s / \sqrt{n}} \sim t(n-1)$$

t 检验为参数假设检验，在总体服从正态分布、小样本情况下，验证总体均值间是否存在显著性差异。

在小样本情况下，z 检验会产生很大的误差，因此要用 t 检验，以求准确。在大样本（$n \geq 30$）情况下，z 检验和 t 检验的结果一致。在总体方差未知的情况下，无论大样本还是小样本，都可使用 t 检验。当比较的数据有三组以上时，用方差分析代替 t 检验。

例 均值的双侧 t 检验

某月饼生产厂家生产一种高档月饼，每盒的标准质量为 1000g。随机抽取 10 盒称得的平均质量为 988g，标准差为 22，总体服从正态分布。在显著性水平为 0.05 的情况下，判断这批月饼是否满足要求？

解：判断产品是否满足要求属于决策中的假设。建立的原假设与备择假设应为

$$H_0: \mu = 1000, \quad H_1: \mu \neq 1000$$

$$s=22, \quad \mu_0=1000, \quad \overline{x}=988, \quad df=10-1=9$$

$$n=10, \quad \alpha=0.05$$

统计检验量 t 为

$$t = \frac{\overline{x} - \mu_0}{s / \sqrt{n}} = \frac{988 - 1000}{22 / \sqrt{10}} = -1.725 > -2.262$$

如图 3-20 所示，t 值落在了接受域中，因此，接受原假设。这说明本批月饼满足质量要求。

查 t 值表：df=10-1，α=0.05，查表 $t(df, \alpha/2) = 2.262$，则临界值为 ± 2.262。

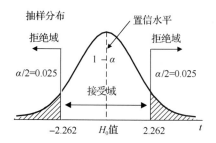

图 3-20 本例双侧检验示意图

例 　　　　　　　　　　均值的左侧 t 检验

一家电动车生产厂家声称自己生产的新型电动车一次充电可以行驶超过 1000km。现用生产出的电动车进行了 20 次测试,平均行驶距离达到了 1051km,标准差为 125,总体服从正态分布。在显著性水平为 0.05 的情况下,判断测试结果是否与电动车生产厂家声称的一致。

解:电动车生产厂家自认为生产的电动车一次充电能够行驶 1000km,属于检验声明的有效性。将所做出的声明作为原假设,建立的原假设与备择假设应为

$$H_0: \mu \geqslant 1000, \quad H_1: \mu < 1000$$

$$s=125, \quad \mu_0=1000, \quad \bar{x}=1051, \quad df=20-1=19$$

$$n=20, \quad \alpha=0.05$$

统计检验量 t 为

$$t = \frac{\bar{x} - \mu_0}{s/\sqrt{n}} = \frac{1051-1000}{125/\sqrt{20}} = 1.825 > -1.729$$

如图 3-21 所示,t 值落在了接受域中,因此,接受原假设。这说明新型电动车的平均行驶距离与厂家声称的一致。

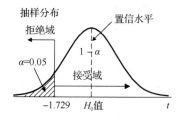

图 3-21 本例左侧检验示意图

查 t 值表:df=20-1=19, $\alpha=0.05$,查表 $t(df, \alpha) = 1.729$,则临界值为 -1.729。

4．一个总体比例的双侧 z 检验

当总体服从二项分布时,可用正态分布来近似。原假设 $H_0: p=\pi_0$,备择假设 $H_1: p\neq \pi_0$,π_0 为假设的总体比例。检验统计量 z 的计算公式如下:

$$z = \frac{p - \pi_0}{\sqrt{\dfrac{\pi_0(1-\pi_0)}{n}}} \sim N(0,1)$$

例

某调研机构认为 25%左右的人使用支付宝的贷款功能。该调研机构随机抽取了 100 名人员进行调查，其中 22 人有支付宝贷款经历。在显著性水平为 0.05 的情况下，判断该调研机构的猜测是否真实。

解： 检验判断是否属实属于决策中的假设，建立的原假设与备择假设应为

$$H_0: p=0.25, \ H_1: p \neq 0.25$$

$$\pi_0 = 0.25, \ p = 22/100 = 0.22, \ n = 100, \ \alpha = 0.05$$

统计检验量 z 为

$$z = \frac{p - \pi_0}{\sqrt{\frac{\pi_0(1-\pi_0)}{n}}} = \frac{0.22 - 0.25}{\sqrt{\frac{0.25(1-0.25)}{100}}} = -0.693 > -1.96$$

如图 3-22 所示，z 值落在了接受域中，因此，接受原假设。该调研机构的猜测是真实的。

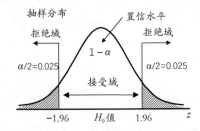

图 3-22　本例双侧检验示意图

5．一个总体方差的双侧卡方检验

卡方检验就是统计样本的实际观测值与理论推断值之间的偏离程度，实际观测值与理论推断值之间的偏离程度决定卡方值的大小，卡方值越大，偏差越大，越不符合；卡方值越小，偏差越小，越趋于符合。若两个值完全相等，则卡方值为 0，表明实际观测值与理论推断值完全符合。

当总体近似正态分布时，原假设 H_0：$\sigma^2 = \sigma_0^2$，备择假设 H_1：$\sigma^2 \neq \sigma_0^2$，σ_0^2 为假设的总体方差。

检验统计量 k 为

$$k = \frac{(n-1)s^2}{\sigma_0^2} \sim \chi^2(n-1)$$

例

一家材料加工厂家批量供应 1000mm 长的四分钢管，方差一直稳定在 18，总体近似服从正态分布。最近，为了检验产品，他们随机抽取了 20 个样本，测得的方差为 21。在显著性水平为 0.05 的情况下，判断产品是否出现了显著性波动。

解： 检验是否属实属于决策中的假设，建立的原假设与备择假设应为

$$H_0: \sigma^2 = 18, \quad H_1: \sigma^2 \neq 18$$
$$\sigma_0^2 = 18, \quad s^2 = 21, \quad n = 20, \quad \alpha = 0.05$$

统计检验量 k 为

$$k = \frac{(n-1)s^2}{\sigma_0^2} = \frac{(20-1) \times 21}{18} = 22.17$$

k 值落在了接受域中，因此，接受原假设，产品没有出现显著性波动，如图 3-23 所示。

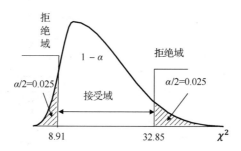

图 3-23　本例卡方双侧检验示意图

查卡方表：

$$\chi_{1-\alpha/2}^2(n-1) = \chi_{0.975}^2(19) = 8.91$$
$$\chi_{\alpha/2}^2(n-1) = \chi_{0.025}^2(19) = 32.85$$

3.3.2　双正态总体

上一节介绍了单正态总体的假设检验问题，但是，在实际工作中，也会遇到双正态总体和多正态总体的假设检验问题。双正态总体与单正态总体的参数假设检验不同的是，不是对每个参数的值做假设检验，而是关注两个总体之间的参数差异，即两个正态总体的均值、比例或方差是否有显著性差异。

1. 双正态总体检验的步骤

双正态总体检验的步骤如下。

（1）建立假设：原假设和备择假设。
（2）确定显著性水平：α。
（3）确定样本容量：n。
（4）根据要检验的参数构造相应的检验统计量。
（5）根据计算出的检验统计量的结果做出统计判断。

双正态总体参数检验如图 3-24 所示。

2. 两个独立样本之差的抽样分布

两个正态总体的样本均值之差的分布仍然服从正态分布，这是双正态总体检验的基础。两个独立样本均值之差的抽样分布如图 3-25 所示。

3. 方差已知的两个总体均值之差的 z 检验

在两个总体方差已知的情况下，两个总体均值之差的 z 检验根据情况也有双侧检验和单侧检验之分。

在均值的检验中，如果不仅关注两个总体均值是否有差异，还关注谁大谁小，那么就用单侧检验模式；如果仅关心两个总体统计量的均值是否相等，而不是关注谁大谁小，那么就用双侧检验模式。

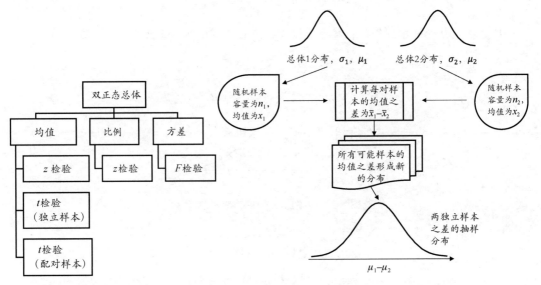

图 3-24 双正态总体参数检验的内容　　图 3-25 两个独立样本均值之差的抽样分布

1）双侧 z 检验

当两个总体同为正态分布或大样本时，分别来自两个总体的样本是独立的随机样本。原假设 H_0：$\mu_1 - \mu_2 = 0$，备择假设 H_1：$\mu_1 - \mu_2 \neq 0$。检验统计量 z 的计算公式如下：

$$z = \frac{(\bar{x}_1 - \bar{x}_2) - (\mu_1 - \mu_2)}{\sqrt{\dfrac{\sigma_1^2}{n_1} + \dfrac{\sigma_2^2}{n_2}}} \sim N(0,1)$$

双侧 z 检验的图形如图 3-26 所示。

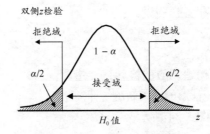

图 3-26 双侧 z 检验的图形

2）单侧 z 检验

当两个总体同为正态分布或大样本时，分别来自两个总体的样本是独立的随机样本。

左侧检验时，H_0：$\mu_1 - \mu_2 \geq 0$，H_1：$\mu_1 - \mu_2 < 0$。

右侧检验时，H_0：$\mu_1 - \mu_2 \leq 0$，H_1：$\mu_1 - \mu_2 > 0$。

检验统计量 z 的计算公式如下：

$$z = \frac{(\bar{x}_1 - \bar{x}_2) - (\mu_1 - \mu_2)}{\sqrt{\dfrac{\sigma_1^2}{n_1} + \dfrac{\sigma_2^2}{n_2}}} \sim N(0,1)$$

检验统计量落在 $1-\alpha$ 的白色区域内，接受 H_0；落在 α 区域内，拒绝 H_0。

例 **两个总体均值之差的双侧 Z 检验实例**

两个生产厂家为市场提供同一型号的钢筋 HRB335，甲厂生产的钢筋抗拉强度的方差为 144，乙厂生产的钢筋抗拉强度的方差为 196。甲厂从其生产的同一型号钢筋中抽取了 40 个样本，测得的平均抗拉强度为 338MPa；乙厂从其生产的同一型号钢筋中抽取了 45 个样本，测得的平均抗拉强度为 350MPa。在显著性水平为 0.05 的情况下，判断这两家生产的 HRB335 号钢筋的抗拉强度是否有显著的差异？

解：比较两种产品是否有差异属于决策中的假设，建立的原假设与备择假设应为

H_0：$\mu_1 - \mu_2 = 0$，H_1：$\mu_1 - \mu_2 \neq 0$

$\sigma_1^2 = 144$，$\sigma_2^2 = 196$，$\bar{x}_1 = 338$，$\bar{x}_2 = 350$

$n_1 = 40$，$n_2 = 45$，$\alpha = 0.05$

统计检验量 z 为

$$z = \frac{(\bar{x}_1 - \bar{x}_2) - (\mu_1 - \mu_2)}{\sqrt{\dfrac{\sigma_1^2}{n_1} + \dfrac{\sigma_2^2}{n_2}}} = \frac{(338 - 350) - 0}{\sqrt{\dfrac{144}{40} + \dfrac{196}{45}}} = -4.25$$

如图 3-27 所示，z 值落在了左边的拒绝域中，因此，拒绝原假设。这说明两厂家生产的钢筋的抗拉强度有显著的差异。

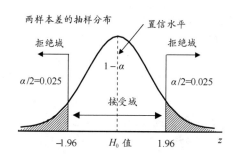

图 3-27 本例双侧检验示意图

4. σ^2 未知的两个独立总体均值之差的 t 检验

在 σ^2 未知的情况下，两个独立总体均值之差的 t 检验如下。

1）双侧 t 检验

当两个总体同为正态分布时，分别来自两个总体的样本是独立的随机样本，两个总体的方差未知，但相等。

原假设 H_0：$\mu_1 - \mu_2 = 0$，备择假设 H_1：$\mu_1 - \mu_2 \neq 0$。

检验统计量 t 的计算公式如下：

$$t = \frac{(\bar{x}_1 - \bar{x}_2) - (\mu_1 - \mu_2)}{s_p\sqrt{\frac{1}{n_1} + \frac{1}{n_2}}} \sim t(n_1 + n_2 - 2)$$

s_p^2 为总体方差的联合估计量，计算公式如下：

$$s_p^2 = \frac{(n_1 - 1)s_1^2 + (n_2 - 1)s_2^2}{n_1 + n_2 - 2}$$

2）单侧 t 检验

当两个总体同为正态分布时，分别来自两个总体的样本是独立的随机样本，两个总体的方差未知，但相等。

左侧检验时，H_0：$\mu_1 - \mu_2 \geq 0$，H_1：$\mu_1 - \mu_2 < 0$。

右侧检验时，H_0：$\mu_1 - \mu_2 \leq 0$，H_1：$\mu_1 - \mu_2 > 0$。

检验统计量 t 的计算公式如下：

$$t = \frac{(\bar{x}_1 - \bar{x}_2) - (\mu_1 - \mu_2)}{s_p\sqrt{\frac{1}{n_1} + \frac{1}{n_2}}} \sim t(n_1 + n_2 - 2)$$

s_p^2 为总体方差的联合估计量，计算公式如下：

$$s_p^2 = \frac{(n_1 - 1)s_1^2 + (n_2 - 1)s_2^2}{n_1 + n_2 - 2}$$

例 **两个总体均值之差的 t 检验实例**

某厂家实行双班制，领导想了解晚班的效率是否高于早班的效率。从早班人员中抽出 15 人，他们平均每人完成一个工件所用的时间为 25 分钟，标准差为 11；从晚班人员中抽出 12 人，他们平均每人完成一个工件所用的时间为 23 分钟，标准差为 9。两个总体方差未知，但相等，服从正态分布。在显著性水平为 0.05 的情况下，判断晚班的效率是否高于早班的效率。

解： 辨别两组人员的工作效率属于研究中的假设。将研究中的假设作为备择假设，建立的原假设与备择假设应为

$$H_0: \mu_1 - \mu_2 \leq 0, \quad H_1: \mu_1 - \mu_2 > 0$$

$$\bar{x}_1 = 25, \quad \bar{x}_2 = 23, \quad s_1 = 11, \quad s_2 = 9$$

$$n_1 = 15, \quad n_2 = 12, \quad \alpha = 0.05$$

总体方差的联合估计量为

$$s_p^2 = \frac{(n_1 - 1)s_1^2 + (n_2 - 1)s_2^2}{n_1 + n_2 - 2} = \frac{(15 - 1) \times 121 + (12 - 1) \times 81}{15 + 12 - 2} = 103.4$$

统计检验量 t 为

$$t = \frac{(\bar{x}_1 - \bar{x}_2) - (\mu_1 - \mu_2)}{s_p\sqrt{\frac{1}{n_1} + \frac{1}{n_2}}} = \frac{(25 - 23) - 0}{10.17 \times \sqrt{\frac{1}{15} + \frac{1}{12}}} = 0.508 < 1.708$$

如图 3-28 所示，t 值落在了接受域中，因此，接受原假设，无法证明晚班的效率高于

早班的效率。

查 t 值表：$t(15+12-2)=1.708$，单侧，$\alpha = 0.05$。

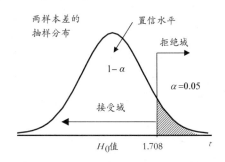

图 3-28　本例右侧检验示意图

5. 两个相关总体均值之差的 t 检验

相关也叫配对或匹配，配对的方式包括自身配对和同源配对。自身配对就是同一受试对象给以某种处理前后的对比，或经过不同的处理以后的对比。例如，吃药前后的对比，吃不同药物之间的对比。同源匹配就是来源相同、性质相同的两组个体进行比较。例如，被分成两组的一窝动物。

两个样本都服从正态分布或都是大样本。

样本 1 的元素为 x_{1i}，样本 2 的元素为 x_{2i}。

两个样本对应元素的差值为 $D_i = x_{1i} - x_{2i}$，i 取值为 $1 \sim n$。

设两个总体对应元素的差值形成的新总体的均值为 μ_D。

两个总体均值之差的假设与检验形式如表 3-3 所示。

表 3-3　两个总体均值之差的假设与检验形式

假　设	检验形式		
	双侧检验	左侧检验	右侧检验
原假设 H_0	$\mu_D=0$，没差异	$\mu_D \geq 0$，总体 1≥总体 2	$\mu_D \leq 0$，总体 1≤总体 2
备择假设 H_1	$\mu_D \neq 0$，有差异	$\mu_D < 0$，总体 1<总体 2	$\mu_D > 0$，总体 1>总体 2

检验统计量 t 为

$$t = \frac{\bar{x}_D - D_0}{s_D / \sqrt{n}} \sim t(n-1)$$

式中，D_0 为假设的差后总体均值；

$\bar{x}_D$ 为两个样本对应元素差形成的样本元素平均值；

s_D 为两个样本对应元素差形成的样本标准差。

$$\bar{x}_D = \frac{1}{n} \sum_{i=1}^{n} D_i, \quad s_D^2 = \frac{1}{n-1} \sum_{i=1}^{n} (D_i - \bar{x}_D)^2$$

例　　**两个配对样本的 t 检验实例**

某减肥训练班声称参加训练的学员都可以在 3 个月内平均减少 10kg。为了向报名的学员证明训练的效果，他们比较了 10 名老学员训练前后的体重，如表 3-4 所示。在显著性水平为 0.05 的情况下，训练班所称是否属实？

表 3-4　训练前后学员体重对比

训练前的体重/kg	88	76	95	67	82	101	79	86	90	85	合计
训练后的体重/kg	80	68	83	60	70	83	69	80	79	70	
前后差 D_i	8	8	12	7	12	18	10	6	11	15	107

解：这个检验应该属于检验声明的假设，将所做出的声明作为原假设。建立的原假设与备择假设应为

$$H_0: \mu_1 - \mu_2 \geq 10, \quad H_1: \mu_1 - \mu_2 < 10$$

依题意可知，$n=10$，$\alpha=0.05$，$D_0=10$。

$$\bar{x}_D = \frac{1}{n}\sum_{i=1}^{n} D_i = 107/10 = 10.7$$

$$s_D^2 = \frac{1}{n-1}\sum_{i=1}^{n}(D_i - \bar{x}_D)^2 = 14.01$$

统计检验量 t 为

$$t = \frac{\bar{x}_D - D_0}{s_D/\sqrt{n}} = \frac{10.7 - 10}{3.74/\sqrt{10}} = 0.592$$

如图 3-29 所示，t 值落在了接受域中，因此，接受原假设，训练班的训练效果属实。

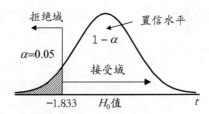

图 3-29　本例左侧检验示意图

查 t 值表：$t(10-1)=1.833$，单侧，$\alpha = 0.05$。

6. 两个总体比例之差的 z 检验

两个总体是独立的，都服从二项分布，可用正态分布来近似。

来自总体 1 样本的比例为 p_1，样本容量为 n_1；来自总体 2 样本的比例为 p_2，样本容量为 n_2。

总体 1 的比例为 π_1，总体 2 的比例为 π_2，两个总体比例的假设与检验形式如表 3-5 所示。

表 3-5　两个总体比例的假设与检验形式

假　　设	检验形式		
	双侧检验	左侧检验	右侧检验
原假设 H_0	$\pi_1 - \pi_2 = 0$ 没差异	$\pi_1 - \pi_2 \geq 0$ 比例 1≥比例 2	$\pi_1 - \pi_2 \leq 0$ 比例 1≤比例 2
备择假设 H_1	$\pi_1 - \pi_2 \neq 0$ 有差异	$\pi_1 - \pi_2 < 0$ 比例 1<比例 2	$\pi_1 - \pi_2 > 0$ 比例 1>比例 2

检验统计量 z 为

$$z = \frac{(p_1 - p_2) - (\pi_1 - \pi_2)}{\sqrt{\dfrac{p_1(1-p_1)}{n_1} + \dfrac{p_2(1-p_2)}{n_2}}} \sim N(0,1)$$

例 两个总体比例之差的单侧 Z 检验实例

某销售培训公司分别派出 50 人按两种不同的销售模式推销儿童玩具产品。第一种是上门推销,共有 18 个人成功地推销出了产品;第二种是在大型商场内推销,共有 22 人成功地推销出了产品。在显著性水平为 0.05 的情况下,判断在大型商场内推销的方法是否更加有效。

解:比较两种方法的优越性属于研究中的假设,将研究中的假设作为备择假设。建立的原假设与备择假设应为

$$H_0: \pi_1 - \pi_2 \geq 0, \quad H_1: \pi_1 - \pi_2 < 0$$

依题意可知,$p_1 = 18/50 = 0.36$,$p_2 = 22/50 = 0.44$,$n_1 = n_2 = 50$,$\alpha = 0.05$。

统计检验量 z 为

$$z = \frac{(p_1 - p_2) - (\pi_1 - \pi_2)}{\sqrt{\dfrac{p_1(1-p_1)}{n_1} + \dfrac{p_2(1-p_2)}{n_2}}} = \frac{(0.36 - 0.44) - 0}{\sqrt{\dfrac{0.36 \times (1 - 0.36)}{50} + \dfrac{0.44 \times (1 - 0.44)}{50}}} = -0.819$$

如图 3-30 所示,z 值落在了接受域中,因此,接受原假设,大型商场内推销的方法不是更加有效的。

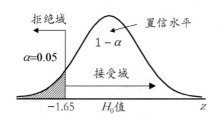

图 3-30 本例左侧检验示意图

7. 两个总体方差比的 F 检验

假设两个总体服从正态分布,分别来自两个总体的样本是相互独立的随机样本,两个总体方差比的假设与检验形式如表 3-6 所示。

表 3-6 两个总体方差比的假设与检验形式

假设	检验形式		
	双侧检验	左侧检验	右侧检验
原假设 H_0	$\sigma_1^2 / \sigma_2^2 = 1$	$\sigma_1^2 / \sigma_2^2 \geq 1$	$\sigma_1^2 / \sigma_2^2 \leq 1$
备择假设 H_1	$\sigma_1^2 / \sigma_2^2 \neq 1$	$\sigma_1^2 / \sigma_2^2 < 1$	$\sigma_1^2 / \sigma_2^2 > 1$

检验统计量 F 为

$$F = \frac{s_1^2}{s_2^2} \sim F(n_1-1, n_2-1) \text{ 或 } F = \frac{s_2^2}{s_1^2} \sim F(n_2-1, n_1-1)$$

$$F_{1-\alpha}(n_1-1, n_2-1) = \frac{1}{F_\alpha(n_2-1, n_1-1)}$$

F 检验的双侧检验示意图如图 3-31 所示。

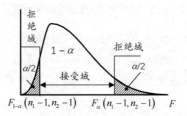

图 3-31　F 检验的双侧检验示意图检验结果

例 **两个总体方差比的 F 检验实例**

手机生产厂家要为新型手机选配电池，要求待机时间长，性能稳定。从两电池生产厂家获取的电池待机时长的数据如表 3-7 所示。

表 3-7　两家电池待机时长数据（小时）

甲厂	23.5	26	35.2	28.4	25.2	32	22	24	27.3	24.5	25	27.6	25.3	24.7
乙厂	29.5	26.6	31.3	24.5	28.4	25.6	27.5	24.4	32.2	29				

在显著性水平为 0.05 的情况下，两电池生产厂家的产品是否有显著的差异？

解：原假设 H_0：$\sigma_1^2/\sigma_2^2 = 1$，备择假设 H_1：$\sigma_1^2/\sigma_2^2 \neq 1$。

依题意可知，$\bar{x}_1 = 26.48$，$s_1^2 = 12.29$，$n_1 = 14$；$\bar{x}_2 = 27.9$，$s_2^2 = 7.22$，$n_2 = 10$。

检验统计量 F 为

$$F = \frac{s_1^2}{s_2^2} = \frac{12.29}{7.22} = 1.70$$

$$F_{0.025}(13, 9) = 3.83$$

$$F_{0.0975}(13, 9) = \frac{1}{F_{0.025}(9, 13)} = \frac{1}{3.31} = 0.30$$

如图 3-32 所示，F 值落在了接受域中，因此，接受原假设，两电池生产厂家的产品在 0.05 的显著水平下，没有显著的差异。但是，乙厂的产品相对来说均值高，方差小（稳定性好）。

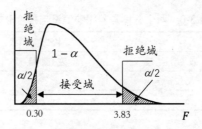

图 3-32　本例双侧检验示意图检验结果

3.3 置信区间检验和 P 值检验

前面介绍了通过假设检验的方法进行统计推断,其实,还可以通过对置信区间的检验和 P 值检验来进行统计推断。

3.3.1 通过置信区间进行假设检验

通过置信区间进行假设检验的各种情况如表 3-8 所示。

表 3-8 假设检验的各种情况

条件	检验形式		
	双侧检验	左侧检验	右侧检验
σ^2 已知	$\left[\bar{x}-\dfrac{\sigma}{\sqrt{n}}z_{\alpha/2}, \bar{x}+\dfrac{\sigma}{\sqrt{n}}z_{\alpha/2}\right]$	$\bar{x}-\dfrac{\sigma}{\sqrt{n}}z_{\alpha}$	$\bar{x}+\dfrac{\sigma}{\sqrt{n}}z_{\alpha}$
σ^2 未知	$\left[\bar{x}-\dfrac{s}{\sqrt{n}}t_{\alpha/2}, \bar{x}+\dfrac{s}{\sqrt{n}}t_{\alpha/2}\right]$	$\bar{x}-\dfrac{\sigma}{\sqrt{n}}t_{\alpha}$	$\bar{x}+\dfrac{s}{\sqrt{n}}t_{\alpha}$

对于双侧检验,求均值的置信区间时,如果总体的假设值 μ_0 在置信区间之外,则拒绝原假设。

对于左侧检验,求左侧的置信下限时,如果总体的假设值 μ_0 小于置信下限,则拒绝原假设。

对于右侧检验,求右侧的置信上限时,如果总体的假设值 μ_0 大于置信上限,则拒绝原假设。

例

某农场生产的袋装大米为 5000g。检验组随机抽取了 20 袋进行检验,称得的平均质量为 4988g,总体服从正态分布,标准差为 185。在 0.05 的显著性水平下,这批大米是否合格?

解:该检验属于决策中的假设。建立的原假设与备择假设应为

$$H_0: \mu=5000, \quad H_1: \mu \neq 5000$$

依题意可知,$\sigma=185$,$\mu_0=5000$,$\bar{x}=4988$,$n=20$,$\alpha=0.05$,代入如下公式:

$$\left[\bar{x}-\dfrac{\sigma}{\sqrt{n}}z_{\alpha/2}, \bar{x}+\dfrac{\sigma}{\sqrt{n}}z_{\alpha/2}\right]$$

可得

$$\left[4988-\dfrac{185}{\sqrt{20}}\times 1.96, 4988+\dfrac{185}{\sqrt{20}}\times 1.96\right]$$

即置信区间为 [4907, 5069]。测得的 $\bar{x}=4988$ 在置信区间内,接受原假设,这批产品合格。

3.3.2 通过 P 值进行假设检验

P 值(P-Value)是由英国统计学家罗纳德·费舍尔在假设检验中首先提出来的。他认为假设检验是一种程序,人们依照这一程序可以对某一总体参数形成一种判断,是人们在

研究中加入的主观信息。

当时，由于计算能力不足，P 值很难计算，只能采用统计量检验法。统计量检验法是在检验之前确定显著性水平 α，即确定了拒绝域。相同的 α 会有相同的结论，无法给出观测数据与原假设之间不一致程度的精确度量。只要统计量落在拒绝域，假设的结果就是一样的，即结果显著。但实际上，统计量落在拒绝域不同的地方，显著性可能会有较大的差异。

随着计算机技术的发展，P 值的计算不再困难，使用 P 值做假设检验也就变成了最常用的一种方法。

P 值是原假设发生概率，即某一事件发生的可能性大小。P 值及其对应的事件概率、统计学意义和决策，如表 3-9 所示。

表 3-9　P 值的假设检验

P 值	事 件 概 率	统计学意义	决　　策
$P>0.05$	事件发生的可能性大于 5%	较强的判定结果	接受原假设
$0.01<P<0.05$	事件发生的可能性介于 1% 至 5% 之间	较弱的判定结果	否定原假设
$P<0.01$	事件发生的可能性小于 1%	较强的判定结果	否定原假设

P 值的计算用 T 表示检验的统计量，计算得到的观测值为 T_c，表示根据样本数据计算得到的检验统计量值。

（1）左侧检验。P 值为曲线下方小于或等于检验统计量观测值部分的面积。P 值是原假设 H_0 成立时，检验统计量小于或等于观测值的概率，即 P 值 $= P(T \leqslant T_c | H_0)$。

（2）右侧检验。P 值为曲线下方大于或等于检验统计量观测值部分的面积。P 值是原假设 H_0 成立时，检验统计量大于或等于观测值的概率，即 P 值 $= P(T \geqslant T_c | H_0)$。

（3）双侧检验。P 值为曲线下方大于或等于检验统计量观测值绝对值部分的面积。P 值是原假设 H_0 成立时，检验统计量大于或等于观测值的概率，即 P 值 $= 2P(T \geqslant |T_c| | H_0)$。

P 值被称为观察到的（或实测的）显著性水平，是拒绝原假设的最小显著性水平。在实践中，人们并不事先给出显著性水平的值，而是使用 P 值。当 $\alpha > P$ 时，拒绝原假设。

1．P 值假设检验的步骤

（1）假设某个参数的取值，如 μ_0。

（2）根据命题选择一个检验统计量（如 z 或 t 等）。该统计量的分布在假设的参数取值为真时应该是完全已知的。

（3）从研究总体中抽取一个随机样本，计算需要的统计量，如 $\bar{x}$。

（4）计算检验统计量的值，如 z_c。

（5）由 z_c 查相应的分布表（这里为正态分布表），得到了 P_c，用分布曲线半边的面积 0.5 减去 P_c 值，就是 z_c 右边曲线下的面积，即 P 值或 $P/2$ 值。在原假设为真的前提下，检验统计量大于或等于实际观测值的概率。

（6）P 值和 α 进行比较，如表 3-10 所示。

表 3-10　P 值与 α 比较的假设与检验形式

假　设	检　验　形　式		
	双侧检验	左侧检验	右侧检验
原假设 H_0	$\mu = \mu_0$，$P \geq \alpha$ 接受 H_0	$\mu \geq \mu_0$，$P \geq \alpha$ 接受 H_0	$\mu \leq \mu_0$，$P \geq \alpha$ 接受 H_0
备择假设 H_1	$\mu \neq \mu_0$，$P < \alpha$ 接受 H_1	$\mu < \mu_0$，$P < \alpha$ 接受 H_1	$\mu > \mu_0$，$P < \alpha$ 接受 H_1

当 $\alpha = P$ 值时，可增加样本容量，重新进行抽样检验。

2. 双侧检验求 P 值

假设有一个检验统计量 z 为

$$z_c = \frac{\bar{x} - \mu_0}{\sigma / \sqrt{n}} = \frac{1003 - 1000}{20 / \sqrt{100}} = 1.5$$

$P/2$ 值为概率 $P(z \geq |\pm 1.5| \mid \mu_0 = 1000)$。

双侧检验求 P 值的步骤如下（计算顺序在图 3-33 中有对应的标号）。
（1）在坐标系中标出 z_c 值。
（2）在正态分布表中查到 1.50 对应的面积（概率）$P_c = 0.4332$。
（3）$P/2$ 对应的面积为 $0.5 - 0.4332 = 0.0688$。
（4）标出 $\alpha/2$ 的位置。

由 $P/2 = 0.0688$，得到 $P = 0.1336 > \alpha = 0.05$，检验统计量 z_c 未在拒绝域中，接受原假设。

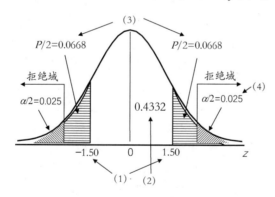

图 3-33　检验结果双侧检验求 P 值的步骤

3. 左侧检验求 P 值

假设有一个检验统计量 z 为

$$z_c = \frac{\bar{x} - \mu_0}{\sigma / \sqrt{n}} = \frac{997 - 1000}{20 / \sqrt{100}} = -1.5$$

P 值为概率 $P(z \leq -1.5 \mid \mu_0 = 1000)$。

左侧检验求 P 值的步骤如下（计算顺序在图 3-34 中有对应的标号）。
（1）在坐标系中标出 z_c 值。
（2）在正态分布表中查到 1.5 对应的面积（概率）$P_c = 0.4332$。
（3）P 对应的面积为 $0.5 - 0.4332 = 0.0688$。
（4）标出 $\alpha = 0.05$ 的位置。

$P=0.0688 > \alpha=0.05$，检验统计量 z_e 未在拒绝域中，接受原假设。

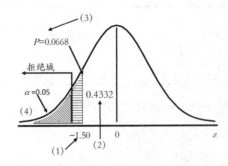

图 3-34　检验结果左侧检验求 P 值的步骤

3.4　非参数检验

非参数统计的形成始于 20 世纪 40 年代。美国化学家、统计学家威尔科克森（F.Wilcoxon）于 1945 年在《生物统计学》杂志第一卷上发表了《用等级评定法进行个体比较》的重要文章，提出了很有价值的等级评定法。他对统计学的最大贡献是提出了非参数检验法。

1947 年，曼恩（H.B.Mann）和惠特尼（D.R.Whitney）假设两个样本分别来自除了总体均值以外完全相同的两个总体，目的是检验这两个总体的均值是否有显著性差别，称为 Mann-Whitney U 检验。1948 年，皮特曼（E.J.G Pitman）解答了非参数检验法相对于参数检验法的效率问题。20 世纪 60 年代中后期，英国统计学家考克斯（D.R.Cox）和美国统计学家弗格森（T.S.Ferguson）最早将非参数检验法应用于生存分析。计算机技术的发展为统计计算带来了很大的便利，20 世纪 70 年代到 80 年代，非参数检验获得了更加可靠的估计和预测。以瑞士统计学家胡贝尔（P.J.Huber）为代表的统计学家为衡量估计量的稳定性提出了新准则，并出版了第一本系统论述稳健统计学的专著 *Robust Statistics*。20 世纪 90 年代，英国统计学家西尔弗曼（B.Silverman）和中国统计学家范剑青等人的研究主要集中在非参数回归和非参数密度估计领域。西尔弗曼著有《统计学中的密度估计及数据分析》，与人合著有《非参数回归分析与广义线性模型》一书。

3.4.1　引入非参数检验

当人们做参数检验时，要已知总体分布（如连续型总体服从正态分布；计数型总体服从二项分布）和与分布对应的统计量，并且数据间相互独立。通过随机样本对总体参数进行估计或检验。

进行参数检验时，要满足严格的条件。有时样本的总体分布难以用某种函数的形式表达，还有一些资料的总体分布函数未知，只知道总体分布是连续型的还是离散型的。解决这类问题需要一种不依赖于总体分布的具体形式的统计方法，这就是非参数检验法。

非参数检验法是不依赖于总体分布的具体形式，也不对参数进行检验，而是对总体分布的形状和位置进行检验的一种统计推断方法。

参数检验和非参数检验的总结如表 3-11 所示。

表 3-11 参数检验和非参数检验的总结

	参 数 检 验	非参数检验
分布	已知总体分布,对总体参数进行估计和假设检验,由样本统计量推断未知总体参数	无须考虑总体参数和总体分布类型
数据	主要适用于定量数据	既适用于非正态总体的定量型数据,也适用于正态总体的分类型数据

3.4.2 非参数检验的应用场合

一般来说,在不适合做参数检验的情况下就可以使用非参数检验,具体说明如下。

（1）参数检验只适合定量型数据,分类型数据则需要使用非参数检验。

（2）对中位数检验适合使用非参数检验。

（3）非参数统计也叫自由分布统计。对于不知统计分布或需要对统计分布做检验的,需要用非参数检验。

（4）无法满足参数检验需要的假设时,需要使用非参数检验,如非正态总体、数据间相互不独立、小样本等情况。

参数检验和非参数检验的比较如表 3-12 所示。

表 3-12 参数检验和非参数检验的比较

	参 数 检 验	非参数检验
优点	充分利用数据信息,检验效率高	适用范围广,受限条件少,弥补参数检验的不足,稳健性较好。数据的分布、方差齐性、变量类型和样本容量都不对其产生影响
弱点	对数据的要求高,适用范围有限	对信息的利用不充分,检验效率低,约为参数检验效率的 95%（易犯第二类错误,即 β 错误）

表 3-13 总结了针对单样本、两样本和多样本在不同情况下使用的非参数检验法。

表 3-13 各种非参数检验的方法

单 样 本	两 样 本		多 样 本		
	相关样本	独立样本	相关样本	独立样本	两两比较
卡方检验	符号秩和检验	U 检验	Friedman 检验	H 检验	Nemenyi 检验
二项分布检验	符号检验	k-s 检验	Cochran Q 检验	中位数检验	Q 检验
k-s 检验	McNemar 检验	游程检验	Kendall 协同系数检验	Jonckheere-Terpstra 检验	
游程检验		极端反应检验			

对于适合参数检验的数据或经过变换后适合参数检验的数据,用参数检验为好。

3.5 非参数检验——符号检验法

符号检验法（Sign Test）是一种简单的非参数检验法,是以两个相关样本 x_1 和 x_2 的每一对数据之差的正负符号的数目进行检验,从而比较两个样本的显著性。如果两个样本没有显著性差异,则两个样本中每一对数据之差所得的正号与负号的数目应当大致相等。

在实际应用中，无法用数字描述的问题采用符号检验法是比较简单和有效的。

3.5.1 符号检验法的步骤（小样本）

符号检验法（小样本）的具体步骤如下。

（1）提出假设。原假设 H_0：$P(x_1 > x_2) = P(x_1 < x_2)$；备择假设 H_1：$P(x_1 > x_2) \neq P(x_1 < x_2)$。

（2）计算两个样本每一对数据的差值和符号。

（3）符号为正的个数记为 n_+，符号为负的个数记为 n_-，不记零。

（4）$n = n_+ + n_-$，将 n_+ 与 n_- 较小的记为 r。

（5）根据 n 和显著性水平 α，查符号检验表，得到 r_α 的值，与 r 做比较进行检验。这点与参数检验时统计量和临界值的判断结果不同。

符号检验法的统计判别规则如表 3-14 所示。

表 3-14 符号检验法的统计判别规则

r 与临界值比较	P 值	显著性	检验结果
$r > r_{0.05}$	$P > 0.05$	不显著	在 0.05 显著性水平下接受 H_0
$r_{0.01} < r \leq r_{0.05}$	$0.01 < P \leq 0.05$	显著*	在 0.05 显著性水平下拒绝 H_0
$r \leq r_{0.01}$	$P \leq 0.01$	极其显著**	在 0.01 显著性水平下拒绝 H_0

符号检验表是单侧检验表，进行双侧检验时，其显著性水平应乘以 2。

符号检验是以二项分布为基础的，符号检验表也是以二项分布为基础编制的。

例 符号检验案例

某学校采用两种英语教学方法，一种是使用外教老师，另一种是通过听原版录音。为了对比两种教学方法对提高听力的效果，对外教班和录音班学生的成绩进行了测试，如表 3-15 所示。请根据测试成绩判断两种教学方法是否有显著性差异。

表 3-15 不同教学方法测试成绩数据

序号	1	2	3	4	5	6	7	8	9	10	11	12	13	14	15
外教班 x_1	90	85	77	95	69	82	73	91	62	88	78	83	85	79	80
录音班 x_2	85	89	91	72	77	80	73	86	78	83	80	65	83	77	80
差值符号	+	−	−	+	−	+	0	+	−	+	−	+	+	+	0

解：提出假设 H_0：两种教学方法无显著性差异 $P(x_1 > x_2) = P(x_1 < x_2)$，$H_1$：两种教学方法有显著性差异 $P(x_1 > x_2) \neq P(x_1 < x_2)$。

根据表 3-15，得到 $n_+ = 8$，$n_- = 5$，$n = n_+ + n_- = 13$，$r = \min(n_+, n_-) = 5$。

查符号检验表可知，$n = 13$，$\alpha = 0.05$，得到 $r_{0.05} = 2$。

由于 $(r=5) > (r_{0.05}=2)$，所以接受原假设，两种教学方法无显著差异。

由于符号检验表是单侧检验表，进行双侧检验时，其显著性水平应乘以 2。所以本例应在 0.10 显著性水平上接受原假设。

3.5.2 大样本的符号检验法($n>25$)

大样本时,由于二项分布接近于正态分布,可用 z 检验统计量。
二项分布的数学期望和方差为

$$\mu = np$$
$$\sigma^2 = np(1-p)$$

检验统计量 z 为

$$z = \frac{r-\mu}{\sigma} = \frac{r-np}{\sqrt{np(1-p)}} = \frac{2r-n}{\sqrt{n}}, \quad p=1/2$$

由于正态分布是连续分布,所以需要修正。修正后的检验统计量 z 为

$$z = \frac{2(r \pm 0.5)-n}{\sqrt{n}}$$

经校正后,可以使计算结果更接近于正态分布。
当 $r>n/2$ 时,用 $r-0.5$;当 $r<n/2$ 时,用 $r+0.5$。
由于符号检验的精确度只有卡方检验的 60%,除了小样本,一般不使用符号检验。

健身俱乐部经过一个月的训练后,对 32 名学员的体重进行了测量,训练后与训练前的体重测验值如表 3-16 所示。经过一个月的系统训练,学员的体重是否显著减少?

表 3-16 学员训练前后体重测验值

序号	1	2	3	4	5	6	7	8	9	10	11	12	13	14	15	16
后 x_2	74	58	65	49	62	54	78	48	61	75	88	68	65	48	54	62
前 x_1	80	55	65	50	66	60	89	45	65	77	86	70	61	58	52	58
符号	−	+	0	−	−	−	−	+	−	−	+	−	+	−	+	+
序号	17	18	19	20	21	22	23	24	25	26	27	28	29	30	31	32
后 x_2	76	80	59	45	72	48	62	57	68	60	71	60	45	62	60	49
前 x_1	79	92	63	50	78	53	56	54	88	72	82	62	49	68	60	45
符号	−	−	−	−	−	−	+	+	−	−	−	−	−	−	0	+

解:提出假设 H_0:训练无显著效果 $P(x_1 > x_2) = P(x_1 < x_2)$,$H_1$:训练有显著效果 $P(x_1 > x_2) \neq P(x_1 < x_2)$。

根据表 3-16 可知,$n_+ = 9$,$n_- = 21$,$n = n_+ + n_- = 30$,$r = 9$,$\alpha = 0.05$,$(r=9)<(n/2=30/2)$。

$$z = \frac{2(r \pm 0.5)-n}{\sqrt{n}} = \frac{2 \times (9+0.5)-30}{\sqrt{30}} = -2.008 < -1.96$$

z 值落在拒绝域中,拒绝原假设,接受备择假设,训练有效果。
另外,通过查表可知,$n=30$,$r_{0.05} = 9 = r$,同样差异显著。

3.6 非参数检验——秩和检验

用秩号（序号）代替原始数据后，所得某些秩号之和称为秩和，用秩和进行假设检验即秩和检验（rank sum test）。

秩是样本由小到大排列的位次，威尔科克森于 1945 年提出了两个样本的秩和检验法。虽然此方法只利用了样本的大小次序而忽略了具体数值，但相关证据表明其效果还是很好的。秩和检验最大的好处是不受未知分布的影响，即所谓的分布自由。

假设两组数据没有显著性差异，把这两组数据混合在一起按大小次序排列，则这两组数据所占的秩次分布均匀。

设两个独立样本的容量分别为 n_1 和 n_2（$n_1 \leq n_2$），我们把两个样本的数据由小到大排列，每个数据排列的位次称为秩；各个样本数据的秩的总和称为秩和，用 T 表示。如果两个样本没有显著性差异，那么两个秩和 T_1 和 T_2 应当比较接近；反之，如果两个秩和 T_1 和 T_2 相差较大，则两个样本有显著性差异。

秩和检验适用于总体分布为偏态或分布形式未知的计量资料；等级资料；个别数据偏大及数据的某一端或两端无确定的数值（如大于30）；各组离散程度相差悬殊，即各总体方差不齐。

秩和检验的优点：应用范围广，方法简便。

秩和检验的缺点：检验效率低，出现第二类错误的可能性大于参数检验法出现第二类错误的可能性。

设有以下两组数据，如表 3-17 所示。

表 3-17 两组原始数据

| A组 | 4.7 | 6.4 | 2.6 | 3.2 | 5.2 |
| B组 | 1.7 | 2.6 | 3.6 | 2.3 | 3.7 |

将两组数据按大小顺序排列，预配序号如表 3-18 所示。

表 3-18 编制两组数据的秩号

A组			2.6	3.2			4.7	5.2	6.4
B组	1.7	2.3	2.6		3.6	3.7			
秩 号	1	2	3、4	5	6	7	8	9	10

原始值中有两个 "2.6"，分属 A、B 组，它们的秩次应是 3 和 4，然而它们的数值本来是同样的大小，哪组取 "3"，哪组取 "4" 呢？我们计算它们的平均数，即(3+4)/2=3.5，作为 "2.6" 的秩次，称为平均秩次，这样才公平合理。这样两组所得的秩次及秩和如下：

A 组的秩和为

$$3.5+5+8+9+10=35.5$$

B 组的秩和为

$$1+2+3.5+6+7=19.5$$

3.6.1 两个配对样本的符号秩和检验法

符号秩和检验法,也简称为 Wilcoxon test,是比符号检验法精确度高一些的非参数检验法。

当样本容量 $n \leq 25$ 时,用查表法进行符号等级检验,具体步骤如下。

(1) 提出假设。原假设 H_0: $P(x_1 > x_2) = P(x_1 < x_2)$;备择假设 H_1: $P(x_1 > x_2) \neq P(x_1 < x_2)$。

(2) 求两组数据中每一对数据的差值。

(3) 为每一对数据差值的绝对值编秩次。

(4) 为每一对数据差值的等级分数添符号。

(5) 求正、负等级和,将小的记为 T。

(6) 查符号等级检验表,做出统计决断。

符号等级检验统计判别规则如表 3-19 所示。

表 3-19 符号等级检验统计判别规则

T 与临界值比较	P 值	显 著 性	检验结果
$T > T_{0.05}$	$P > 0.05$	不显著	在 0.05 显著性水平下接受 H_0
$T_{0.01} < T \leq T_{0.05}$	$0.01 < P \leq 0.05$	显著*	在 0.05 显著性水平下拒绝 H_0
$T \leq T_{0.01}$	$P \leq 0.01$	极其显著**	在 0.01 显著性水平下拒绝 H_0

例 **符号秩和检验实例**

某学校采用两种英语教学方法,一种是使用外教老师,另一种是通过听原版录音。为了对比两种教学方法对提高听力的效果,对外教班和录音班学生的成绩进行了测试,如表 3-20 所示。请根据测试成绩判断两种教学方法是否有显著性差异。

表 3-20 两种教学方法测试成绩数据

序 号	1	2	3	4	5	6	7	8	9	10	11	12	13	14	15
外教班 x_1	90	85	77	95	69	82	73	91	62	88	78	83	85	79	80
录音班 x_2	85	89	91	72	77	80	73	86	78	83	80	65	83	77	80
差值 符号	+5	-4	-14	+23	-8	+2	0	+5	-16	+5	-2	+18	+2	+2	0
等 级	7	5	10	13	9	2.5		7	11	7	2.5	12	2.5	2.5	

解:提出假设 H_0:两种教学方法无显著性差异 $P(x_1 > x_2) = P(x_1 < x_2)$,$H_1$:两种教学方法有显著性差异 $P(x_1 > x_2) \neq P(x_1 < x_2)$。

根据表 3-20,将差值符号为正的等级数相加,差值符号为负的等级数相加,得到
$$T_+ = 53.5,\ T_- = 37.5,\ n = n_+ + n_- = 13,\ T = 37.5$$

查符号等级检验表可知,当 $n = 13$,$\alpha = 0.05$ 时,$T_{0.05} = 17$。

由于 $(T = 37.5) > (T_{0.05} = 17)$,所以接受原假设,这两种教学方法的差异性不显著。

3.6.2 大样本（$n>30$）的符号秩和检验法

大样本时，由于二项分布接近于正态分布，可用 z 检验统计量。
二项分布的方差和数学期望为

$$\sigma^2 = n(n+1)(2n+1)/24$$
$$\mu = n(n+1)/4$$

检验统计量 z 为

$$z = \frac{T-\mu}{\sigma} = \frac{T-n(n+1)/4}{\sqrt{\dfrac{n(n+1)(2n+1)}{24}}}$$

符号检验法和符号秩和检验法所分析的对象是相关样本。如果样本数据不能满足参数检验中相关样本 t 检验的要求，可以用这两种方法进行差异性检验，但检验精度比参数检验的精度要差。

32 人的射击小组经过三天的集中训练，训练后与训练前的测验成绩如表 3-21 所示。三天的集中训练有无显著效果？

表 3-21 学员训练前后测验成绩

序号	1	2	3	4	5	6	7	8	9	10	11	12	13	14	15	16
后 x_2	42	38	53	49	24	54	43	51	60	47	12	32	65	48	54	62
前 x_1	40	35	56	41	21	60	34	40	64	39	15	30	61	58	52	58
差值符号	+2	+3	-3	+8	+3	-6	+9	+11	-4	+8	-3	+2	+4	-10	+2	+4
等级	3	7	7	24	7	19	26	29	12.5	24	7	3	12.5	27.5	3	12.5
序号	17	18	19	20	21	22	23	24	25	26	27	28	29	30	31	32
后 x_2	50	25	63	45	39	48	66	57	20	60	51	28	34	62	60	49
前 x_1	44	26	59	37	32	53	56	54	36	42	44	23	30	68	60	45
差值符号	+6	-1	+4	+8	+7	-5	+10	+3	-16	+18	+7	+5	+4	-6	0	+4
等级	19	1	12.5	24	21.5	16.5	27.5	7	30	31	21.5	16.5	12.5	19		12.5

解：提出假设 H_0: $P(x_1 > x_2) = P(x_1 < x_2)$，$H_1$: $P(x_1 > x_2) \neq P(x_1 < x_2)$。
根据表 3-21 可知，$T_+ = 356.5$，$T_- = 139.5$，$n = n_+ + n_- = 31$，$T = 139.5$，$\alpha = 0.05$，则有

$$z = \frac{T-n(n+1)/4}{\sqrt{\dfrac{n(n+1)(2n+1)}{24}}} = \frac{139.5 - 31 \times (31+1)/4}{\sqrt{\dfrac{31 \times (31+1) \times (2 \times 31+1)}{24}}} = -2.13 < -1.96$$

z 值落在拒绝域中，拒绝原假设，接受备择假设，集训有显著效果。
另外，通过查表可知，$n=31$，$(T_{0.05} = 147) > (T=139.5)$，同样差异显著。

经过一个月的训练后，健身俱乐部对 32 名学员的体重进行了测量，训练后与训练前

的体重测验值如表 3-22 所示。经过一个月的训练,学员的体重是否显著减少?

表 3-22 学员训练前后的体重测验值

序号	1	2	3	4	5	6	7	8	9	10	11	12	13	14	15	16
后 x_2	74	58	65	49	62	54	78	48	61	75	88	68	65	48	54	62
前 x_1	80	55	65	50	66	60	89	45	65	77	86	70	61	58	52	58
符号	−6	+3	0	−1	−4	−6	−11	+3	−4	−2	+2	−2	+4	−10	+2	+4
等级	22	8.5		1	14	22	26.5	8.5	14	4	4	4	14	25	4	14
序号	17	18	19	20	21	22	23	24	25	26	27	28	29	30	31	32
后 x_2	76	80	59	45	72	48	62	57	68	0	71	60	45	62	60	49
前 x_1	79	92	63	50	78	53	56	54	88	72	82	62	49	68	60	45
符号	−3	−12	−4	−5	−6	−5	+6	+3	−20	−12	−11	−2	−4	−6	0	+4
等级	8.5	28.5	14	18.5	22	18.5	22	8.5	30	28.5	26.5	4	14	22		14

解:提出假设 H_0:训练无显著效果 $P(x_1>x_2)=P(x_1<x_2)$,H_1:训练有显著效果 $P(x_1>x_2)\neq P(x_1<x_2)$。

根据表 3-22 可知,$T_+ =97.5$,$T_- =367.5$,$n=n_+ + n_- =30$,$T=97.5$,$\alpha=0.05$,则有

$$z=\frac{T-n(n+1)/4}{\sqrt{\dfrac{n(n+1)(2n+1)}{24}}}=\frac{97.5-30\times(30+1)/4}{\sqrt{\dfrac{30\times(30+1)(2\times30+1)}{24}}}=-2.78<-1.96$$

z 值落在拒绝域中,拒绝原假设,训练有效果。

另外,通过查表可知,$n=30$,$(T_{0.05}=152)>(T=97.5)$,同样差异显著。

3.6.3 两个独立样本的秩和检验法

假设 n_1 和 n_2 都小于 10,且 $n_1 \leqslant n_2$,用查表法进行秩和检验。

(1)提出假设。原假设 H_0: $P(x_1>x_2)=P(x_1<x_2)$;备择假设 H_1: $P(x_1>x_2)\neq P(x_1<x_2)$。

(2)将两个样本中的数据混合在一起编秩次。

(3)分别求两个样本的秩和,将秩和较小的定为检验统计量 T。

(4)查秩和检验表,做出统计决断。

两个独立样本的秩和检验统计判别规则如表 3-23 所示。

表 3-23 两个独立样本秩和检验统计判别规则

T 与临界值比较	显 著 性	检验结果
$T_1<T<T_2$	不显著	在显著性水平 α 下接受 H_0
$T\leqslant T_1$ 或 $T\geqslant T_2$	显著	在显著性水平 α 下拒绝 H_0

例

某学校想了解本地生源和外地生源的数学成绩的差异,以便讲课时照顾到双方的差异。从某班随机抽取了 9 名本地学生的成绩和仅有的 8 名外地学生的成绩,如表 3-24 所

示。本地生源与外地生源的数学成绩是否有显著性差异？

表 3-24 数学成绩数据

原始分数	外 地	85	58	70	83	80	78	66	90	
	本 地	56	95	89	77	83	92	88	75	69
等 级	外 地	2	3	5	8	9	10.5	12	15	
	本 地	1	4	6	7	10.5	13	14	16	17

解：提出假设 H_0：$P(x_1>x_2)=P(x_1<x_2)$，H_1：$P(x_1>x_2)\neq P(x_1<x_2)$。

根据表 3-24 可知，本地的秩和与外地的秩和为 $T_\text{本}$=88.5，$T_\text{外}$=64.5，取两者较小者为 T=64.5。

当 n_1=8，n_2=9 时，对于 α=0.05 的双侧检验，查秩和检验表得到 T_1=54，T_2=90。

由于 (T_1=54)<(T=64.5)<(T_2=90)，所以接受原假设，本地生源与外地生源的数学成绩没有显著性差异。

假设 n_1 和 n_2 都大于 10，且 $n_1 \leq n_2$，大样本时，由于二项分布接近于正态分布，可用 z 检验统计量。

二项分布的数学期望和方差为

$$\mu = n_1(n_1+n_2+1)/2$$
$$\sigma^2 = n_1 \times n_2(n_1+n_2+1)/12$$

检验统计量 z 为

$$z = \frac{T-\mu}{\sigma} = \frac{T-n_1(n_1+n_2+1)/2}{\sqrt{\dfrac{n_1 \times n_2(n_1+n_2+1)}{12}}}$$

用 SAS 程序来分析本地生源和外地生源的数学成绩的差异。分析过程是单因子非参数方差分析的 NPAR1WAY 过程。由于 P 值（0.4702）明显大于 α=0.05，因此，接受原假设。源程序如图 3-35 所示，变量"x"的 Wilcoxon 评分结果如图 3-36 所示，Wilcoxon 的双样本检验结果如图 3-37 所示，Kruskal-Wallis 检验结果如图 3-38 所示。

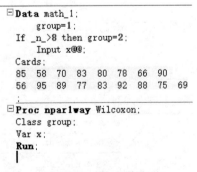

图 3-35 SAS 程序　　　　　图 3-36 NPAR1WAY 过程

Wilcoxon 双样本检验	
统计量	64.5000
近似正态分布	
Z	-0.6740
单侧 Pr < Z	0.2502
双侧 Pr > |Z|	0.5003
t 近似值	
单侧 Pr < Z	0.2550
双侧 Pr > |Z|	0.5099
Z 包括 0.5 的连续性校正。	

图 3-37 Wilcoxon 评分检验结果

Kruskal-Wallis 检验	
卡方	0.5215
自由度	1
Pr > 卡方	0.4702

图 3-38 Kruskal-Wallis 检验

3.6.4 中位数检验法

中位数是数据中心位置的统计量，比中位数大或小的数据个数大体上为观测值的一半。中位数的一个优点是不受个别极端数据的影响，具有稳健性。两个或多个独立样本的比较可以采用非参数检验法中的中位数检验法（median test）。

中位数检验法的基本思想是：如果多个样本的中位数无显著性差异，或者它们有共同的中位数，那么这个共同的中位数应在各样本中处于中间位置。每个样本中大于该中位数或小于该中位数的样本数目应该大致相等。

中位数检验法就是先将各样本数据混合在一起，然后求出共同的中位数，并分别计算每个样本中大于和小于共同中位数的频数，等于中位数的数据不计，最后进行 $R×C$ 列联表的卡方检验。

中位数检验的步骤如下。

（1）提出假设。

（2）将两个样本的数据混合在一起，求出共同的中位数。

（3）分别统计两个样本中大于中位数的数据个数和小于中位数的数据个数，与中位数相等的数据不计。

（4）用四格列联表的卡方检验进行检验。

秩和检验法和中位数检验法都是针对两个独立样本。如果样本数据不能满足参数检验中独立样本 t 检验的要求，可以用这两种方法进行两个样本的差异性检验，但是其检验精度要低于参数检验的精度。

卡方值越高，观测值和预期值之间的差异也越大。使用卡方统计量来确定是否接受原假设，但是使用 P 值检验通常更方便。

设有两组数据，分别是实验组和对比组，两个样本的共有中位数为 m。在两组数据中分别找出大于 m 的个数，和小于 m 的个数，形成如表 3-25 所示的中位数 $R×C$ 列联表。

表 3-25 中位数 $R×C$ 列联表

组　别	>m 个数	≤m 个数	合计
实　验　组	a=12	b=10	22
对　比　组	c=7	d=24	31
合　　计	19	34	53

提出假设 H_0：两个总体有相同的中位数，H_1：两个总体有不相同的中位数。
依题意可知，df=(行数-1)(列数-1)=(2-1)×(2-1)=1，n=53，α=0.05，则有

$$\chi^2 = \frac{n(ad-bc)^2}{(a+b)(c+d)(a+c)(b+d)} = 5.72$$

查卡方分布数值表可得

$$\chi^2_{0.05,1} = 3.84 < 5.72$$

$P<0.05$，拒绝 H_0，两个总体有不相同的中位数。

3.6.5 多个样本比较的秩和检验

推断多个独立非正态分布总体是否有差异，可采用 Kruskal-Wallis 检验或 H 检验。多个样本比较与两样本比较相同，先将样本数据转换为秩统计量，因为秩统计量的分布与总体分布无关，不受总体分布的束缚。这样，检验多个总体的分布是否相同，就变成了讨论其分布位置参数是否相等。

在理论上，检验假设 H_0 应为多个总体分布位置相同，因为 H 检验对总体分布的差别不敏感。检验假设 H_0：多个总体分布位置相同；备择假设 H_1：多个总体分布位置不同或不完全相同。

H 检验的步骤如下。
（1）将 k 个样本数据混合，并由小到大排列，赋以秩次。
（2）计算各样本之秩及秩和 R_i。
（3）计算统计量 H：

$$H = \frac{12}{N(N+1)} \sum_{i=1}^{k} \frac{R_i^2}{n_i} - 3(N+1)$$

设 n_i 为各样本容量，N 为所有样本容量的总和，即 $N=\sum n_i$。

3.6.6 H 检验的计算步骤

当样本数 k=3，各样本容量均小于等于 5 时，通过查表可以得到 H 的临界值 $H_{0.01}$ 和 $H_{0.05}$。

当 $k>3$ 或各样本容量超过 H 表范围时，由于 H 分布近似于 χ^2 分布，其自由度为 $k-1$，可查 χ^2 分布数值表，做出统计推断。

当观察值中具有相同的秩次较多时，需要对 H 值进行校正，校正系数为 C。

$$C = 1 - \frac{\sum_{j=1}^{m}(t_j^3 - t_j)}{N^3 - N}$$

$$H_C = H / C$$

式中，t_j 为第 j 种相同秩次的个数；N 为总容量；m 为出现了相同秩次的数量。

多样本的秩和检验统计判别规则如表 3-26 所示。

表 3-26　多样本的秩和检验统计判别规则

H 与临界值比较	P 值	显　著　性	检验结果
$H < H_{0.05}$	$P > 0.05$	不显著	在显著性水平 0.05 下接受 H_0
$H \geq H_{0.05}$	$P \leq 0.05$	显著*	在显著性水平 0.05 下拒绝 H_0
$H \geq H_{0.01}$	$P \leq 0.01$	极其显著**	在显著性水平 0.01 下拒绝 H_0

3.6.7　多组数值变量资料的秩和检验

某语言学校为了验证三种单词记忆法做了三组实验。选三组学生，每组 10 人，10 天内记住 100 个单词，10 天后统计每人记住了多少单词。

方法一，每天学习 10 个单词，第二天复习旧的单词，再学 10 个新的单词，10 天记完 100 个单词。

方法二，每天都把 100 个单词记一遍，记 10 天。

方法三，每天只记没有记住的单词，记 10 天。

三种方法记住的单词个数、秩次和秩和如表 3-27 所示。试比较三种单词记忆法有无显著性差异。

表 3-27　三种单词记忆法效果数据及编秩

方　法　一		方　法　二		方　法　三	
单词个数	秩　　次	单词个数	秩　　次	单词个数	秩　　次
73	6	73	6	87	23
81	14	78	10	74	8
95	29	80	12	85	19
85	19	80	13	92	27
92	27	70	4	66	2
77	9	68	3	90	24.5
58	1	83	15.5	85	19
86	22	90	24.5	92	27
85	19	73	6	83	15.5
79	11	85	19	98	30
	$R_1 = 157$		$R_2 = 113$		$R_3 = 195$

解：提出假设：H_0 为三种方法记住的单词数量总体分布位置相同；H_1 为三种方法记住的单词数量总体分布位置不同或不全相同。

将三组数据混合，从小到大统一编秩；不同组的相同数据取平均秩，同一组的相同数据按顺次编即可；计算各组的秩和，分别将各组秩次相加。统计量 H 为

$$H = \frac{12}{N(N+1)} \sum_{i=1}^{k} \frac{R_i^2}{n_i} - 3(N+1)$$

本例中 $N = 30$，$n_i = 10$，样本数量 $k = 3$，将数据代入上式得

$$H = \frac{12}{30 \times (30+1)} \times \left(\frac{157^2 + 113^2 + 195^2}{10} \right) - 3 \times (30+1) = 4.346$$

SAS 源程序如图 3-39 所示，运行结果如图 3-40 所示。

```
Data vocabulary;
  Do group=1 to 3;
    Do id=1 to 10;
      Input x@@; output; end; end;
Cards;
73 81 95 85 92 77 58 86 85 79
73 78 80 80 70 68 83 90 73 85
87 74 85 92 66 90 85 92 83 98
;
Proc npar1way Wilcoxon;
  Class group;
  Var x;
Run;
```

SAS 系统

NPAR1WAY 过程

变量 "x" 的 Wilcoxon 评分（秩和）
按变量 "group" 分类

group	数目	评分汇总	H0 之下的期望值	H0 之下的标准差	均值评分
1	10	157.0	155.0	22.651787	15.70
2	10	113.0	155.0	22.651787	11.30
3	10	195.0	155.0	22.651787	19.50

已将平均评分用于结值。

Kruskal-Wallis 检验

卡方	4.3760
自由度	2
Pr > 卡方	0.1121

图 3-39　SAS 程序　　　　　　　图 3-40　运行结果

卡方值与我们算出的校正值一致，$P=0.1121>0.05$，无显著性差异。

当样本观测值存在相同秩次时，需要求校正值 H_C。

本例不同组别中相同秩次有 $m=5$ 种：第 1 种的相同秩次为 6，有 3 个，即 $t_1=3$；第 2 种的相同秩次为 15.5，有 2 个，即 $t_2=2$；第 3 种的相同秩次为 19，有 5 个，即 $t_3=5$；第 4 种的相同秩次为 24.5，有 2 个，即 $t_4=2$；第 5 种的相同秩次为 27，有 3 个，即 $t_5=3$，则有

$$C = 1 - \frac{\sum_{j=1}^{m}(t_j^3 - t_j)}{N^3 - N} = 1 - \frac{(3^3-3)+(2^3-2)+(5^3-5)+(2^3-2)+(3^3-3)}{30^3 - 30} = 0.9933$$

$$H_C = \frac{H}{C} = \frac{4.346}{0.9933} = 4.375$$

与程序运行的结果 4.3760 相近。

（1）若组数 $k=3$，每组例数 $n_i \leq 5$，可查 H 界值表得出 P 值。

（2）若 $k \geq 3$，最小样本例数大于 5，则 H 近似服从 $df=k-1$ 的 χ^2 分布，可查 χ^2 界值表得出 P 值。

本例 $k=3$，$df=3-1=2$，最小 $n_i=10>5$，查 χ^2 界值表，得 $\chi^2_{0.05,2} = 5.99$。

$H_C = 4.375 < 5.99$，故 $P>0.05$。

按 $\alpha=0.05$ 显著性水平接受 H_0，三种记忆法无显著性差异。

对于多样本的秩和检验，当 $P<\alpha$ 时，差别有显著性意义，然而，这只是从整体的角度而言的。至于哪两个总体分布位置不同，则需要进行两两相互之间的差别检验。常用的方法为多组秩和两两比较的 Q 检验、多独立样本两两比较的 Nemenyi 检验等。

表 3-28 对秩和检验法做了一个总结。

表 3-28 秩和检验方法总结

检验方法	方法步骤	补充事宜
配对样本的符号秩和检验	依两组对数据差值的绝对值大小编秩，将正值和负值分别各自相加，表示为 T_+ 和 T_-，取较小者为 T，查符号等级检验表，做统计决断； 大样本 $n>25$ 时，用 Z 检验	编秩时若差值绝对值相同符号相反，取平均秩次，差值 0 不计； $n<5$ 时，不能得出有意义的结论
两独立样本的秩和检验	混合两组数据，由小到大统一编秩，对各组的秩次进行求和，秩和较小者为 T，查秩和检验表，做统计决断； $n_1>10$ 和 $n_2>10$ 时，用 Z 检验	若相同数据在不同组，编秩时各数据取平均秩次； 当相同秩次较多时，应使用校正公式
多样本比较的秩和检验	将多组数据由小到大统一编秩，求各组秩和。计算统计量 H 值，与查出的 H 界表值做比较，做统计决断；当数据组数大于 3，可查 χ^2 界值表代替，确定 P 值。 拒绝 H_0 时，应做两两样本比较的秩和检验	$k-w$ 的 H 检验 若相同数据在不同组，编秩时各数据取平均秩次； 当相同秩次较多时，应使用校正公式

第4章 方差分析

在假设检验的章节中，我们讨论了如何检验两个总体均值是否相等的问题，但在实际工作中常常需要对多个总体均值进行比较，并分析它们之间的差异。方差分析就是一种检验两个或两个以上样本均值之间差异显著性的统计方法。

4.1 方差分析的提出

罗纳德·费舍尔在 1918 年发表的文章《孟德尔遗传假定下的亲戚之间的相关性》中首次提出了方差分析，他的首个方差分析应用于 1921 年发表。罗纳德·费舍尔用亲属间的相关性说明了连续变异的性状可以用孟德尔定律来解释，从而解决了遗传学中孟德尔学派和生物统计学派的论争。他论证了方差分析的原理和方法，并应用于试验设计，阐明了最大似然法及随机化、重复性和统计控制的理论，指出了自由度作为检查卡尔·皮尔逊（Karl Pearson）制定的统计表格的重要性。方差分析被收录在罗纳德·费舍尔 1925 年所著的《研究工作者的统计方法》一书中，而后被广泛讨论。

4.1.1 为什么选择方差分析

方差分析用于检验两个及两个以上样本的均值的差异，为什么要选择方差分析而不选择 t 检验呢？

选择方差分析的理由如下。

（1）t 检验过程烦琐。在 t 检验过程中，有 k 个样本要做两两比较，需要做 $C_k^2 = \frac{k(k-1)}{2}$ 次检验，这是一项很烦琐的工作。

（2）t 检验缺少统一的实验误差，误差估计的准确性和检验的灵敏度低。

① 2 个样本之间比较的均方误差为 $S_{ij}^2 = \frac{ss_i + ss_j}{df_i + df_j}$；$k$ 个样本之间比较的均方误差为 $S_e^2 = \frac{ss_1 + ss_2 + \cdots + ss_k}{df_1 + df_2 + \cdots + df_k}$。

② 2 个样本之间比较的自由度为 $2(n-1)$；k 个样本之间比较的自由度为 $k(n-1)$。

（3）t 检验在多样本比较时会增大犯错的概率。

2 个样本之间比较，犯错概率为 $\alpha = 0.05$。

5 个样本之间比较，犯错概率为 $\alpha' = 1 - (1-0.05)^{10} \approx 0.40$。

4.1.2 方差分析——薯片销售实例

某食品生产企业为其生产的薯片设计了新的包装，新包装有四种颜色，分别为红色、粉色、黄色和绿色。四种包装的薯片的营养成分含量、味道、价格等可能影响销售量的因素全部相同。现从位置环境相似、规模相仿的五家超市收集了一段时间内该薯片的销售情况，数据如表 4-1 所示。

表 4-1 薯片销售情况

超市	红色	粉色	黄色	绿色
1	27.8	32.5	29.2	32.1
2	30	29.6	26.4	30.9
3	26.4	32.1	29.8	33.7
4	30.4	29.2	25.5	33
5	28.5	30.9	27.8	34.1

试分析薯片包装的颜色是否对销售量产生影响。

4.1.3 方差分析中的术语

方差分析中常见的一个术语是因素，也称因子，是所要检验的对象。在薯片销售实例中，颜色是要检验的因素。

水平也称处理组，是因素的具体表现。在薯片销售实例中，A_1、A_2、A_3、A_4 四种颜色（A_1、A_2、A_3、A_4 分别对应红色、粉色、黄色、绿色）就是因素的水平。

观察值是在每个因素水平下得到的样本值。在薯片销售实例中，每种包装颜色薯片的销售量就是观察值。

因素的每一个水平可以看作一个总体。在薯片销售实例中，A_1、A_2、A_3、A_4 四种颜色可以看作四个总体。

薯片销售实例只涉及一个因素，包含四个水平，因此称为单因素四水平试验。

表 4-1 中的数据可以看作从这四个总体中抽取的样本数据。

方差分析中常见的另一个术语是误差，它又分为随机误差和系统误差。

（1）随机误差：在因素的同一水平（同一个总体）下，样本的各观察值之间的差异。

（2）系统误差：在因素的不同水平（不同总体）下，各观察值之间的差异。

对于同一家超市，不同包装颜色薯片的销售量是不同的。这种差异可能是由抽样的随机性造成的，即随机误差；也可能是由包装颜色本身造成的，由系统性因素造成的误差即系统误差。

方差分为组内方差和组间方差。

（1）组内方差：因素的同一水平（同一总体）下样本数据的方差，组内方差只包含随机误差。

（2）组间方差：因素的不同水平（不同总体）下各样本之间的方差，组间方差既包括随机误差，也包括系统误差。

红色包装薯片 A_1 在五家超市的销售量的方差属于组内方差,A_1、A_2、A_3、A_4 四种颜色包装薯片的销售量之间的方差属于组间方差。

4.1.4 方差分析的假设检验与基本原理

设 μ_1 为红色包装薯片的平均销售量,μ_2 为粉色包装薯片的平均销售量,μ_3 为黄色包装薯片的平均销售量,μ_4 为绿色包装薯片的平均销售量,方差分析要做的就是检验下面的假设:

H_0:$\mu_1 = \mu_2 = \cdots = \mu_4$;

H_1:$\mu_1, \mu_2, \cdots, \mu_4$ 不全相等。

方差分析比较两类误差,以检验均值是否相等。

方差分析比较的基础是方差比。如果系统误差显著地不同于随机误差,则认为均值是不相等的;反之,认为均值是相等的。误差是由各部分的误差占总误差的比例来度量的。

4.1.5 方差分析的基本假定

方差分析应满足以下基本假定。

(1)每个总体都应服从正态分布。对于因素的每一个水平,其观察值是来自服从正态分布总体的简单随机样本。

(2)各个总体的方差必须相同。各组观察数据是从具有相同方差的总体中抽取的。

(3)观察值是独立的。图 4-1 为接受原假设时,各总体分布曲线情况;图 4-2 则为拒绝原假设时,各总体分布曲线有明显差异。

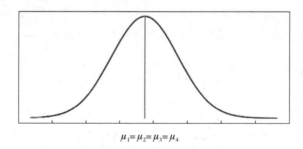

图 4-1　接受原假设时,各总体分布曲线重合

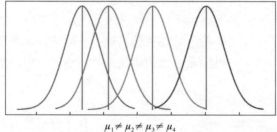

图 4-2　拒绝原假设时,各总体分布曲线有明显差异

4.2 单因素方差分析

单因素方差分析就是一维方差分析，通过检验单一因素在不同水平下因变量均值是否相同，检验各水平间是否有显著差异，即研究一个因素的不同水平是否对观测值产生显著影响。

单因素方差分析数据表如表 4-2 所示。

表 4-2 单因素方差分析数据表

观测值（j）	因素（A_i）			
	水平 A_1	水平 A_2	⋯	水平 A_k
1	x_{11}	x_{12}	⋯	x_{1k}
2	x_{21}	x_{22}	⋯	x_{2k}
⋮	⋮	⋮	⋮	⋮
n	x_{n1}	x_{n2}	⋯	x_{nk}

单因素方差分析中假设检验的一般提法如下。

H_0：$\mu_1 = \mu_2 = \cdots = \mu_k$（因素有 k 个水平）；

H_1：$\mu_1, \mu_2, \cdots, \mu_k$ 不全相等。

4.2.1 构造检验的统计量

为检验 H_0 是否成立，须确定如下检验的统计量。

（1）水平均值。

（2）全部观察值的总体均值。

（3）离差平方和。

① 总离差平方和（Sum of Squares for Total，SST）。

② 组内离差平方和（Sum of Squares for Error，SSE）。

③ 组间离差平方和（Sum of Squares for Factor A，SSA）。

（4）均方（Mean Square，MS）。

1. 水平均值与总体均值

假设从第 i 个总体中抽取一个容量为 n_i 的简单随机样本，第 i 个总体的样本均值为该样本的全部观察值总和除以观察值的个数，水平均值的计算公式为

$$\bar{x}_i = \frac{\sum_{j=1}^{n_i} x_{ij}}{n_i}, \quad i = 1, 2, \cdots, k$$

式中，n_i 为第 i 个总体的样本观察值个数；x_{ij} 为第 i 个总体的第 j 个观察值。

总体均值为全部观察值的总和除以观察值的总个数，计算公式为

$$\bar{x} = \frac{\sum_{i=1}^{k} \sum_{j=1}^{n_i} x_{ij}}{n} = \frac{\sum_{i=1}^{k} n_i \bar{x}_i}{n}$$

式中，$n = n_1 + n_2 + \cdots + n_k$。

在原数据基础上计算薯片销售的水平均值和总体均值，可以得到如表 4-3 所示的结果。

表 4-3　薯片销售情况

超　市	红　色	粉　色	黄　色	绿　色	
1	27.8	32.5	29.2	32.1	
2	30	29.6	26.4	30.9	
3	26.4	32.1	29.8	33.7	
4	30.4	29.2	25.5	33	
5	28.5	30.9	27.8	34.1	
合计	143.1	154.3	138.7	163.8	599.9
水平均值	$\bar{x}_1 = 28.62$	$\bar{x}_2 = 30.86$	$\bar{x}_3 = 27.74$	$\bar{x}_4 = 32.76$	$\bar{x} = 29.995$
观察值个数	$n_1 = 5$	$n_2 = 5$	$n_3 = 5$	$n_4 = 5$	

2．离差平方和

离差平方和分为总离差平方和、组内离差平方和和组间离差平方和。

总离差平方和为全部观察值 x_{ij}（$i=1,2,\cdots,k$，$j=1,2,\cdots,n$）与总平均值 $\bar{x}$ 的离差平方和，其反映全部观察值的离散状况：

$$\text{SST} = \sum_{i=1}^{k}\sum_{j=1}^{n_i}(x_{ij} - \bar{x})^2$$

组内离差平方和为每个水平或组的各样本数据 x_{ij}（$i=1,2,\cdots,k, j=1,2,\cdots,n$）与其组平均值 $\bar{x}_i$（$i=1,2,\cdots,k$）的离差平方和，其反映随机误差的大小，即每个样本内各观察值的离散状况：

$$\text{SSE} = \sum_{i=1}^{k}\sum_{j=1}^{n_i}(x_{ij} - \bar{x}_i)^2$$

组间离差平方和为各组平均值 $\bar{x}_i$（$i=1,2,\cdots,k$）与总平均值 $\bar{x}$ 的离差平方和，反映各总体的样本均值之间的差异程度：

$$\text{SSA} = \sum_{i=1}^{k}\sum_{j=1}^{n_i}(\bar{x}_i - \bar{x})^2 = \sum_{i=1}^{k}n_i(\bar{x}_i - \bar{x})^2$$

3．均方

各离差平方和的大小与观察值的多少有关，为了消除观察值多少对离差平方和大小的影响，需要将其平均，所得数值即均方，也称为方差。均方的计算方法是用离差平方和除以相应的自由度。三个平方和的自由度如下。

（1）总离差平方和的自由度 df_T 为 $n-1$，其中 n 为全部观察值的个数。

（2）组间离差平方和的自由度 df_A 为 $k-1$，其中 k 为因素水平的个数。

（3）组内离差平方和的自由度 df_E 为 $n-k$。

自由度满足 $df_T = df_A + df_E$。

方差包括组间方差和组内方差。

组间方差是组间离差平方和的均方，记为 MSA：

$$\mathrm{MSA} = \frac{\mathrm{SSA}}{k-1}$$

组内方差是组内离差平方和的均方，记为 MSE：

$$\mathrm{MSE} = \frac{\mathrm{SSE}}{n-k}$$

4.2.2 检验统计量 F 与统计决策

当 H_0 为真时，MSA 与 MSE 的比值（F 统计量）服从分子自由度为 $k-1$，分母自由度为 $n-k$ 的 F 分布，即

$$F = \frac{\mathrm{MSA}}{\mathrm{MSE}} = \frac{组间变异}{组内变异} = \frac{处理+误差}{误差} \sim F(k-1, n-k)$$

将统计量 F 的值与给定的显著性水平 α 的临界值 F_α 进行比较，做出接受或拒绝原假设 H_0 的决策。

（1）$F < F_{0.05}(k-1, n-k)$，即 $p > 0.05$（此处 p 为 P 值，下同），不能拒绝 H_0，可认为各处理间无显著差异。

（2）$F_{0.05}(k-1, n-k) \leqslant F < F_{0.01}(k-1, n-k)$，即 $0.01 < p \leqslant 0.05$，拒绝 H_0，认为各处理间差异显著，标记为*。

（3）$F \geqslant F_{0.01}(k-1, n-k)$，即 $p \leqslant 0.01$，拒绝 H_0，认为各处理间差异显著，标记为**。

4.2.3 F 分布表

表 4-4 为 $\alpha=0.05$ 的 F 分布临界值表，可根据分子自由度 V_1，分母自由度 V_2 查取相应的临界值。

表 4-4 F 分布临界值表

		分子自由度 V_1								
		1	2	3	4	5	6	8	10	15
分母自由度 V_2	1	161.4	199.5	215.7	224.6	230.2	234	238.9	241.9	245.9
	2	18.51	19	19.16	19.25	19.3	19.33	19.37	19.4	19.43
	3	10.13	9.55	9.28	9.12	9.01	8.94	8.85	8.79	8.7
	4	7.71	6.94	6.59	6.39	6.26	6.16	6.04	5.96	5.86
	5	6.61	5.79	5.41	5.19	5.05	4.95	4.82	4.74	4.62
	6	5.99	5.14	4.76	4.53	4.39	4.28	4.15	4.06	3.94
	7	5.59	4.74	4.35	4.12	3.97	3.87	3.73	3.64	3.51
	8	5.32	4.46	4.07	3.84	3.69	3.58	3.44	3.35	3.22
	9	5.12	4.26	3.86	3.63	3.48	3.37	3.23	3.14	3.01
	10	4.96	4.1	3.71	3.48	3.33	3.22	3.07	2.98	2.85
	11	4.84	3.98	3.59	3.36	3.2	3.09	2.95	2.85	2.72
	12	4.75	3.89	3.49	3.26	3.11	3	2.85	2.75	2.62
	13	4.67	3.81	3.41	3.18	3.03	2.92	2.77	2.67	2.53

4.2.4 单因素方差分析表

方差分析表是指为了便于进行数据分析和统计判断,按照方差分析的过程,将有关步骤的计算数据,如差异来源、离差平方和、自由度、均方和 F 值等指标数值逐一列出的统计分析表。

单因素方差分析表如表 4-5 所示。

表 4-5 单因素方差分析表

方差来源	离差平方和	自由度	均方	F 值
组间	SSA	$k-1$	MSA	$\dfrac{\text{MSA}}{\text{MSE}}$
组内	SSE	$n-k$	MSE	
总和	SST	$n-1$		

结合前面的内容,由薯片销售实例中的原始数据计算求得单因素方差分析表(见表 4-6)。

表 4-6 薯片销售实例的方差分析表

方差来源	离差平方和	自由度	均方	F 值
组间	76.8455	3	25.6152	10.486
组内	39.084	16	2.4428	
总和	115.9295			

由于 $F(10.486) > F_{0.01}(3,16)$ (5.292),因此拒绝原假设,即薯片包装的颜色对销量有显著影响。

4.2.5 方差分析中的多重比较

当方差分析结果的统计意义显著时,需要找出哪些均值之间存在差异。多重比较通过对总体均值之间的配对比较来进一步检验到底哪些均值之间存在差异。多重比较的步骤如下。

(1) 提出假设。

H_0:$\mu_i = \mu_j$(第 i 个总体的均值等于第 j 个总体的均值);

H_1:$\mu_i \neq \mu_j$(第 i 个总体的均值不等于第 j 个总体的均值)。

(2) 检验的统计量。

检验的统计量的计算公式为

$$t = \frac{\overline{x}_i - \overline{x}_j}{\sqrt{\text{MSE}\left(\dfrac{1}{n_i} + \dfrac{1}{n_j}\right)}} \sim t(n-k)$$

(3) 决策。

若 $|t| \geq t_{\alpha/2}$,则拒绝 H_0;

若 $|t| < t_{\alpha/2}$,则接受 H_0。

1. 基于统计量最小显著差异的多重比较

最小显著差异（Least Significant Difference，LSD）由罗纳德·费舍尔提出，用于判断到底哪些均值之间存在差异。LSD 通过判断样本均值之差的大小来检验 H_0，检验的统计量为 $\bar{x}_i - \bar{x}_j$。检验的步骤如下。

（1）提出假设。

H_0：$\mu_i = \mu_j$（第 i 个总体的均值等于第 j 个总体的均值）；

H_1：$\mu_i \neq \mu_j$（第 i 个总体的均值不等于第 j 个总体的均值）。

（2）LSD 的计算公式为

$$\text{LSD} = t_{\alpha/2} \sqrt{\text{MSE}\left(\frac{1}{n_i} + \frac{1}{n_j}\right)}$$

（3）统计决策。

若 $|\bar{x}_i - \bar{x}_j| \geqslant \text{LSD}$，则拒绝 H_0；

若 $|\bar{x}_i - \bar{x}_j| < \text{LSD}$，则接受 H_0。

2. 薯片销量实例中的多重比较

根据前面的计算结果：

$$\bar{x}_1 = 28.62,\ \bar{x}_2 = 30.86,\ \bar{x}_3 = 27.74,\ \bar{x}_4 = 32.76$$

提出如下假设：

$$H_0：\mu_i = \mu_j,\ H_1：\mu_i \neq \mu_j$$

计算 LSD 统计量：

$$\text{LSD} = t_{\alpha/2} \sqrt{\text{MSE}\left(\frac{1}{n_i} + \frac{1}{n_j}\right)} = 2.12 \times \sqrt{2.4428 \times \left(\frac{1}{5} + \frac{1}{5}\right)} = 2.096$$

$|\bar{x}_1 - \bar{x}_2| = |28.62 - 30.86| = 2.24 > 2.096$，红色包装薯片与粉色包装薯片的销售量有显著差异。

$|\bar{x}_1 - \bar{x}_3| = 0.88 < 2.096$，红色包装薯片与黄色包装薯片的销售量没有显著差异。

$|\bar{x}_1 - \bar{x}_4| = 4.14 > 2.096$，红色包装薯片与绿色包装薯片的销售量有显著差异。

$|\bar{x}_2 - \bar{x}_3| = 3.12 > 2.096$，粉色包装薯片与黄色包装薯片的销售量有显著差异。

$|\bar{x}_2 - \bar{x}_4| = 1.90 < 2.096$，粉色包装薯片与绿色包装薯片的销售量没有显著差异。

$|\bar{x}_3 - \bar{x}_4| = 5.02 > 2.096$，黄色包装薯片与绿色包装薯片的销售量有显著差异。

4.2.6 单因素方差分析 SAS 实例

Montana Gourmet Garlic 公司使用有机方法种植大蒜，专攻硬脖子品种。公司持有者对试验设计有所了解，于是设计了一组试验，以检验不同类型的肥料是否对大蒜的生长有影响。他们把试验对象限定为胡蒜中名为 Spanish Roja 的一种大蒜，测试三种有机肥料及一种化肥（作为控制组）。他们将四组肥料分装在不同的容器中（实验者不知道哪个容器中是哪种肥料），把 1 英亩（1 英亩=4046.86 平方米）农田分成 32 块栽种大蒜，随机选择肥料对 32 块农田施肥，收获时计算每块农田所得蒜头的平均质量。

数据保存在 MGGarlic 数据集中，数据集中的变量描述如表 4-7 所示，前 11 条记录如图 4-3 所示。

表 4-7 MGGarlic 数据集的变量描述

变 量 名	描 述
Fertilizer	肥料的类型（1～4）
BulbWt	蒜头的平均质量（磅）
Cloves	每个蒜头的平均蒜瓣数
BedID	随机分配的农田 ID

	Fertilizer	BulbWt	Cloves	BedID
1	4	0.20901	11.5062	30402
2	3	0.25792	12.255	23423
3	2	0.21588	12.0982	20696
4	4	0.24754	12.9199	25412
5	1	0.24402	12.5793	10575
6	3	0.2015	10.6891	21466
7	1	0.20891	11.5416	14749
8	4	0.15173	14.0173	25342
9	2	0.24114	9.9072	20383
10	3	0.2335	11.213	23306
11	3	0.21481	11.2933	22730

图 4-3 MGGarlic 数据集的前 11 条记录

1．实验数据汇总

我们用 PROC MEANS 获取数据的汇总信息，程序代码如下所示。PROC MEANS 的输出结果如图 4-4 所示。

```
PROC MEANS DATA=WORK.mggarlic FW=12
    PRINTALLTYPES CHARTYPE NWAY
    VARDEF=DF MEAN STD MIN MAX N;
    VAR BulbWt;
    CLASS Fertilizer / ORDER=UNFORMATTED ASCENDING;
RUN;
```

MEANS PROCEDURE

分析变量: BulbWt

Fertilizer	观测的个数	均值	标准差	最小值	最大值	N
1	9	0.2254067	0.0245224	0.1884000	0.2536200	9
2	8	0.2085650	0.0264198	0.1585100	0.2411400	8
3	11	0.2298209	0.0264436	0.1891400	0.2782800	11
4	4	0.1963525	0.0413966	0.1517300	0.2475400	4

→ 非平衡区组设计

图 4-4 PROC MEANS 的输出结果

对于单因素方差分析，非平衡区组设计通常不会影响实验结果。

2. 使用 PROC ANOVA 做单因素方差分析

我们用 PROC ANOVA 做单因素方差分析，程序代码如下所示。单因素方差分析的输出结果如图 4-5 所示。

```
PROC ANOVA DATA =.WORK.mggarlic;
   CLASS Fertilizer;
   MODEL BulbWt = Fertilizer;
RUN; QUIT;
```

ANOVA 过程

因变量: BulbWt

源	自由度	平方和	均方	F 值	Pr > F
模型	3	0.00457996	0.00152665	1.96	0.1432
误差	28	0.02183054	0.00077966		
校正合计	31	0.02641050			

R 方	变异系数	均方根误差	BulbWt 均值
0.173414	12.74520	0.027922	0.219082

源	自由度	Anova 平方和	均方	F 值	Pr > F
Fertilizer	3	0.00457996	0.00152665	1.96	0.1432

图 4-5 单因素方差分析的输出结果

从方差分析表可以看出 F 统计量及相应的 P 值。P 值为 0.1432，大于 0.05，接受原假设，即各组均值间没有显著差异。

R^2 统计量用于度量因变量的变异中可由自变量解释部分所占的比例，以判断统计模型的解释力。我们可以说在此模型中 Fertilizer 解释 BulbWt 17%的变异性。

4.2.7 方差分析的一般模型

方差分析可以看作一种预测变量为分类变量、响应变量为连续型变量的线性模型，其一般模型可以表示为

$$x_{ij} = \mu + \alpha_i + \varepsilon_{ij}$$

式中，μ 表示所有实验观测值的总体平均数；α_i 是第 i 个处理（水平）的效应，表示水平 i 对实验结果产生的影响；ε_{ij} 是实验误差，相互独立，且服从正态分布 $N(0,\sigma^2)$。

单因素方差分析模型又可以分为固定效应模型和随机效应模型。

固定效应模型：处理固定因素所使用的模型。

（1）因素的 k 个水平是人为选择的，水平是固定的。

（2）方差分析所得结论只适用于所选定的 k 个水平。

随机效应模型：处理随机因素所使用的模型。

（1）因素的 k 个水平是从水平总体中随机抽取的。

（2）由随机因素的 k 个水平所得到的结论，可推广到该因素的所有水平上。

对于前面种植大蒜的例子，研究者只对四种肥料感兴趣，我们则称此为固定效应。

如果选取的肥料是从众多肥料中随机抽取的，那么我们就要考虑肥料样本的变异性，肥料的种类被认为是随机因素，我们称为随机效应。

1. 固定效应模型

固定效应模型可以表示为

$$x_{ij} = \mu + \alpha_i + \varepsilon_{ij}, \quad i = 1, 2, \cdots, k, \quad j = 1, 2, \cdots, n$$

式中，α_i 是水平平均数与总平均数的离差，$\alpha_i = \mu_i - \mu$，这些离差的正负值相抵，则有

$$\sum_{i=1}^{k} \alpha_i = \sum_{i=1}^{k} (\mu_i - \mu) = \sum_{i=1}^{k} \mu_i - k\mu = 0$$

如果不存在处理效应，各 α_i 都应当等于 0，否则至少有一个 $\alpha_i \neq 0$。因此

H_0：$\alpha_1 = \alpha_2 = \cdots = \alpha_k = 0$；

H_1：存在 $\alpha_i \neq 0, \quad i = 1, 2, \cdots, k$。

处理间均方期望为

$$E(\text{MSE}) = \sigma^2, \quad E(\text{MSA}) = \sigma^2 + \frac{n}{k-1} \sum_{i=1}^{k} (\mu_i - \mu)^2$$

2. 随机效应模型

随机效应模型可以表示为

$$x_{ij} = \mu + \alpha_i + \varepsilon_{ij}, \quad i = 1, 2, \cdots, k, \quad j = 1, 2, \cdots, n$$

式中，处理效应 α_i 为随机变量，服从均值为 0、方差为 σ_α^2 的正态分布。

在随机效应模型中，对单个 α_i 的检验是无意义的。若不存在处理效应，则 α_i 的方差为 0，且有

$$H_0: \sigma_\alpha^2 = 0$$
$$H_1: \sigma_\alpha^2 > 0$$

均方期望为

$$E(\text{MSE}) = \sigma^2, \quad E(\text{MSA}) = \sigma^2 + n\sigma_\alpha^2$$

4.2.8 PROC GLM 简介

PROC GLM 使用最小二乘法来拟合广义线性模型。我们可以使用 PROC GLM 构建一个或多个响应变量（连续变量）和一个或多个预测变量（可以是分类变量，也可以是连续变量）之间的关联模型。PROC GLM 可用于不同的分析，包括

（1）方差分析（ANOVA），特别是针对非平衡数据区组设计；

（2）协方差分析（Analysis of Covariance）；

（3）多元方差分析（Multivariate Analysis of Variance，MANOVA）；

（4）重复测量方差分析（Repeated Measures Analysis of Variance）；

（5）偏相关（Partial Correlation）；

(6)简单线性回归(Simple Linear Regression);
(7)多元线性回归(Multiple Regression);
(8)加权回归(Weighted Regression);
(9)多项式回归(Polynomial Regression);
(10)响应面模型(Response Surface Models)。

4.2.9 使用 PROC GLM 做单因素方差分析

前面我们用 PROC ANOVA 实现了单因素方差分析,现在我们用 PROC GLM 再对同样的数据、同样的变量做一次单因素方差分析。从图 4-6 可知,使用 PROC GLM 得到的方差分析表等信息与使用 PROC ANOVA 得到的信息是一致的。

```
PROC GLM DATA=WORK.mggarlic PLOTS(ONLY)=ALL;
  CLASS Fertilizer;
  MODEL BulbWt=Fertilizer / SS3 SINGULAR=1E-07; /* Sum of squares: Type III */
  LSMEANS Fertilizer / ADJUST=TUKEY; /* Tukey 用于多重比较 */
  MEANS Fertilizer /  HOVTEST=LEVENE (TYPE=SQUARE); /* Levene 用于方差齐性检验 */
RUN;
QUIT;
```

GLM 过程

因变量: BulbWt

源	自由度	平方和	均方	F 值	Pr > F
模型	3	0.00457996	0.00152665	1.96	0.1432
误差	28	0.02183054	0.00077966		
校正合计	31	0.02641050			

R 方	变异系数	均方根误差	BulbWt 均值
0.173414	12.74520	0.027922	0.219082

源	自由度	III 型 平方和	均方	F 值	Pr > F
Fertilizer	3	0.00457996	0.00152665	1.96	0.1432

图 4-6 PROC GLM 输出结果中的单因素方差分析结果

从方差分析表可以看出 F 统计量及相应的 P 值。P 值为 0.1432,大于 0.05,接受原假设,即各组均值间没有显著差异。

R^2 统计量用于度量因变量的变异中可由自变量解释部分所占的比例,以判断统计模型的解释力。我们可以说在此模型中 Fertilizer 解释 BulbWt 17%的变异性。

1. 拟合诊断

PROC GLM 输出的结果(见图 4-7)中的右下角部分展示了模型的一些基本信息,其中包括观测个数、参数个数、误差自由度等信息。我们需要借助左侧的三个图验证模型是否满足方差分析的基本假设。

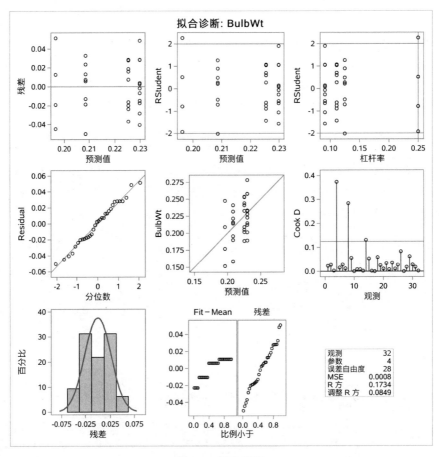

图 4-7　拟合诊断

2．图形解释

我们对图 4-7 中左侧的三个图进行单独解读，解读内容如图 4-8 所示。

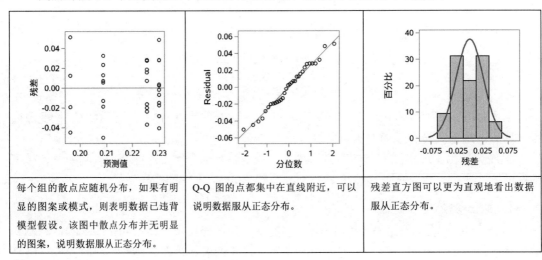

图 4-8　拟合诊断的图形解释

3．多重比较

在图 4-9 中，第一张表格是使用不同肥料的蒜头质量的均值，从该表格可以看出，使用四组肥料的蒜头质量并无明显差异。

第二张表格是比较不同组均值的 P 值，从该表格可以看出，两两比较 P 值都大于 0.05，接受原假设，各组之间无明显差异。

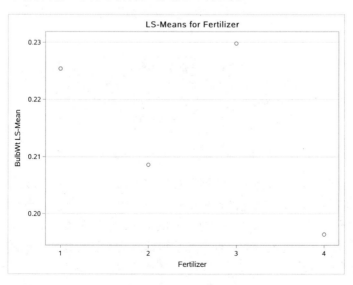

图 4-9　最小二乘均值

4．LS-Means 图

图 4-10 展现的是在因素的不同水平下均值的差异。

本例仅有四个水平，LS-Means 图展现的是四组肥料对应的蒜头质量的均值。参照图 4-9 中得到的各组肥料均值的数值，1 组均值约为 0.2254，2 组均值约为 0.2086，3 组均值约为 0.2298，4 组均值约为 0.1964，对应图 4-10 中的四个点。

虽然本例得到的 LS-Means 图比较分散，但考虑到其取值范围（最大值为 0.2298，最小值为 0.1964），我们仍有理由认为各组之间无显著差异。

图 4-10　LS-Means 图

5. Diffogram 图

Diffogram 图能更直观地展现各个水平两两之间是否存在显著差异。在图 4-11 中，水平的 4 条灰色实线和竖直的 4 条灰色实线分别代表 4 个组的均值。按照不同的组合方式，有 4×(4-1)÷2＝6 组需要比较。以图 4-11 中做出标记的 3 组比较为例，这 3 条线分别通过 4 组竖直线与 3 组水平线的交点，2 组竖直线与 3 组水平线的交点，以及 1 组竖直线与 3 组水平线的交点。这 3 条线都与图 4-11 中对角线的虚线相交，意味着这些比较不存在显著差异，即 4 组、3 组、2 组与 1 组之间均不存在显著差异。

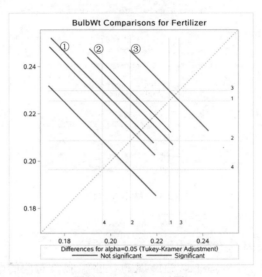

图 4-11　Diffogram 图

6. 方差齐性检验

Levene 方差齐性检验的原假设是不同肥料组的方差相等。

在图 4-12 中 P 值为 0.4173，大于 0.05，接受原假设，即模型满足方差相齐的假设。

GLM 过程

"BulbWt" 的 Levene 方差齐性检验 组均值的平方离差 ANOVA					
源	自由度	平方和	均方	F 值	Pr > F
Fertilizer	3	1.716E-6	5.719E-7	0.98	0.4173
误差	28	0.000016	5.849E-7		

图 4-12　Levene 方差齐性检验

实际上我们有理由认为本例是一次回溯性研究，即分组是自然形成的，我们仅仅收集数据，而不是控制各个处理，因此没有真正独立的变量。

很多公共健康、商业分析都是类似的回溯性研究，在事件发生时观察、收集数据，而不是通过实验设计。这也是最好的选择，如从道德意义上讲，我们不能随机指派一个人吸烟或不吸烟进行实验设计。

4.3 双因素方差分析的概念及其基本假定

双因素方差分析用于分析两个因素（因素 A 和因素 B）对实验结果的影响。实验者分别对两个因素进行检验，分析是一个因素在起作用，还是两个因素都起作用，或者两个因素都不起作用。双因素方差分析根据有无交互效应又分为如下两种类型。

（1）无交互效应的双因素方差分析：因素 A 和因素 B 对实验结果的影响是相互独立的。对于无交互效应的双因素方差分析，其结果与对每个因素分别进行单因素方差分析的结果相同。

（2）有交互效应的双因素方差分析：因素 A 和因素 B 除了对实验结果单独影响，因素 A 和因素 B 的搭配还会对实验结果产生一种新的影响。

双因素方差分析的基本假定如下。

（1）每个总体都服从正态分布。对于因素的每个水平，其观察值来自正态分布总体的简单随机样本。

（2）各个总体的方差必须相同。各组观察数据是从具有相同方差的总体中抽取的。

（3）观察值是独立的。

双因素方差分析数据表如表 4-8 所示。

表 4-8 双因素方差分析数据表

		因素(B_j)				均值 $\bar{x}_{i\cdot}$
		B_1	B_2	$\cdots$	B_r	
因素(A_i)	A_1	x_{11}	x_{12}	$\cdots$	x_{1r}	$\bar{x}_{1\cdot}$
	A_2	x_{21}	x_{22}	$\cdots$	x_{2r}	$\bar{x}_{2\cdot}$
	$\vdots$	$\vdots$	$\vdots$	$\vdots$	$\vdots$	$\vdots$
	A_k	x_{k1}	x_{k2}	$\cdots$	x_{kr}	$\bar{x}_{k\cdot}$
均值 $\bar{x}_{\cdot j}$		$\bar{x}_{\cdot 1}$	$\bar{x}_{\cdot 2}$	$\cdots$	$\bar{x}_{\cdot r}$	$\bar{x}$

对因素 A 提出的假设为 H_0：$\mu_1 = \mu_2 = \cdots = \mu_i = \cdots = \mu_k$（$\mu_i$ 为第 i 个水平的均值）；H_1：μ_i（$i=1,2,\cdots,k$）不全相等。

对因素 B 提出的假设为 H_0：$\mu_1 = \mu_2 = \cdots = \mu_j = \cdots = \mu_r$（$\mu_j$ 为第 j 个水平的均值）；H_1：μ_j（$j=1,2,\cdots,r$）不全相等。

4.3.1 构造检验的统计量

1. 离差平方和

因素 A 的离差平方和 SSA 为

$$\text{SSA} = \sum_{i=1}^{k}\sum_{j=1}^{r}(\bar{x}_{i\cdot} - \bar{x})^2$$

因素 B 的离差平方和 SSB 为

$$\text{SSB} = \sum_{i=1}^{k}\sum_{j=1}^{r}(\overline{x}_{\cdot j} - \overline{x})^2$$

误差项离差平方和 SSE 为

$$\text{SSE} = \sum_{i=1}^{k}\sum_{j=1}^{r}(x_{ij} - \overline{x}_{i\cdot} - \overline{x}_{\cdot j} + \overline{x})^2$$

总离差平方和 SST 为

$$\text{SST} = \sum_{i=1}^{k}\sum_{j=1}^{r}(x_{ij} - \overline{x})^2$$

各离差平方和之间的关系为 $\text{SST} = \text{SSA} + \text{SSB} + \text{SSE}$。

2．均方

均方为离差平方和除以相应的自由度。

四个平方和的自由度分别是

（1）总离差平方和 SST 的自由度为 $kr-1$；

（2）因素 A 的离差平方和 SSA 的自由度为 $k-1$；

（3）因素 B 的离差平方和 SSB 的自由度为 $r-1$；

（4）随机误差平方和 SSE 的自由度为 $(k-1)(r-1)$。

因素 A 的均方记为 $\text{MSA} = \dfrac{\text{SSA}}{k-1}$，因素 B 的均方记为 $\text{MSB} = \dfrac{\text{SSB}}{r-1}$，随机误差项的均方记为 $\text{MSE} = \dfrac{\text{SSE}}{(k-1)(r-1)}$。

4.3.2　双因素方差分析的统计决断

检验因素 A 的影响是否显著的公式如下：

$$F_A = \frac{\text{MSA}}{\text{MSE}} \sim F(k-1,(k-1)(r-1))$$

检验因素 B 的影响是否显著的公式如下：

$$F_B = \frac{\text{MSB}}{\text{MSE}} \sim F(r-1,(k-1)(r-1))$$

根据 F_A 和 F_B 做出如下统计推断。

若 $F_A \geqslant F_\alpha$，则拒绝原假设 H_0，表明均值之间的差异是显著的，即所检验的因素 A 对观察值有显著影响。

若 $F_B \geqslant F_\alpha$，则拒绝原假设 H_0，表明均值之间的差异是显著的，即所检验的因素 B 对观察值有显著影响。

4.3.3　双因素方差分析表

双因素方差分析与单因素方差分析类似，按照方差分析的过程，将有关步骤的计算数据，如差异来源、离差平方和、自由度、均方和 F 值等指标数值逐一列出，可得出双因素方差分析表，如表 4-9 所示。

表 4-9 双因素方差分析表

方差来源	离差平方和	自由度	均方	F值
因素 A	SSA	$k-1$	MSA	F_A
因素 B	SSB	$r-1$	MSB	F_B
误差	SSE	$(k-1)\times(r-1)$	MSE	
总和	SST	$kr-1$		

4.3.4 双因素交叉分组的方差分析中的效应

1. 简单效应和主效应

实验考察 A、B 两个因素，因素 A 分为 a 个水平，因素 B 分为 b 个水平，交叉分组是指因素 A 的每个水平与因素 B 的每个水平都要组合，两者交叉搭配形成 ab 个水平组合（处理）。

实验因素 A、B 在实验中处于平等地位，实验单位分成 ab 个组，每组随机接受一种处理，因此实验数据也按两因素两方向分组。

简单效应：在某因素的同一水平上，另一因素的不同水平对实验指标的影响。

主效应：某因素由于另一因素水平的改变而引起的平均数的改变量，可以用该因素的简单效应的均值表示。

由表 4-10 可知，本例中因素 A 和因素 B 的简单效应分别为 $A_2 - A_1$（$x_{12} - x_{11}$，$x_{22} - x_{21}$）和 $B_2 - B_1$（$x_{21} - x_{11}$，$x_{22} - x_{12}$）。

因素 A 和因素 B 的主效应分别为 $(x_{21} + x_{22} - x_{11} - x_{12})/2$ 和 $(x_{12} + x_{22} - x_{11} - x_{21})/2$。

表 4-10 因素 A 和因素 B 的简单效应和主效应

	A_1	A_2	$A_2 - A_1$	平均
B_1	x_{11}	x_{12}	$x_{12} - x_{11}$	$(x_{11} + x_{12})/2$
B_2	x_{21}	x_{22}	$x_{22} - x_{21}$	$(x_{21} + x_{22})/2$
$B_2 - B_1$	$x_{21} - x_{11}$	$x_{22} - x_{12}$		$(x_{21} + x_{22} - x_{11} - x_{12})/2$
平均	$(x_{11} + x_{21})/2$	$(x_{12} + x_{22})/2$	$(x_{12} + x_{22} - x_{11} - x_{21})/2$	

2. 交互效应

在多因素实验中，某一因素的简单效应随着另一因素水平的变化而变化，称这两个因素存在交互效应。

交互效应可由 $(A_1B_1 + A_2B_2 - A_1B_2 - A_2B_1)/2$（$(x_{11} + x_{22} - x_{12} - x_{21})/2$）来估计。交互效应又分为如下几种。

（1）正交互效应（协同效应）：具有正效应的交互。
（2）负交互效应（拮抗效应）：具有负效应的交互。
（3）无交互效应：交互效应为零。

没有交互效应的因素是相互独立的因素，不论在哪一因素的哪个水平上，另一因素的简单效应是相等的。

4.3.5 双因素交叉分组的方差分析的模型表示

双因素交叉分组的方差分析可以表示成固定效应模型、随机效应模型和混合效应模型。它们的基本形式相同，区别在于模型参数的意义及假设检验的内容。

1. 固定效应模型

$$x_{ijk} = \mu + \alpha_i + \beta_j + (\alpha\beta)_{ij} + \varepsilon_{ijk}, \quad i=1,2,\cdots,a;\ j=1,2,\cdots,b;\ k=1,2,\cdots,n$$

式中，μ 为总平均数；α_i 为 A_i 的效应；β_j 为 B_j 的效应；$(\alpha\beta)_{ij}$ 为 A_i 与 B_j 的交互效应；ε_{ijk} 为随机误差，相互独立，服从 $N(0,\sigma^2)$。

统计假设如下。

H_{01}：$\alpha_i = 0$；

H_{02}：$\beta_j = 0$；

H_{03}：$(\alpha\beta)_{ij} = 0$；

H_1：α_i、β_j、$(\alpha\beta)_{ij}$ 不全为 0。

2. 随机效应模型

α_i 服从 $N(0,\sigma_\alpha^2)$；β_j 服从 $N(0,\sigma_\beta^2)$；$(\alpha\beta)_{ij}$ 服从 $N(0,\sigma_{\alpha\beta}^2)$；$\varepsilon_{ijk}$ 为随机误差，相互独立，服从 $N(0,\sigma^2)$。

统计假设如下。

H_{01}：$\sigma_\alpha^2 = 0$；

H_{02}：$\sigma_\beta^2 = 0$；

H_{03}：$\sigma_{\alpha\beta}^2 = 0$；

H_1：σ_α^2、σ_β^2、$\sigma_{\alpha\beta}^2$ 不全为 0。

3. 混合效应模型

α_i 为 A_i 的效应；β_j 服从 $N(0,\sigma_\beta^2)$；$(\alpha\beta)_{ij}$ 服从 $N(0,\sigma_{\alpha\beta}^2)$；$\varepsilon_{ijk}$ 为随机误差，相互独立，服从 $N(0,\sigma^2)$。

统计假设（A 为固定效应，B 为随机效应）如下。

H_{01}：$\alpha_i = 0$；

H_{02}：$\sigma_\beta^2 = 0$；

H_{03}：$\sigma_{\alpha\beta}^2 = 0$；

H_1：α_i、σ_β^2、$\sigma_{\alpha\beta}^2$ 不全为 0。

4.3.6 数据转换

在使用方差分析过程中，有时会遇到一些样本的总体和方差分析的基本假定相抵触，这些数据在进行方差分析之前必须经过适当处理及数据转换来变更测量标尺。

数据转换的主要方法有平方根转换、对数转换、反正弦转换、倒数转换。

1. 平方根转换

有些生物学观测数据为泊松分布而非正态分布，如在一定面积上某种杂草的株数或昆虫的头数等，样本平均数与其方差呈比例关系，采用平方根转换可获得同质的方差。一般将原观测值转化成 $\sqrt{x}$，数据较小时采用 $\sqrt{x+1}$。表 4-11 所示为数据平方根转换示例。

表 4-11 数据平方根转换示例

处理	原始数据		平方根转换		方差	
	1	2	1	2	转换前	转换后
A（%）	1	9	1	3	32	2
B（%）	16	36	4	6	200	2

2. 对数转换

数据表现效应为倍加性或可乘性，方差为非同质性和非可加性。对数转换通常用于稀有现象资料。数据经对数转换后各处理的方差同质性增强。对于改进非可加性的影响，对数转换比平方根转换更有效。表 4-12 所示为数据对数转换示例。

表 4-12 数据对数转换示例

处理	倍加性		对数转换		方差	
	1	2	1	2	转换前	转换后
A	10	20	1	1.3	50	0.045
B	30	60	1.48	1.78	450	0.045

3. 反正弦转换与倒数转换

如果数据是比例或以百分比表示的，其分布趋向于二项分布，方差分析时应进行反正弦转换。

$$P(X=k) = C_n^k p^k (1-p)^{n-k}$$

记 $q = 1-p$，则有

$$\mu = np, \quad \sigma^2 = npq$$

对于固定的 n，当 $p = q = 0.5$ 时，标准差最大。

若不同处理的 p 较大或较小，则不符合方差分析的独立性和同质性假定，则需要进行反正弦转换，即

$$\theta = \sin^{-1}\sqrt{p}$$

倒数转换常用于标准差和平均数成比例增长的一类数据。

4.3.7 数据转换后的方差分析

转换后的数据进行方差分析的步骤与未经转换的数据的方差分析步骤相同。
（1）平方和与自由度的分解方法相同。
（2）平方和的计算采用转换后的数据。

（3）F 检验显著时，多重比较也要用转换后的数据。

对分析的结果进行解释和描述时要先用转换后的平均数反转换，再下结论。

4.3.8　双因素方差分析 SAS 实例

收集三种类型心脏病病人的数据，以判断给定药物的不同剂量水平对血压变化的影响。

数据存在于 Drug 数据集中，数据描述如表 4-13 所示。数据集的前 11 条观测如图 4-13 所示。

表 4-13　Drug 数据集的变量描述

变量名	描述
DrugDose	用药剂量（1，2，3，4），分别对应安慰剂，100mg，200mg，500mg
Disease	心脏病分类
BloodP	两周治疗后血压的变化

	PatientID	DrugDose	Disease	BloodP
1	69	2	B	13
2	162	4	A	-47
3	181	1	B	12
4	209	4	A	-4
5	308	2	A	4
6	331	4	C	37
7	340	4	C	-19
8	350	1	B	-9
9	360	2	B	-17
10	363	4	A	-41
11	382	2	C	-5

图 4-13　Drug 数据集的前 11 条记录

BloodP 值为负数，说明血压下降；BloodP 值为正数，说明血压上升。

假设已经完成了数据探索，没有发现异常值或异常的数据分布。在探索中，我们发现每种处理的样本量不同。研究人员调查了 240 个病人（每类心脏病病人 80 人），只随机选取了 170 人参与实验。

4.3.9　实验数据汇总

我们用 PROC MEANS 获取数据的汇总信息，程序代码和输出结果如图 4-14 所示。

```
PROC MEANS DATA=WORK.drug FW=12 PRINTALLTYPES CHARTYPE NWAY
    VARDEF=DF MEAN STD MIN MAX N;
    VAR BloodP;
    CLASS Disease / ORDER=UNFORMATTED ASCENDING;
    CLASS DrugDose / ORDER=UNFORMATTED ASCENDING;
RUN;
```

由 PROC MEANS 的输出结果可知，不同组之间的均值有明显的差异，但不同剂量水平对血压的影响并无明显差异。对于不同的药物，用药剂量对血压的影响也不尽相同。

分析变量: BloodP							
Disease	DrugDose	观测的个数	均值	标准差	最小值	最大值	N
A	1	12	1.3333333	13.5333483	-22.0000000	25.0000000	12
	2	16	-9.6875000	18.8881577	-37.0000000	19.0000000	16
	3	13	-26.2307692	18.1390640	-51.0000000	11.0000000	13
	4	18	-22.5555556	21.0970369	-61.0000000	12.0000000	18
B	1	15	-8.1333333	16.9109714	-39.0000000	22.0000000	15
	2	15	5.4000000	21.8886794	-45.0000000	35.0000000	15
	3	14	24.7857143	23.7427838	-24.0000000	60.0000000	14
	4	13	23.2307692	23.5872630	-22.0000000	55.0000000	13
C	1	14	0.4285714	20.2929100	-38.0000000	45.0000000	14
	2	13	-4.8461538	24.0341637	-36.0000000	50.0000000	13
	3	14	-5.1428571	13.9827209	-26.0000000	27.0000000	14
	4	13	1.3076923	28.7847894	-57.0000000	42.0000000	13

图 4-14　PROC MEANS 的输出结果

4.3.10　双因素方差分析

我们用 PROC GLM 进行双因素方差分析，代码如下。

```
/* 通过 PLOTS(ONLY)=INTPLOT 输出交互图 */
/* ORDER=INTERNAL，分类变量依照未格式化数据(unformatted data)的水平进行排序 */
PROC GLM DATA=WORK.drug ORDER=INTERNAL PLOTS(ONLY)=INTPLOT;
  CLASS DrugDose Disease; /* 指定 DrugDose、Disease 为分类变量 */
  MODEL BloodP=Disease DrugDose Disease*DrugDose /
    SS1 SS3 SINGULAR=1E-07; /* 选择 Disease、DrugDose 及两者的交互效应建模 */
  RUN;
QUIT;
```

1．Type I～IV 平方和的区别

1）Type I：顺序平方和（Sequential Sum of Squares）

因素 A 表示为 SS(A)，因素 B 表示为 S(B|A)，交互效应表示为 SS(AB|B,A)。Type I 对于多项式模型更有意义。例如，X、$X \times X$、$X \times X \times X$ 都在模型中，后面的实验依赖前面的实验。

2）Type II：分层/部分顺序平方和（Hierarchical or Partially Sequential Sum of Squares）

因素 A 表示为 SS(A|B)，因素 B 表示为 SS(B|A)。Type II 要求明确 A 和 B 两因素不存在明显的交互效应。

3）Type III：正交/边际平方和（Orthogonal or Marginal Sum of Squares）

因素 A 表示为 SS(A|B, AB)，因素 B 表示为 SS(B|A, AB)。

4）Type IV：古德奈特/平衡平方和（Goodnight or Balanced Sum of Squares）

Type IV 基于 Type III，专门用于含有缺失单元的方差分析。

2．模型汇总信息

图 4-15 所示为 PROC GLM 输出的模型汇总信息。

分类水平信息		
分类	水平	值
DrugDose	4	1 2 3 4
Disease	3	A B C

读取的观测数	170
使用的观测数	170

因变量: BloodP

源	自由度	平方和	均方	F 值	Pr > F
模型	11	36476.8353	3316.0759	7.66	<.0001
误差	158	68366.4589	432.6991		
校正合计	169	104843.2941			

R 方	变异系数	均方根误差	BloodP 均值
0.347918	-906.7286	20.80142	-2.294118

图 4-15　PROC GLM 输出的模型汇总信息

图 4-15 中的第一张表格是输入表的基本信息。

（1）Disease 有三个水平：A、B、C。

（2）DrugDose 有四个水平：1、2、3、4。

图 4-15 中的第二张表格为整个模型的 F 检验，假设条件是模型中的各种效应没有显著差别，即 12 个组的均值相同。

（1）BloodP 均值表明整体的血压变化为-2.294118。

（2）R^2=0.347918 表示模型可以解释 34%的变异。

（3）P 值小于 0.0001，在 α =0.05 水平下显著，即血压变化的均值不全相等。

3．III 型平方和

图 4-16 所示为 PROC GLM 输出的报告中有关 III 型平方和的部分。

源	自由度	III 型 平方和	均方	F 值	Pr > F
Disease	2	18742.62386	9371.31193	21.66	<.0001
DrugDose	3	335.73526	111.91175	0.26	0.8551
DrugDose*Disease	6	17146.31698	2857.71950	6.60	<.0001

图 4-16　PROC GLM 输出的报告中有关 III 型平方和的部分

在本例中，用药剂量和心脏病类型的交互效应的 P 值小于 0.0001，即用药剂量和心脏病类型之间存在显著的交互效应。

4．交互作用图

图 4-17 为 PROC GLM 输出的交互作用图，我们可以通过交互作用图更直观地得出某些结论。

由图 4-17 可知，对于 A 类心脏病，随着剂量增加，病人血压下降；当剂量达到 500mg 时，病人血压变化的水平回升，但 BloodP 仍为负值，病人血压仍是下降的。

对于 B 类心脏病，随着剂量增加，病人血压增加。

对于 C 类心脏病，用药剂量对病人血压影响不大。

由此可见，用药剂量的效应因心脏病类型的不同而不同，即用药剂量和心脏病类型之间存在交互效应。

图 4-17　PROC GLM 输出的交互作用图

5．检验交互效应

此前得出了如下结论，用药剂量和心脏病类型之间存在显著的交互效应。接下来我们通过 LSMEANS 语句结合 slice=选项对交互效应进一步进行检验，程序代码。

```
PROC GLM DATA=WORK.drug order=internal PLOTS(ONLY)=INTPLOT;
  CLASS DrugDose Disease;
  MODEL BloodP=Disease DrugDose Disease*DrugDose /
     SS1 SS3 SINGULAR=1E-07; /* 选择 Disease、DrugDose 及两者的交互效应建模 */
  LSMEANS Disease*DrugDose / slice=Disease;
RUN;
QUIT;
```

图 4-18 所示为 PROC GLM 添加 LSMEANS 语句后的输出结果。

GLM 过程
最小二乘均值

DrugDose	Disease	BloodP LSMEAN
1	A	1.3333333
1	B	-8.1333333
1	C	0.4285714
2	A	-9.6875000
2	B	5.4000000
2	C	-4.8461538
3	A	-26.2307692
3	B	24.7857143
3	C	-5.1428571
4	A	-22.5555556
4	B	23.2307692
4	C	1.3076923

GLM 过程
最小二乘均值

DrugDose*Disease 按 Disease 划分的效应：BloodP

Disease	自由度	平方和	均方	F 值	Pr > F
A	3	6320.126747	2106.708916	4.87	0.0029
B	3	10561	3520.222833	8.14	<.0001
C	3	468.099308	156.033103	0.36	0.7815

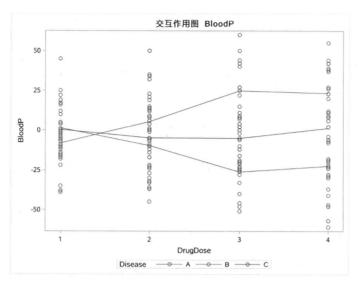

图 4-18　PROC GLM 添加 LSMEANS 语句后的输出结果

在图 4-18 中，左侧的表格是所有 DrugDose 与 Disease 组合的 LSMEAN，右侧的表格为不同 Disease 水平下 DrugDose 的效应。

DrugDose 的效应对 A 类和 B 类心脏病效果显著，对 C 类心脏病效果不显著。根据上述信息，给 A 类心脏病病人高用药剂量可以降血压，B 类心脏病病人则不行（血压升高），对 C 类心脏病病人的影响不大。

4.4 多因素方差分析

多因素方差分析常用于研究两个或两个以上的因素对因变量（响应变量）产生的影响。

多因素方差分析需要满足正态性、方差齐性（各总体方差相等）、观察值的独立性等基本假设。多因素方差分析会关注各因素的主效应，以及彼此之间的交互效应（相比于双因素方差分析更为复杂，如三个因素 A、B、C 的交互效应为 $A\times B\times C$）。

多因素方差分析的计算过程与单因素方差分析、双因素方差分析的计算过程类似，需要求解离差平方和及均方，并借由 F 统计量得到统计结论。在 SAS 程序中，我们仍然使用 PROC GLM 实现多因素方差分析。

简而言之，我们可以把双因素方差分析看作多因素方差分析的一个特例。本节内容将不再展开介绍多因素方差分析的假设检验及相关计算，仅提供简单的 SAS 实例。接下来还会介绍两种常用的多因素实验设计方法：析因设计和正交实验设计。

4.4.1 析因设计

1. 析因设计简介

析因设计（Factorial Design）也称为全因素试验设计，是指按照试验中所涉及的全部试验因素的各水平全面组合形成不同的试验条件，在每个试验条件下进行两次或两次以上的独立重复实验。析因设计可以用于检验每个因素的简单效应、每个因素的主效应、各因素间的交互效应。

2×2 析因设计表和 2×3 析因设计表如表 4-14 和表 4-15 所示。

表 4-14　2×2 析因设计表

		因素 A	
		A_1	A_2
因素 B	B_1	A_1B_1	A_2B_1
	B_2	A_1B_2	A_2B_2

表 4-15　2×3 析因设计表

		因素 B		
		B_1	B_2	B_3
因素 A	A_1	A_1B_1	A_1B_2	A_1B_3
	A_2	A_2B_1	A_2B_2	A_2B_3

2. 基于析因设计的方差分析检验的几种效应

假如我们用析因设计的方法设计实验，考察 A 和 B 两种药物治疗某种疾病的效果，记四种处理 A_1B_1、A_2B_1、A_1B_2、A_2B_2 对应的总体均值分别为 μ_0、μ_A、μ_B、μ_{AB}，如表 4-16 所示。我们要检验的效应可表示为因素 A 的简单效应（保持药物 B 的使用状况不变，使用药物 A 时治疗效果的变化），即

$$A_{S1} = A_2B_1 - A_1B_1 = \mu_A - \mu_0$$
$$A_{S2} = A_2B_2 - A_1B_2 = \mu_{AB} - \mu_B$$

因素 B 的简单效应（保持药物 A 的使用状况不变，使用药物 B 时治疗效果的变化）为

$$B_{S1} = A_1B_2 - A_1B_1 = \mu_B - \mu_0$$
$$B_{S2} = A_2B_2 - A_2B_1 = \mu_{AB} - \mu_A$$

因素 A 的主效应为

$$A_m = \frac{A_{S1} + A_{S2}}{2} = \frac{\mu_A - \mu_0 + \mu_{AB} - \mu_B}{2}$$

因素 B 的主效应为

$$B_m = \frac{B_{S1} + B_{S2}}{2} = \frac{\mu_B - \mu_0 + \mu_{AB} - \mu_A}{2}$$

因素 A 与因素 B 的交互效应为

$$AB = \frac{A_2B_2 + A_1B_1 - A_2B_1 - A_1B_2}{2} = \frac{\mu_{AB} + \mu_0 - \mu_A - \mu_B}{2}$$

表 4-16 考察 A、B 两种药物效果的析因设计表

		因素 A（药物 A）	
		A_1（未用药）	A_2（用药）
因素 B（药物 B）	B_1（未用药）	$A_1B_1 = \mu_0$	$A_2B_1 = \mu_A$
	B_2（用药）	$A_1B_2 = \mu_B$	$A_2B_2 = \mu_{AB}$

当 $AB \neq 0$ 时，药物 A 与药物 B 间存在交互效应。

当 $AB > 0$ 时，$\mu_{AB} > \mu_A + \mu_B - \mu_0$，进而有 $\mu_{AB} - \mu_0 > (\mu_A - \mu_0) + (\mu_B - \mu_0)$，两种药物的联合效应大于两种药物的简单效应之和，说明两种药物一起使用会有药效增强的效果，我们称之为协同效应。

当 $AB < 0$ 时，两种药物一起使用会导致药效减弱，我们称之为拮抗效应。

3. 析因设计实例

构造析因设计实验，研究四个二水平因子（进料速度、催化剂、搅拌速度和温度）对反应器产量的影响。其中进料速度的两个水平为 10 和 15；催化剂的两个水平为 1 和 2；搅拌速度的两个水平为 100 和 120；温度的两个水平为 140 和 180。按照析因设计的思路，四个二水平因子可构造 $2^4 = 16$ 组实验，实验分组的情况如表 4-17 所示。反应百分比为分组实验需要记录的数据。

表 4-17 四种因素对反应器产量影响的析因设计表

实验编号	模式	进料速度	催化剂	搅拌速度	温度	反应百分比
1	+++ +	15	2	100	180	
2	++ - -	15	2	100	140	
3	- - + -	10	1	120	140	
4	+ +++	15	1	120	180	
5	- + - -	10	2	100	140	
6	++++	15	2	120	180	
7	- ++ +	10	2	100	180	
8	- - - +	10	1	100	180	
9	- + + -	10	2	120	140	
10	- - + +	10	1	120	180	
11	+++ -	15	2	120	140	
12	- +++	10	2	120	180	
13	- - - -	10	1	100	140	
14	++ - +	15	1	120	140	
15	+ - - +	15	1	100	140	
16	+ - - +	15	1	100	180	

4．析因设计 SAS 实例

研究人员对两种降胆固醇药物进行临床研究。每种药物分为不用药（水平 1）和用药（水平 2）两个水平，由此构成了 2×2=4 个处理。此实验挑选了 12 个高胆固醇病人，随机分成 4 组，观察每个病人胆固醇下降值（单位：mmol/L）。临床数据如表 4-18 所示。

表 4-18 两种降胆固醇药物临床研究的析因设计表

		药物 A	
		A_1	A_2
药物 B	B_1	0.416	0.728
		0.65	0.806
		0.468	0.598
	B_2	1.456	1.664
		1.144	2.028
		1.092	2.08

对于该实验，可提出以下假设检验。

（1）H_0：药物 A 对降低胆固醇无作用；H_1：药物 A 对降低胆固醇有作用。

（2）H_0：药物 B 对降低胆固醇无作用；H_1：药物 B 对降低胆固醇有作用。

（3）H_0：药物 A 与药物 B 对降低胆固醇的作用相互独立；H_1：药物 A 与药物 B 对降低胆固醇的作用不独立，即药物 A 与药物 B 存在交互效应。

我们使用 PROC GLM 进行方差分析，PROC GLM 的输出结果如图 4-19 所示。

```
DATA Exp;
  INPUT A $ B $ Y @@;
  DATALINES;
A1 B1 0.416 A1 B1 0.650 A1 B1 0.468
A1 B2 1.456 A1 B2 1.144 A1 B2 1.092
A2 B1 0.728 A2 B1 0.806 A2 B1 0.598
A2 B2 1.644 A2 B2 2.028 A2 B2 2.080
;RUN;
PROC GLM DATA=Exp;
  CLASS A B;
  MODEL Y = A B A*B;
RUN;QUIT;
```

分类水平信息		
分类	水平	值
A	2	A1 A2
B	2	B1 B2

读取的观测数	12
使用的观测数	12

源	自由度	平方和	均方	F 值	Pr > F
模型	3	3.54897433	1.18299144	38.91	<.0001
误差	8	0.24321067	0.03040133		
校正合计	11	3.79218500			

R 方	变异系数	均方根误差	Y 均值
0.935865	15.95971	0.174360	1.092500

源	自由度	III 型 SS	均方	F 值	Pr > F
A	1	0.58874700	0.58874700	19.37	0.0023
B	1	2.78210700	2.78210700	91.51	<.0001
A*B	1	0.17812033	0.17812033	5.86	0.0418

图 4-19　PROC GLM 的输出结果

由 PROC GLM 输出结果可知，药物 A 和药物 B 的 P 值都小于 0.05，拒绝原假设，两种药物都有降低胆固醇的作用，其中药物 B 更显著，即药物 B 降胆固醇的作用更明显。

药物 A 和药物 B 交互效应的 P 值为 0.0418，小于 0.05，即药物 A 与药物 B 存在交互效应。由交互效应图可知，同时服用两种药物降胆固醇的效果要强于只服用其中一种药物的效果，可得出两种药物有协同效应。

5．析因设计的优缺点

考虑一个三因素、每个因素有三个水平的实验，析因设计需 $3^3 = 27$ 次实验，即
$A_1B_1C_1$，$A_1B_1C_2$，$A_1B_1C_3$，$A_1B_2C_1$，$A_1B_2C_2$，$A_1B_2C_3$，$A_1B_3C_1$，$A_1B_3C_2$，$A_1B_3C_3$，
$A_2B_1C_1$，$A_2B_1C_2$，$A_2B_1C_3$，$A_2B_2C_1$，$A_2B_2C_2$，$A_2B_2C_3$，$A_2B_3C_1$，$A_2B_3C_2$，$A_2B_3C_3$，
$A_3B_1C_1$，$A_3B_1C_2$，$A_3B_1C_3$，$A_3B_2C_1$，$A_3B_2C_2$，$A_3B_2C_3$，$A_3B_3C_1$，$A_3B_3C_2$，$A_3B_3C_3$
析因设计的优点如下。

（1）研究多因素的效应，提高了试验效率。
（2）分析各因素的交互作用，结论在试验条件范围内是有效的。
（3）便于寻找最优方案或最佳组合。
析因设计的缺点如下。
（1）统计分析较复杂。
（2）因素和水平数均不宜过多，否则试验量太大。

4.4.2 正交试验设计

1. 正交试验设计简介

当因素和水平较多时,析因设计所需要的试验量非常大,针对这一困扰,正交试验设计是一种更好的选择。正交试验设计是一种非全面试验设计,它利用正交表来选择最佳的或满意的试验条件,处理组是各因素各水平的部分组合,它是析因设计的部分实施。例如,为 7 个 2 水平因素设计试验,析因设计需要有 $2^7=128$ 个处理,而通过 $L_8(2^7)$ 正交表设计试验(其中 L 代表正交表,8 代表进行 8 次试验,7 表示有 7 个因子,2 表示每个因子有 2 个水平)仅需 8 个处理即可,这会大大减少所需的试验量。

正交试验设计按照 2 个原则来挑选测试节点。

(1)每条边上至少有一个测试节点,以保证覆盖率。

(2)在每条边、每个面上选取的节点需要相等,以保证测试节点分布均匀。

正交试验设计的优点如下。

(1)研究多因素的效应,提高了试验效率。

(2)分布均匀,试验次数少。

(3)试验所得的最优点不一定是全局最优,但往往相当好。

(4)结果直观、易分析。

(5)设计具有正交性,易于分析出各因素的主效应。

2. 正交试验设计实例

假设某个工程师要调查使用电子束焊接机焊接两个部件的过程。该工程师将两个部件安放在焊接固定装置中,使其紧贴彼此。对电子束发生器施加一定的电压所产生的电流会对两个部件进行加热,致使二者熔接在一起。熔接区的理想深度为 0.17 英寸。该工程师想要研究焊接过程,以确定电子束发生器采用什么最佳设置才能生成所需的熔接区深度。

对于该研究,工程师想探索以下七个因子。

(1)操作员:操作焊接机器的技术人员,通常由两个技术人员 John 和 Mary 来操作机器。

(2)速度:部件在电子束下旋转的速度,两个水平分别为 3 和 5。

(3)电流:影响电子束强度的电流,两个水平分别为 150 和 165。

(4)模式:使用的焊接方法,两个水平分别为 Conductance 和 Keyhole。

(5)部件壁尺寸:部件壁的厚度,两个水平分别为 20 和 30。

(6)几何形状:是单面斜接(Single)还是双面斜接(Double)。

(7)材料:要焊接的材料类型,两个水平分别为铝和镁。

设计使用 8 次试验的正交试验设计。

通过 $L_8(2^7)$ 正交表(见表 4-19)设计试验,试验分组如表 4-20 所示。

表 4-19 $L_8(2^7)$ 正交表

试验编号	因子						
	1	2	3	4	5	6	7
1	1	1	1	1	1	1	1
2	1	1	1	2	2	2	2

试验编号	因子						
	1	2	3	4	5	6	7
3	1	2	2	1	1	2	2
4	1	2	2	2	2	1	1
5	2	1	2	1	2	1	2
6	2	1	2	2	1	2	1
7	2	2	1	1	2	2	1
8	2	2	1	2	1	1	2

表 4-20 正交试验设计示例

速度	电流	部件壁尺寸	操作员	模式	几何形状	材料
3	150	20	John	Conductance	Double	铝
3	150	20	Mary	Keyhole	Single	镁
3	165	30	John	Conductance	Single	镁
3	165	30	Mary	Keyhole	Double	铝
5	150	30	John	Keyhole	Double	镁
5	150	30	Mary	Conductance	Single	铝
5	165	20	John	Keyhole	Single	铝
5	165	20	Mary	Conductance	Double	镁

3. 正交试验设计 SAS 实例

科技工作者为了研究雌螺产卵的最优条件，在泥土中同时饲养了 8 只雌螺。在试验中，选取了认为对雌螺产卵有影响的 4 个试验条件作为因素，即温度、含氧量、含水量、pH 值，并为每个因素设定了 2 个水平。在试验中，温度与含氧量对雌螺产卵有交互效应。

对雌螺产卵有影响的因素及其水平如表 4-21 所示。正交试验设计的设计方案及收集的试验数据如表 4-22 所示。

注：数据来源于网络。

表 4-21 雌螺产卵的影响因素表

因素水平	因素 A 温度（℃）	因素 B 含氧量（%）	因素 C 含水量（%）	因素 D pH 值
1	5	0.5	10	6
2	25	5	30	8

表 4-22 检验雌螺产卵影响因素的试验设计表

因素水平	因素 A 温度（℃）	因素 B 含氧量（%）	因素 C 含水量（%）	因素 D pH 值	产卵数量
1	5	0.5	10	6	86
2	5	0.5	30	8	95
3	5	5	10	8	91
4	5	5	30	6	94

续表

因素水平	因素 A 温度（℃）	因素 B 含氧量（%）	因素 C 含水量（%）	因素 D pH 值	产卵数量
5	25	0.5	10	8	91
6	25	0.5	30	6	96
7	25	5	10	6	83
8	25	5	30	8	88

我们使用 PROC GLM 进行方差分析，PROC ANOVA 输出结果如图 4-20 所示。

```
DATA SpiralShell;
  INPUT A B C D Y @@;
  DATALINES;
5 0.5 10 6 0.86   5 0.5 30 8 0.95
5 5.0 10 8 0.91   5 5.0 30 6 0.94
25 0.5 10 8 0.91  25 0.5 30 6 0.96
25 5.0 10 6 0.83  25 5.0 30 8 0.88
;RUN;
PROC ANOVA DATA=SpiralShell;
  CLASS A B C D;
  MODEL Y = A B C D A*B;
  MEANS A B C D;
RUN;QUIT;
```

分类水平信息		
分类	水平	值
A	2	5 25
B	2	0.5 5
C	2	10 30
D	2	6 8

读取的观测数	8
使用的观测数	8

源	自由度	平方和	均方	F 值	Pr > F
模型	5	141.0000000	28.2000000	11.28	0.0834
误差	2	5.0000000	2.5000000		
校正合计	7	146.0000000			

R 方	变异系数	均方根误差	Y 均值
0.965753	1.747115	1.581139	90.50000

源	自由度	Anova SS	均方	F 值	Pr > F
A	1	8.00000000	8.00000000	3.20	0.2155
B	1	18.00000000	18.00000000	7.20	0.1153
C	1	60.50000000	60.50000000	24.20	0.0389
D	1	4.50000000	4.50000000	1.80	0.3118
A*B	1	50.00000000	50.00000000	20.00	0.0465

"A" 的水平	数目	Y 均值	Y 标准差
5	4	91.5000000	4.04145188
25	4	89.5000000	5.44671155

"B" 的水平	数目	Y 均值	Y 标准差
0.5	4	92.0000000	4.54606057
5	4	89.0000000	4.69041576

"C" 的水平	数目	Y 均值	Y 标准差
10	4	87.7500000	3.94757309
30	4	93.2500000	3.59397644

"D" 的水平	数目	Y 均值	Y 标准差
6	4	89.7500000	6.23832242
8	4	91.2500000	2.87228132

		因素 A 温度（℃）	
		5	25
		平均雌螺产卵数	
因素 B 含氧量（%）	0.5	(86+95)/2=90.5	(91+96)/2=93.5
	5	(91+94)/2=92.5	(83+88)/2=85.5

图 4-20　PROC ANOVA 的输出结果

由图 4-20 中 PROC ANOVA 的输出结果可知，C 和 A*B 的 P 值小于 0.05，认为泥土含水量及温度与含氧量的交互效应对雌螺产卵有显著影响。

由图 4-20 中的表可知，A*B 的最佳组合是 A2、B1，由此得到的最佳组合为 A2、B1、C2、D2。这个组合没有出现在预先设计的试验中，这也从侧面反映了正交试验设计是析因设计的部分实施。

由图 4-20 中 PROC ANOVA 的输出结果可知，各因素不同水平间 Y 均值的差异，直接得到的最优组合为 A1、B1、C2、D2，即泥土温度为 5℃、含氧量为 0.5%、含水量为 30%、pH 值为 8.0 的组合。

第 5 章 相关分析与回归分析

在数据分析过程中，我们除了比较数据之间的异同，还会对变量之间是否存在某种关系感兴趣。如果我们能准确找到变量之间存在的关系，则能够利用收集到的一些变量数据，对其他变量进行预测。相关分析就是一种研究随机变量间相关关系的方法，而通过回归分析，我们可以在了解变量之间关系的基础上，对某些变量（响应变量或因变量）做出预测。

5.1 相关分析

相关分析是研究两个随机变量间相关关系的统计分析方法。

从广义上讲，相关性是指任何统计关联，在使用时，它通常指的是两个变量之间的线性关系。

相关性可以表明能在实践中利用的预测关系。例如，基于电力需求和天气之间的相关性，电力设备可以在天气温和的一天生产较少的电量。在这个例子中，存在因果关系——极端天气导致人们使用更多的电量来取暖或降温。一般而言，相关性的存在不足以推断存在因果关系，即相关性并不意味着因果关系。

5.1.1 散点图

我们通常使用散点图（见图 5-1）描述变量相关性。散点图有如下作用。

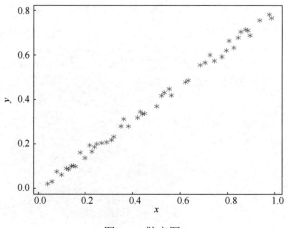

图 5-1 散点图

(1）探索两变量间的关系。
(2）寻找异常值。
(3）确定可能的趋势。
(4）确定 x、y 的范围。

5.1.2 连续型变量之间的关系

常见的连续型变量的关系（见图 5-2）有线性关系、曲线关系、周期关系、无关系。

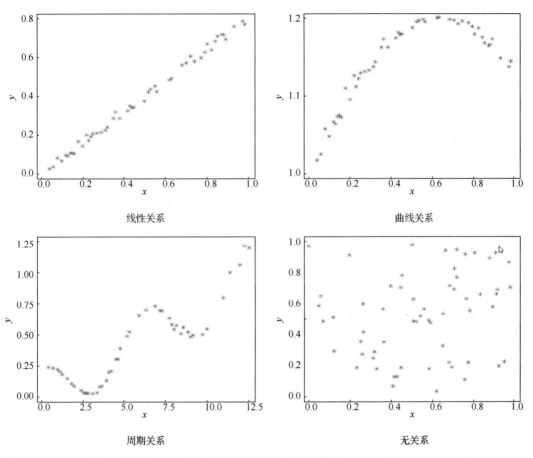

图 5-2 连续型变量之间的关系

5.1.3 皮尔逊相关系数

我们常常会用皮尔逊相关系数度量两个变量之间的线性关系。皮尔逊相关系数的定义为两变量间的协方差与标准差乘积的商，即

$$r = \frac{\sigma_{xy}^2}{\sigma_x \sigma_y}$$

式中，σ_x 为变量 x 的标准差，$\sigma_x = \sqrt{\dfrac{\sum(x-\bar{x})^2}{n}}$；

σ_y 为变量 y 的标准差，$\sigma_y = \sqrt{\dfrac{\sum(y-\bar{y})^2}{n}}$；

σ_{xy}^2 为变量 x 与 y 的协方差，$\sigma_{xy}^2 = \dfrac{\sum(x-\bar{x})(y-\bar{y})}{n}$。

从而求得皮尔逊相关系数为

$$r = \frac{\sum(x-\bar{x})(y-\bar{y})}{\sqrt{\sum(x-\bar{x})^2}\sqrt{\sum(y-\bar{y})^2}} = \frac{n\sum xy - \sum x \sum y}{\sqrt{n\sum x^2 - (\sum x)^2}\sqrt{n\sum y^2 - (\sum y)^2}} = \frac{\overline{xy} - \bar{x}\cdot\bar{y}}{\sqrt{\overline{x^2}-\bar{x}^2}\sqrt{\overline{y^2}-\bar{y}^2}}$$

相关关系可分为正相关、负相关及不相关。使用皮尔逊相关系数度量两个变量间的线性关系时，其取值范围为[-1,1]。

（1）接近-1 或 1 说明两变量间有较强的线性关系。

（2）接近 0 说明两变量间没有线性关系。

（3）大于 0 说明两变量呈正相关关系。

（4）小于 0 说明两变量呈负相关关系。

我们还需要注意的是，相关关系并不意味着因果关系。

（1）两变量间强相关并不意味着一个变量的改变会引起另一个变量的改变，如身高与体重的关系。

（2）样本相关系数较大可能出于偶然，也可能因为两个变量同时受其他变量的影响，如冰激凌销量上涨的同时，游泳的人数增多，两者都受气温升高的影响。

（3）相关并不意味着因果，如冰激凌销量上涨的同时，在海滩上受到鲨鱼袭击的人数增多，但冰激凌销量的上涨并不会使更多的人受到鲨鱼的袭击。

5.1.4 相关关系的统计检验

参数 ρ 表示相关关系，用样本统计量 r 估计 ρ，提出假设，即

$$H_0: \rho=0 \qquad H_1: \rho \neq 0$$

在 H_0 成立的条件下，t 统计量为

$$t = r\sqrt{\frac{n-2}{1-r^2}} \propto t(n-2)$$

在给定显著性水平下，当 $t > t_{\alpha/2}(n-2)$ 时，表示总体线性相关系数显著不等于零，即在统计意义上存在线性关系。

需要注意的是，P 值不能用来衡量相关程度，样本容量会对 P 值产生影响。在大样本的情况下，即使相关系数为 0.01，也可能是统计显著的。因此很有必要看比较大的相关系数 r 值是否有意义。

5.1.5 相关关系错误解读实例——美国教育部 2005 年 SAT 成绩

如图 5-3 所示，横坐标代表每个公立学校学生的花费（USD），纵坐标代表每个州 SAT 的平均成绩。

由图 5-3 可知，学生花费增多对成绩的影响不大，甚至会带来负面影响。

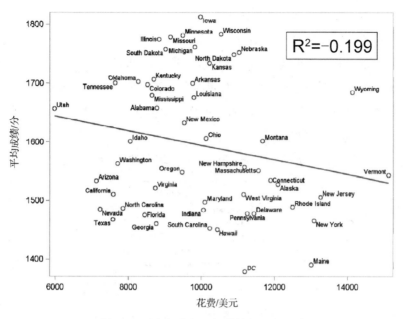

图 5-3 学生花费与平均成绩的相关关系

如图 5-4 所示，横坐标代表每个州参加 SAT 考试的学生比例，纵坐标代表每个州 SAT 的平均成绩。

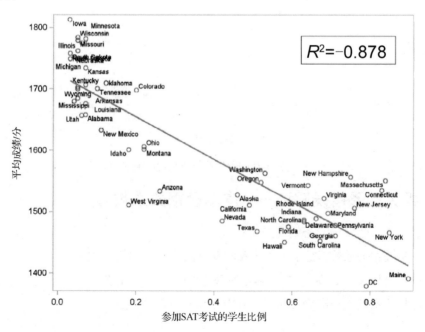

图 5-4 各州参加 SAT 考试的学生比例与平均成绩的相关关系

将横坐标替换为参加 SAT 考试的学生比例后，发现参加 SAT 考试的学生比例与平均成绩呈负相关关系。产生此现象的原因如下。

（1）某些州的学生优先参加 ACT 考试。

（2）某些州要求即使不上大学的学生也要参加 SAT 考试。

（3）参加 SAT 考试比例较低的州通常只有成绩较好的学生参加 SAT 考试。

如图 5-5 所示，横坐标代表调整后的每个公立学校学生的花费（USD），纵坐标代表调整后的每个州 SAT 的平均成绩。

对数据进行调整之后，发现花费和平均成绩呈较弱的正相关关系。

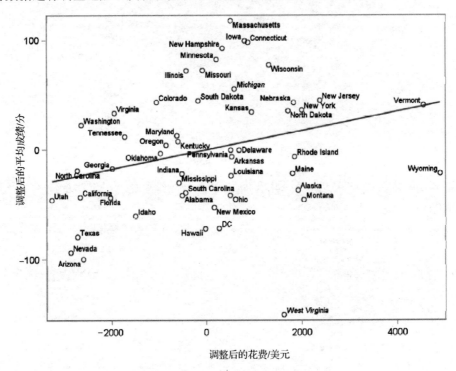

图 5-5　调整数据后的学生花费与平均成绩的相关关系

5.1.6　相关关系错误解读——皮尔逊相关系数

皮尔逊相关系数度量的是线性关系。

（1）皮尔逊相关系数接近 0，意味着两变量间不存在强线性关系。

（2）皮尔逊相关系数接近 0，不代表两变量间不存在其他关系。

皮尔逊相关系数无法准确度量图 5-6 中 x 和 y 的相关关系。

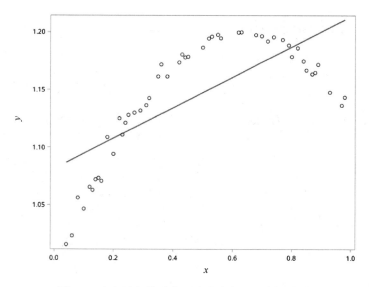

图 5-6 皮尔逊相关系数无法准确度量非线性关系

5.1.7 异常值对相关系数的影响

如图 5-7 所示,右侧数据集中的异常值 $x=10$ 对求得的相关系数影响很大。一般而言,处理异常值的方法如下。

(1)调查数据,检验异常值是否有效。对某特定 x 收集更多数据,以判断数据是否异常。

(2)若异常值有效,则收集更多介于群组数据与异常值之间的数据,检查其是否存在线性关系。

(3)对包含异常值与不包含异常值的数据分别计算相关系数,判断异常值对分析的影响。

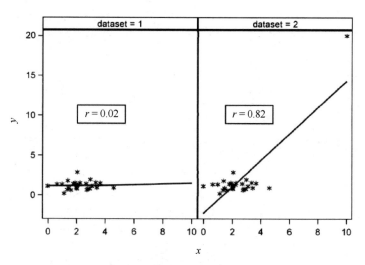

图 5-7 异常值对相关系数的影响

5.1.8 相关分析 SAS 实例

在运动生理学中,有氧健身的客观指标包括身体吸收、消耗氧气的效率(耗氧量)等。受试成员参加预先设计好的 1.5 英里(1 英里=1.61 千米)练习跑,测量耗氧量的同时测量并记录其他指标,如年龄、脉搏、体重。研究人员想了解哪些变量可以帮助预测耗氧量。数据由 Rawlings 创建,为描述实例,已将最高心率和跑步结束后的心率的某些数据进行了改动,也对成员名字、性别及健康程度进行了修改。

Fitness 数据集包含的变量及其说明如表 5-1 所示。

表 5-1 Fitness 数据集包含的变量及其说明

变 量 名	变 量 说 明
Name(名字)	成员名字
Gender(性别)	成员性别
RunTime(跑步时长)	跑完 1.5 英里所需时间(min)
Age(年龄)	成员年龄
Weight(体重)	成员体重(kg)
Oxygen_Consumption(耗氧量)	耗氧量
Run_Pulse(跑后心率)	跑步结束后的心率
Rest_Pulse(静息心率)	静息心率
Maximum_Pulse(最高心率)	跑步过程中最高心率
Performance(表现)	健康的度量

1. 实验数据汇总

Fitness 数据集的前 11 条数据如图 5-8 所示。

	Name	Gender	RunTime	Age	Weight	Oxygen_Consumption	Run_Pulse	Rest_Pulse	Maximum_Pulse	Performance
1	Donna	F	8.17	42	68.15	59.57	166	40	172	90
2	Gracie	F	8.63	38	81.87	60.06	170	48	186	94
3	Luanne	F	8.65	43	85.84	54.3	156	45	168	83
4	Mimi	F	8.92	50	70.87	54.63	146	48	155	67
5	Chris	M	8.95	49	81.42	49.16	180	44	185	72
6	Allen	M	9.22	38	89.02	49.87	178	55	180	92
7	Nancy	F	9.4	49	76.32	48.67	186	56	188	64
8	Patty	F	9.63	52	76.32	45.44	164	48	166	56
9	Suzanne	F	9.93	57	59.08	50.55	148	49	155	43
10	Teresa	F	10	51	77.91	46.67	162	48	168	54
11	Bob	M	10.07	40	75.07	45.31	185	62	185	79

图 5-8 Fitness 数据集的前 11 条数据

运行 PROC MEANS(此处略去代码)所得的 Fitness 数据集的汇总信息,如图 5-9 所示。

MEANS PROCEDURE

变量	均值	标准差	最小值	最大值	N
RunTime	10.5861290	1.3874141	8.1700000	14.0300000	31
Age	47.6774194	5.2623638	38.0000000	57.0000000	31
Weight	77.4445161	8.3285676	59.0800000	91.6300000	31
Oxygen_Consumption	47.3758065	5.3277718	37.3900000	60.0600000	31
Run_Pulse	169.6451613	10.2519864	146.0000000	186.0000000	31
Rest_Pulse	53.4516129	7.6194432	40.0000000	70.0000000	31
Maximum_Pulse	173.7741935	9.1640954	155.0000000	192.0000000	31
Performance	56.6451613	18.3258440	20.0000000	94.0000000	31

图 5-9 PROC MEANS 的输出结果

2. 使用 PROC CORR 进行相关分析

使用 PROC CORR 分析 Oxygen_Consumption 和其余变量之间的相关关系，代码如下。

```
PROC CORR DATA=WORK.fitness PEARSON VARDEF=DF NOSIMPLE RANK
    PLOTS=(SCATTER(NVAR=ALL) MATRIX(NVAR=ALL));
    VAR RunTime Age Weight Run_Pulse Rest_Pulse Maximum_Pulse Performance;
    WITH Oxygen_Consumption;
RUN;
```

关于代码的解释如下。

RANK：相关系数由高到低排序。

VARDEF=DF：指定方差和协方差计算中的方差除数。

NOSIMPLE：禁止打印每个变量的简单描述性统计数据。

PEARSON：皮尔逊相关系数。

PLOTS=(SCATTER(NVAR=ALL) MATRIX(NVAR=ALL))：对任意两组变量绘制散点图，对任意变量绘制散点图矩阵。

3. 皮尔逊相关系数

从 PROC CORR 的结果报表（见图 5-10）中我们可以得出，耗氧量与跑步时长的相关系数为-0.86219，P 值<0.0001，说明总体相关系数（ρ）显著不为 0，表现和耗氧量有显著的正相关关系，其余变量与耗氧量并无显著的相关关系。

CORR 过程

1 WITH 变量:	Oxygen_Consumption
7 变量:	RunTime Age Weight Run_Pulse Rest_Pulse Maximum_Pulse Performance

Pearson 相关系数, N = 31
Prob > |r| under H0: Rho=0

Oxygen_Consumption	RunTime	Performance	Rest_Pulse	Run_Pulse	Age	Maximum_Pulse	Weight
	-0.86219	0.77890	-0.39935	-0.39808	-0.31162	-0.23677	-0.16289
	<.0001	<.0001	0.0260	0.0266	0.0879	0.1997	0.3813

图 5-10 各变量与耗氧量的相关系数

4. 各个变量与耗氧量之间的散点图矩阵

通过图 5-11 中的散点图矩阵，我们可以看出各个变量与耗氧量之间的关系，如从最左侧散点图可以看出，跑步时长和耗氧量之间呈负相关关系；从最右侧散点图可以看出，表现和耗氧量之间呈正相关关系。

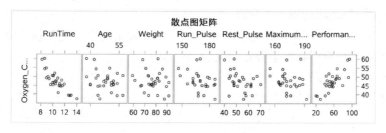

图 5-11 散点图矩阵

如果仅关注某个变量与耗氧量之间的关系，图5-12给出的散点图会提供更多信息，如有多少观测值、相关系数的数值，以及相关性检验的 P 值。

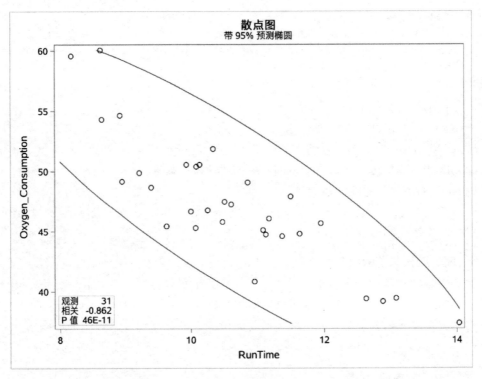

图 5-12　散点图

5．修改模型

当修改模型时，将 WITH 语句删除，以获得各变量两两之间的相关关系，代码如下。

```
PROC CORR DATA=WORK.fitness PEARSON VARDEF=DF NOSIMPLE RANK
    PLOTS=(SCATTER(NVAR=ALL) MATRIX(NVAR=ALL));
    VAR RunTime Age Weight Run_Pulse Rest_Pulse Maximum_Pulse Performance;
RUN;
```

6．两变量的皮尔逊相关系数

由图 5-13 可知，最高心率与跑后心率呈强正相关关系（$r=0.92975$），跑步时长与表现呈强负相关关系（$r=-0.82049$），年龄和表现呈强负相关关系（$r=-0.71257$）。

7．各变量两两之间的散点图矩阵

图 5-14 中的散点图矩阵为各变量两两之间的相关关系提供了更直观的展示。
（1）最大心率与跑后心率呈强正相关关系。
（2）跑步时长与表现呈强负相关关系。
（3）年龄和表现呈强负相关关系。

	Pearson 相关系数, N = 31 Prob > |r| under H0: Rho=0					
RunTime	RunTime 1.00000	Performance -0.82049 <.0001	Rest_Pulse 0.45038 0.0110	Run_Pulse 0.31365 0.0858	Maximum_Pulse 0.22610 0.2213	Age 0.19523 0.2926	Weight 0.14351 0.4412
Age	Age 1.00000	Performance -0.71257 <.0001	Maximum_Pulse -0.41490 0.0203	Run_Pulse -0.31607 0.0832	Weight -0.24050 0.1925	RunTime 0.19523 0.2926	Rest_Pulse -0.15087 0.4178
Weight	Weight 1.00000	Maximum_Pulse 0.24938 0.1761	Age -0.24050 0.1925	Run_Pulse 0.18152 0.3284	RunTime 0.14351 0.4412	Performance 0.08974 0.6312	Rest_Pulse 0.04397 0.8143
Run_Pulse	Run_Pulse 1.00000	Maximum_Pulse 0.92975 <.0001	Rest_Pulse 0.35246 0.0518	Age -0.31607 0.0832	RunTime 0.31365 0.0858	Weight 0.18152 0.3284	Performance -0.02943 0.8751
Rest_Pulse	Rest_Pulse 1.00000	RunTime 0.45038 0.0110	Run_Pulse 0.35246 0.0518	Maximum_Pulse 0.30512 0.0951	Performance -0.22560 0.2224	Age -0.15087 0.4178	Weight 0.04397 0.8143
Maximum_Pulse	Maximum_Pulse 1.00000	Run_Pulse 0.92975 <.0001	Age -0.41490 0.0203	Rest_Pulse 0.30512 0.0951	Weight 0.24938 0.1761	RunTime 0.22610 0.2213	Performance 0.09002 0.6301
Performance	Performance 1.00000	RunTime -0.82049 <.0001	Age -0.71257 <.0001	Rest_Pulse -0.22560 0.2224	Maximum_Pulse 0.09002 0.6301	Weight 0.08974 0.6312	Run_Pulse -0.02943 0.8751

图 5-13　各变量两两之间的皮尔逊相关系数

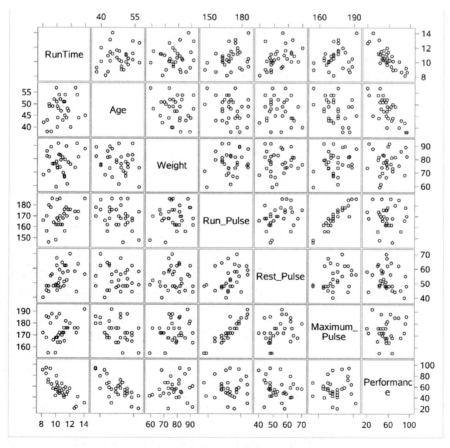

图 5-14　各变量两两之间的散点图矩阵

5.2 回归分析

"回归"这个术语是由英国著名统计学家葛尔登(Francis Galton)在 19 世纪末期研究孩子及他们的父母的身高时提出来的。葛尔登发现身材高的父母,他们的孩子也高。但这些孩子平均起来并不像他们的父母那样高。对于比较矮的父母情形也类似:他们的孩子比较矮,但这些孩子的平均身高要比他们的父母的平均身高要高。葛尔登把这种孩子的身高向中间值靠近的趋势称为回归效应,而他发展的研究两个数值变量的方法称为回归分析。

回归分析是数理统计学的一个重要组成部分,它通过对客观事物中变量的大量观察或实验获得的数据,寻找隐藏在数据背后的相关关系,并给出它们的表达式——回归函数的估计,以便达到预测和控制的目的。回归分析的主要应用场景如下。

1. 预测

(1) 根据回归方程预测给定预测变量值相应的响应变量的估计值 $\hat{Y}$。
(2) 关注的重点是响应变量的估计值 $\hat{Y}$。

2. 解释性分析

(1) 解释响应变量 Y 与预测变量 X 之间的关系。
(2) 关注的重点是模型参数,即 $\hat{\beta}_0, \hat{\beta}_1, \hat{\beta}_2, \cdots, \hat{\beta}_p$。

相关分析和回归分析有着密切的联系,它们不仅具有共同的研究对象,而且在具体应用时,常常需要互相补充。相关分析需要依靠回归分析来表明变量之间数量相关的具体形式,而回归分析则需要依靠相关分析来表明变量之间数量变化的相关程度。只有当变量之间存在高度相关性时,利用回归分析寻求其相关的具体形式才有意义。相关分析与回归分析的对比如表 5-2 所示。

表 5-2 相关分析与回归分析的对比

相关分析	回归分析
变量 X 和变量 Y 处于平等的地位	变量 Y 称为响应变量,处于被解释的地位;变量 X 称为预测变量,用于观测因变量的变化
变量 X 和变量 Y 都是随机变量	因变量 Y 是随机变量;自变量 X 可以是随机变量,也可以是非随机的确定变量
描述两个变量之间线性关系的密切程度	不仅可以揭示变量 X 对变量 Y 的影响大小,还可以由回归方程进行预测和控制

5.3 简单线性回归

线性回归是对一个响应变量和一个或多个预测变量进行建模的线性方法。当模型只有一个预测变量时,称为一元线性回归,又称为简单线性回归。

5.3.1 简单线性回归模型

简单线性回归模型包含一个响应变量和一个预测变量,响应变量与预测变量之间存在线性关系。简单线性回归模型表示为

$$Y = \beta_0 + \beta_1 X + \varepsilon$$

式中,Y 为响应变量;X 为预测变量;β_0 为截距,即预测变量为 0 时响应变量的取值;β_1 为斜率,即预测变量变化 1 单位时响应变量的改变;ε 为误差项。

简单线性回归模型的参数如图 5-15 所示。

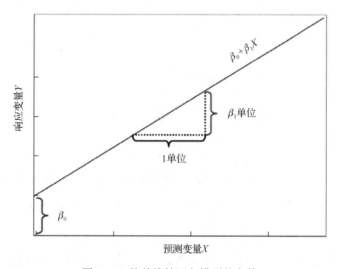

图 5-15 简单线性回归模型的参数

5.3.2 估计回归方程

总体回归参数 β_0 和 β_1 是未知的,需要利用样本数据进行估计。用样本统计量 $\hat{\beta}_0$ 和 $\hat{\beta}_1$ 代替回归方程中的未知参数 β_0 和 β_1,就得到了估计的回归方程:

$$\hat{Y} = \hat{\beta}_0 + \hat{\beta}_1 X$$

估计 $\hat{\beta}_0$ 和 $\hat{\beta}_1$ 的方法是最小二乘法。

使用最小二乘法估计所得参数构造回归直线,观测值与该回归直线竖直距离的平方和最小。最小二乘法估计一般称为最佳线性无偏估计(Best Linear Unbiased Estimators,BLUE)。

Y 与 X 之间的真实关系和回归方程的关系如图 5-16 所示。

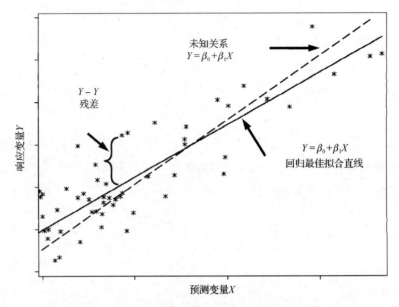

图 5-16　Y 与 X 之间真实关系和回归方程的关系

5.3.3　最小二乘法

最小二乘法是指通过使响应变量的观察值与估计值之间的离差平方和达到最小，求得 $\hat{\beta}_0$ 和 $\hat{\beta}_1$ 的方法，即对于样本观测值 (x_i, y_i)（$i=1, 2, \cdots, n$），寻找参数 β_0、β_1 的估计值 $\hat{\beta}_0$、$\hat{\beta}_1$，使得随机扰动误差项的平方和达到最小，即

$$Q(\hat{\beta}_0, \hat{\beta}_1) = \sum_{i=1}^{n}(y_i - \hat{y})^2 = \sum_{i=1}^{n} e_i^2 = \min_{\beta_0, \beta_1} \sum_{i=1}^{n}\left[y_i - (\hat{\beta}_0 + \hat{\beta}_1 x)\right]^2$$

对简单线性模型参数的估计：

$$\hat{\beta}_1 = \frac{n\sum_{i=1}^{n} x_i y_i - \left(\sum_{i=1}^{n} x_i\right)\left(\sum_{i=1}^{n} y_i\right)}{n\sum_{i=1}^{n} x_i^2 - \left(\sum_{i=1}^{n} x_i\right)^2}$$

$$\hat{\beta}_0 = \bar{y} - \hat{\beta}_1 \bar{x}$$

5.3.4　简单线性回归的显著性检验

简单线性回归的显著性检验分为两部分，具体内容如下。

1. 对回归方程的显著性进行检验

（1）对整个回归方程的显著性进行检验（F 检验）。
（2）检验的是自变量和因变量之间的线性关系在整体上是否显著。
（3）反映的是样本观测值聚集在样本回归线周围的紧密程度。

2. 对回归系数（β_1）的显著性进行检验

（1）对回归系数的显著性进行检验（t 检验）。

（2）通过检验回归系数 β_1 的值与 0 是否有显著差异，判断 Y 与 X 之间是否有显著的线性关系。

5.3.5 基线模型

基线模型的回归直线是如图 5-17 所示的一条斜率为 0、截距为 $\overline{Y}$ 的水平直线。

在基线模型中，响应变量与预测变量之间没有关联，即无论预测变量如何变化，都不会对响应变量产生影响。

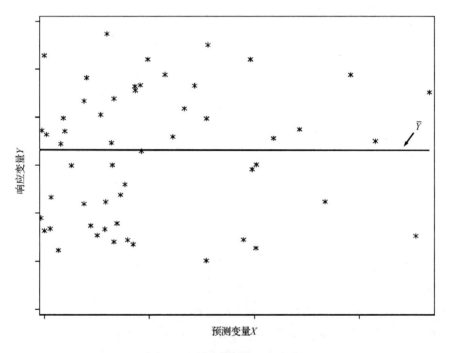

图 5-17 基线模型的回归直线

5.3.6 可解释的变异与不可解释的变异

判断简单线性回归模型是否比基线模型更好，需要比较的是可解释的变异与不可解释的变异。

（1）可解释的变异：回归直线与响应变量均值的差异，即

$$\text{SSM} = \Sigma(\hat{y}_i - \overline{y})^2$$

（2）不可解释的变异：回归直线与观测值的差异，即

$$\text{SSE} = \Sigma(y_i - \hat{y}_i)^2$$

（3）总变异：观测值与响应变量的差异，即

$$\text{SST} = \Sigma(y_i - \overline{y})^2$$

简单线性回归模型中各变异的图形展示如图 5-18 所示。

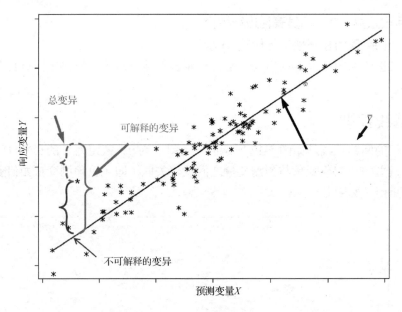

图 5-18　简单线性回归模型中各变异的图形展示

5.3.7　R^2 与调整 R^2

判别系数 R^2 代表模型可解释的变异占总变异的比例，即

$$R^2 = \frac{\text{SSM}}{\text{SST}} = 1 - \frac{\text{SSE}}{\text{SST}} = \frac{\sum_{i=1}^{n}(\hat{y}_i - \bar{y})^2}{\sum_{i=1}^{n}(y_i - \bar{y})^2} = 1 - \frac{\sum_{i=1}^{n}(y_i - \hat{y})^2}{\sum_{i=1}^{n}(y_i - \bar{y})^2}$$

（1）$R^2 \in [0,1]$。
（2）当新的预测变量加入模型，R^2 增大或维持不变。
（3）R^2 体现的是样本观测值聚集在样本回归线周围的紧密程度。
调整 R^2 为

$$R_{\text{adj}}^2 = 1 - \frac{(n-i)(1-R^2)}{n-p}$$

式中，有截距模型的 i 为 1，无截距模型的 i 为 0；n 为观测数；p 为模型参数的个数。调整 R^2 可看成模型新引入参数时对 R^2 做出的惩罚。

5.3.8　回归方程的显著性检验步骤

回归方程的显著性检验步骤如下。
（1）提出假设。H_0：预测变量与响应变量的线性关系不显著，H_1：两者线性关系显著。
（2）计算检验统计量 F，即

$$F = \frac{\text{SSM}/p}{\text{SSE}/(n-p-1)} = \frac{\sum_{i=1}^{n}(\hat{y}_i - \overline{y})^2}{p} \bigg/ \frac{\sum_{i=1}^{n}(y_i - \hat{y})^2}{n-p-1} \sim F(p, n-p-1)$$

（3）确定显著性水平α，并根据简单线性回归分子自由度（p=1）和分母自由度（$n-p-1=n-2$）找出临界值F_α。

（4）做出决策。若$F \geqslant F_\alpha$，则拒绝H_0；若$F < F_\alpha$，则接受H_0。

5.3.9 回归系数的显著性检验步骤

回归系数的显著性检验步骤如下。

（1）提出假设。H_0：β_1=0（没有线性关系），H_1：$\beta_1 \neq 0$（有线性关系）。

（2）计算检验统计量t，即

$$t = \frac{\hat{\beta}_1}{\sqrt{\dfrac{\sum_{i=1}^{n}(y_i - \hat{y}_i)^2}{n-2} \bigg/ \sum(x_i - \overline{x})^2}} \sim t(n-p-1) = t(n-2)$$

（3）确定显著性水平α，找出$t_{\alpha/2}$。

（4）做出决策。当$|t| \geqslant t_{\alpha/2}$时，则拒绝$H_0$；当$|t| < t_{\alpha/2}$时，则接受$H_0$。

5.3.10 简单线性回归模型的基本假设

简单线性回归模型应满足以下基本假设。

（1）响应变量的均值与预测变量的值线性相关。

（2）误差ε服从正态分布。

（3）误差ε方差相齐。

（4）各观测间相互独立。

5.3.11 利用回归方程预测

利用回归方程预测需要对响应变量Y进行估计。

1．对响应变量Y的点估计

利用回归方程，根据自变量X的一个给定值x_0，求出Y的均值的估计值$\hat{y}_0$。

2．对响应变量Y的区间估计

置信区间（Y的均值的区间估计）为

$$\hat{y}_0 \pm t_{\alpha/2}(n-2)S_y \sqrt{\frac{1}{n} + \frac{(x_0 - \overline{x})^2}{\sum_{i=1}^{n}(x_i - \overline{x})^2}}$$

式中，S_y为标准误差的估计，下同。

预测区间（Y的个别观测的区间估计）为

$$\hat{y}_0 \pm t_{\alpha/2}(n-2)S_y\sqrt{1+\frac{1}{n}+\frac{(x_0-\overline{x})^2}{\sum_{i=1}^{n}(x_i-\overline{x})^2}}$$

5.3.12 简单线性回归 SAS 实例

使用 PROC REG，以 Fitness 数据集中的耗氧量为响应变量，以跑步时长为预测变量，拟合简单线性回归模型，代码如下。

```
/* 指定 DIAGNOSTICSPANEL 绘制拟合诊断图，指定 FITPLOT 绘制拟合图 */
PROC REG DATA=WORK.fitness PLOTS(ONLY)=DIAGNOSTICSPANEL PLOTS(ONLY)=FITPLOT;
  Linear_Regression_Model:
    MODEL Oxygen_Consumption = RunTime / SELECTION=NONE;
RUN;
QUIT;
```

1. 参数估计

由图 5-19 中的方差分析表可知，P 值小于 0.0001，拒绝原假设，即预测变量和响应变量之间存在显著的线性关系。

由图 5-19 可知，R^2= 0.7434，即模型可解释总体 74%的变异性。

由参数估计表可知

$$\hat{\beta}_0 = 82.42494，\hat{\beta}_1 = -3.31085$$

回归方程为

$$\text{Oxygen_Consumption} = 82.42494 - 3.31085 \times \text{RunTime}$$

即跑步时长每增加 1 单位，耗氧量减少 3.31085。

REG 过程
模型: Linear_Regression_Model
因变量: Oxygen_Consumption

读取的观测数	31
使用的观测数	31

方差分析					
源	自由度	平方和	均方	F 值	Pr > F
模型	1	633.01458	633.01458	84.00	<.0001
误差	29	218.53997	7.53586		
校正合计	30	851.55455			

均方根误差	2.74515	R 方	0.7434
因变量均值	47.37581	调整 R 方	0.7345
变异系数	5.79442		

参数估计					
变量	自由度	参数估计	标准误差	t 值	Pr > |t|
Intercept	1	82.42494	3.85582	21.38	<.0001
RunTime	1	-3.31085	0.36124	-9.17	<.0001

图 5-19 PROC REG 输出的方差分析结果

2. 拟合诊断

PROC REG 输出的结果如图 5-20 所示，右下角的部分展示了模型的一些基本信息，包括观测数、参数个数、误差自由度等。我们需要借助左侧的三个图验证模型是否满足方差分析的基本假设，详见下一节内容。

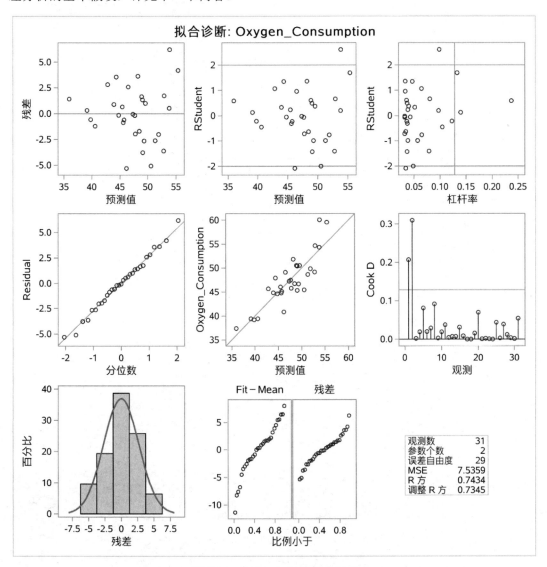

图 5-20　PROC REG 输出的结果

3. 拟合诊断细节

每个组的散点应随机排布，如果有明显的图案/模式，则表明数据已违背模型假设。图 5-21 中的散点分布并无明显的图案，说明数据服从正态分布。

Q-Q 图（见图 5-22）的点都集中在直线附近，说明数据服从正态分布。

残差直方图（见图 5-23）可以更为直观地看出数据服从正态分布。

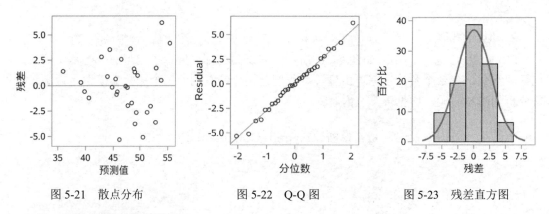

图 5-21　散点分布　　　　图 5-22　Q-Q 图　　　　图 5-23　残差直方图

4．置信区间与预测区间

1）95%置信区间

（1）有 95%的把握，对于给定 X、Y 的总体均值包含在此区间内。

（2）离 X 的均值越远，区间宽度越宽。

2）95%预测区间

（1）有 95%的把握，一个新的观测被包含在此区间内。

（2）预测区间比置信区间更宽。

模型的置信区间和预测区间如图 5-24 所示。

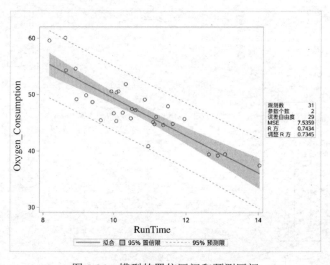

图 5-24　模型的置信区间和预测区间

5.3.13　对 need_predictions 数据集中的数据进行预测

需要预测的数据存于 need_predictions 数据集中，我们先通过 DATA 步把它追加到 Fitness 数据集中，使用 PROC REG 对耗氧量进行预测，再通过后处理仅保留我们关注的部分，程序代码如下。

```
data temptable;
    set fitness(in=__orig) need_predictions;
    __flag=__orig;
```

```
            __dep=Oxygen_consumption;
            if not __flag then Oxygen_Consumption=.;
run;
PROC REG DATA=temptable PLOTS(ONLY)=DIAGNOSTICSPANEL PLOTS(ONLY)=FITPLOT;
Linear_Regression_Model: MODEL Oxygen_Consumption = RunTime / SELECTION=NONE;
    OUTPUT OUT=WORK.PREDLinRegPredictionsfitness(WHERE=(NOT __flag))
        PREDICTED=predicted_Oxygen_Consumption ;
RUN;
QUIT;
data PREDLinRegPredictionsfitness;
        set PREDLinRegPredictionsfitness;
        Oxygen_Consumption=__dep;
        DROP __dep;
        DROP __flag;
run;
```

预测结果如图 5-25 所示。

	Name	Gender	RunTime	以下对象的预测值: Oxygen_Consumption
1			9	52.627249322
2			10	49.316394553
3			11	46.005539785
4			12	42.694685016
5			13	39.383830248

图 5-25　预测结果

5.4　多元线性回归

前面的章节已经介绍了简单线性回归模型，即一元线性回归模型。在实际工作中，我们通常需要预测多个变量，下面我们在简单线性回归模型中添加更多的预测变量，从而构建出多元线性回归模型。

5.4.1　多元线性回归模型

将简单线性回归模型进行推广，描述响应变量 Y 如何依赖于预测变量 $X_1, X_2, \cdots, X_p$ 和误差项 ε 的方程称为多元线性回归模型，涉及 p 个预测变量的多元线性回归模型可表示为

$$Y = \beta_0 + \beta_1 X_1 + \beta_2 X_2 + \cdots + \beta_p X_p + \varepsilon$$

式中，$\beta_0, \beta_1, \beta_2, \cdots, \beta_p$ 是模型参数；ε 是独立同分布的误差项，$\varepsilon \sim N(0, \sigma^2)$，描述不能被 p 个预测变量的线性关系解释的部分。

相比于简单线性回归模型，多元线性回归模型的优势是同时调查响应变量（Y）与多个预测变量（X）之间的关系；其不足在于增加了选择最佳模型、模型解释的复杂度。在实际项目中，多元线性回归带来的优势明显多于其带来的不足。

多元线性回归模型主要用于以下场景。

1. 预测

（1）根据回归方程预测给定预测变量值（X）相应的响应变量的估计值（$\hat{Y}$）。

（2）关注的重点是$\hat{Y}$。

2．解释性分析

（1）解释响应变量（Y）与预测变量（X）之间的关系。

（2）关注的重点是$\hat{\beta}_0, \hat{\beta}_1, \hat{\beta}_2, \cdots, \hat{\beta}_p$。

迈尔斯（Myers）提出了回归的四个应用，即预测（Prediction）、变量筛选（Variable Screening）、模型指定（Model Specification）、参数估计（Parameter Estimation）。其中变量筛选和参数估计与解释性分析类似。

多元线性回归模型的用途多是人为划分的，好的预测模型通常是好的解释性模型，好的解释性模型通常也是好的预测模型。

5.4.2 二元线性回归模型

对于二元线性回归模型$Y = \beta_0 + \beta_1 X_1 + \beta_2 X_2 + \varepsilon$，其基准模型为一平面，该平面与预测变量$X_1$、$X_2$所构成的平面平行（见图5-26中的左图）。当响应变量Y与预测变量X_1、X_2存在某种关系时，线性回归模型所构成的平面会有一定的"倾斜"（见图5-26中的右图）。

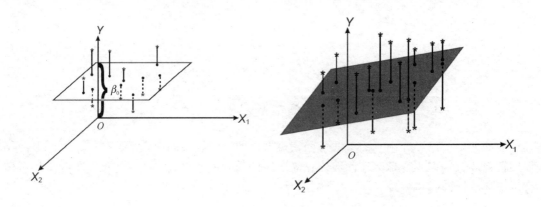

图5-26　二元线性回归模型的基准模型与一般模型图示

5.4.3 估计多元线性回归方程

总体回归参数$\beta_0, \beta_1, \beta_2, \cdots, \beta_p$是未知的，需要用样本数据估计。用样本统计量$\hat{\beta}_0, \hat{\beta}_1, \hat{\beta}_2, \cdots, \hat{\beta}_p$代替回归方程中的未知参数，即得到估计的回归方程：

$$\hat{y} = \hat{\beta}_0 + \hat{\beta}_1 x_1 + \hat{\beta}_2 x_2 + \cdots + \hat{\beta}_p x_p$$

式中，$\hat{\beta}_0, \hat{\beta}_1, \hat{\beta}_2, \cdots, \hat{\beta}_p$是对$\beta_0, \beta_1, \beta_2, \cdots, \beta_p$的估计；$\hat{y}$是对$y$的估计。

使用最小二乘法估计$\hat{\beta}_0, \hat{\beta}_1, \hat{\beta}_2, \cdots, \hat{\beta}_p$，使因变量的观察值与估计值之间的离差平方和达到最小，即

$$Q(\hat{\beta}_0, \hat{\beta}_1, \hat{\beta}_2, \cdots, \hat{\beta}_p) = \sum_{i=1}^{n}(y_i - \hat{y})^2 = \sum_{i=1}^{n} e_i^2 = \min_{\beta_0, \beta_1} \sum_{i=1}^{n}[y_i - (\hat{\beta}_0 + \hat{\beta}_1 x_1 + \hat{\beta}_2 x_2 + \cdots + \hat{\beta}_p x_p)]^2$$

求解如下等式：

$$\left.\frac{\partial Q}{\partial \beta_0}\right|\beta_0 = \hat{\beta}_0 = 0$$

$$\left.\frac{\partial Q}{\partial \beta_i}\right|\beta_i = \hat{\beta}_i = 0 \quad (i = 1, 2, \cdots, p)$$

以获得 $\hat{\beta}_0, \hat{\beta}_1, \hat{\beta}_2, \cdots, \hat{\beta}_p$ 的估计。

5.4.4 回归方程的显著性检验

回归方程的显著性检验步骤如下。
（1）提出假设。H_0：$\beta_0 = \beta_1 = \beta_2 = \cdots = \beta_p = 0$，$H_1$：$\beta_0, \beta_1, \beta_2, \cdots, \beta_p$ 至少有一个不为0。
（2）计算检验统计量 F，即

$$F = \frac{\text{SSM}/p}{\text{SSE}/(n-p-1)} = \frac{\sum_{i=1}^{n}(\hat{y}_i - \overline{y})^2}{p} \bigg/ \frac{\sum_{i=1}^{n}(y_i - \hat{y})^2}{n-p-1} \sim F(p, n-p-1)$$

（3）确定显著性水平 α，并根据简单线性回归分子自由度（$p=1$）和分母自由度（$n-p-1$）找出临界值 F_α。
（4）做出决策。若 $F \geqslant F_\alpha$，则拒绝 H_0；若 $F < F_\alpha$，则接受 H_0。

5.4.5 回归系数的显著性检验

回归系数的显著性检验步骤如下。
（1）提出假设。H_0：$\beta_i=0$（自变量 x_i 与因变量 y 没有线性关系），H_1：$\beta_i \neq 0$（自变量 x_i 与因变量 y 有线性关系）。
（2）计算检验统计量 t，即

$$t = \frac{\hat{\beta}_i}{S_{\hat{\beta}_i}} \sim t(n-p-1)$$

（3）确定显著性水平 α，找出 $t_{\alpha/2}$。
（4）做出决策。$|t| \geqslant t_{\alpha/2}$，则拒绝 H_0；若 $|t| < t_{\alpha/2}$，则接受 H_0。

5.4.6 多元线性回归模型的基本假设

多元线性回归模型所需满足的基本假设与简单线性回归模型所需满足的基本假设类似，即
（1）响应变量的均值与预测变量的值线性相关。
（2）误差 ε 服从正态分布。
（3）误差 ε 方差相齐。
（4）各观测间相互独立。

5.4.7 二元线性回归 SAS 实例

使用 PROC REG，以 Fitness 数据集中的耗氧量为响应变量，以跑步时长、表现为预

测变量，拟合二元线性回归模型，程序代码如下。

```
PROC REG DATA=WORK.fitness PLOTS(ONLY)=NONE;   /* 不输出任何图形 */
    Linear_Regression_Model: MODEL Oxygen_Consumption = RunTime Performance /
    SELECTION=NONE;
RUN;
QUIT;
```

将图 5-27 与图 5-19 中的结果进行比较可知：

$$R^2 = 0.7590 > 0.7434（只用跑步时长建模）$$
$$R^2_{adj} = 0.7418 > 0.7345（只用跑步时长建模）$$

即模型中加入表现对预测有一定的帮助。

二元线性回归方程为

$$\text{Oxygen\_Consumption} = 71.52626 + 0.06360 \times \text{Performance} - 2.62163 \times \text{Runtime}$$

表现的 P 值较大，其斜率在统计意义上为 0（不显著不等于 0），即耗氧量与身体机能无明显线性关系。而在相关分析中，两者之间存在线性关系。出现这个区别的原因在于，在线性回归模型中，对 $\beta_i=0$ 的检验会受其他模型参数的影响。

注：模型参数的显著性不受模型参数的顺序影响，只受模型参数的组合影响。

REG 过程
模型: Linear_Regression_Model
因变量: Oxygen_Consumption

读取的观测数	31
使用的观测数	31

方差分析

源	自由度	平方和	均方	F 值	Pr > F
模型	2	646.33101	323.16550	44.09	<.0001
误差	28	205.22355	7.32941		
校正合计	30	851.55455			

均方根误差	2.70729	R 方	0.7590
因变量均值	47.37581	调整 R 方	0.7418
变异系数	5.71450		

参数估计

变量	自由度	参数估计	标准误差	t 值	Pr > |t|
Intercept	1	71.52626	8.93520	8.00	<.0001
RunTime	1	-2.62163	0.62320	-4.21	0.0002
Performance	1	0.06360	0.04718	1.35	0.1885

图 5-27　PROC REG 输出的方差分析结果

5.4.8　自动化模型选择

k 个模型参数拟合的二元线性回归模型有 2^k 种模型组合，拟合并比较 2^k 个模型非常耗时。而对于较大模型，每次删除一个变量再重新建模也非常耗时。因此，需要引入自动化方法辅助模型选择。常用的自动化模型选择方法如下。

（1）用 R^2、R_{adj}^2、Mallows' C_p 对所有可能的回归因子进行排列。

（2）逐步选择方法：前向选择、后向选择、逐步选择。

5.4.9　Mallows' C_p

Mallows' C_p 的定义为

$$C_p = p + \frac{(\text{MSE}_p - \text{MSE}_{\text{full}})(n - p)}{\text{MSE}_{\text{full}}}$$

式中，MSE_p 为参数个数为 p 的模型的均方误差；MSE_{full} 为全模型的均方误差；n 为观测数；p 为包含截距在内的模型参数个数。

Mallows 建议选择 C_p 与 p 相近、变量数最少的模型。

（1）Mallows' C_p 是模型偏差的标志。模型的 C_p 大，说明模型有偏差；

（2）寻找 C_p 和 p 相近的模型。

Hocking 建议按不同应用选择不同的 Mallows' C_p。

（1）进行预测时，选择接近 p 的 C_p；

（2）进行参数估计时，选择接近 2p- p_{full} +1 的 C_p。

注：利用 C_p 选择的最佳模型是有争议的，很多人选择 C_p 最小的模型作为最佳模型，但 Mallows 建议选择 C_p 与 p 相近的模型。满足条件的模型是个好选择，专业背景知识在众多竞争模型的选择中也很重要。

5.4.10　模型选择 SAS 实例

1. 使用 Mallows' C_p 方法选择模型

使用 Mallow's C_p 方法选择模型的代码如下。

```
/* 使用 Mallows'Cp 方法选择模型 */
ODS GRAPHICS ON; /* 打开图形选项 */
ODS GRAPHICS / IMAGEMAP=ON;
PROC REG DATA=WORK.fitness PLOTS(ONLY)=ALL;
        Linear_Regression_Model:
        MODEL Oxygen_Consumption = RunTime Age Weight Run_Pulse Rest_Pulse
        Maximum_Pulse  Performance /
        SELECTION=CP
        INCLUDE=0;/* 通过 SELECTION=CP 选项，使用 Mallows'Cp 方法进行模型选择 */
RUN;
QUIT;
```

2. 各模型包含的变量

从 SAS 输出的结果我们可以看出不同模型包含的预测变量个数、具体是哪些变量用于建模、模型的 R^2 统计量、C_p。

本例包含 127 个组合，即除去 $Y = \beta_0$ 以外的所有组合。图 5-28 所示为前 11 个模型。

Model Index	Number in Model	C(p)	R 方	模型中的变量
1	4	4.0004	0.8355	RunTime Age Run_Pulse Maximum_Pulse
2	5	4.2598	0.8469	RunTime Age Weight Run_Pulse Maximum_Pulse
3	5	4.7158	0.8439	RunTime Weight Run_Pulse Maximum_Pulse Performance
4	5	4.7168	0.8439	RunTime Age Run_Pulse Maximum_Pulse Performance
5	4	4.9567	0.8292	RunTime Run_Pulse Maximum_Pulse Performance
6	3	5.8570	0.8101	RunTime Run_Pulse Maximum_Pulse
7	3	5.9367	0.8096	RunTime Age Run_Pulse
8	5	5.9783	0.8356	RunTime Age Run_Pulse Rest_Pulse Maximum_Pulse
9	5	5.9856	0.8356	Age Weight Run_Pulse Maximum_Pulse Performance
10	6	6.0492	0.8483	RunTime Age Weight Run_Pulse Maximum_Pulse Performance
11	6	6.1758	0.8475	RunTime Age Weight Run_Pulse Rest_Pulse Maximum_Pulse

图 5-28　127 种可能的模型组合中前 11 个模型

3．模型评估汇总

图 5-29 所示为不同模型评估标准下最优模型概览，我们会对 R^2、调整 R^2、$C(p)$ 做出解释。

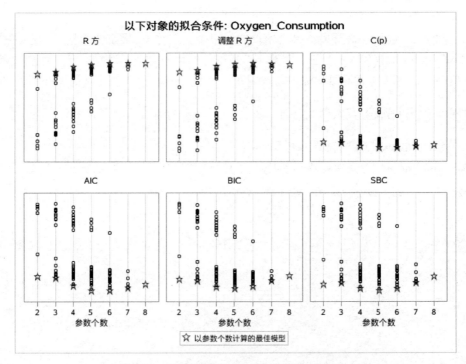

图 5-29　不同模型评估标准下最优模型概览

4．使用 R^2 评估与选择模型

当模型中加入新的变量时，R^2 会增加，以 R^2 作为判断标准，全模型永远是最好的（见图 5-30）。因此，我们只能用 R^2 对参数个数相同的模型进行比较。

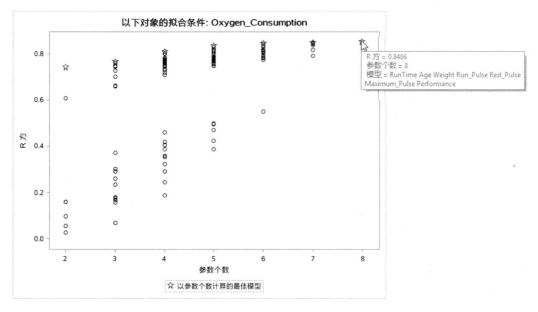

图 5-30　以 R^2 为评判标准时，选取的最优模型

5. 使用 R_{adj}^2 评估与选择模型

R_{adj}^2 评估不存在 R^2 评估中的问题，可以用于参数个数不同的模型之间的比较，将鼠标指针悬停在某一模型上，可以看到其调整 R^2、参数个数及具体包含哪些参数，如图 5-31 所示。

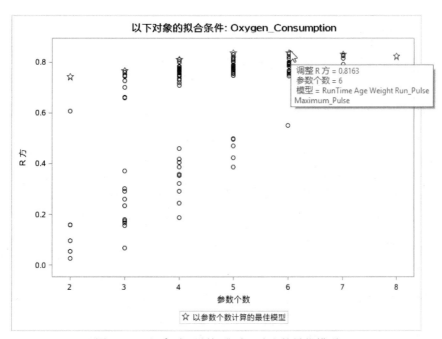

图 5-31　以 R_{adj}^2 为评判标准时，选取的最优模型

6. 使用 Mallows' C_p 评估与选择模型

在图 5-32 中，起点偏上的直线为 $C_p=p$，起点偏下的直线为 $C_p=2p-p_{full}+1$。

第一个满足 Mallows 准则的模型有 5 个参数，第一个满足 Hocking 准则的模型有 6 个参数。

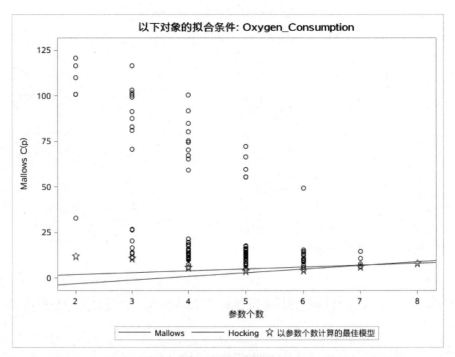

图 5-32　以 Mallows 和 Hocking 准则为评判标准时，选取的最优模型

7. 选择所有模型中最好的 20 个模型

修改代码，选出最好的 20 个模型进行比较和解释，修改后的代码如下。

```
ODS GRAPHICS ON;
ODS GRAPHICS / IMAGEMAP=ON;
PROC REG DATA=WORK.fitness PLOTS(ONLY)=ALL;
    Linear_Regression_Model:
    MODEL Oxygen_Consumption = RunTime Age Weight Run_Pulse Rest_Pulse
    Maximum_Pulse Performance /
    SELECTION=CP
        INCLUDE=0
        BEST=20;
RUN;
QUIT;
```

8. 选择最佳模型

根据图 5-33，结合前文提到的 Mallows 和 Hocking 对模型选择的建议，可知用于预测的最佳模型包含 5 个变量，而用于参数估计的最佳模型包含 6 个变量，满足条件的变量组合如表 5-3 和表 5-4 所示。

（1）对于用于预测的两个模型，年龄比身体机能更容易量化，因此选择第一个模型。

（2）对于用于参数估计的模型，也做出类似的选择。

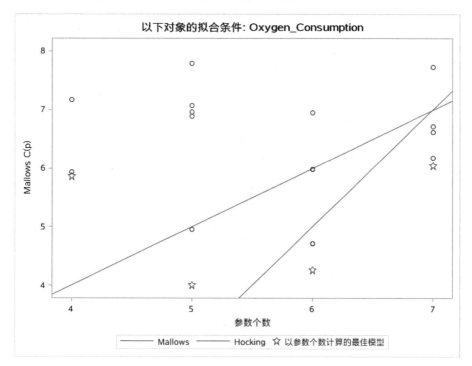

图 5-33　以 Mallows 和 Hocking 准则为评判标准时，选取的最优模型（局部图）

表 5-3　用于预测的最佳模型

$p = 5$	$C_p = 4.0004$ $R^2 = 0.8355$ $R^2_{adj} = 0.8102$	RunTime, Age, Run_Pulse, Maximum_Pulse
$p = 5$	$C_p = 4.9567$ $R^2 = 0.8292$ $R^2_{adj} = 0.8029$	Performance, RunTime, Run_Pulse, Maximum_Pulse

表 5-4　用于参数估计的最佳模型

$p = 6$	$C_p = 4.2598$ $R^2 = 0.8469$ $R^2_{adj} = 0.8163$	RunTime, Age, Weight, Run_Pulse, Maximum_Pulse
$p = 6$	$C_p = 4.7158$ $R^2 = 0.8439$ $R^2_{adj} = 0.8127$	Performance, Weight, RunTime, Run_Pulse, Maximum_Pulse
$p = 6$	$C_p = 4.7168$ $R^2 = 0.8439$ $R^2_{adj} = 0.8127$	Performance, Age, RunTime, Run_Pulse, Maximum_Pulse

9. 引入变量对模型产生的影响 1

下面我们以耗氧量为响应变量,以跑步时长、年龄、跑后心率、最高心率为预测变量建模,代码如下。

```
PROC REG DATA=WORK.fitness PLOTS(ONLY)=NONE;
    Linear_Regression_Model:MODEL Oxygen_Consumption = RunTime Age Run_Pulse
    Maximum_Pulse / SELECTION=NONE;
RUN;
QUIT;
```

对预测模型进行估计和检验,由图 5-34 可知:

（1）R^2、R^2_{adj} 和模型选择程序一致。

（2）模型的 F 统计量较大,P 值很小,模型显著。

（3）年龄和最大心率在置信水平 α=0.05 时不显著；在置信水平 α=0.1 时显著。

（4）R^2、R^2_{adj} 数值接近,说明模型中的变量不过多。

REG 过程
模型: Linear_Regression_Model
因变量: Oxygen_Consumption

读取的观测数	31
使用的观测数	31

方差分析

源	自由度	平方和	均方	F 值	Pr > F
模型	4	711.45087	177.86272	33.01	<.0001
误差	26	140.10368	5.38860		
校正合计	30	851.55455			

均方根误差	2.32134	R 方	0.8355
因变量均值	47.37581	调整 R 方	0.8102
变异系数	4.89984		

参数估计

变量	自由度	参数估计	标准误差	t 值	Pr > |t|
Intercept	1	97.16952	11.65703	8.34	<.0001
RunTime	1	-2.77576	0.34159	-8.13	<.0001
Age	1	-0.18903	0.09439	-2.00	0.0557
Run_Pulse	1	-0.34568	0.11820	-2.92	0.0071
Maximum_Pulse	1	0.27188	0.13438	2.02	0.0534

图 5-34　PROC REG 的输出结果

10. 引入变量对模型产生的影响 2

下面我们在模型中加入变量:体重（Weight）,程序代码如下。

```
PROC REG DATA=WORK.fitness PLOTS(ONLY)=NONE;
    Linear_Regression_Model:MODEL Oxygen_Consumption = RunTime Age Run_Pulse
```

```
     Maximum_Pulse Weight / SELECTION=NONE;
RUN;
QUIT;
```

对参数估计模型进行估计和检验，由图 5-35 可知：

（1）R^2、R_{adj}^2 数值接近。

（2）模型的 F 统计量不如预测模型的 F 统计量大，但模型仍然显著。

（3）模型中除体重外，其他参数均显著，且 P 值小于预测模型中的 P 值。

（4）模型中包含额外的变量，会对其他参数的系数及 t 统计量产生影响。

REG 过程
模型: Linear_Regression_Model
因变量: Oxygen_Consumption

读取的观测数	31
使用的观测数	31

方差分析

源	自由度	平方和	均方	F 值	Pr > F
模型	5	721.20532	144.24106	27.66	<.0001
误差	25	130.34923	5.21397		
校正合计	30	851.55455			

均方根误差	2.28341	R 方	0.8469
因变量均值	47.37581	调整 R 方	0.8163
变异系数	4.81978		

参数估计

变量	自由度	参数估计	标准误差	t 值	Pr > |t|
Intercept	1	101.33835	11.86474	8.54	<.0001
RunTime	1	-2.68846	0.34202	-7.86	<.0001
Age	1	-0.21217	0.09437	-2.25	0.0336
Run_Pulse	1	-0.37071	0.11770	-3.15	0.0042
Maximum_Pulse	1	0.30603	0.13452	2.28	0.0317
Weight	1	-0.07332	0.05360	-1.37	0.1836

图 5-35　模型中加入变量 Weight 后，PROC REG 的输出结果

5.4.11　逐步选择方法

1．前向选择

前向选择方法以空模型开始，计算不在模型内的预测变量的 F 统计量，找出 F 统计量最大的变量，若统计显著，则加入模型中，增加后便不再删除，直至不再有满足条件的变量为止。如图 5-36 所示，在第 6 步后满足终止条件，不再加入新的变量。

对于前向选择，SAS 程序的默认显著性水平为 0.5。

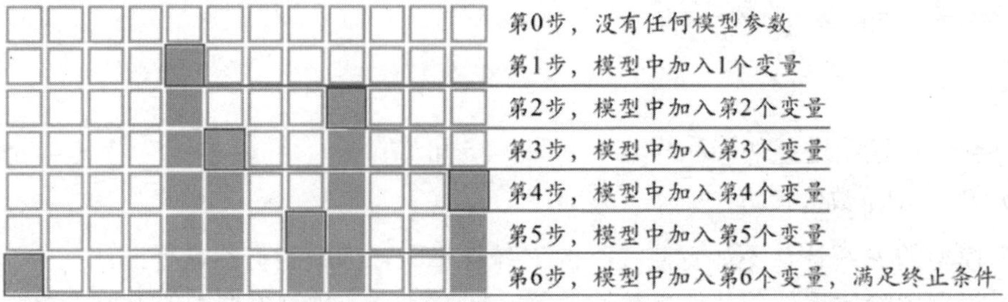

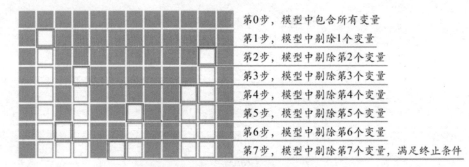

图 5-36 前向选择的步骤

2. 后向选择

后向选择方法以全模型开始，计算检查 F 检验的结果，剔除最不显著的参数，删除后便不再添加，直至所有不显著的参数都被剔除。如图 5-37 所示，在第 7 步后满足终止条件，不再剔除变量。

对于后向选择，SAS 程序的默认显著性水平为 0.1。

图 5-37 向后选择的步骤

3. 逐步选择

逐步选择与前向选择类似，以空模型开始，直至没有参数能加进来，或者前向选择加入模型的参数恰好是后向选择剔除的参数，则模型选择过程结束。逐步选择与前向选择的不同之处在于加入模型的参数也可能会被剔除。如图 5-38 所示，加入 4 个变量后，在第 5 步剔除 1 个变量，最终在第 7 步后满足终止条件。

对于逐步选择，SAS 程序默认的添加和剔除参数的显著性水平均为 0.15。

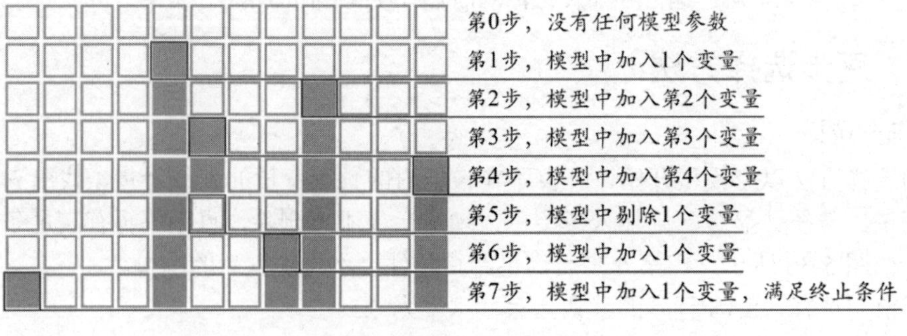

图 5-38 逐步选择的步骤

4. 逐步选择方法 SAS 实例

逐步选择方法的程序代码如下。

```
/* 前向选择 */
PROC REG DATA=WORK.fitness PLOTS(ONLY)=ALL;
    Linear_Regression_Model:MODEL Oxygen_Consumption = RunTime Age Weight
    Run_Pulse Rest_Pulse Maximum_Pulse Performance /
        SELECTION=FORWARD SLE=0.5 INCLUDE=0;
RUN;
QUIT;
/* 后向选择 */
PROC REG DATA=WORK.fitness PLOTS(ONLY)=ALL;
    Linear_Regression_Model:MODEL Oxygen_Consumption = RunTime Age Weight
    Run_Pulse Rest_Pulse Maximum_Pulse Performance /
        SELECTION=BACKWARD SLS=0.1 INCLUDE=0;
RUN;
QUIT;
/* 逐步选择 */
PROC REG DATA=WORK.fitness PLOTS(ONLY)=ALL;
    Linear_Regression_Model:MODEL Oxygen_Consumption = RunTime Age Weight
    Run_Pulse Rest_Pulse Maximum_Pulse Performance /
        SELECTION=STEPWISE SLE=0.15 SLS=0.15 INCLUDE=0;
RUN;
QUIT;
```

1）前向选择结果

偏 R^2 表示每加入一个变量，R^2 的变化。

结合图 5-39 中的结果不难发现，出于偶然，前向选择模型和 Hocking 准则下的参数估计模型选了同样的参数。

"向前选择" 的汇总							
步	输入的变量	引入变量数	偏 R 方	模型 R 方	C(p)	F 值	Pr > F
1	RunTime	1	0.7434	0.7434	11.9967	84.00	<.0001
2	Age	2	0.0213	0.7647	10.7530	2.54	0.1222
3	Run_Pulse	3	0.0449	0.8096	5.9367	6.36	0.0179
4	Maximum_Pulse	4	0.0259	0.8355	4.0004	4.09	0.0534
5	Weight	5	0.0115	0.8469	4.2598	1.87	0.1836

图 5-39 前向选择的输出结果

由图 5-40 可知，第 5 步得到最佳模型，但此处的 R^2_{adj} 不一定是所有模型组合中最高的。

2）后向选择结果

由图 5-41 可知，后向选择模型删除了 3 个独立变量。

由图 5-42 可知，R^2_{adj} 在删除第 2 个变量时最高（删除变量 Weight 之前）。

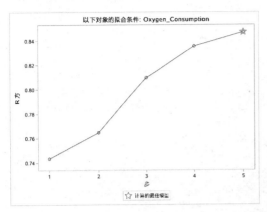
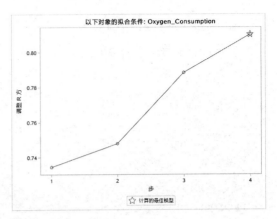

图 5-40　前向选择的输出结果图

步	删除的变量	引入变量数	偏 R方	模型 R方	C(p)	F值	Pr > F
			"向后消除"的汇总				
1	Rest_Pulse	6	0.0003	0.8483	6.0492	0.05	0.8264
2	Performance	5	0.0014	0.8469	4.2598	0.22	0.6438
3	Weight	4	0.0115	0.8355	4.0004	1.87	0.1836

图 5-41　后向选择的输出结果

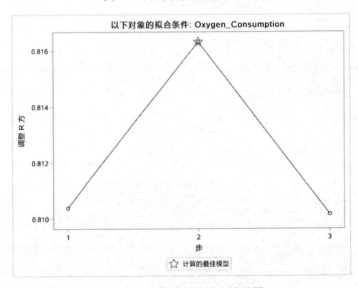

图 5-42　后向选择的输出结果图

出于偶然，前向选择模型和 Mallows 准则下的预测模型选了同样的参数。

3）逐步选择结果

由图 5-43 和图 5-44 可知，在使用默认值的情况下，当前例子中逐步选择的结果和后向选择的结果相同。

第一次，模型中加入跑步时长（RunTime）；第二次，模型中加入年龄（Age），其 P

值为 0.1222。若选择显著性水平为 0.1，则模型中只有跑步时长（RunTime）一个参数。

步	输入的变量	引入变量数	偏 R 方	模型 R 方	C(p)	F 值	Pr > F
1	RunTime	1	0.7434	0.7434	11.9967	84.00	<.0001
2	Age	2	0.0213	0.7647	10.7530	2.54	0.1222
3	Run_Pulse	3	0.0449	0.8096	5.9367	6.36	0.0179
4	Maximum_Pulse	4	0.0259	0.8355	4.0004	4.09	0.0534
5	Weight	5	0.0115	0.8469	4.2598	1.87	0.1836

"向前选择"的汇总

图 5-43　逐步选择的输出结果

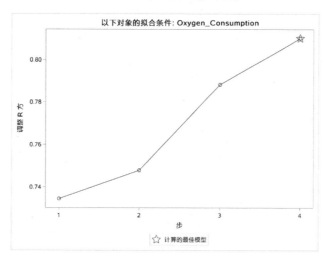

图 5-44　逐步选择的输出结果图

5．逐步回归结果比较

结合此前得到的结果，各种模型选择方法所选出的模型中包含的变量如表 5-5 所示。

表 5-5　使用不同模型选择方法选出的模型参数

模型选择方法	模型选择的结果	
	使用 SAS 默认显著水平	设置显著水平为 0.05
前向选择	Runtime、Age、Weight、Run_Pulse、Maximum_Pulse	Runtime
后向选择	Runtime、Age、Run_Pulse、Maximum_Pulse	Runtime、Run_Pulse、Maximum_Pulse
逐步选择	Runtime、Age、Run_Pulse、Maximum_Pulse	Runtime

6．逐步选择方法的缺点

逐步选择方法简单易行，但也存在如下缺点。

（1）预测变量间的共线性会影响可靠预测变量被添加到模型的频率。

（2）候选预测变量的个数会影响进入模型的噪声变量的个数。

（3）样本的大小在决定最终模型中的可靠变量个数方面没有实际作用。

通常建议用不同的模型选择方法创建多个候选模型,再结合项目背景及专业知识选择最好的模型。

自动模型选择通常会导致如下后果。

(1)参数估计、预测值、标准误差出现偏差。

(2)错误的自由度计算。

(3)P 值易高估模型的显著性,增大第一类错误出现概率。

解决上述问题方法如下。

(1)分割数据:一部分用于构建回归模型,另一部分用于参数估计。

(2)用自助法获取正确的标准误差及 P 值。

统计学家警告不要对自动模型选择所选出的模型的 P 值进行过度解读。对于最佳拟合而言,重复对数据拟合多个模型违背了传统的统计实验方法。

尽管如此,很多研究人员和统计软件的用户在对模型进行解释的时候会避而不谈,这样的检验夸大了预测变量的显著性,也会导致预测结果过于乐观。

5.5 可变换为线性回归的曲线回归

响应变量 Y 与预测变量 X 之间不是线性关系的情况,可以通过变量变换将其转换成线性关系,再用最小二乘法求出参数的估计值。需要注意的是,并非所有的非线性模型都可以转换为线性模型。表 5-6 为将曲线回归变换为线性回归的函数关系表。

表 5-6 将曲线回归变换为线性回归的函数关系表

函 数 类 型	模型基本形式	变 换 方 法	线性模型表示
指数函数	$y = \alpha e^{\beta x}$	$\ln y = \ln \alpha + \beta x$	令 $y' = \ln y$,则有 $y' = \ln \alpha + \beta x$
幂函数	$y = \alpha x^{\beta}$	$\ln y = \ln \alpha + \beta \ln x$	令 $y' = \ln y$,$x' = \ln x$,则有 $y' = \ln \alpha + \beta x'$
双曲线函数	$y = \dfrac{x}{\alpha x + \beta}$		令 $y' = \dfrac{1}{y}$,$x' = \dfrac{1}{x}$,则有 $y' = \alpha + \beta x'$
对数函数	$y = \alpha + \beta \ln x$		令 $x' = \ln x$,则有 $y' = \alpha + \beta x'$
Sigmoid 函数	$y = \dfrac{1}{\alpha + \beta e^{-x}}$		令 $y' = \dfrac{1}{y}$,$x' = e^{-x}$,则有 $y' = \alpha + \beta x'$

第 6 章　Logistic 回归

在前面的章节中我们讨论了线性回归分析，模型中的响应变量是定量变量。很多时候，模型中的响应变量是定性变量，也被称为分类变量。对定性变量建模和预测的方法被称为分类。本章将重点讲解一种常用的分类方法——Logistic 回归。

6.1　交叉表分析

在正式介绍 Logistic 回归之前，我们先用泰坦尼克号的例子，通过交叉表分析引入必要的术语和知识。

6.1.1　泰坦尼克号事故 SAS 实例

1912 年 4 月 10 日，泰坦尼克号游轮承载 2223 名乘客首次航行，从英国南安普顿出发，计划横渡大西洋前往美国纽约；4 月 14 日撞上冰山，游轮裂成两半后沉入大西洋，有 1517 名乘客遇难。

泰坦尼克号游轮上乘客的各项数据储存在 Titanic 数据集中，变量描述如表 6-1 所示，图 6-1 为 Titanic 数据集的前 11 条数据。

表 6-1　Titanic 数据集的变量描述

变 量 名	变 量 描 述
Survival	生存状态（1=survived，0=Died）
Age	年龄
Gender	性别
Class	船舱等级（1st、2nd、3rd）
Fare	派对中每个人的累积消费

	Name	Age	Gender	Class	Fare	Survival
1	Allen, Miss. Elisabeth Walton	29	Female	1st	211.34	Survived
2	Allison, Master. Hudson Trevor	1	Male	1st	151.55	Survived
3	Allison, Miss. Helen Loraine	2	Female	1st	151.55	Died
4	Allison, Mr. Hudson Joshua Creighton	30	Male	1st	151.55	Died
5	Allison, Mrs. Hudson J C (Bessie Waldo Daniels)	25	Female	1st	151.55	Died
6	Anderson, Mr. Harry	48	Male	1st	26.55	Survived
7	Andrews, Miss. Komelia Theodosia	63	Female	1st	77.96	Survived
8	Andrews, Mr. Thomas Jr	39	Male	1st	0	Died
9	Appleton, Mrs. Edward Dale (Charlotte Lamson)	53	Female	1st	51.48	Survived
10	Artagaveytia, Mr. Ramon	71	Male	1st	49.5	Died
11	Astor, Col. John Jacob	47	Male	1st	227.53	Died

图 6-1　Titanic 数据集的前 11 条数据

6.1.2 频数表

我们按照观测大小，先将它们分到不同的组，再清点各组内的观测个数，得到的表称为频数表，也称为频次表、频数分布表。频数表所展现的是特定类别或区间内的观测个数。

我们可以通过运行 SAS 中的 PROC FREQ 获得频数表，代码如下。

```
PROC FREQ DATA=WORK.Titanic ORDER=INTERNAL;
  TABLES Gender / SCORES=TABLE;
  TABLES Class / SCORES=TABLE;
  TABLES Survival / SCORES=TABLE;
RUN;
```

从运行 PROC FREQ 所得的报告（见图 6-2）中，我们可以看出性别（Gender）、船舱等级（Class）和生存状态（Survival）的各个分类符合预期，没有因输入错误或编码错误而引发的异常。

FREQ 过程

Gender	频数	百分比	累积频数	累积百分比
Female	466	35.60	466	35.60
Male	843	64.40	1309	100.00

Class	频数	百分比	累积频数	累积百分比
1st	323	24.68	323	24.68
2nd	277	21.16	600	45.84
3rd	709	54.16	1309	100.00

Survival	频数	百分比	累积频数	累积百分比
Died	809	61.80	809	61.80
Survived	500	38.20	1309	100.00

图 6-2 PROC FREQ 的输出结果

6.1.3 交叉表

交叉表也称为列联表，是一种常用的分类汇总表格。它的行和列代表各自变量的分类或分组，每个单元格所展现的是行变量与列变量的每个组合的观测个数，如表 6-2 所示。

表 6-2 交叉表示例

	列 1	列 2	⋯	列 c
行 1	$cell_{11}$	$cell_{12}$	⋯	$cell_{1c}$
行 2	$cell_{21}$	$cell_{22}$	⋯	$cell_{2c}$
⋮	⋮	⋮	⋮	⋮
行 r	$cell_{r1}$	$cell_{r2}$	⋯	$cell_{rc}$

交叉表中的每个单元格（cell）包含四个值，内容如下。
（1）频数。行变量及列变量所构成的分类中的观测个数。
（2）百分比。各单元频数占总观测个数的百分比。
（3）行百分比。各单元频数占所在行总频数的百分比。
（4）列百分比。各单元频数占所在列总频数的百分比。

6.1.4 分类变量之间的关联

如果一个分类变量的水平发生改变引起另一个分类变量的分布发生改变，则称这两个分类变量之间存在关联。我们可以通过分析交叉表，检验两个分类变量之间是否存在关联。

以天气变化和人的心情的关系为例，在表 6-3 中，无论是晴天还是雷雨天，人心情好的概率都是 72%，即天气变化未对人的心情产生影响，天气变化与人的心情并无关联；在表 6-4 中，雷雨天人心情好的概率为 60%，低于晴天心情好的概率（82%），即雷雨天人的心情会受到影响，天气变化与人的心情有关联。

表 6-3 天气变化与人心情无关联

天 气	心 情	
	心 情 好	心 情 坏
晴天	72%	28%
雷雨天	72%	28%

表 6-4 天气变化与人心情有关联

天 气	心 情	
	心 情 好	心 情 坏
晴天	82%	18%
雷雨天	60%	40%

6.1.5 使用 SAS 生成交叉表

使用 SAS 生成交叉表的代码如下。

```
PROC FREQ DATA = WORK.Titanic
  ORDER=INTERNAL;
 TABLES Gender * Survival /
   NOCOL
   NOPERCENT
   NOCUM
   SCORES=TABLE
   ALPHA=0.05;
 TABLES Class * Survival /
   NOCOL
   NOPERCENT
   NOCUM
   SCORES=TABLE
```

```
    ALPHA=0.05;
RUN; QUIT;
```

由运行 PROC FREQ 所得的结果（见图 6-3）可知：
（1）性别（Gender）和生存状态（Survival）存在关联。
（2）船舱等级（Class）和生存状态（Survival）存在关联。

FREQ 过程

频数 行百分比	表 - Gender * Survival		
	Survival		
Gender	Died	Survived	合计
Female	127 27.25	339 72.75	466
Male	682 80.90	161 19.10	843
合计	809	500	1309

频数 行百分比	表 - Class * Survival		
	Survival		
Class	Died	Survived	合计
1st	123 38.08	200 61.92	323
2nd	158 57.04	119 42.96	277
3rd	528 74.47	181 25.53	709
合计	809	500	1309

图 6-3 PROC FREQ 的输出结果

6.1.6 交叉表分析的假设检验

观察性别（Gender）和生存状态（Survival）的交叉表（见图 6-4）可知，这两个分类变量间存在关联。对此提出如下假设。

FREQ 过程

频数 期望值 单元格卡方 行百分比	表 - Gender * Survival		
	Survival		
Gender	Died	Survived	合计
Female	127 288 90.005 27.25	339 178 145.63 72.75	466
Male	682 521 49.753 80.90	161 322 80.501 19.10	843
合计	809	500	1309

图 6-4 性别和生存状态的列联表

H_0：性别和生存状态没有关联，即无论是男性乘客还是女性乘客在泰坦尼克号事故中幸存的概率相同；

H_1：性别和生存状态有关联，即男性乘客和女性乘客在泰坦尼克号事故中幸存的概率不同。

6.1.7 相关性检验

1. 皮尔逊卡方检验

皮尔逊卡方是一种常用于相关性检验的统计量，其定义为

$$\chi^2 = \sum \frac{(O-E)^2}{E}$$

式中，O 为观测频数；$E = rc/N$，为期望频数，其中 r 为行数，c 为列数，N 为样本容量。

皮尔逊卡方检验可用于判断两变量间是否存在关联。如果皮尔逊卡方检验不显著，则说明变量间没有关联；如果皮尔逊卡方检验显著，则说明变量间有关联。

皮尔逊卡方检验不能衡量关联的强弱。皮尔逊卡方检验依赖并反映样本容量，如果把每个观测复制一遍，那么皮尔逊卡方统计量会翻倍，但关联的强弱不变。

2. 克莱姆 V 统计量

另一个常用于相关性检验的统计量是克莱姆 V，其定义为

$$V = \sqrt{\frac{\chi^2}{N \cdot m}}$$

式中，χ^2 为皮尔逊卡方统计量；N 为样本容量；$m = \min(r-1, c-1)$，即行数减 1 和列数减 1 中较小的值。

对于 2×2 的表，在 SAS 中，$V = (n_{11} \cdot n_{22} - n_{12} \cdot n_{21}) \sqrt{n_{1.} n_{2.} n_{.1} n_{.2}}$，其中 n_{11} 为第一行第一列单元格的频数，n_{12} 为第一行第二列单元格的频数，$n_{1.}$ 为第一行的总频数，$n_{.1}$ 为第一列的总频数，以此类推。

克莱姆 V 统计量是从皮尔逊卡方统计量衍生而来的，可用于度量两个名义变量的关联强弱。对于 2×2 的表，克莱姆 V 的取值范围是 -1~1；对于更大的表，克莱姆 V 的取值范围是 0~1，距离 0 较远的数值意味着关联更强。

6.1.8 赔率

用于度量 2×2 的表关联强度的统计量是优比，介绍优比之前先介绍一下赔率。

对于某个体，事件发生的概率 $P(y=1) = p$ 与事件不发生的概率 $P(y=0) = 1-p$ 的比值，称为个体发生某事件的赔率（Odds），计算公式如下：

$$\text{Odds} = \frac{p}{1-p} = -1 + \frac{1}{1-p}$$

例如，研究患有某种疾病与饮酒的关联性，得到的结果如表 6-5 所示。

表 6-5　患病与饮酒间的关联性

	饮酒（$x=1$）	不饮酒（$x=0$）	合　　计
患病（$y=1$）	a	b	$a+b$
未患病（$y=0$）	c	d	$c+d$
合计	$a+c$	$b+d$	$a+b+c+d$

饮酒记为 s_1，不饮酒记为 s_0，则有

$$\text{Odds}_1 = \frac{P(y=1|x=1)}{P(y=0|x=1)} = \frac{a/(a+c)}{c/(a+c)}$$

即饮酒者中个体患病的概率与个体未患病的概率的比值。

$$\text{Odds}_0 = \frac{P(y=1|x=0)}{P(y=0|x=0)} = \frac{b/(b+d)}{d/(b+d)}$$

即不饮酒者中个体患病的概率与个体未患病的概率的比值。

6.1.9　优比

优比（Odds Ratios）是指因素存在（记为 s_1）且事件发生，与因素不存在（记为 s_0）且事件发生的赔率之比，即 $\text{Odds}_1 / \text{Odds}_0$。

$$\text{OR} = \frac{p_1/(1-p_1)}{p_0/(1-p_0)} = \frac{\text{Odds}_1}{\text{Odds}_0}$$

式中，$p_1 = P(y=1|x=1)$，$p_0 = P(y=1|x=0)$。

OR >1，说明因素存在赔率更大，更有优势，即因素存在时事件更容易发生。

OR =1，说明因素与事件发生与否无关，即对于模型而言，预测变量与响应变量无关。

OR <1，说明因素不存在赔率更大，更有优势，即因素不存在时事件更容易发生。

对于研究患有某种疾病与饮酒的关联性的例子，$\text{OR} = \frac{a \times d}{b \times c}$。

OR >1，表示饮酒者更容易患病。

OR =1，表示饮酒与否与患病无关。

OR <1，表示不饮酒者更容易患病。

6.1.10　交叉表分析 SAS 实例（1）

下面介绍一个交叉表分析 SAS 实例，代码如下。

```
PROC FREQ DATA = WORK.Titanic
  ORDER=INTERNAL;
  TABLES Gender * Survival /
    NOCOL
    NOPERCENT
    CELLCHI2
    EXPECTED
    NOCUM
    CHISQ
    RELRISK
```

```
    SCORES=TABLE
    ALPHA=0.05;
RUN; QUIT;
```

由图 6-5 可知，性别为女性、生存状态是幸存这个组合对卡方统计量的贡献最大（单元格卡方值最大）。

FREQ 过程

频数 期望值 单元格卡方 行百分比	表 - Gender * Survival		
		Survival	
Gender	Died	Survived	合计
Female	127 288 90.005 27.25	339 178 145.63 72.75	466
Male	682 521 49.753 80.90	161 322 80.501 19.10	843
合计	809	500	1309

图 6-5　PROC FREQ 的输出结果

由图 6-6 可知：

（1）卡方统计量的概率（P 值）小于 0.0001，拒绝原假设，即性别和生存状态之间存在关联。

（2）克莱姆 V 的值为-0.5287，说明卡方检验所检测出的关联较强。

表"Survival-Gender"的统计量

统计量	自由度	值	概率
卡方	1	365.8869	<.0001
似然比卡方检验	1	372.9213	<.0001
连续调整卡方	1	363.6179	<.0001
Mantel-Haenszel 卡方	1	365.6074	<.0001
Phi 系数		-0.5287	
列联系数		0.4674	
克莱姆V		-0.5287	

图 6-6　性别和生存状态列联表的统计量表

渐近法卡方检验的要求是 2×2 的表中 80%的单元格频数超过 5。当渐近分布假设不成立时，精确检验很有用。由图 6-7 中 Fisher 精确检验结果可知，双侧检验的 P 值小于 0.0001，统计显著，即性别与生存状态存在相关关系。

图 6-8 中的优比和相对风险表展现的是关联强度的另一种度量。

Fisher 精确检验	
单元格 (1,1) 频数 (F)	127
左侧 Pr <= F	<.0001
右侧 Pr >= F	1.0000
表概率 (P)	<.0001
双侧 Pr <= P	<.0001

图 6-7 Fisher 精确检验

优比和相对风险		
统计量	值	95% 置信限
优比	0.0884	0.0677 0.1155
相对风险（第 1 列）	0.3369	0.2894 0.3921
相对风险（第 2 列）	3.8090	3.2797 4.4239

图 6-8 优比和相对风险

（1）优比及其 95%置信区间（见图 6-8 中 95%置信限）。

优比的值可以解释为在泰坦尼克号事故中，女性死亡的赔率与男性死亡的赔率之比。优比的值为 0.0884，表明相对于男性，女性有 9%的赔率死亡。通常也会将优比转换成百分数进行解读，公式是 $(OR-1)\times 100\%$。在本例中，$(0.0884-1)\times 100\% = -91.16\%$，即男性幸存的赔率比女性幸存的赔率低 91.16%。

优比 95%置信区间不包含 1，证实了皮尔逊卡方检验的结果，即两个变量间有显著的关联。

（2）相对风险估计的是概率比，而不是优比。相对风险（第 1 列），展现的是图 6-5 中第 1 列（Died 列）里行百分比之比，即 27.25÷80.90≈0.3369。

6.1.11 对顺序变量进行相关性检验

1. Mantel-Haenszel 卡方

当我们考察船舱等级与生存状态的关联时，船舱等级为顺序变量（等级变量）。有序意味着一个变量增加，另一个变量会增加或减少，为了确保相关性检验有意义，顺序变量之间要体现逻辑顺序。Mantel-Haenszel 卡方是一种常用的检验顺序变量相关性的统计量，其定义为

$$Q_{MH} = (n-1)r^2$$

式中，n 为样本容量；r^2 为皮尔逊相关系数的平方。

Mantel-Haenszel 卡方对有序的关联关系非常敏感，基于此的假设检验如下。

H_0：交叉表中行变量与列变量之间没有顺序关系；

H_1：交叉表中行变量与列变量之间存在顺序关系。

Mantel-Haenszel 卡方与皮尔逊卡方类似，可用于判断变量之间是否存在顺序关系，但不能度量顺序关系的强弱。它依赖并反映样本容量。

2. 斯皮尔曼相关系数

与皮尔逊相关系数不同，斯皮尔曼相关系数（Spearman Correlation Coefficient）可用于检验顺序变量的相关性，其定义为

$$\theta = \frac{\sum_i \left[(R_i - \bar{R})(S_i - \bar{S})\right]}{\sqrt{\sum_i (R_i - \bar{R})^2 \sum_i (S_i - \bar{S})^2}}$$

式中，R_i 为行变量 x_i 的秩；S_i 为列变量 y_i 的秩；$\bar{R}$ 为基于 R_i 求得的均值；$\bar{S}$ 为基于 S_i 求得的均值。

斯皮尔曼相关系数的取值范围为-1~1，接近 1 说明高度正相关，接近-1 说明高度负相关。

需要注意的是，只有当比较的两个变量都是顺序变量，且存在逻辑顺序时，斯皮尔曼相关系数才适用。

计算斯皮尔曼相关系数与皮尔逊相关系数的区别主要体现在使用的数据不同，计算斯皮尔曼相关系数使用的是数据的秩，计算皮尔逊相关系数使用的是数值变量的观测值。因此两者的适用范围不同。

6.1.12 交叉表分析 SAS 实例（2）

下面我们通过运行 PROC FREQ 对 Titanic 数据集中的船舱等级和生存状态进行交叉表分析，程序代码如下。

```
PROC FREQ DATA = WORK.Titanic ORDER=INTERNAL;
  TABLES Class * Survival /
    NOCOL
    NOPERCENT
    NOCUM
    CHISQ
    MEASURES
    SCORES=TABLE
    ALPHA=0.05;
RUN; QUIT;
```

图 6-9 所示为船舱等级（Class）和生存状态（Survival）列联表。

由图 6-10 可知，Mantel-Haenszel 卡方的概率（P 值）小于 0.0001，得出结论：在 $\alpha=0.05$ 的显著性水平下，船舱等级（Class）和生存状态（Survival）之间存在顺序关联。

频数 行百分比	表 - Class * Survival		
Class	Survival		
	Died	Survived	合计
1st	123 38.08	200 61.92	323
2nd	158 57.04	119 42.96	277
3rd	528 74.47	181 25.53	709
合计	809	500	1309

表 "Survival-Class" 的统计量			
统计量	自由度	值	概率
卡方	2	127.8592	<.0001
似然比卡方检验	2	127.7655	<.0001
Mantel-Haenszel 卡方	1	127.7093	<.0001
Phi 系数		0.3125	
列联系数		0.2983	
Cramer V		0.3125	

图 6-9 船舱等级和生存状态列联表   图 6-10 船舱等级和生存状态列联表的统计量表 1

由图 6-11 可知，斯皮尔曼（Spearman）相关统计量的值为-0.3097，这表明船舱等级（Class）和生存状态（Survival）之间存在一定的负顺序关系，船舱等级的水平越高，生存状态越低。

统计量	值	ASE
Gamma	-0.5067	0.0375
Kendall's Tau-b	-0.2948	0.0253
Stuart's Tau-c	-0.3141	0.0274
Somers' D C|R	-0.2613	0.0226
Somers' D R|C	-0.3326	0.0286
Pearson 相关	-0.3125	0.0267
Spearman 相关	-0.3097	0.0266
Lambda 非对称 C|R	0.1540	0.0331
Lambda 非对称 R|C	0.0317	0.0320
Lambda 对称	0.0873	0.0292
不确定系数 C|R	0.0734	0.0127
不确定系数 R|C	0.0485	0.0084
不确定系数对称	0.0584	0.0101

图 6-11　船舱等级和生存状态列联表的统计量表 2

需要注意的是，船舱等级 1 高于船舱等级 3，因此从数值上表现出负顺序关系。更为直观的解释是，在泰坦尼克号事故中，与一等舱的乘客相比，三等舱的乘客更有可能会遇难。

图 6-11 中的 ASE（Asymptotic Standard Error）是渐进标准差，是对大样本标准误差的估计。

6.2　一元 Logistic 回归

Logistic 回归（Logistic Regression）模型是一种广义的线性回归分析模型，常用于数据挖掘、疾病诊断及经济预测等领域。Logistic 回归描述的是一个类型为分类变量的响应变量和一个或多个预测变量之间的关系。

按照响应变量水平数，Logistic 回归可以分为如下几类。

（1）两水平：二分类 Logistic 回归。

（2）三或多水平：有序的 Logistic 回归（若响应变量为有序分类变量，则模型为有序模型）和无序的 Logistic 回归。

Logistic 回归的主要用途如下。

（1）溯因：寻找响应变量和预测变量的关系，如找出导致某疾病的因素。

（2）预测：通过已经建立的 Logistic 回归模型，预测在不同自变量情况下事件发生的概率。

（3）判别：与预测类似，根据已经建立的 Logistic 回归模型，判断事件出现某种情况的概率。

6.2.1　使用 Logistic 回归模型的原因

使用 Logistic 回归模型，而不使用普通最小二乘回归模型的原因如下。

对于普通最小二乘回归模型，$Y_i = \beta_0 + \beta_1 X_{1i} + \varepsilon_i$。

（1）Logistic 回归的响应变量是分类变量，无法用数值表述。

（2）如果响应变量用编码（1=Yes，0=No），根据普通最小二乘回归方程求得的预测值（如 0.5、1.1、−0.4）缺少实际意义。

（3）如果响应变量只有两个水平，则不能满足普通最小二乘回归模型的方差齐性和正态性假设。

我们转换一下思路，对响应变量取值为不同水平的概率建模，这样就避免了直接对响应变量的两个水平建模，从而得到线性概率模型，即 $p_i = \beta_0 + \beta_1 X_{1i}$。需要注意如下几点。

（1）概率是有界的，其取值范围为[0,1]，而线性方程可以取任何值，如-0.4、1.1，这样的预测值在线性概率模型中难以解释。

（2）即使满足概率的边界限制，也无法假设在 X 的取值范围内，X 与 P 满足线性关系。

（3）概率值的随机误差常常服从二项分布，而非正态分布。

（4）对于单一观测，我们无法观测其概率值。

6.2.2 连续型预测值与事件发生的概率之间的关系——Sigmoid 曲线

对于一个由连续取值的预测变量和某事件出现某结果的概率所构建的模型，预测变量和概率之间不满足线性关系，而是呈现图 6-12 中的 S 形曲线关系，这个 S 形曲线就是 Sigmoid 曲线，$P = \dfrac{1}{1+e^{-(\beta_0+\beta_1 X)}}$ 是 Sigmoid 方程。

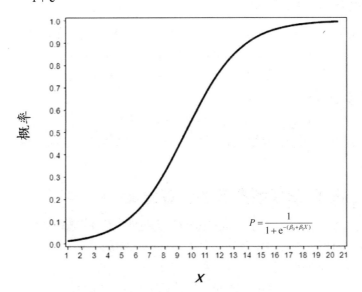

图 6-12　Sigmoid 曲线

Sigmoid 方程中的参数 β_1 的变化决定了 Sigmoid 曲线的变化，变化规律如下。

（1）参数 β_1 的绝对值越大，曲线越陡。

（2）当 $\beta_1 > 0$ 时，随着 X（预测变量）增大，结果出现的概率增大。

（3）当 $\beta_1 < 0$ 时，随着 X 增大，结果出现的概率减小。

（4）当 $\beta_1 = 0$ 时，Sigmoid 曲线变为一条水平直线，即所有结果出现的概率是均等的。

6.2.3 Logit 变换

对 Sigmoid 曲线进行对数变换，可得到线性模型，即

$$\text{Logit}(p_i) = \ln\left(\frac{p_i}{1-p_i}\right) = \beta_0 + \beta_1 X_{1i} + \cdots + \beta_k X_{ki}$$

图 6-13 所示为变换前 Sigmoid 曲线，图 6-14 所示为变换后 Sigmoid 曲线（一条直线）。

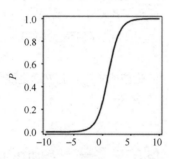
图 6-13 变换前 Sigmoid 曲线

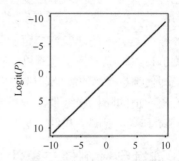
图 6-14 变换后 Sigmoid 曲线

Logit 是概率的自然对数，其取值范围为 $(-\infty, +\infty)$。先对 Logit 建模，再通过代数运算，即可实现对赔率或概率建模。

6.2.4 Logistic 回归模型

对于二分类问题（响应变量为二值），Logistic 回归模型可以记为

$$\text{Logit}(p_i) = \beta_0 + \beta_1 X_{1i} + \cdots + \beta_k X_{ki}$$

式中，$\text{Logit}(p_i)$ 为事件发生概率进行 Logit 变换后的值；β_0 是回归方程的截距；β_k 是第 k 个预测变量的参数估计。

与线性回归不同，Logit 不服从正态分布，且方差不是常数。因此，Logistic 回归需要更复杂的估计方法——最大似然估计，其通过对未知参数构造似然方程来获得参数的估计。

6.2.5 Logistic 回归模型参数的物理意义

以泰坦尼克号事故为例，幸存（Survival=1）为事件发生，其概率为 $P(\text{Survival}=1)=p$；死亡（Survival=0）为事件不发生，其概率为 $P(\text{Survival}=0)=1-p$；以年龄（Age）为预测变量，构建如下 Logistic 回归模型：

$$\text{Logit}(\hat{p}) = \ln(\text{odds}) = \beta_0 + \beta_1 \times (\text{Age})$$

当不考虑年龄，即 Age=0 时，有 $\beta_0 = \ln(\text{odds}) = \ln\left(\dfrac{p}{1-p}\right)$。由此可知，参数 β_0 为事件发生的概率的自然对数。

对于当前年龄，有

$$\ln(\text{odds}_{\text{younger}}) = \beta_0 + \beta_1 \times (\text{Age})$$

对于年长一岁，有
$$\ln(\text{odds}_{\text{older}}) = \beta_0 + \beta_1 \times (\text{Age}+1)$$
进而有
$$\beta_1 = \ln(\text{odds}_{\text{older}}) - \ln(\text{odds}_{\text{younger}}) = \ln\left(\frac{\text{odds}_{\text{older}}}{\text{odds}_{\text{younger}}}\right) = \ln(\text{OR})$$
由此可知，参数 β_1 的估计为优比的自然对数。

6.2.6 模型的假设检验

对于 Logistic 回归模型：
$$\text{Logit}(p_i) = \beta_0 + \beta_1 X_{1i} + \ldots + \beta_k X_{ki}$$
可提出对整个模型的假设检验，即

H_0：$\beta_1 = \beta_2 = \cdots = \beta_m = 0$；

H_1：β_i 不全为 0。

单个回归参数的假设检验为

H_0：$\beta_j = 0$；

H_1：$\beta_j \neq 0$。

需要用到的检验方法有 Wald 检验、似然比检验、比分检验。

6.2.7 拟合优度

拟合优度描述的是模型与观测之间拟合程度的优劣，检验的是预测值与观测值之间的差别。拟合优度检验通常用于统计假设检验，如残差的正态性检验；检验两个样本是否同分布，如 Kolmogorov-Smirnov 检验；检验实验结果是否服从某分布，如皮尔逊卡方检验。

常用的拟合优度检验的指标有赤池信息准则和施瓦兹准则。

（1）赤池信息准则（Akaike's Information Criterion，AIC）是由日本统计学家赤池弘次提出的，是评估统计模型复杂度和衡量统计模型拟合优度的一种标准。
$$\text{AIC} = -2\ln L + 2p$$
式中，L 为最大似然值；p 为包含截距在内的参数个数。

（2）施瓦兹准则（Schwarz Criterion，SC）又称为贝叶斯信息准则（Bayesian Information Criterion，BIC），由 Schwarz 于 1978 年提出。
$$\text{SC} = -2\ln L + p\ln(n)$$
式中，L 为最大似然值；p 为包含截距在内的参数个数；n 为样本容量。

AIC 和 SC 都引入了与模型参数个数相关的惩罚项。与 AIC 不同的是，SC 考虑了样本容量，惩罚项更大。当样本容量过大时，SC 可有效防止模型精度过高造成的模型复杂度过高。当两个模型间存在较大差异时，差异主要体现在似然值上，即 AIC 或 SC 较小的模型是较好的选择；当两个模型间不存在显著差异时，差异体现在模型复杂度上，即参数个数较少的模型是较好的选择。

6.2.8　Logistic 回归 SAS 实例

以生存状态（Survival）为响应变量，年龄（Age）为预测变量，使用 PROC LOGISTIC 对 Titanic 数据集拟合 Logistic 回归，程序代码如下。

```
PROC LOGISTIC DATA=WORK.Titanic
 PLOTS(ONLY)=ODDSRATIO
 PLOTS(ONLY)=EFFECT;
 MODEL Survival (Event = 'Survived')=Age /
   SELECTION=NONE
   LINK=LOGIT
   CLODDS=PL
   ALPHA=0.05;
RUN; QUIT;
```

1. 模型信息

从 PROC LOGISTIC 的输出报表（见图 6-15）可以获得以下信息。

（1）模型信息。响应变量为 Survival，响应变量共有 2 个水平；模型的类型为二元 Logit；参数估计使用的算法是 Fisher 评分法。

（2）图 6-15 中的第二个表是读取的观测数和使用的观测数的数据。实例考察的是年龄和生存状态的关系，有 263 名乘客的年龄是缺失值，没有用于建模，因此模型读入 1309 个观测，使用了 1046 个观测。

（3）图 6-15 中的第三个表是幸存和死亡乘客的频数统计。

（4）建模的概率为 Survival='Survived'，表明模型是根据 Survival='Survived' 计算优比的，其中 Survival 为二值响应变量，其取值为 Survived 和 Died。

"LOGISTIC" 过程

模型信息	
数据集	WORK.TITANIC
响应变量	Survival
响应水平数	2
模型	二元 Logit
优化方法	Fisher 评分法

读取的观测数	1309
使用的观测数	1046

响应概略		
有序值	Survival	总频数
1	Died	619
2	Survived	427

建模的概率为 Survival='Survived'。

图 6-15　PROC LOGISTIC 的输出结果

2. 拟合优度

继续查看 Logistic 回归的输出报告（见图 6-16）。

（1）模型收敛状态：默认的判定模型收敛的标准是 10^{-8}。优化技术不一定会使模型收敛到最大似然解，若模型不收敛，则结果不可信，因此一定要确认模型是收敛的。

（2）模型拟合统计量表表明 SAS 提供了如下三种拟合优度检验的度量指标：AIC、SC、$-2\log L$（-2 乘以似然的自然对数）。

模型收敛状态

满足收敛准则（GCONV=1E-8）。

模型拟合统计量

准则	仅截距	截距和协变量
AIC	1416.620	1415.301
SC	1421.573	1425.207
-2 Log L	1414.620	1411.301

图 6-16　Logistic 回归的输出报告

上述三个统计量是拟合优度检验的度量，用于比较当前模型和其他模型的优劣。在模型比较的过程中，这三个统计量都是数值越小越好。需要注意的是，当不谈模型比较，只考虑某一个特定模型时，即使这三个统计量的数值都很小，也不能说明这是一个好模型。另外，$-2\log L$ 会随着回归模型参数的增加而减小，不适用于比较参数个数不同的模型。

3. 模型的假设检验

Logistic 回归的假设检验（见图 6-17）如下。

（1）若图 6-17 中的三种检验方法的 P 值显著（P 值大于卡方值且小于显著性水平 α），则说明至少一个解释变量的回归系数不为 0。解读方法和线性回归中的 F 检验类似。

（2）三种检验方法中，似然比检验是最可靠的，尤其是在小样本的情况下。

（3）三种检验方法比较相似，通常会得出近似的值。

（4）Wald 检验需要的计算资源更少，因此 Wald 检验是 SAS Logistic Regression 的默认选项。

4. 最大似然估计分析

最大似然估计分析表（见图 6-18）给出了模型的参数估计。

检验全局零假设：BETA=0

检验	卡方	自由度	Pr > 卡方
似然比	3.3191	1	0.0685
评分	3.3041	1	0.0691
Wald	3.2932	1	0.0696

图 6-17　模型的假设检验

最大似然估计分析

参数	自由度	估计	标准误差	Wald 卡方	Pr > 卡方
Intercept	1	-0.1335	0.1448	0.8501	0.3565
Age	1	-0.00800	0.00441	3.2932	0.0696

图 6-18　最大似然估计分析表

根据参数估计，可得 Logistic 回归方程：

$$\text{Logit}(\hat{p}) = -0.1335 + (-0.00800) \times \text{Age}$$

Age 的 P 值为 0.0696，大于 0.05，不显著，即 Age 和 Survival 间没有显著关联。这里需要注意，Age 在简单 Logistic 回归模型中不显著，不代表它在多元 Logistic 回归模型中不显著。

5．95%轮廓似然置信限的优比

如图 6-19 所示，Age 优比的 95%置信限包含 1，即统计不显著，Age 与 Survival 之间没有显著关联。

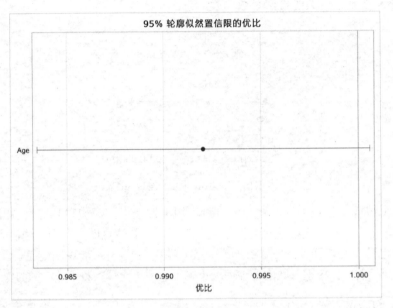

图 6-19　95%轮廓似然置信限的优比图

6．预测概率

估计的模型按照概率的尺度展示在图 6-20 中，观测值绘制成概率为 1 或 0 的点。

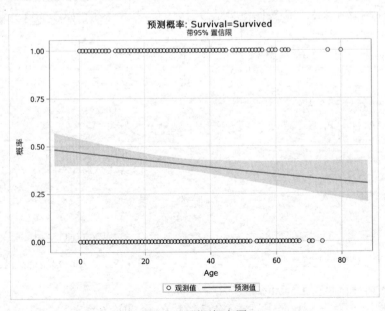

图 6-20　预测概率图

7. 模型评估的方法

为了对模型拟合的好坏进行评估，我们需要对所有响应（幸存，Survived）的组合和未响应（死亡，Died）的组合进行比较，找出一致部分、不一致部分、结值组合。

（1）一致部分的特征是预期结果（幸存，Survived）的概率高于非预期结果（死亡，Died）的概率，如

① 30 岁，男性，死亡。生存概率是 0.4077。
② 20 岁，女性，生存。生存概率是 0.4272。

（2）不一致部分的特征是预期结果的概率低于非预期结果的概率，如

① 35 岁，女性，死亡。生存概率是 0.3981。
② 45 岁，男性，生存。生存概率是 0.3791。

（3）结值的特征是预期结果的概率等于非预期结果的概率，如

① 50 岁，女性，死亡。生存概率是 0.3697。
② 50 岁，男性，生存。生存概率是 0.3697。
③ 模型无法分辨这两者。

我们想要更多的一致部分，更少的不一致部分或结值。

8. 模型评估

结合模型评估方法的介绍，查看 SAS 输出的结果（见图 6-21）。

预测概率和观测响应的关联			
一致部分所占百分比	51.4	Somers D	0.050
不一致部分所占百分比	46.4	Gamma	0.051
结值百分比	2.2	Tau-a	0.024
对	264313	c	0.525

优比估计和轮廓似然置信区间			
效应	单位	估计	95% 置信限
Age	1.0000	0.992	0.983 1.001

图 6-21 用于模型评估的输出结果

（1）预测概率和观测响应的关联表中"对"的个数为正响应（幸存，Survived）和负响应（死亡，Died）数的乘积，此例为 427×619。

（2）一致部分所占百分比高、不一致部分所占百分比低，这意味着该模型是一个好的模型。

（3）图 6-21 中第一个表的右侧四个统计量都是根据左侧数值计算得出的。一般而言，在模型比较过程中这些统计量数值大的模型的预测能力比统计量数值小的模型的预测能力强。

（4）c（Concordance）统计量估计的是模型符合预期的概率（Survival='Survived'的概率）高于不符合预期的概率（Survival='Died'的概率）的概率。

$$c = \text{pct}_{\text{Concordant}} + \frac{1}{2}\text{pct}_{\text{Died}}$$

当前结果显示 $c=0.525$，说明年龄（Age）与生存状态（Survival）的关联并不大。

6.3 多元 Logistic 回归

6.3.1 哑变量

Logistic 回归假设预测变量和响应变量的 Logit 存在线性关系。当预测变量有连续变量和分类变量时,对于多水平分类变量,线性关系的假设不成立,且字符型变量不能用于建模。在这种情况下需要定义哑变量(Dummy Variables)[又称设计变量(Design Variables)]。

引入哑变量的目的就是将不能定量处理的变量(如分类变量)进行量化处理,如职业、性别等。通常根据这些变量的属性类型,将其构造成 0 或 1 的人工变量,代表分类变量的信息,模型的计算也是基于这些哑变量的。

哑变量有两种常用的编码方式,即效应编码(Effects Coding)、引用单元格编码(Reference Cell Coding)。

用哑变量处理多分类自变量时,对同一个因素而言,必须全部引入模型或全都不引入模型,不能出现几个哑变量在模型中,而其他哑变量不在模型中,否则会导致模型的参数意义发生改变,以致错误解释参数意义。

1. 效应编码

对于效应编码,哑变量的个数为分类变量个数减 1,若船舱分为 3 级,则设计 2 个新的变量;最后一个水平(3rd)的值为-1,这样设计得出的变量的参数估计估计的是不同水平的 Logit 和所有水平的平均 Logit 之间的差别,如表 6-6 所示。

表 6-6 效应编码

分类变量	变量取值	标签	哑变量 1	哑变量 2
Class	1	1st	1	0
	2	2nd	0	1
	3	3rd	-1	-1

2. 引用单元格编码

使用引用单元格编码设计得出的变量的参数估计估计的是不同水平的 Logit 和最后一个水平的 Logit 之间的差别,如表 6-7 所示。

表 6-7 引用单元格编码

分类变量	变量取值	标签	哑变量 1	哑变量 2
Class	1	1st	1	0
	2	2nd	0	1
	3	3rd	0	0

6.3.2 多元 Logistic 回归 SAS 实例

我们使用引用单元格编码建立如下 Logistic 回归模型:

$$\text{Logit}(p) = \beta_0 + \beta_1 X_{\text{female}} + \beta_2 X_{\text{firstclass}} + \beta_3 X_{\text{secondclass}} + \beta_4 X_{\text{age}}$$

以 Survival 为响应变量，Age、Gender、Class 为预测变量，使用 PROC LOGISTIC 对 Titanic 数据集拟合 Logistic 回归，程序代码如下。

```
PROC LOGISTIC DATA=WORK.Titanic
  PLOTS(ONLY)=ODDSRATIO
  PLOTS(ONLY)=EFFECT;
  CLASS Gender (PARAM=REF) Class (PARAM=REF);
  MODEL Survival (Event = 'Survived')=Age Gender Class /
    SELECTION=NONE
    LINK=LOGIT
    CLODDS=PL
    ALPHA=0.05;
    UNITS Age =10;
RUN;
QUIT;
```

1. 模型信息

图 6-22 中的模型信息、读取的观测数和使用的观测数，以及响应概略与之前的模型相同，在此不再赘述。

由图 6-23 可知：

（1）分类水平信息表包含按类别变量处理的预测变量，即性别（Gender）和船舱等级（Class）。

（2）哑变量的设计使用了引用单元格编码。对于性别（Gender），男性（Male）为引用水平，即当性别为女性时，变量值为 1；当性别为男性时，变量值为 0。对于船舱等级（Class），三等舱（3rd）为引用水平，在其他两个水平下三等舱的变量值都为 0。

"LOGISTIC" 过程

模型信息	
数据集	WORK.TITANIC
响应变量	Survival
响应水平数	2
模型	二元 Logit
优化方法	Fisher 评分法

读取的观测数	1309
使用的观测数	1046

响应概略		
有序值	Survival	总频数
1	Died	619
2	Survived	427

建模的概率为 Survival='Survived'。

图 6-22 模型基本信息

分类水平信息			
分类	值	设计变量	
Gender	Female	1	
	Male	0	
Class	1st	1	0
	2nd	0	1
	3rd	0	0

图 6-23 分类水平信息

2. 拟合优度和假设检验

继续查看 Logistic 回归的结果报表（见图 6-24）。

（1）首先看到的是模型收敛状态。

（2）当模型参数只有 Age 时，其 SC 值是 1425.207（回顾简单 Logistic 回归的例子）；当前模型中 Age 的 SC 值为 1017.079，即当前模型的拟合程度更好。

（3）当模型统计显著时，至少有一个预测变量在预测生存状态时起作用，即至少有一个预测变量与响应变量有关联。

（4）只有当预测变量被定义成分类变量时才会生成 3 型效应分析表，该表和线性模型中的参数估计表相似。由 3 型效应分析表可知，包括 Age 在内的所有效应都统计显著。

3. 最大似然估计分析

查看最大似然估计分析表（见图 6-25）。

（1）对于船舱等级变量，每个设计变量的效应都在表内。

① Gender | Female 是女性和男性的 Logit 的差别。

② Class | 1st 是头等舱和三等舱 Logit 的差别。

③ Class | 2nd 是二等舱和三等舱 Logit 的差别。

（2）这些对比都是统计显著的。

模型收敛状态

满足收敛准则 (GCONV=1E-8)。

模型拟合统计量

准则	仅截距	截距和协变量
AIC	1416.620	992.315
SC	1421.573	1017.079
-2 Log L	1414.620	982.315

检验全局零假设: BETA=0

检验	卡方	自由度	Pr > 卡方
似然比	432.3052	4	<.0001
评分	386.1522	4	<.0001
Wald	277.3202	4	<.0001

3 型效应分析

效应	自由度	Wald 卡方	Pr > 卡方
Age	1	29.6314	<.0001
Gender	1	226.2235	<.0001
Class	2	103.3575	<.0001

图 6-24　PROC LOGISTIC 的输出结果

最大似然估计分析

参数		自由度	估计	标准误差	Wald 卡方	Pr > 卡方
Intercept		1	-1.2628	0.2030	38.7108	<.0001
Age		1	-0.0345	0.00633	29.6314	<.0001
Gender	Female	1	2.4976	0.1661	226.2235	<.0001
Class	1st	1	2.2907	0.2258	102.8824	<.0001
Class	2nd	1	1.0093	0.1984	25.8849	<.0001

图 6-25　最大似然估计分析

4. 模型评估

查看图 6-26 中的结果。

（1）从预测概率和观测响应的关联表可以看出，c 统计量为 0.840，意味着 84% 的预测值与观测一致。

（2）在优比估计和轮廓似然置信区间表中，年龄（Age）的单位为 10.0000，即以 10 年为单位检验优比。年龄（Age）的估计值为 0.708，表明每年长 10 岁，幸存的概率下降 29.2%。

预测概率和观测响应的关联			
一致部分所占百分比	83.9	Somers D	0.680
不一致部分所占百分比	15.8	Gamma	0.682
结值百分比	0.3	Tau-a	0.329
对	264313	c	0.840

优比估计和轮廓似然置信区间				
效应	单位	估计	95% 置信限	
Age	10.0000	0.708	0.625	0.801
Gender Male-Female	1.0000	12.153	8.823	16.925
Class 3rd-1st	1.0000	9.882	6.395	15.513
Class 3rd-2nd	1.0000	2.744	1.863	4.059

图 6-26　用于模型评估的输出结果

5．95%轮廓似然置信限的优比

在图 6-27 中，四个因素的优比的 95%置信区间都不包含 1，即它们都是统计显著的。

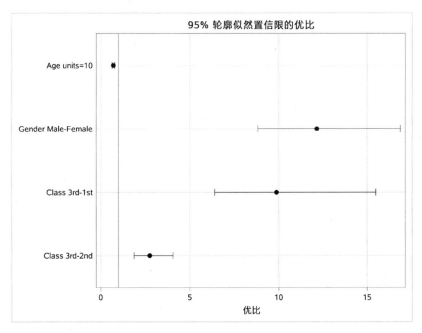

图 6-27　95%轮廓似然置信限的优化

6．预测概率

图 6-28 是根据 Logistic 回归方程得出的理论值，将 Logit 转换成概率后绘制出的图。

由图 6-28 可以看出，对于各个年龄段，女性幸存的概率都要高于男性；在相同性别条件下，船舱等级越高，幸存的概率也越高。

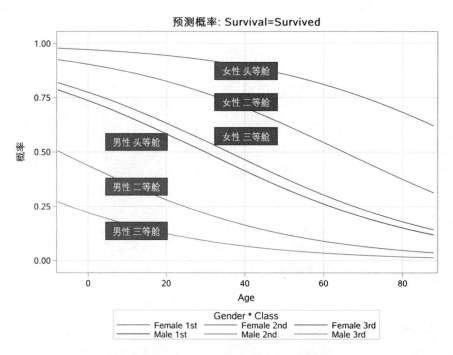

图 6-28　各年龄段不同性别、船舱等级的乘客幸存概率

6.4　有交互效应的多元 Logistic 回归

与多元线性回归类似，在多元 Logistic 回归模型中，我们也需要考虑预测变量之间的交互作用。同样地，我们也可以使用逐步选择方法进行自动化模型选择。

6.4.1　逐步选择方法

在使用 SAS 拟合多元 Logistic 回归模型之前，我们先介绍逐步选择方法。在 SAS 中 Logistic 回归模型的逐步选择方法和线性回归模型的逐步选择方法类似，但它们默认的选择标准不同。线性回归模型和 Logistic 回归模型在使用逐步选择方法时，在默认设置中，将变量加入模型或保留在模型中的显著性水平的差别，如表 6-8 所示。

表 6-8　线性回归和 Logistic 回归的比对

	线 性 回 归		Logistic 回归	
	加 入 模 型	保　　留	加 入 模 型	保　　留
前向选择	0.5	—	0.05	—
后向选择	—	0.10	—	0.05
逐步选择	0.15	0.15	0.05	0.05

当建模所用的数据中变量很多时，可以先减少一些变量再进行模型选择。

6.4.2 逐步层次规则

模型选择需要遵循一定的规则。

（1）在默认条件下，如果底层的效应（主效应）不在模型中，那么上层的效应（交互效应）就不能加入模型。例如，模型包含主效应 X_1、X_2、X_3 及交互效应 $X_1 \times X_2$、$X_2 \times X_3$，如果删除主效应 X_3，则应当将交互效应 $X_2 \times X_3$ 一起删除。

（2）在后向选择中，以全模型开始，逐次删除不显著的交互项，然后删除显著交互项所不包含的不显著的主效应。最终模型包含的是显著的交互项，即这些交互项的主效应，以及不包含在这些交互项内的其他显著的主效应。例如，模型包含主效应 X_1、X_2、X_3、X_4，以及交互效应 $X_1 \times X_2$、$X_2 \times X_3$、$X_1 \times X_2 \times X_3$。

① 第一次迭代得到的 $X_1 \times X_2 \times X_3$ 和 X_4 不显著，先删除 $X_1 \times X_2 \times X_3$，模型的剩余效应有 X_1、X_2、X_3、X_4，以及 $X_1 \times X_2$、$X_2 \times X_3$。

② 第二次迭代得到的 X_4 不显著，其余主效应和交互效应均显著，因此删除 X_4，模型的剩余效应有 X_1、X_2、X_3，以及 $X_1 \times X_2$、$X_2 \times X_3$。

③ 第三次迭代得到的模型的剩余效应均显著，因此认为该模型为最终模型。

6.4.3 有交互效应的 Logistic 回归 SAS 实例

以 Survival 为响应变量，Age、Gender、Class，以及交互效应 Age×Gender、Age×Class、Gender×Class 作为预测变量，并选用向后消除的模型选择方法，使用 PROC LOGISTIC 对 Titanic 数据集拟合 Logistic 回归，程序代码如下。

```
PROC LOGISTIC DATA=WORK.Titanic
  PLOTS(ONLY)=ODDSRATIO
  PLOTS(ONLY)=EFFECT;
  CLASS Gender (PARAM=REF) Class (PARAM=REF);
  MODEL Survival (Event = 'Survived')=Age Gender Class
    Age*Gender Age*Class Gender*Class /
      SELECTION=BACKWARD
      SLS=0.01
      INCLUDE=0
      LINK=LOGIT
      CLODDS=PL
      ALPHA=0.05;
      UNITS Age =10;
RUN; QUIT;
```

1. 模型信息

图 6-29 中的模型信息、读取的观测数和使用的观测数，以及响应概略与之前的模型相同，在此不再赘述。

由图 6-30 可知：

（1）SAS 使用了向后消除过程选择模型。

（2）分类水平信息表包含按类别变量处理的预测变量，即性别（Gender）和船舱等级（Class）。

(3) 哑变量的设计使用了引用单元格编码。

① 对于性别（Gender），男性（Male）为引用水平，即当性别为女性时，变量值为 1；当性别为男性时，变量值为 0。

② 对于船舱等级（Class），三等舱（3rd）为引用水平，在其他两个水平下，三等舱的变量值都为 0。

"LOGISTIC" 过程

模型信息	
数据集	WORK.TITANIC
响应变量	Survival
响应水平数	2
模型	二元 Logit
优化方法	Fisher 评分法

读取的观测数	1309
使用的观测数	1046

响应概略

有序值	Survival	总频数
1	Died	619
2	Survived	427

建模的概率为 Survival='Survived'。

图 6-29　模型信息和响应概略

向后消除过程

分类水平信息

分类	值	设计变量	
Gender	Female	1	
	Male	0	
Class	1st	1	0
	2nd	0	1
	3rd	0	0

图 6-30　分类水平信息

2. 模型选择过程

初始模型为全模型，模型参数包含 Intercept、Age、Gender、Class、Age×Gender、Age×Class、Gender×Class，拟合优度检验和假设检验的信息如图 6-31 所示。

第一步删除 Age×Gender，新的模型拟合优度检验和假设检验的信息如图 6-32 所示。

模型收敛状态

满足收敛准则 (GCONV=1E-8)。

模型拟合统计量		
准则	仅截距	截距和协变量
AIC	1416.620	937.714
SC	1421.573	987.241
-2 Log L	1414.620	917.714

检验全局零假设: BETA=0

检验	卡方	自由度	Pr > 卡方
似然比	496.9063	9	<.0001
评分	427.8852	9	<.0001
Wald	230.2347	9	<.0001

图 6-31　拟合优度检验和假设检验的信息

模型收敛状态

满足收敛准则 (GCONV=1E-8)。

模型拟合统计量		
准则	仅截距	截距和协变量
AIC	1416.620	940.064
SC	1421.573	984.638
-2 Log L	1414.620	922.064

检验全局零假设: BETA=0

检验	卡方	自由度	Pr > 卡方
似然比	492.5567	8	<.0001
评分	424.3790	8	<.0001
Wald	221.7387	8	<.0001

残差卡方检验

卡方	自由度	Pr > 卡方
4.3665	1	0.0367

图 6-32　一次迭代后模型拟合优度检验和假设检验

第二步删除 Age×Class，新的模型拟合优度检验和假设检验的信息如图 6-33 所示。

3. 模型选择汇总

由图 6-34 中的向后消除汇总表可知，两个交互项被删除，Age×Class 的 P 值为 0.0120，小于 0.05，因此在默认设置中 Age×Class 交互项会被保留。

模型收敛状态

满足收敛准则 (GCONV=1E-8)。

模型拟合统计量

准则	仅截距	截距和协变量
AIC	1416.620	945.832
SC	1421.573	980.501
-2 Log L	1414.620	931.832

检验全局零假设: BETA=0

检验	卡方	自由度	Pr > 卡方
似然比	482.7886	6	<.0001
评分	422.4668	6	<.0001
Wald	237.1963	6	<.0001

残差卡方检验

卡方	自由度	Pr > 卡方
13.2931	3	0.0040

图 6-33　二次迭代后模型拟合优度检验和假设检验

向后消除汇总

步	删除的效应	自由度	个数	Wald 卡方	Pr > 卡方
1	Age*Gender	1	5	4.3264	0.0375
2	Age*Class	2	4	8.8477	0.0120

联合检验

效应	自由度	Wald 卡方	Pr > 卡方
Age	1	32.5663	<.0001
Gender	1	40.0553	<.0001
Class	2	44.4898	<.0001
Gender*Class	2	43.9289	<.0001

图 6-34　模型选择汇总

在满秩参数化的情况下，3 型效应检验被联合检验替代。一个效应的联合检验检验的是该效应的所有参数是否均为 0，在广义线性模型参数化的前提下，联合检验不等同于 3 型效应检验。

在联合检验表中，四个效应的 P 值都小于 0.0001，即它们都显著。

4. 最大似然估计分析

图 6-35 中最大似然估计分析表的解读方式与本章前面的例子类似，在此不再赘述。其中：
（1）交互效应的解读与方差分析的解读类似，即一个变量变化会引起另一个变量变化。
（2）有了交互项，模型就会更复杂，更难于解释。

最大似然估计分析

参数			自由度	估计	标准误差	Wald 卡方	Pr > 卡方
Intercept			1	-0.6552	0.2113	9.6165	0.0019
Age			1	-0.0385	0.00674	32.5663	<.0001
Gender	Female		1	1.3970	0.2207	40.0553	<.0001
Class	1st		1	1.5770	0.2525	38.9980	<.0001
Class	2nd		1	-0.0242	0.2720	0.0079	0.9292
Gender*Class	Female	1st	1	2.4894	0.5403	21.2279	<.0001
Gender*Class	Female	2nd	1	2.5599	0.4562	31.4930	<.0001

图 6-35　最大似然估计分析表

5．模型评估

由图 6-36 可知：

（1）c 统计量为 0.852，大于只包含主效应的 c 统计量（0.840），这说明相比于只用主效应拟合的模型，该模型的拟合度有所提高。

（2）有交互项的变量（Gender、Class）的优比没有计算，以防产生误解，因为一个效应改变，另一个效应也随之改变。

预测概率和观测响应的关联			
一致部分所占百分比	85.0	Somers D	0.703
不一致部分所占百分比	14.7	Gamma	0.706
结值百分比	0.3	Tau-a	0.340
对	264313	c	0.852

优比估计和轮廓似然置信区间			
效应	单位	估计	95% 置信限
Age	10.0000	0.681	0.595　0.775

图 6-36　用于模型评估的输出结果

6．95%轮廓似然置信限的优化

查看图 6-37，并结合多元 Logistic 回归实例的结果可知，模型中的交互项给 Age 的优比带来的变化很小。

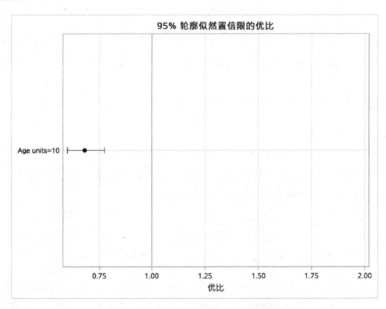

图 6-37　95%轮廓似然置信限的优化

7．预测概率

由图 6-38 可知，与图 6-28 相比较，引入交互项后，男性二等舱和男性三等舱的生存概率相近；相对女性三等舱，女性二等舱和女性头等舱的生存概率更接近。

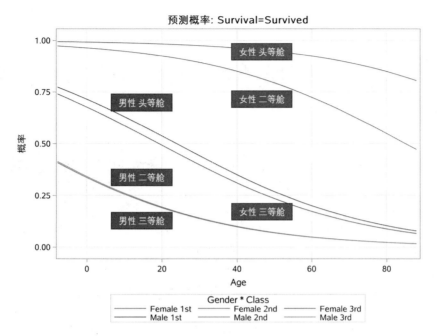

图 6-38　引入交互项后，各年龄段不同性别、船舱等级的乘客幸存概率

第 7 章　主成分分析与因子分析

我们用线性模型判断预测变量与响应变量之间的关系时，可能会遇到这种情况：某些预测变量之间有较强的相关性，我们又很难获得较多的样本。在这种情况下，我们的分析就会面临两个主要问题：一是变量之间的共线性会导致线性模型不稳定；二是由于样本容量小，考虑到预测变量的数量，模型可能没有足够的误差自由度，以获得足够的统计效力。这时，我们就需要对变量数量进行有效的消减。

7.1　主成分分析的概念与原理

主成分分析（Principal Component Analysis，PCA）是利用降维的思想，在损失很少信息的前提下，把多个指标转化为几个综合指标的多元统计方法。

主成分分析通过正交变换将一组存在相关性的变量转换为一组线性不相关的变量，转换后的这组变量称为主成分。通过对原始变量的相关矩阵或协方差矩阵结构关系的研究，利用原始变量的线性组合形成几个主成分，在保留原始变量主要信息的前提下起到降维和简化问题的作用。

在实际课题中，为了全面分析问题，往往会提出很多与课题有关的变量（或因素），每个变量都在不同程度上反映课题的某些信息。例如，在社会经济的研究中，为了全面系统地分析和研究问题，需要考虑许多经济指标，这些指标从不同的方面反映研究对象的特征，但这些指标在某种程度上存在信息重叠的现象。研究人员可以利用主成分分析方法，只研究各项指标的少数几个线性组合，而这几个线性组合所构成的综合指标能尽可能多地保留原来指标的变异信息，这些综合指标就是主成分。美国统计学家斯通（Stone）于 1947 年在对国民经济的研究中，利用美国 1929—1938 年的数据，找出了 17 个反映国民收入与支出的变量要素，如雇主补贴、消费资料和生产资料、纯公共支出、净增库存、股息、利息、外贸平衡等。在进行主成分分析后，斯通用 3 个新变量取代了原有的 17 个变量，获得了 97.4%的精度。斯通把这 3 个新变量命名为：总收入 F1、总收入变化率 F2、经济发展或衰退趋势 F3。在本例中，斯通命名的 3 个新的变量即 3 个主成分。

7.1.1　主成分分析的几何解释

主成分分析的本质是对数据的平移和旋转。为了方便，我们在二维空间中讨论主成分的几何意义。设有 n 个样品，每个样品有 2 个观测变量 X_1 和 X_2，在由观测变量 X_1 和 X_2 确定的二维平面中，n 个样本点散布的情况呈椭圆状，如图 7-1 所示。

由图 7-1 可以看出，这 n 个样本点无论是沿着 X_1 轴方向还是沿着 X_2 轴方向都具有较大的离散性，其离散程度可以分别用观测变量 X_1 的方差和 X_2 的方差定量表示。显然，如

果只考虑 X_1 和 X_2 中的任何一个，包含在原始数据中的信息都将会有较大的损失。

如果我们将 X_1 轴和 X_2 轴先平移，再同时按逆时针方向旋转 θ，得到新坐标轴 F_1 和 F_2。F_1 和 F_2 是两个新变量。

相比于未经变换的数据，在新的坐标系中 F_1 保留了原始数据中更多的变异信息。用该变量代替原先的两个变量（含去次要的一维），降维就完成了。长短轴相差得越大，降维越有利，降维效果越明显。

主成分分析的几何解释的两种特殊情况如下。

一种特殊情况是，椭圆的长轴与短轴的长度相等，即椭圆变成了圆（见图7-2）：第一主成分只含有二维空间点约一半的信息，若仅用这个综合变量，则会损失约 50%的信息，这显然是不可取的。

造成这种情况的原因是，原始变量 X_1 和 X_2 的相关程度几乎为零，即它们所包含的信息几乎不重叠，因此无法用一个一维的综合变量来代替。

另一种特殊情况是，椭圆扁平到了极限，变成了 F_1 轴上的一条线（见图7-3）：第一主成分含有二维空间点的全部信息，此时主成分分析效果是非常理想的，第二主成分不包含任何信息，舍弃它不会有信息损失。

造成这种情况的原因是，原始变量 X_1 和 X_2 存在强相关性。

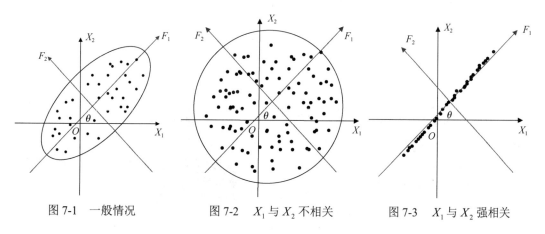

图 7-1　一般情况　　　　图 7-2　X_1 与 X_2 不相关　　　　图 7-3　X_1 与 X_2 强相关

7.1.2　旋转变换公式

将坐标轴逆时针旋转 θ，旋转变换的公式如下：

$$\begin{cases} F_1 = X_1\cos\theta + X_2\sin\theta \\ F_2 = -X_1\sin\theta + X_2\cos\theta \end{cases}$$

其矩阵形式为

$$\begin{pmatrix} F_1 \\ F_2 \end{pmatrix} = \begin{pmatrix} \cos\theta & \sin\theta \\ -\sin\theta & \cos\theta \end{pmatrix} \begin{pmatrix} X_1 \\ X_2 \end{pmatrix} = \boldsymbol{UX}$$

式中，$\boldsymbol{U}$ 为旋转变换矩阵，为正交矩阵，满足 $\boldsymbol{U}' = \boldsymbol{U}^{-1}$，$\boldsymbol{U}'\boldsymbol{U} = \boldsymbol{I}$。

经过旋转后，n 个样本点在 F_1 轴的离散程度最大，即变量 F_1 的方差最大，变量 F_1 含有大部分数据信息。在研究某些实际问题时，即使不考虑变量 F_2 也无损大局。

经过上述旋转，原始数据的大部分信息集中在 F_1 轴上，对数据所包含的信息起到了浓缩作用。另外，变量 F_1 和变量 F_2 还具有不相关的性质，这就避免了在研究复杂问题时信息重叠带来的虚假性。

7.1.3 主轴和主成分

多维变量的情况和二维变量的情况类似，数据分布呈现为高维的椭球，只不过无法直观地看见。三维空间内的椭球如图 7-4 所示。

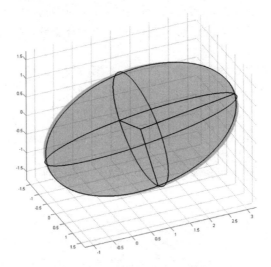

图 7-4 三维空间内的椭球

先把高维椭球的主轴找出来，再把代表大多数数据信息的较长的几个轴作为新变量，主成分分析就基本完成了。

与二维变量情况类似，高维椭球的各主轴之间也是正交的。这些正交的新变量是原始变量的线性组合，称为主成分。

7.1.4 主成分的数学模型

设对某事物的研究涉及 p 个指标，各指标分别用 $X_1, X_2, \cdots, X_p$ 表示，这 p 个指标构成的 p 维随机向量为 $\boldsymbol{X} = (X_1, X_2, \cdots, X_p)'$。设随机变量 $\boldsymbol{X}$ 的均值为 μ，协方差矩阵为 $\boldsymbol{\Sigma}$。

对 $\boldsymbol{X}$ 进行线性变换，可以形成新的综合指标，用 $\boldsymbol{F}$ 表示，满足

$$\begin{cases} F_1 = u_{11}X_1 + u_{21}X_2 + \ldots + u_{p1}X_p \\ F_2 = u_{12}X_1 + u_{22}X_2 + \ldots + u_{p2}X_p \\ \qquad\qquad\qquad \vdots \\ F_p = u_{1p}X_1 + u_{2p}X_2 + \ldots + u_{pp}X_p \end{cases}$$

综合指标 F_i 的方差为 $\operatorname{var}(F_i) = \operatorname{var}(u_i'X) = u_i'\Sigma u_i$。对于任意常数 c，有 $\operatorname{var}(cu_i'X) = c^2 u_i'\Sigma u_i$。

将线性变换约束在如下条件。

（1） $\boldsymbol{u}_i'\boldsymbol{u}_i = 1$（$i=1,2,\cdots,p$）。

（2） F_i 与 F_j 相互无关（$i \neq j$；$i,j=1,2,\cdots,p$）

（3） $\mathrm{var}(F_1) \geqslant \mathrm{var}(F_2) \geqslant \cdots \geqslant \mathrm{var}(F_p)$。

基于以上约束条件所决定的综合变量 $F_1,F_2,\cdots,F_p$ 分别为原始变量的第一主成分、第二主成分、$\cdots$、第 p 主成分。各综合变量（主成分）的方差在总方差中所占的比例依次递减。

7.1.5 基于协方差矩阵求解主成分

设随机向量 $\boldsymbol{X}=(X_1,X_2,\cdots,X_p)'$ 的协方差矩阵为 $\boldsymbol{\Sigma}$，$\lambda_1 \geqslant \lambda_2 \geqslant \cdots \geqslant \lambda_p$ 为 $\boldsymbol{\Sigma}$ 的特征值，$\boldsymbol{u}_1,\boldsymbol{u}_2,\cdots,\boldsymbol{u}_p$ 为 $\boldsymbol{\Sigma}$ 各特征值对应的标准正交特征向量，则第 i 个主成分可表示为

$$F_i = u_{1i}X_1 + u_{2i}X_2 + \cdots + u_{pi}X_p$$

式中，$i=1,2,\cdots,p$。

此时第 i 个主成分的方差为

$$\mathrm{var}(F_i) = \boldsymbol{u}_i'\boldsymbol{\Sigma}\boldsymbol{u}_i = \lambda_i$$

第 i 个主成分与第 j 个主成分（$i \neq j$）的协方差为

$$\mathrm{cov}(F_i,F_j) = \boldsymbol{u}_i'\boldsymbol{\Sigma}\boldsymbol{u}_j = 0$$

根据以上结论，我们把 $X_1,X_2,\cdots,X_p$ 的协方差矩阵 $\boldsymbol{\Sigma}$ 的非零特征值 $\lambda_1 \geqslant \lambda_2 \geqslant \cdots \geqslant \lambda_p > 0$ 对应的标准化特征向量 $\boldsymbol{u}_1,\boldsymbol{u}_2,\cdots,\boldsymbol{u}_p$ 作为系数向量，求得 $F_1 = \boldsymbol{u}_1'\boldsymbol{X}, F_2 = \boldsymbol{u}_2'\boldsymbol{X},\cdots,F_p = \boldsymbol{u}_p'\boldsymbol{X}$ 为随机向量 $\boldsymbol{X}$ 的第一主成分、第二主成分、$\cdots$、第 p 主成分。

7.1.6 几个重要的概念

主成分分析有以下几个重要概念。

1. 主成分的方差贡献率

我们称 $a_k = \dfrac{\lambda_k}{\lambda_1 + \lambda_2 + \cdots + \lambda_p}$（$k=1,2,\cdots,p$）为第 k 个主成分 F_k 的方差贡献率，即第 k 个主成分 F_k 的方差在总方差中所占的比例。

2. 累积贡献率

我们称 $\dfrac{\sum\limits_{i=1}^{m}\lambda_i}{\sum\limits_{i=1}^{p}\lambda_i}$ 为前 m 个主成分 $F_1,F_2,\cdots,F_m$ 的累积贡献率。

3. 因子负荷量

我们称第 k 个主成分 F_k 与原始变量 X_i 的相关系数 $\rho(F_k,X_i)$ 为因子负荷量。因子负荷量绝对值的大小刻画了该主成分的主要意义及成因。

7.1.7 基于协方差矩阵求解的主成分的性质

记 $U = (u_1, u_2, \cdots, u_p)$，$\Lambda = \mathrm{diag}(\lambda_1, \lambda_2, \cdots, \lambda_p)$，则主成分有如下性质。

（1）主成分 F 的协方差矩阵为对角矩阵 Λ。

（2）记主成分 F 的协方差矩阵 $\Sigma = (\sigma_{ii}^2)_{p \times p}$，根据第一条性质则有 $\sum_{i=1}^{p} \lambda_i = \sum_{i=i}^{p} \sigma_{ii}^2$，即主成分分析把 p 个随机变量的总方差分解成 p 个不相关的随机变量的方差之和。

（3）因子负荷量 $\rho(F_k, X_i) = \dfrac{u_{ik}\sqrt{\lambda_k}}{\sigma_{ii}}$，其中 $k, i = 1, 2, \cdots, p$。

因子负荷量 $\rho(F_k, X_i)$ 与 u_{ik} 成正比，与 X_i 的标准差成反比。在解释主成分成因时，应当根据因子负荷量，而不能仅仅根据变换系数 u_{ik}。

（4）通过数值运算可得

$$\sum_{i=1}^{p} \rho^2(F_k, X_i)\sigma_{ii}^2 = \lambda_k$$

（5）通过数值运算可得

$$\sum_{k=1}^{p} \rho^2(F_k, X_i) = \frac{1}{\sigma_{ii}^2}\sum_{k=1}^{p} \lambda_k u_{ik}^2 = 1$$

这表示 p 个主成分对原始变量 X_i 的方差贡献率为 1，即 p 个主成分解释了原始变量的所有变异。

7.1.8 基于相关矩阵求解主成分

考虑数学变换：

$$Z_i = \frac{X_i - \mu_i}{\sigma_{ii}}$$

式中，$i = 1, 2, \cdots, p$；μ_i 和 σ_{ii} 分别表示变量 X_i 的期望和标准差。进而有

$$E(Z_i) = 0, \quad \mathrm{var}(Z_i) = 1$$

再考虑矩阵变换，令

$$\Sigma^{1/2} = \begin{bmatrix} \sigma_{11} & 0 & \cdots & 0 \\ 0 & \sigma_{22} & \cdots & 0 \\ \vdots & \vdots & & \vdots \\ 0 & 0 & \cdots & \sigma_{pp} \end{bmatrix}$$

对原始变量 X 进行标准化：

$$Z = \left(\Sigma^{1/2}\right)^{-1}(X - \mu)$$

从而有

$$\text{cov}(Z) = \left(\Sigma^{1/2}\right)^{-1} \Sigma \left(\Sigma^{1/2}\right)^{-1} = \begin{bmatrix} 1 & \rho_{12} & \cdots & \rho_{1p} \\ \rho_{12} & 1 & \cdots & \rho_{2p} \\ \vdots & \vdots & & \vdots \\ \rho_{1p} & \rho_{2p} & \cdots & 1 \end{bmatrix} = \boldsymbol{R}$$

由以上过程可知，$X_1, X_2, \cdots, X_p$ 的相关矩阵就是对原始变量标准化后的协方差矩阵。用 λ_i 和 $\boldsymbol{u}_i$ 表示相关矩阵 $\boldsymbol{R}$ 的特征值和对应的标准正交特征向量，求得主成分与原始变量之间的关系式为

$$F_i = \boldsymbol{u}_i' Z = \boldsymbol{u}_i' \left(\Sigma^{1/2}\right)^{-1} (X - \mu)$$

式中，$i = 1, 2, \cdots, p$。

7.1.9 将数据标准化的原因

将数据标准化一般是为了消除量纲的影响，以及变量自身变异的数值大小的影响。

（1）不同变量常常有不同的量纲，量纲的不同使变换系数难以解释。

例如，第一个变量的单位是 kg，第二个变量的单位是 cm，在计算绝对距离时会出现将两个事例中第一个变量观察值之差的绝对值（单位是 kg）与第二个变量观察值之差的绝对值（单位是 cm）相加的情况，那么 5kg 的差异与 3cm 的差异相加要如何解释呢？

（2）不同变量自身变异间的差距较大，会使计算出的相关系数中不同变量所占的比例不相同。

例如，如果第一个变量的取值范围为 2%~4%（0.02~0.04），而第二个变量的取值范围为 1000~5000，在不进行标准化的情况下，第二个变量所占的比例将远高于第一个变量所占的比例。

经过标准差标准化后，变量的平均数为零，标准差为 1，标准化后的各变量约有一半观察值的数值小于零，另一半观察值的数值大于零。经过标准化的数据是没有单位的纯数量。对变量进行标准差标准化可以消除量纲（单位）的影响和变量自身变异的影响。

7.1.10 基于相关矩阵求得的主成分的性质

与基于协方差矩阵求得的主成分相比，基于相关矩阵求得的主成分仍然具有之前提到的各种性质，相关矩阵的特性使主成分的性质更简单，内容如下。

（1）主成分 F 的相关矩阵为对角阵 Λ。

（2）$\sum_{i=1}^{p} \text{var}(F_i) = \text{tr}(\Lambda) = \text{tr}(\boldsymbol{R}) = p = \sum_{i=1}^{p} \text{var}(Z_i)$，其中 Z_i 为 X_i 标准化后的变量。

（3）第 k 个主成分的方差贡献率为 $a_k = \lambda_k / p$，前 m 个主成分的累积贡献率为 $\sum_{i=1}^{m} \lambda_i / p$。

（4）因子负荷量 $\rho(F_k, Z_i) = u_{ik} \sqrt{\lambda_k}$，这是因为标准化后的变量方差 $\sigma_{ii}^2 = 1$。

7.1.11 选择基于协方差矩阵还是基于相关矩阵

在实际分析过程中，基于协方差矩阵求解主成分和基于相关矩阵求解主成分的过程是

一致的，但所求得的主成分一般是有差别的，有时差别很大。

一般而言，对于量纲不同的指标或各变量取值范围差异非常大的指标，考虑将数据标准化后，从相关矩阵出发进行主成分分析。

需要注意的是，数据标准化的过程是抹杀原始变量离散程度差异的过程，标准化后各变量的方差均为 1，而实际上方差描述的是数据离散程度的差异。对原始变量进行标准化后，各指标在主成分构成中的作用趋于相等，即数据标准化抹杀了方差所描述的一部分重要信息。由此可见，对量纲相同、取值范围相似的数据，直接从协方差矩阵出发进行主成分分析更为恰当。

在基于协方差矩阵和基于相关矩阵这两个出发点之间做出选择，是没有定论的。不考虑实际情况、直接标准化处理并基于相关矩阵进行主成分分析是存在不足的。在实际分析过程中，应分别从不同方法出发求解主成分，研究结果之间的差别，检查是否存在明显差异，并调查产生差异的原因，以确定哪种方法所得的结果更可信。

7.1.12　确定主成分的个数

对于 p 个随机变量，有 p 个主成分，从中选择越少的主成分，降维的效果也就越好。遵循什么样的标准确定主成分的个数呢？一般而言，确定主成分个数的方法如下。

1. 特征值的陡坡图

特征值的陡坡图也称为碎石图、卵石图。查看陡坡图时，需要寻找图中的"弯肘部"，即特征值变化趋于平缓的点。"弯肘部"左侧的点代表的主成分个数即保留的主成分个数。

如图 7-5 中的陡坡图所示，第四主成分到第五主成分之间的特征值变化趋于平缓，可以考虑保留 3 个主成分。

2. 累积贡献率

选取 m 个主成分使得累积贡献率超过 85%（这是一个比较主观的取值）。

如图 7-5 中的已解释方差图所示，第六主成分的累积贡献率已经在 85% 左右，可以选择保留 6 个主成分。

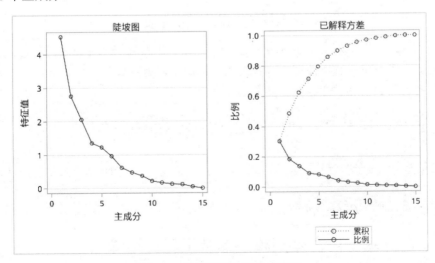

图 7-5　陡坡图和已解释方差图

3. 特征值大于 1

有些研究人员习惯保留特征值大于 1 的主成分，这个标准适用于基于相关矩阵求得的主成分，因为相关系数的取值是小于或等于 1 的，特征值大于 1 表示主成分所描述的信息多于单一原始变量的信息。需要注意的是，这种方法并没有完善的理论支持。

7.1.13 主成分分析的步骤

我们可以基于协方差矩阵求得主成分，也可以基于相关系数矩阵求得主成分。

（1）基于协方差矩阵求主成分的步骤如下。

① 计算 X 的协方差矩阵 Σ。

② 求解 $|\Sigma - \lambda I| = 0$，求得特征值 $\lambda_1 \geq \lambda_2 \geq \cdots \geq \lambda_p \geq 0$，并求出对应的特征向量 $U_1, U_2, \cdots, U_p$，$U_i = (u_{1i}, u_{2i}, \cdots, u_{pi})'$。

③ 计算累积贡献率 $\sum_{i=1}^{m} \lambda_i \Big/ \sum_{i=1}^{p} \lambda_i$，给出恰当的主成分个数。

④ 计算所选出的 k 个主成分的得分 $F_i = U_i' X$，$i = 1, 2, \cdots, k (k \leq p)$。

（2）基于相关系数矩阵求主成分的步骤如下。

如果变量有不同的量纲，或者各变量的取值范围差异非常大，则考虑基于相关系数矩阵进行主成分分析。基于相关系数矩阵求主成分与基于协方差矩阵求主成分的不同之处是用标准化后的数据计算主成分的得分。

7.2 主成分分析 SAS 实例

7.2.1 主成分分析 SAS 实例 1

金融机构对客户进行信用风险分析时常采用专家分析法。专家主要从信誉品格（Character）、还款能力（Capacity）、资本实力（Capital）、抵押担保物（Collateral）和经营环境条件（Condition）5 个方面对贷款人进行全面的定性分析和评分，以判别借款人的还款意愿和还款能力。上述专家分析法也称为 5C 分析法。

几位专家从 5 个方面对选取的具有可比性的 10 家同类型企业进行评估和打分，分数如表 7-1 所示。

表 7-1 企业评估后的打分数据

	企业一	企业二	企业三	企业四	企业五	企业六	企业七	企业八	企业九	企业十	均值	标准差
X_1	76.5	81.5	76	75.8	71.7	85	79.2	80.3	84.4	76.5	78.69	4.18
X_2	70.6	73	67.6	68.1	78.5	94	94	87.5	89.5	92	81.48	9.86
X_3	90.7	87.3	91	81.5	80	84.6	66.9	68.8	64.8	66.4	78.20	10.5
X_4	77.5	73.6	70.9	69.8	74.8	57.7	60.4	57.4	60.8	65	66.79	7.47
X_5	85.6	68.5	70	62.2	76.5	70	69.2	71.7	64.9	68.9	70.75	6.45

7.2.2 基于相关矩阵的主成分分析 SAS 实例 1

在 SAS 中，PROC PRINCOMP 默认的是基于相关矩阵进行主成分分析，程序代码如下。

```
PROC PRINCOMP DATA=Principal OUT=Prin;
  VAR X1-X5;
RUN;
```

程序的输出结果除了包括简单统计量（见图 7-6），还包括原始变量的相关矩阵（见图 7-7），相关矩阵的特征值（见图 7-8）及对应的特征向量（见图 7-9）。根据理论部分的介绍，特征值越大，主成分描述的信息越多。根据特征向量表，可以得到主成分的表达式。同时，我们可以借助图 7-10 中的陡坡图和已解释方差图确定要选取的主成分个数。

7.2.2 节和 7.2.3 节所用的例子仅关注基于相关矩阵和基于协方差矩阵两种运算结果的区别，详细的结果解释将在后续的例子中给出。

简单统计量					
	X1	X2	X3	X4	X5
均值	78.69000000	81.48000000	78.20000000	66.79000000	70.75000000
StD	4.17943377	11.03316213	10.50312123	7.46777522	6.44485152

图 7-6　简单统计量

相关矩阵					
	X1	X2	X3	X4	X5
X1	1.0000	0.5173	-.2266	-.6624	-.3533
X2	0.5173	1.0000	-.7574	-.8262	-.1942
X3	-.2266	-.7574	1.0000	0.6750	0.3967
X4	-.6624	-.8262	0.6750	1.0000	0.4782
X5	-.3533	-.1942	0.3967	0.4782	1.0000

图 7-7　相关矩阵

相关矩阵的特征值				
	特征值	差分	比例	累积
1	3.10821409	2.24026580	0.6216	0.6216
2	0.86794829	0.10227148	0.1736	0.7952
3	0.76567681	0.60161458	0.1531	0.9484
4	0.16406224	0.06996366	0.0328	0.9812
5	0.09409857		0.0188	1.0000

图 7-8　相关矩阵的特征值

特征向量					
	Prin1	Prin2	Prin3	Prin4	Prin5
X1	-.393464	-.383926	0.678076	0.484548	-.056675
X2	-.499313	0.428214	0.126710	-.158642	0.725325
X3	0.453627	-.368822	0.485124	-.565136	0.321665
X4	0.536924	-.005446	-.107978	0.645101	0.532792
X5	0.319073	0.730188	0.526452	0.067164	-.288713

图 7-9　特征向量

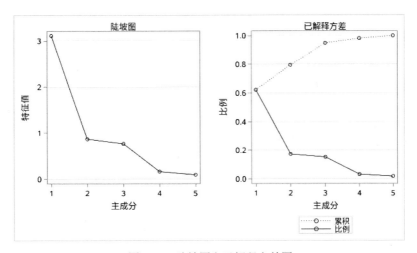

图 7-10　陡坡图和已解释方差图

7.2.3　基于协方差矩阵的主成分分析 SAS 实例 1

我们对 PROC PRINCOMP 追加选项 COV，SAS 将基于协方差矩阵进行主成分分析，程序代码如下。

```
PROC PRINCOMP DATA=Principal OUT=Prin COV;
  VAR X1-X5;
RUN;
```

程序的输出结果除了包括简单统计量（见图 7-11），还包括原始变量的协方差矩阵（见图 7-12），协方差矩阵的特征值（见图 7-13）及对应的特征向量（见图 7-14）。

简单统计量					
	X1	X2	X3	X4	X5
均值	78.69000000	81.48000000	78.20000000	66.79000000	70.75000000
StD	4.17943377	11.03316213	10.50312123	7.46777522	6.44485152

图 7-11　简单统计量

协方差矩阵					
	X1	X2	X3	X4	X5
X1	17.4676667	23.8520000	-9.9488889	-20.6756667	-9.5172222
X2	23.8520000	121.7306667	-87.7655556	-68.0746667	-13.8077778
X3	-9.9488889	-87.7655556	110.3155556	52.9433333	26.8544444
X4	-20.6756667	-68.0746667	52.9433333	55.7676667	23.0127778
X5	-9.5172222	-13.8077778	26.8544444	23.0127778	41.5361111

图 7-12　协方差矩阵

与基于相关矩阵的输出结果不同，基于协方差矩阵的输出结果还包括一个总方差的结果（见图 7-15）。协方差矩阵的特征值的贡献率是特征值与总方差的商，由此可以得到累积贡献率，这与理论部分相符。图 7-16 给出的是基于协方差矩阵进行主成分分析得到的陡坡图和已解释方差图。

协方差矩阵的特征值			
特征值	差分	比例	累积
1	253.685639	210.247889	0.7315	0.7315
2	43.437749	6.948370	0.1252	0.8567
3	36.489380	29.179271	0.1052	0.9619
4	7.310108	1.415317	0.0211	0.9830
5	5.894791		0.0170	1.0000

图 7-13　协方差矩阵的特征值

特征向量					
	Prin1	Prin2	Prin3	Prin4	Prin5
X1	-.134262	-.014339	0.476552	-.325919	0.805260
X2	-.652610	0.485651	0.182207	0.552092	0.015460
X3	0.594532	0.236319	0.691584	0.272137	-.195800
X4	0.417183	0.078922	-.445676	0.555136	0.559398
X5	0.169009	0.837772	-.250565	-.454684	0.007354

图 7-14　特征向量

总方差　346.81766667

图 7-15　总方差

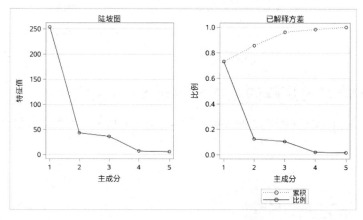

图 7-16　陡坡图和已解释方差图

7.2.4　主成分分析 SAS 实例 2

Pollution 数据集包含美国 1960 年以来的区域气候、污染和人口统计数据。将变量 MORT 作为岭回归（Ridge Regression）模型中的响应变量，将图 7-17 列出的其他变量作为预测变量。我们使用主成分分析来减少预测变量中的维数。

数据集中的变量描述和前 16 条数据记录如图 7-17 和图 7-18 所示。

变量	类型	长度	标签
DENS	数值	8	Population per sq. mile in urbanized areas, 1960
EDUC	数值	8	Median school years completed by those over 22
HC	数值	8	Relative hydrocarbon pollution potential
HOUS	数值	8	Percent housing units which are sound & with all facilities
HUMID	数值	8	Annual average % relative humidity at 1:00pm
JANT	数值	8	Average January temperature in degrees F
JULT	数值	8	Average July temperature in degrees F
MORT	数值	8	Total age-adjusted mortality rate per 100,000
NONW	数值	8	Percent non-white population in urbanized areas, 1960
NOX	数值	8	Relative nitric oxides pollution potential
OVR65	数值	8	Percent population aged 65 or older (1960)
POOR	数值	8	Percent of families with income < $3000
POPN	数值	8	Average household size
PREC	数值	8	Average annual precipitation in inches
SO2	数值	8	Relative sulphur dioxide pollution potential
WWDRK	数值	8	Percent employed in white collar occupations

图 7-17　Pollution 数据集的变量描述

观测	PREC	JANT	JULT	OVR65	POPN	EDUC	HOUS	DENS	NONW	WWDRK	POOR	HC	NOX	SO2	HUMID	MORT
1	36	27	71	8.1	3.34	11.4	81.5	3243	8.8	42.6	11.7	21	15	59	59	921.87
2	35	23	72	11.1	3.14	11.0	78.8	4281	3.5	50.7	14.4	8	10	39	57	997.88
3	44	29	74	10.4	3.21	9.8	81.6	4260	0.8	39.4	12.4	6	6	33	54	962.35
4	47	45	79	6.5	3.41	11.1	77.5	3125	27.1	50.2	20.6	18	8	24	56	982.29
5	43	35	77	7.6	3.44	9.6	84.6	6441	24.4	43.7	14.3	43	38	206	55	1071.29
6	53	45	80	7.7	3.45	10.2	66.8	3325	38.5	43.1	25.5	30	32	72	54	1030.38
7	43	30	74	10.9	3.23	12.1	83.9	4679	3.5	49.2	11.3	21	32	62	56	934.70
8	45	30	73	9.3	3.29	10.6	86.0	2140	5.3	40.4	10.5	6	4	4	56	899.53
9	36	24	70	9.0	3.31	10.5	83.2	6582	8.1	42.5	12.6	18	12	37	61	1001.90
10	36	27	72	9.5	3.36	10.7	79.3	4213	6.7	41.0	13.2	12	7	20	59	912.35
11	52	42	79	7.7	3.39	9.6	69.2	2302	22.2	41.3	24.2	18	8	27	56	1017.61
12	33	26	76	8.6	3.20	10.9	83.4	6122	16.3	44.9	10.7	88	63	278	58	1024.89
13	40	34	77	9.2	3.21	10.2	77.0	4101	13.0	45.7	15.1	26	26	146	57	970.47
14	35	28	71	8.8	3.29	11.1	86.3	3042	14.7	44.6	11.4	31	21	64	60	985.95
15	37	31	75	8.0	3.26	11.9	78.4	4259	13.1	49.6	13.9	23	9	15	58	958.84
16	35	46	85	7.1	3.22	11.8	79.9	1441	14.8	51.2	16.1	1	1	1	54	860.10

图 7-18 Pollution 数据集的前 16 条数据记录

7.2.5 基于相关矩阵的主成分分析 SAS 实例 2

基于相关矩阵进行主成分分析的程序代码如下。

```
PROC PRINCOMP DATA=WORK.Pollution;
  VAR PREC--HUMID;    /* 用于选定 PREC~HUMID 中的所有变量进行主成分分析 */
RUN;
```

由图 7-19 中的简单统计量表可知，各变量的标准差之间存在较大差异，如 POPN 的标准差约为 0.135，而 HC 的标准差约为 91.978，因此选用基于相关系数矩阵的主成分分析更为恰当。

简单统计量

	PREC	JANT	JULT	OVR65	POPN	EDUC	HOUS	DENS
均值	37.36666667	33.98333333	74.58333333	8.798333333	3.263166667	10.97333333	80.91333333	3876.050000
StD	9.98467753	10.16889852	4.76317679	1.464551955	0.135252327	0.84529940	5.14137312	1454.102361

NONW	WWDRK	POOR	HC	NOX	SO2	HUMID
11.87000000	46.08166667	14.37333333	37.85000000	22.65000000	53.76666667	57.66666667
8.92114798	4.61304310	4.16009561	91.97767323	46.33328964	63.39046784	5.36993093

图 7-19 简单统计量表

1. 相关矩阵

由图 7-20 中的相关矩阵可知，一些变量间存在强相关关系，如 NOX 和 HC 的相关系数为 0.9838。在这种情况下，不适合将全部变量都用普通回归模型建模。

相关矩阵

	PREC	JANT	JULT	OVR65	POPN	EDUC	HOUS	DENS	NONW	WWDRK	POOR	HC	NOX	SO2	HUMID
PREC Average annual precipitation in inches	1.0000	0.0922	0.5033	0.1011	0.2634	-.4904	-.4908	-.0035	0.4132	-.2973	0.5066	-.5318	-.4873	-.1069	-.0773
JANT Average January temperature in degrees F	0.0922	1.0000	0.3463	-.3981	-.2092	0.1163	0.0149	-.1001	0.4538	0.2380	0.5653	0.3508	0.3210	-.1078	0.0679
JULT Average July temperature in degrees F	0.5033	0.3463	1.0000	-.4340	0.2623	-.2385	-.4150	-.0610	0.5753	-.0214	0.6193	-.3565	-.3377	-.0993	-.4528
OVR65 Percent population aged 65 or older (1960)	0.1011	-.3981	-.4340	1.0000	-.5091	-.1389	0.0650	0.1620	-.6378	-.1177	-.3098	-.0205	-.0021	0.0172	0.1124
POPN Average household size	0.2634	-.2092	0.2623	-.5091	1.0000	-.3951	-.4106	-.1843	0.4194	-.4257	0.2599	-.3882	-.3584	-.0041	-.1357
EDUC Median school years completed by those over 22	-.4904	0.1163	-.2385	-.1389	-.3951	1.0000	0.5522	-.2439	-.2088	0.7032	-.4033	0.2868	0.2244	-.2343	0.1765
HOUS Percent housing units which are sound & with all facilities	-.4908	0.0149	-.4150	0.0650	-.4106	0.5522	1.0000	0.1819	-.4103	0.3387	-.6807	0.3868	0.3483	0.1180	0.1219
DENS Population per sq. mile in urbanized areas, 1960	-.0035	-.1001	-.0610	0.1620	-.1843	-.2439	0.1819	1.0000	-.0057	-.0318	-.1629	0.1203	0.1653	0.4321	-.1250
NONW Percent non-white population in urbanized areas, 1960	0.4132	0.4538	0.5753	-.6378	0.4194	-.2088	-.4103	-.0057	1.0000	-.0044	0.7049	-.0259	0.0184	0.1593	-.1180
WWDRK Percent employed in white collar occupations	-.2973	0.2380	-.0214	-.1177	-.4257	0.7032	0.3387	-.0318	-.0044	1.0000	-.1852	0.2037	0.1600	-.0685	0.0607
POOR Percent of families with income < $3000	0.5066	0.5653	0.6193	-.3098	0.2599	-.4033	-.6807	-.1629	0.7049	-.1852	1.0000	-.1298	-.1025	-.0965	-.1522
HC Relative hydrocarbon pollution potential	-.5318	0.3508	-.3565	-.0205	-.3882	0.2868	0.3868	0.1203	-.0259	0.2037	-.1298	1.0000	0.9838	0.2823	-.0202
NOX Relative nitric oxides pollution potential	-.4873	0.3210	-.3377	-.0021	-.3584	0.2244	0.3483	0.1653	0.0184	0.1600	-.1025	0.9838	1.0000	0.4094	-.0459
SO2 Relative sulphur dioxide pollution potential	-.1069	-.1078	-.0993	0.0172	-.0041	-.2343	0.1180	0.4321	0.1593	-.0685	-.0965	0.2823	0.4094	1.0000	-.1026
HUMID Annual average % relative humidity at 1:00pm	-.0773	0.0679	-.4528	0.1124	-.1357	0.1765	0.1219	-.1250	-.1180	0.0607	-.1522	-.0202	-.0459	-.1026	1.0000

图 7-20　相关矩阵

2．陡坡图

由图 7-21 中的陡坡图可知，3 个特征值大于 2，3 个特征值约等于 1，其他特征值都较小。

由图 7-21 中的已解释方差图可知，前 3 个主成分的累积比例已经超过 60%，前 5 个主成分的累积比例在 80% 左右。

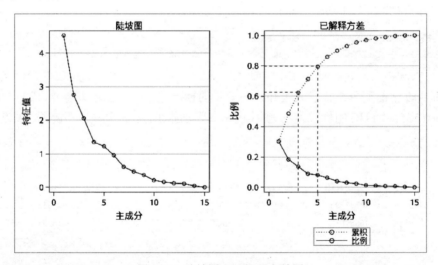

图 7-21　陡坡图和已解释方差图

3．相关矩阵的特征值

由图 7-22 中相关矩阵的特征值表可知，选取前 5 个主成分可以解释模型 79.4% 的变异，而选取前 6 个主成分可以解释模型 85.8% 的变异。由于只有前 5 个主成分的特征值大于 1，且该结果是基于相关矩阵计算求得的，所以我们选择保留 5 个主成分。

4．特征向量及主成分的表达式

我们可以根据图 7-23 中的特征向量表得出各主成分与各变量之间的数值关系。

图 7-22 相关矩阵的特征值

	特征值	差分	比例	累积
1	4.52839160	1.77355006	0.3019	0.3019
2	2.75484154	0.70037750	0.1837	0.4855
3	2.05446404	0.70607446	0.1370	0.6225
4	1.34838958	0.12516962	0.0899	0.7124
5	1.22321996	0.26277598	0.0815	0.7940
6	0.96044398	0.34770243	0.0640	0.8580
7	0.61274155	0.14072983	0.0408	0.8988
8	0.47201172	0.10115870	0.0315	0.9303
9	0.37085302	0.15445834	0.0247	0.9550
10	0.21639468	0.05004428	0.0144	0.9695
11	0.16635040	0.03934529	0.0111	0.9805
12	0.12700511	0.01301833	0.0085	0.9890
13	0.11398677	0.06794703	0.0076	0.9966
14	0.04603974	0.04117345	0.0031	0.9997
15	0.00486629		0.0003	1.0000

图 7-22 相关矩阵的特征值

特征向量

		Prin1	Prin2	Prin3	Prin4	Prin5	Prin6	Prin7	Prin8	Prin9	Prin10	Prin11	Prin12	Prin13	Prin14	Prin15
PREC	Average annual precipitation in inches	-.345479	-.102644	0.026814	0.332836	0.122322	0.182749	-.012230	0.486269	0.511519	0.043197	0.116337	0.176019	-.304682	-.269586	0.010002
JANT	Average January temperature in degrees F	-.065253	0.482160	-.106010	0.328810	-.085158	0.078125	-.361931	0.068805	-.233566	0.388214	-.061821	0.241011	-.204280	0.431137	0.006663
JULT	Average July temperature in degrees F	-.344486	0.195414	-.078102	0.024804	0.398216	-.115198	-.091622	0.126786	-.282331	-.398306	0.537503	0.099787	0.313506	0.068848	0.005121
OVR65	Percent population aged 65 or older (1960)	0.162984	-.364872	0.156177	0.520266	0.035112	-.139829	0.209995	0.124547	0.128086	0.067300	-.043288	0.054673	0.475266	0.459541	0.044591
POPN	Average household size	-.297274	-.065986	0.031979	-.559719	-.230784	0.026087	-.031058	0.018059	0.286594	0.363021	0.151021	0.378662	0.350476	0.184447	0.021337
EDUC	Median school years completed by those over 22	0.286505	0.172856	-.429393	-.110144	0.135099	0.030269	0.151159	0.077909	0.199693	-.417767	-.350462	0.541477	0.015632	0.102208	0.048169
HOUS	Percent housing units which are sound & with all facilities	0.360761	0.050430	-.054928	-.148351	0.193103	0.162125	-.495214	0.485936	0.018302	0.133974	-.149770	-.243123	0.399638	-.193275	-.021203
DENS	Population per sq. mile in urbanized areas, 1960	0.071507	-.021398	0.440225	0.056126	0.417692	0.388432	-.313595	-.528251	0.206562	-.066861	-.042823	0.210383	0.038831	0.000093	0.001479
NONW	Percent non-white population in urbanized areas, 1960	-.302012	0.368878	0.061182	-.102458	-.017797	0.272246	0.158490	0.045448	0.314995	-.240960	-.527822	0.082845	0.395119	0.015576	
WWDRK	Percent employed in white collar occupations	0.196455	0.240228	-.333329	0.045635	0.383862	0.190599	0.469359	-.170488	0.118339	0.483502	0.269232	-.123898	0.091626	-.112737	-.027259
POOR	Percent of families with income < $3000	-.357860	0.268327	0.023771	0.279044	-.133031	-.071306	0.095532	-.160367	-.103327	0.073579	-.220437	0.115059	0.453653	.501309	0.011177
HC	Relative hydrocarbon pollution potential	0.282771	0.367140	0.239428	0.052767	-.216823	-.224512	-.075535	-.016119	-.012455	0.245071	0.265488	-.007130	0.027843	-.119851	0.688878
NOX	Relative nitric oxides pollution potential	0.264969	0.363391	0.310218	0.043253	-.202457	-.188680	0.069696	0.057385	0.211929	-.096720	0.201296	0.083349	0.045310	-.062805	-.712151
SO2	Relative sulphur dioxide pollution potential	0.067505	0.095172	0.519432	-.177784	0.101689	0.301013	0.434739	0.377590	-.421833	0.050461	-.114927	0.204871	-.070947	-.002959	0.108311
HUMID	Annual average % relative humidity at 1:00pm	0.113307	-.082162	-.191181	0.180357	-.520579	0.675848	0.000957	-.052651	-.117371	-.203896	0.300821	0.040852	0.167503	-.071816	-.007743

图 7-23 特征向量

以第一主成分为例,按照特征向量表所得的信息可知其表达式为

Prin1 = −0.345479×PREC − 0.065253×JANT − 0.344486×JULT+
    0.162984×OVR65 − 0.297274×POPN + 0.286505×EDUC + 0.360761×HOUS +
    0.071507×DENS − 0.302012×NONW + 0.196455×WWDRK − 0.357860×POOR +
    0.282771×HC + 0.264969×NOX + 0.067505×SO2 + 0.113307×HUMID

5.调整已有模型

我们对代码做出如下改动。

```
ODS GRAPHICS/ IMAGEMAP; /* 用于开启 HTML 输出中的提示信息 */
PROC PRINCOMP DATA=Pollution
N=5 OUT=Prin /* 选取前 5 个主成分输出到 Prin 数据集 */
PREFIX=pollute /* 以 pollute 作为输出数据集中变量名的前缀 */
 /* 用于绘制成分评分图矩阵、3 个主成分的成分评分图、成分模式概略图及 3 个主成分的成分模式图 */
 PLOTS=(MATRIX SCORE(NCOMP=3) PATTERNPROFILE PATTERN(NCOMP=3));
 VAR Prec--Humid;
```

```
    ID Mort;  /* 指定本例中的目标变量，MORT 的值将用作标记成分评分图、成分评分图矩阵所用的标签 */
RUN;
```

6．成分评分矩阵

从成分评分矩阵（见图 7-24）可以看出前 5 个主成分评分的分布（对角线上的直方图），以及每对主成分两两之间的散点图。

由于我们在代码中开启了 ODS GRAPHICS/IMAGEMAP 选项，并指定了 ID 变量 MORT，因此，在输出的成分评分矩阵中，将鼠标指针悬停在某个点，系统会提示该点的主成分评分，以及相应的 MORT 的数值。

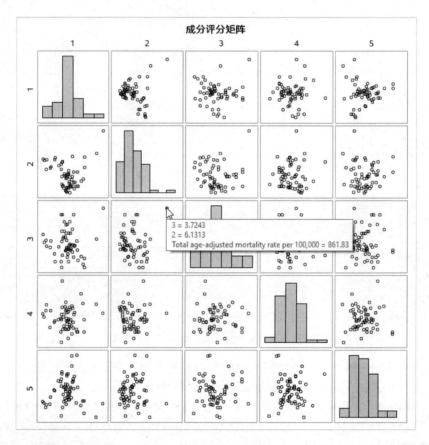

图 7-24　成分评分矩阵

7.2.6　成分模式概略

从成分模式概略图（见图 7-25）可以看出各变量与各主成分之间的关系。

例如，第一主成分与 PREC、JULT、POPN、EDUC、HOUS、NONW、POOR、HC 和 NOX 有较强的相关关系。

成分模式概略图有助于解释变量与哪些主成分之间存在强（线性）相关关系。

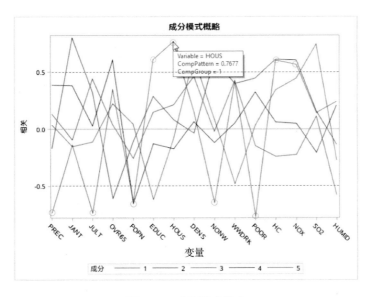

图 7-25 成分模式概略

1. 成分模式

成分模式图（见图 7-26～图 7-28）显示的是与某两个具体的主成分相关的变量系数，可以用于找出某一方向上的变量分组。例如，在图 7-27 中，左侧聚集的五个变量聚成一个分组，这些变量与成分 1 都有相似的负相关关系。又如，在图 7-28 中，WWDRK 和 EDUC 两个变量都与成分 2 呈正相关关系、与成分 3 呈负相关关系。类似的关系还有很多，在此不一一列举。

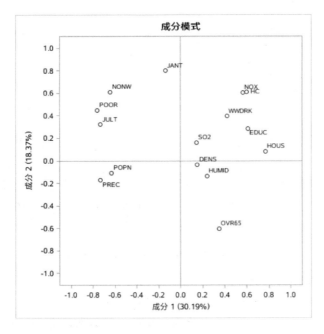

图 7-26 成分 1 和成分 2 的成分模式

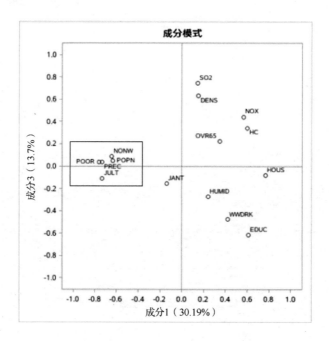

图 7-27　成分 1 和成分 3 的成分模式

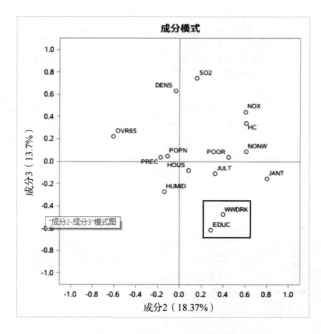

图 7-28　成分 2 和成分 3 的成分模式

2. 3 个主成分的成分评分

图 7-29 所示为 3 个主成分的成分评分图，展现的是成分 1、成分 2 及成分 3 之间的关系，其中成分 2 和成分 3 以坐标的形式表现，成分 1 则以灰度进行区分。

由于我们指定了 MORT 为 ID 变量，因此成分评分图上的每个点都标记了 MORT 的数值。

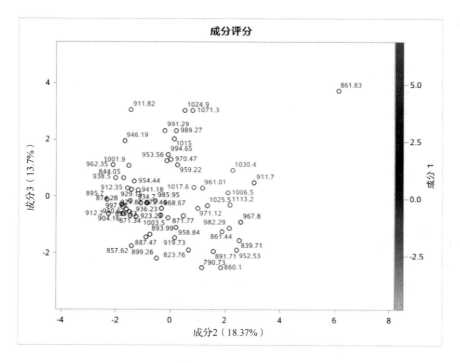

图 7-29 主成分的成分评分图

7.3 因 子 分 析

7.3.1 因子分析的概念与原理

因子分析（Factor Analysis）是主成分分析的推广，它对问题的研究更为深入，是从原始变量的相关矩阵出发，将具有复杂关系的多个变量归结为少数几个因子的多变量统计方法。与主成分分析相比，因子分析更倾向于描述原始变量之间的相关关系。

因子分析的基本思想是根据相关性的强弱将原始变量分组，使得同组的变量之间相关性较高，不同组的变量之间相关性较低。分组后，每组变量代表一个基本结构，并用一个不可观测的综合变量表示，这个不可观测的综合变量称为公共因子。原始变量可分解为两部分：少数几个不可观测的公共因子的线性函数和与公共因子无关的特殊因子。

因子分析的想法始于斯皮尔曼（Spearman）对学生考试成绩的研究。近年来，人们将因子分析成功应用于心理学、医学、经济学等多个领域，这使得因子分析的理论和方法更加丰富。

7.3.2 因子分析的应用

当观测到的变量（显变量）可由一些无法直接观测到的变量（隐变量）表示时，即可使用因子分析。因子分析的应用如下。

（1）识别隐变量，研究实验总体的特性。
（2）识别不同隐变量之间的关系。

（3）将研究对象从众多显变量转移到少数几个隐变量，进而简化模型。

（4）解释显变量之间的内在联系。

主成分分析和因子分析有诸多相似之处，具体如下。

（1）通过信息浓缩实现原始变量的降维。将多个相关变量化简为少数几个变量（主成分/因子），而不影响对原问题的解释。

（2）可以解决变量间信息重叠或共线性问题。利用主成分/因子提取出主要信息，用选取的主成分/因子代替原始变量进行分析，以减少或消除原始变量的信息重叠问题。

（3）无法测量的变量可以用一系列可以测量的相关变量间接反映，找出潜在的结构并加以利用。

7.3.3　因子分析实例

在研究高中学生的学习能力时，通过 8 门课程（数学、物理、化学、语文、英语、历史、地理、生物）的成绩来分析评价学生的学习能力。

高中学生的学习能力主要体现在两个方面，即文科的学习能力和理科的学习能力。因子分析方法通过 8 个变量（8 门课程），找出反映文科、理科的 2 个潜在因子，对学生进行评价。某一变量 X_i 可以表示为

$$X_i = a_{i1}F_1 + a_{i2}F_2 + \varepsilon_i$$

式中，F_1、F_2 是不可观测的潜在因子，称为公共因子；ε_i 称为特殊因子。

将 8 门课程记作 $X_1, X_2, \cdots, X_8$，8 个变量共享 2 个公共因子，数据如表 7-2 所示。

表 7-2　学生 8 门课程得分情况示例表

学生编号	数学	物理	化学	语文	英语	历史	地理	生物
1	84	89	81	82	88	85	90	79
2	65	87	90	85	78	65	70	82
3	75	76	73	69	74	92	74	65
4	84	78	59	85	90	93	92	70
5	74	79	80	82	65	76	80	60
6	85	89	86	85	71	86	88	83
...	...	...	...	...	...	...	...	...

$$X_1 = 0.822F_1 - 0.243F_2，\quad X_2 = 0.841F_1 - 0.195F_2$$
$$X_3 = 0.833F_1 - 0.178F_2，\quad X_4 = -0.366F_1 + 0.786F_2$$
$$X_5 = -0.251F_1 + 0.891F_2，\quad X_6 = -0.241F_1 + 0.932F_2$$
$$X_7 = 0.726F_1 - 0.486F_2，\quad X_8 = 0.862F_1 - 0.272F_2$$

X_1, X_2, X_3, X_7, X_8 表达式中 F_1 的系数较大，X_4, X_5, X_6 表达式中 F_2 系数较大，即 F_1 因子隐含了 X_1, X_2, X_3, X_7, X_8（数学、物理、化学、地理、生物）间的公共信息，F_2 因子隐含了 X_4, X_5, X_6（语文、英语、历史）间的公共信息。我们称 F_1 为理科因子，称 F_2 为文科因子。相比于主成分分析，因子分析更具有解释性。

注：本例所引用的数据仅用于因子分析的解释，通过表 7-2 中的数据不能直接计算得出表达式。

7.3.4 因子分析的数学模型

设有 n 个样本，每个样本观测 p 个指标，且 p 个指标之间有较强的相关性。为了便于研究，消除观测量纲的差异及数量级不同造成的影响，将样本观测数据标准化，使标准化后的变量均值为 0，方差为 1。用 X 表示原始变量标准化后的变量向量，用 $F_1, F_2, \cdots, F_m (m<p)$ 表示标准化的公共因子，并满足以下条件。

（1）$X=(X_1, X_2, \cdots, X_p)'$ 是可观测的随机变量，且 $E(X)=0$，$\text{cov}(X)=\Sigma$，且协方差矩阵 Σ 与相关矩阵 R 相等。

（2）$F=(F_1, F_2, \cdots, F_m)'$（$m<p$）是不可观测的变量，$E(F)=0$，$\text{cov}(F)=I$，即 F 的各个分量是相互独立的。

（3）$\varepsilon=(\varepsilon_1, \varepsilon_2, \cdots, \varepsilon_p)'$ 与 F 相互独立，$E(\varepsilon)=0$，$\text{cov}(\varepsilon)=\Sigma_\varepsilon=\begin{bmatrix} \sigma_{11}^2 & 0 & \cdots & 0 \\ 0 & \sigma_{22}^2 & \cdots & 0 \\ \vdots & \vdots & & \vdots \\ 0 & 0 & \cdots & \sigma_{pp}^2 \end{bmatrix}$，协方差矩阵为对角矩阵，即 ε 的各个分量也是相互独立的。

因子分析的数学模型表示为

$$\begin{cases} X_1 = a_{11}F_1 + a_{12}F_2 + \cdots + a_{1m}F_m + \varepsilon_1 \\ X_2 = a_{21}F_1 + a_{22}F_2 + \cdots + a_{2m}F_m + \varepsilon_2 \\ \quad\quad\quad\quad\quad\quad \vdots \\ X_p = a_{p1}F_1 + a_{p2}F_2 + \cdots + a_{pm}F_m + \varepsilon_p \end{cases}$$

其矩阵形式为 $X = AF + \varepsilon$，其中 $A = \begin{bmatrix} a_{11} & a_{21} & \cdots & a_{1m} \\ a_{21} & a_{22} & \cdots & a_{2m} \\ \vdots & \vdots & & \vdots \\ a_{p1} & a_{p2} & \cdots & a_{pm} \end{bmatrix}$。

在数学模型表达式中，$F_1, F_2, \cdots, F_m$（$m<p$）称为公共因子；$\varepsilon_1, \varepsilon_2, \cdots, \varepsilon_p$ 称为特殊因子。特殊因子是 X 的分量 X_i 所特有的因子，各特殊因子之间、特殊因子与所有公共因子之间都是相互独立的。矩阵 A 称为因子载荷矩阵，其中元素 a_{ij} 称为因子载荷。a_{ij} 的绝对值越大（$|a_{ij}| \leqslant 1$），表明 X_i 与 F_j 的相关程度越大，或者称公共因子 F_j 对于 X_i 的载荷量越大。因子分析的目的是计算各个因子载荷的值。

因子载荷的概念与主成分分析中的因子负荷量的概念对等。由于因子分析和主成分分析非常相似，若把 ε_i 看作 $a_{i,m+1}F_{m+1} + a_{i,m+2}F_{m+2} + \cdots + a_{i,m+p}F_{m+p}$ 的综合作用，则除了此处因子为不可测变量，因子分析中的因子载荷与主成分分析中的因子负荷量是一致的。很多人对这两个概念不加以区分，统称为因子载荷。

7.3.5　因子分析的 3 个重要统计量

因子模型 $X_i = a_{i1}F_1 + a_{i2}F_2 + \cdots + a_{im}F_m + \varepsilon_i$ 有如下 3 个重要的统计量。

（1）因子载荷 a_{ij}。因子载荷反映因子和各变量之间的密切程度或相关程度。

因子载荷的统计意义是第 i 个变量与第 j 个公共因子的相关系数，反映第 i 个变量在第 j 个公共因子上的相对重要性。因子载荷的绝对值越大，表明公共因子 F_j 与原始变量 X_i 的关系越强。

（2）变量共同度 h_i^2。变量共同度用于衡量因子分析效果。变量 X_i 的共同度是因子载荷矩阵的第 i 行元素的平方和，记为 $h_i^2 = \sum_{j=1}^{m} a_{ij}^2$（$i = 1, 2, \cdots, p$）。

变量共同度代表所有公共因子对变量 X_i 的总方差的贡献，即变量 X_i 能够被 m 个公共因子所描述的程度。h_i^2 越大，公共因子能解释 X_i 的比例越大，因子分析的效果就越好。

（3）公共因子的方差贡献 g_j^2。因子变量 F_j 的方差贡献为因子载荷矩阵 A 中第 j 列各元素的平方和，用于衡量因子的重要程度，记为 $g_j^2 = \sum_{i=1}^{p} a_{ij}^2$（$j = 1, 2, \cdots, m$）。

因子变量 F_j 的方差贡献体现了公共因子 F_j 对原始所有变量总方差的解释能力。$g_j^2 \Big/ \sum_j g_j^2$ 表示第 j 个公共因子解释原始变量总方差的比例，即方差贡献率。方差贡献率越大，表明该因子越重要。

如果将因子分析的原始数据、公共因子和因子载荷按照表格的方式对应起来，虽然表述方式不够严谨，但可以更直观地描述因子载荷、变量共同度和公共因子方差贡献率之间的关系（见图 7-30）。

	F_1	F_2	$\cdots$	F_j	$\cdots$	F_m
X_1	a_{11}	a_{12}	$\cdots$	a_{1j}	$\cdots$	a_{1m}
X_2	a_{21}	a_{22}	$\cdots$	a_{2j}	$\cdots$	a_{2m}
$\vdots$	$\vdots$	$\vdots$	$\vdots$	$\vdots$	$\vdots$	$\vdots$
X_i	a_{i1}	a_{i2}	$\cdots$	a_{ij}	$\cdots$	a_{im}
$\vdots$	$\vdots$	$\vdots$	$\vdots$	$\vdots$	$\vdots$	$\vdots$
X_p	a_{pm}	a_{p2}	$\cdots$	a_{pj}	$\cdots$	a_{pm}

$h_i^2 = \sum_{j=1}^{m} a_{ij}^2$ ($i = 1, 2, \ldots, p$)

变量共同度代表了全部公共因子对变量 X_i 的总方差所作出的贡献

$g_j^2 = \sum_{i=1}^{p} a_{ij}^2$

因子变量 F_j 的方差贡献体现了公共因子 F_j 对原始所有变量总方差的解释能力

图 7-30　变量共同度 h_i^2、方差贡献 g_j^2 与原始数据间的关系

7.3.6　因子分析的前提条件

在进行因子分析之前，我们应从以下角度确认数据是否可以进行因子分析。

(1) 相关系数矩阵。变量之间应存在较强的相关性，一般相关系数需要大于 0.3。
(2) 样本容量。样本容量越大越好。
(3) 因子分析的充分性检验。

① KMO 检验（Kaiser Meyer Olkin Test）：通过比较各变量间简单相关系数与偏相关系数的大小来判断变量间的相关性。

- KMO $= \dfrac{\text{所有变量间相关系数平方和}}{\text{所有变量间相关系数平方和} + \text{所有变量间偏相关系数平方和}}$。
- 当变量间的相关性强时，偏相关系数远小于相关系数，KMO 接近 1。
- 一般而言，KMO>0.5 才适合进行因子分析。
- 在 SAS 中，通过 PROC FACTOR 中的 MSA（Measure of Sampling Adequacy）选项获得 KMO 统计量。

② 巴特利特球度检验（Bartlett's Test of Sphericity）：检验总体相关系数矩阵是否为单位矩阵。

- 原假设与备择假设为

H_0：原始变量相关系数矩阵为单位矩阵。
H_1：原始变量相关系数矩阵并非单位矩阵。

- 如果巴特利球度检验统计量较大，且对应的 P 值小于给定的显著性水平（如 P 值小于 0.05），则应该拒绝原假设，认为相关系数矩阵并非单位矩阵，数据适合进行因子分析；否则，认为相关系数矩阵可能是单位矩阵，接受原假设，数据不适合进行因子分析。

7.3.7 因子载荷求解

1. 主成分法

用主成分法确定因子载荷的步骤是先对数据进行主成分分析，然后把前几个主成分作为未旋转的公共因子。

主成分法简单易行，但得到的特殊因子 $\varepsilon_1, \varepsilon_2, \cdots, \varepsilon_p$ 之间并不相互独立，因此该方法不完全符合因子模型的假设，所得的因子载荷不完全正确。当变量共同度较大，特殊因子所起的作用较小时，特殊因子之间的相关性带来的影响几乎可以忽略，这种情况比较适合用主成分法。

事实上，考虑到主成分法求解的方便性，很多有经验的分析人员在进行因子分析时，总是先用主成分法进行分析，再尝试其他方法。

如图 7-31 所示，主成分法的步骤如下。

(1) 数据标准化并求得相关矩阵 R。
(2) 基于相关矩阵求解主成分。
(3) 对主成分结果进行变换。

此处需要说明的是，由于 $Y_1, Y_2, \cdots, Y_p$ 彼此正交，因此 X 到 Y 的变换是可逆的。

(4) 记 $F_i = Y_i / \sqrt{\lambda_i}$；$a_{ij} = \sqrt{\lambda_j} u_{ij}$；$\varepsilon_i = u_{i,m+1} Y_{m+1} + u_{i,m+2} Y_{m+2} + \cdots + u_{ip} Y_p$。

(5) 得出因子载荷矩阵。

① $$R = \begin{bmatrix} 1 & \rho_{12} & \cdots & \rho_{1p} \\ \rho_{12} & 1 & \cdots & \rho_{2p} \\ \vdots & \vdots & & \vdots \\ \rho_{1p} & \rho_{2p} & \cdots & 1 \end{bmatrix}$$ ② $$\begin{cases} Y_1 = u_{11}X_1 + u_{21}X_2 + \cdots + u_{p1}X_p \\ Y_2 = u_{12}X_1 + u_{22}X_2 + \cdots + u_{p2}X_p \\ \vdots \\ Y_p = u_{1p}X_1 + u_{2p}X_2 + \cdots + u_{pp}X_p \end{cases}$$

③ $$\begin{cases} X_1 = u_{11}Y_1 + u_{12}Y_2 + \cdots + u_{1m}Y_m + \cdots + u_{1p}Y_p \\ X_2 = u_{21}Y_1 + u_{22}Y_2 + \cdots + u_{2m}Y_m + \cdots + u_{2p}Y_p \\ \vdots \\ X_p = u_{p1}Y_1 + u_{p2}Y_2 + \cdots + u_{pm}Y_m + \cdots + u_{pp}Y_p \end{cases}$$

④ $$\begin{cases} X_1 = a_{11}F_1 + a_{12}F_2 + \cdots + a_{1m}F_m + \varepsilon_1 \\ X_2 = a_{21}F_1 + a_{22}F_2 + \cdots + a_{2m}F_m + \varepsilon_2 \\ \vdots \\ X_p = a_{p1}F_1 + a_{p2}F_2 + \cdots + a_{pm}F_m + \varepsilon_p \end{cases}$$

⑤ $$A = \begin{bmatrix} a_{11} & a_{12} & \cdots & a_{1m} \\ a_{21} & a_{22} & \cdots & a_{2m} \\ \vdots & \vdots & & \vdots \\ a_{p1} & a_{p2} & \cdots & a_{pm} \end{bmatrix}$$

图 7-31 主成分法的步骤

2. 主轴因子法

主轴因子法也称为迭代主因子法,其求解因子载荷矩阵的思路与主成分法求解因子载荷矩阵的思路类似,它们都从分析矩阵结构入手,不同之处在于主成分法假设所有 p 个主成分都能解释原始变量标准化后的所有方差;而主轴因子法假设 m 个公共因子只能解释原始变量的部分方差。主轴因子法用变量共同度替代相关矩阵 R 主对角线上的元素 1,得到调整相关矩阵 R^*,对 R^* 求解特征值和特征向量,再经过数次迭代,得到最终因子解。

如图 7-32 所示,主轴因子法与主成分法的区别在于第①步和第⑥步。

① $$R = \begin{bmatrix} 1 & \rho_{12} & \cdots & \rho_{1p} \\ \rho_{12} & 1 & \cdots & \rho_{2p} \\ \vdots & \vdots & & \vdots \\ \rho_{1p} & \rho_{2p} & \cdots & 1 \end{bmatrix} \Rightarrow R^* = \begin{bmatrix} h_1^2 & \rho_{12} & \cdots & \rho_{1p} \\ \rho_{12} & h_2^2 & \cdots & \rho_{2p} \\ \vdots & \vdots & & \vdots \\ \rho_{1p} & \rho_{2p} & \cdots & h_p^2 \end{bmatrix}$$

$$H = \begin{bmatrix} h_1^2, h_2^2, \cdots, h_p^2 \end{bmatrix}$$

② ③ ④ 步骤②~⑤的运算与主成分法的运算相同,在此略去

⑤ $$A = \begin{bmatrix} a_{11} & a_{12} & \cdots & a_{1m} \\ a_{21} & a_{22} & \cdots & a_{2m} \\ \vdots & \vdots & & \vdots \\ a_{p1} & a_{p2} & \cdots & a_{pm} \end{bmatrix}$$

⑥ $$H^* = \begin{bmatrix} h_1^2, h_2^2, \cdots, h_p^2 \end{bmatrix} \Rightarrow \cdots$$

图 7-32 主轴因子法的步骤

(1)主轴因子法将数据标准化并求得相关矩阵 R 及变量共同度 H 后,用 H 中的元素

替换 R 对角线上的元素 1，得到调整相关矩阵 R^*。原始变量共同度可以通过先验公因子方差估计获得，即每个变量与其他变量的多重相关系数的平方。

(2) 在第⑤步得到因子载荷矩阵 A 后，计算新的变量共同度 H^*。

① 如果 H^* 与 H 的改变幅度满足收敛条件，则 A 为最终因子解。

② 如果 H^* 与 H 的改变幅度不满足收敛条件，则用 H^* 中的元素替换 R^* 对角线上的元素，进行下一次迭代，直到 H^* 与 H 的改变幅度满足收敛条件为止，得到最终因子解 A。

3．极大似然法

如果假设公共因子 F 和特殊因子 ε 服从正态分布，则能够得到因子载荷和特殊因子方差的极大似然估计。设 $X_1, X_2, \cdots, X_p$ 是来自正态总体 $N(\mu, \Sigma)$ 的随机样本，其中 $\Sigma = AA' + \Sigma_\varepsilon$。由似然函数的理论可知：

$$L(\mu, \Sigma) = \frac{1}{(2\pi)^{np/2} |\Sigma|^{n/2}} e^{-1/2 \operatorname{tr}\left\{\Sigma^{-1}\left[\sum_{j=1}^{n}(x_j - \bar{x})(x_j - \bar{x})' + n(\bar{x} - \mu)(\bar{x} - \mu)'\right]\right\}}$$

似然函数通过 Σ 依赖于 A 和 Σ_ε。但上式不能确定唯一 A，因此，添加约束条件：

$$A' \Sigma_\varepsilon^{-1} A = \Lambda$$

式中，Λ 为对角矩阵。进而可用极大似然法得到极大似然估计 $\hat{A}$ 和 $\hat{\Sigma}_\varepsilon$。

7.3.8 确定因子个数

确定因子个数的方法有如下三种，它们对相关领域的背景知识的要求逐渐增加。

1．解释方差的百分比

解释方差的百分比可解释 100% 公共方差的最少因子个数。

2．陡坡图

陡坡图与主成分分析的陡坡图相似。

3．按因子可解释性制定标准

（1）每个因子至少挂载 3 个变量。

（2）同一个因子中的变量有相同的概念意义。

（3）不同因子之间的变量用于度量不同的结构。

（4）旋转后的因子结构简单。

最好的确定因子个数的方法是将三者结合：先查看陡坡图，预估因子个数；再根据解释方差的百分比确保保留的因子对原始变量的变异有足够的解释能力；最后根据相关领域的背景知识确定保留的因子是有意义的。

7.3.9 因子旋转

建立因子分析模型的目的在于找到公共因子，对于分析人员而言，更重要的是知道每个公共因子的意义。因子分析所得的初始公共因子代表的变量特征并不突出，致使因子的含义模糊，不利于分析实际问题。出于解释性方面的考虑，对初始公共因子进行因子旋转（对公共因子进行线性组合），以期找到意义更明确的公共因子。旋转后变量共同度 h_i^2 不变，但由于载荷矩阵发生变化，公共因子本身可能发生很大的变化，公共因子的方差贡献 g_j^2 不再与原来相同。经过适当的旋转，我们可以找到令人满意的公共因子。

因子旋转又分为正交旋转和斜交旋转。

（1）正交旋转由初始载荷矩阵 A 右乘一个正交矩阵获得。正交旋转得到的新公共因子仍保持彼此独立的性质。正交旋转的常用方法有最大方差法（Varimax）、最大四次方法（Quartimax）、最大平衡值法（Equamax）。

（2）斜交旋转解除了因子之间彼此独立的限制，因此可能得到更简洁的形式，新公共因子的意义更容易解释。斜交旋转的常用方法有直接斜交旋转（Direct Oblimin）、最优斜交旋转（Promax）。

无论是正交旋转还是斜交旋转，其目的都是使新的因子载荷系数尽可能地接近 0，或者尽可能地远离 0。因子载荷系数接近 0 意味着原始变量与公共因子间的相关性很弱；因子载荷系数尽可能远离 0，表明公共因子在很大程度上解释了原始变量的变异。如果一个原始变量与某些公共因子强相关，与其他因子几乎不相关，那么公共因子的意义就比较容易确定。

对于一个具体问题，有时需要进行多次因子旋转才能达到满意的效果。每次旋转后，矩阵各列平方的相对方差之和总会比上一次有所增加。如此往复，当总方差改变不大时，停止旋转，得到的新的一组公共因子及相应的因子载荷矩阵的各列元素的相对平方之和最大。

7.3.10　因子得分

公共因子的估计值称为因子得分（Factor Scores）。

因子模型建立以后，往往还需要考察公共因子与原始变量之间的关系，因此我们需要求得公共因子用原始变量表示的线性表达式，从而代入原始变量的取值求得各个因子的得分。

因子得分的意义和作用与主成分得分的意义和作用相似，区别在于主成分是原始变量的线性组合，当有 p 个主成分时，主成分与原始变量之间的变换是可逆的，只要知道了原始变量用主成分表示的线性表达式，就可以得到用原始变量表示主成分的表达式；在因子模型中，公共因子的个数少于原始变量的个数，且公共因子是不可观测的隐变量，载荷矩阵 A 不可逆，因此不能直接求得公共因子用原始变量表示的精确线性组合。解决这一问题的方法是建立公共因子为因变量、原始变量为自变量的回归方程：

$$F_j = \beta_{j1}X_1 + \beta_{j2}X_2 + \cdots + \beta_{jp}X_p, \; j = 1, 2, \cdots, m$$

由于原始变量和公共因子变量均为标准化变量，因此回归模型没有常数项。使用最小二乘法求得 F 的估计值 $\hat{F} = A'R^{-1}X$，其中 A 为因子载荷矩阵，R 为原始变量的相关矩阵，X 为原始变量的向量。

在得到一组样本值后，可以代入上面的关系式求出公共因子得分的估计，达到用因子得分描述原始变量的取值的目的。

7.3.11 因子分析的局限

由于公共因子是未知的,而且显变量不一定能度量公共因子,对公共因子的解释不直观。与其他统计方法相似,在进行因子分析时需要谨慎选择显变量。显变量之间的相关性被用作估计因子模型,很容易引发数据钓鱼问题,即从数据中挖掘到的信息比实际所包含的信息更多,构成过度解读。例如,两个变量受到某个其他变量或某个全局变量的影响呈现相关性,这会导致因子分析的结果很难解释。

因子得分是对潜在因子的估计,而不是显变量的线性组合。为了避免数据钓鱼问题,分析人员需要:谨慎选择显变量;确定因子解满足因子分析的基本假设;用因子旋转解释因子。

因子分析的步骤如下。
(1) 对原始数据进行标准化处理,并计算标准化后数据的相关矩阵。
(2) 验证数据满足因子分析的前提条件。
(3) 依据相关矩阵计算特征值、特征向量。
(4) 确定因子个数,计算因子得分。
(5) 因子旋转。
(6) 得到最终模型并给予解释。

7.3.12 主成分分析与因子分析的关系

主成分分析和因子分析的关系表如表 7-3 所示。

表 7-3 主成分分析和因子分析的关系表

主成分分析	因子分析
从空间生成的角度寻找能解释诸多变量大部分变异的几组不相关的新变量(主成分)	从数据中找到能对变量起解释作用的公共因子、特殊因子,以及公共因子和特殊因子的组合系数
把主成分表示成各变量的线性组合	把变量表示成各因子的线性组合
不需要前提假设	须满足以下假设:各个公共因子间不相关,特殊因子间不相关,公共因子与特殊因子间不相关
只能通过主成分法提取	不仅有主成分法,还有主轴因子法、极大似然法等,不同的方法所得的结果一般也不相同
当给定的协方差矩阵或相关矩阵的特征值唯一时,主成分一般是固定的	通过因子旋转可能得到不同的因子
主成分数量是一定的,一般有几个变量就有几个主成分	因子个数需要分析者指定,指定的因子数量不同,结果也不同
	因子分析运用了因子旋转,更有助于解释因子

7.4 因子分析 SAS 实例

第二国际数学研究(SIMS 1980)是一项关于初中和高中学生数学相关技能、观念和行为的大型研究。作为研究的一部分,学生们完成了用于评估他们在不同背景下对数学的看法的调查问卷。数据集中的数据包括来自 12 个项目的选定数据，旨在衡量学生对数学在生活和工作中是否有用，以及对数学的性别社会认知的看法。数据集包含美国 1907 名学生的问卷回复。此外，学生年龄和其中一项数学技能测试的分数也包含在数据集中。

为了简化编码，问卷项目由项目编号命名，项目编号以 C 作为前缀（C2~C51），并使用了描述性标签，以便解释，数据中的前 12 条观测数据如图 7-33 所示，各变量描述如图 7-34 所示。

观测	C2	C5	C7	C13	C18	C21	C38	C39	C42	C44	C46	C51
1	2	1	1	1	5	5	1	3	5	1	2	1
2	4	1	3	2	5	4	3	4	4	4	2	2
3	1	3	5	1	1	5	5	3	3	5	3	3
4	2	1	3	1	3	5	1	5	4	3	1	3
5	2	1	3	1	4	5	4	5	4	2	2	2
6	2	2	4	2	5	4	1	5	4	2	1	1
7	2	1	4	2	4	5	4	5	4	5	2	4
8	1	4	5	2	5	4	3	4	4	2	1	2
9	1	1	4	1	4	5	3	5	5	3	1	2
10	2	1	4	1	1	4	4	4	4	5	2	5
11	4	2	3	2	4	2	2	3	2	3	2	2
12	5	1	3	4	4	4	4	4	4	5	2	3

图 7-33　Mathattitudes 数据集的前 12 条观测数据

#	变量	类型	长度	标签
1	C2	数值	8	C2:I CAN GET ALONG WELL WITHOUT MATH
2	C5	数值	8	C5:MATH NOT NEEDED IN MOST OCCUPATIONS
3	C7	数值	8	C7:WOULD LIKE JOB THAT USES MATH
4	C13	数值	8	C13:MATH NOT NEEDED FOR EVERYDAY LIVING
5	C18	数值	8	C18:A WOMAN NEEDS CAREER AS MUCH AS MAN
6	C21	数值	8	C21:MATH IS IMPORTANT TO GET A GOOD JOB
7	C38	数值	8	C38:MEN BETTER SCIENTISTS AND ENGINEERS
8	C39	数值	8	C39:MATH USEFUL IN EVERYDAY PROBLEMS
9	C42	数值	8	C42:MATH HAS PRACTICAL USE FOR JOBS
10	C44	数值	8	C44:BOYS HAVE MORE NATURAL MATH ABILITY
11	C46	数值	8	C46:MOST DONT USE MATH IN THEIR JOBS
12	C51	数值	8	C51:BOYS NEED MORE MATH THAN GIRLS

图 7-34　Mathattitudes 数据集的变量描述

1. 代码实现

使用 PROC FACTOR 进行因子分析，程序代码如下。

```
PROC FACTOR DATA=Mathattitudes
PLOTS=SCREE    /* 输出陡坡图 */
METHOD=ML      /* 使用极大似然法求解因子载荷 */
PRIORS=SMC;
  TITLE1 'factor analysis';
  TITLE2 'extracting factors';
  VAR C2--C51;
RUN;
```

需要注意的是，如果不指定 PRIORS=SMC，PROC FACTOR 将对数据进行主成分分析，而非因子分析。

图 7-35 所示为模型读取的记录数及用于建模的记录数。

输入数据类型	原始数据
读取的记录数	1907
使用的记录数	1853
用于显著性检验的 N	1853

图 7-35　模型读取的记录数及用于建模的记录数

图 7-36 中的先验公因子方差估计：SMC（Squared Multiple Correlation）表显示了每个清单变量与其余变量集多重相关系数的平方。

先验公因子方差估计: SMC											
C2	C5	C7	C13	C18	C21	C38	C39	C42	C44	C46	C51
0.20385428	0.14201469	0.15595696	0.24161428	0.19590940	0.21349094	0.40748780	0.23489301	0.23614082	0.35568445	0.17932183	0.35263100

图 7-36　先验公因子方差估计

2．初始特征值

图 7-37 中的初始特征值表包含初始相关矩阵的特征值。初始特征值表包含负的特征值，这在使用 SMC 对正定对角相关矩阵进行特征值分解时，是符合预期的。

第 1 个特征值解释了 80.63%的共享方差，前 2 个特征值则占用共享方差超过 100%。由于没有指定保留因子个数的准则，PROC FACTOR 在进行最大似然因子分析时，保留解释方差超过 100%的最少因子个数，即在这种情况下，保留 2 个因子。

初始特征值: 总计 = 4.05914923 平均值 = 0.33826244				
	特征值	差分	比例	累积
1	3.27307628	1.51187588	0.8063	0.8063
2	1.76120039	1.51005102	0.4339	1.2402
3	0.25114937	0.14732022	0.0619	1.3021
4	0.10382916	0.08880752	0.0256	1.3277
5	0.01502164	0.13329576	0.0037	1.3314
6	-.11827412	0.02231131	-0.0291	1.3022
7	-.14058543	0.00660116	-0.0346	1.2676
8	-.14718660	0.04342955	-0.0363	1.2313
9	-.19061615	0.02282869	-0.0470	1.1844
10	-.21344484	0.02030456	-0.0526	1.1318
11	-.23374940	0.06752167	-0.0576	1.0742
12	-.30127107		-0.0742	1.0000

2 个因子将被 PROPORTION 准则保留。

图 7-37　因子特征值

3．陡坡图

查看图 7-38 中的陡坡图，建议保留 2 个因子。陡坡图中的第 2 个"肘"在第 6 个因子处，这说明另一种方案是保留 5 个因子。

由图 7-38 中的已解释方差图可知，累积比例在第 2 个特征值处变化明显，并在第 5 个特征值后下降，因此建议保留 2 个因子或 5 个因子。

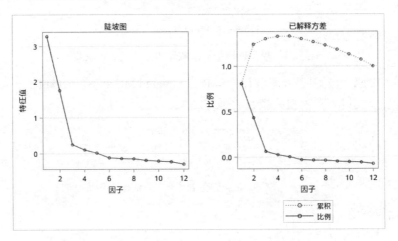

图 7-38　陡坡图和已解释方差图

4．公因子方差

在因子分析的 3 次迭代历史记录中，每次迭代的公因子方差都显示在图 7-39 中。

最大似然因子分析使用的是非线性的优化过程，"满足收敛准则"意味着把 SMC 作为先验公因子方差，PROC FACTOR 在 3 次迭代后达到收敛条件，得到一个最优解。

迭代	准则	岭脊点	更改	公因子方差										
1	0.1162198	0.0000	0.1682	0.24696	0.15323	0.20063	0.29130	0.23265	0.28894	0.57569	0.31442	0.29169	0.48431	0.22989	0.48958
2	0.1161658	0.0000	0.0043	0.24604	0.15270	0.20178	0.28698	0.23468	0.29084	0.57552	0.31632	0.29470	0.48732	0.22858	0.48582
3	0.1161648	0.0000	0.0005	0.24557	0.15238	0.20188	0.28650	0.23463	0.29114	0.57570	0.31678	0.29522	0.48720	0.22840	0.48584

满足收敛准则。

图 7-39　每次迭代所得的公因子方差

5．显著性检验

使用最大似然法进行因子分析，输出的显著性检验和拟合统计量信息表如图 7-40 所示。

基于 1853 观测的显著性检验			
检验	自由度	卡方	Pr > 卡方
H0: 无公因子	66	3925.4576	<.0001
HA: 至少一个公因子			
H0: 2 个因子足够	43	214.4209	<.0001
HA: 需要更多因子			

不带 Bartlett 校正的卡方	215.13723
Akaike 信息准则	129.13723
Schwarz 贝叶斯准则	-108.41891
Tucker 和 Lewis 可靠性系数	0.93183

图 7-40　显著性检验

显著性检验检验的是所选因子个数是否合适。在理想状态下，希望拒绝第一个假设

（无公因子），而接受第二个假设（本例中为 2 个因子足够）。由图 7-40 可知，我们可能需要两个以上因子。但这个测试对样本容量很敏感，当样本容量很大时，即使对于微不足道的因子，算法也倾向于拒绝原假设。本例中样本容量已经足够大，因此添加更多因素可能没有用。根据卡方检验的 P 值，似乎 2 个因子不足以描述数据，我们应谨慎解读这个结果。因为在大样本情况下，即使与原假设的偏差很小，卡方检验仍会呈现统计显著性。

虽然陡坡图给出了 5 个因子的方案，但因子 3、4、5 的特征值很小，解释数据中变异的能力较弱，因此选择保留 2 个因子。从运算开销考虑，也会选择保留 2 个因子。

6．因子模式

图 7-41 和图 7-42 所示为保留 2 个因子时的典型相关系数平方和特征值。

典型相关系数平方	
Factor1	Factor2
0.80440654	0.68699007

图 7-41　典型相关系数平方

加权缩减相关矩阵的特征值: 总计 = 6.30743191
平均值 = 0.52561933

	特征值	差分	比例	累积
1	4.11264541	1.91785855	0.6520	0.6520
2	2.19478686	1.85446425	0.3480	1.0000
3	0.34032260	0.15781180	0.0540	1.0540
4	0.18251080	0.08677335	0.0289	1.0829
5	0.09573745	0.08328192	0.0152	1.0981
6	0.01245553	0.02884201	0.0020	1.1000
7	-.01638648	0.06176223	-0.0026	1.0974
8	-.07814871	0.00137562	-0.0124	1.0851
9	-.07952432	0.02345618	-0.0126	1.0724
10	-.10298050	0.04211081	-0.0163	1.0561
11	-.14509131	0.06380411	-0.0230	1.0331
12	-.20889542		-0.0331	1.0000

图 7-42　加权缩减相关矩阵的特征值

图 7-43 中的因子模式表包含标准化回归系数，用来预测保留 2 个因子方案的变量。因子 1 的表达式如下：

$$\begin{aligned}\text{Factor1} = &\ 0.36472 \times C2 + 0.30419 \times C5 - 0.22209 \times C7 + 0.37440 \times C13 - \\ & 0.47772 \times C18 - 0.29781 \times C21 + 0.69651 \times C38 - 0.36026 \times C39 - \\ & 0.36469 \times C42 + 0.60958 \times C44 + 0.34250 \times C46 + 0.61970 \times C51\end{aligned}$$

代入原始变量的取值，即可得到因子得分。

虽然这些结果可以用于解释变量与因子之间的关系，但它们在确定公共因子的意义方面没有用。接下来我们引入因子旋转，并对结果进行解释。

因子模式		Factor1	Factor2
C2	C2:I CAN GET ALONG WELL WITHOUT MATH	0.36472	-0.33541
C5	C5:MATH NOT NEEDED IN MOST OCCUPATIONS	0.30419	-0.24456
C7	C7:WOULD LIKE JOB THAT USES MATH	-0.22209	0.39060
C13	C13:MATH NOT NEEDED FOR EVERYDAY LIVING	0.37440	-0.38242
C18	C18:A WOMAN NEEDS CAREER AS MUCH AS MAN	-0.47772	-0.08011
C21	C21:MATH IS IMPORTANT TO GET A GOOD JOB	-0.29781	0.44999
C38	C38:MEN BETTER SCIENTISTS AND ENGINEERS	0.69651	0.30095
C39	C39:MATH USEFUL IN EVERYDAY PROBLEMS	-0.36026	0.43249
C42	C42:MATH HAS PRACTICAL USE FOR JOBS	-0.36469	0.40286
C44	C44:BOYS HAVE MORE NATURAL MATH ABILITY	0.60958	0.34002
C46	C46:MOST DONT USE MATH IN THEIR JOBS	0.34250	-0.33328
C51	C51:BOYS NEED MORE MATH THAN GIRLS	0.61970	0.31907

图 7-43　因子模式

7．因子旋转

正如前面所提及的，只抽取出公共因子对解释因子没有太大帮助。因此需要进行因子旋转，以便于因子解释。SAS 常用的因子旋转方法如下。

（1）正交旋转方法。正交旋转方法使得因子模式矩阵中列的方差最大，是社会和行为科学中最常用的正交旋转方法之一。

（2）斜交旋转方法。斜交旋转方法分为两步：先做正交旋转，再解除正交的限制进一步旋转。

斜交旋转的结果更为复杂，但理论上各因子之间存在相关关系，因此斜交旋转更合理。

有时不同的旋转方法会导致不同甚至截然相反的解读。在统计意义上，一种旋转并不会比另一种旋转好或坏，只是对相同数据的不同解读。因此选择因子旋转方法时，重要的是便于解释。

1）因子旋转的 SAS 代码

```
ODS SELECT ORTHROTFACTPAT PATTERNPLOT;
PROC FACTOR DATA=Mathattitudes PLOTS=LOADINGS
 METHOD=ML PRIORS=SMC N=2 R=V FLAG=.3 FUZZ=.2;
 TITLE2 'varimax rotation';
 VAR C2--C51;
RUN;
```

上述代码中 ODS SELECT 用于显示正交旋转后的因子模式矩阵（因子载荷）及旋转后的因子模式图。PLOTS 选项用于绘制旋转后的因子载荷图。FLAG 和 FUZZ 选项用于简化模型的解读：绝对值大于 0.3 的因子载荷会被标记*，绝对值小于 0.2 的因子荷载会被剔除。

2）因子旋转结果

图 7-44 中提示打印值乘以 100 并四舍五入到最接近的整数。大于 0.3（大于 30 或小于 -30）的值以 "*" 标记；小于 0.2（-20～20）的值不打印。

第一项 C2 与因子 1 有中等负强负荷，与因子 2 的负荷很弱，因此 C2 被挂载到因子 1 上。对其他项做出相似的解读。

纵观整个表，C2、C5、C7、C13、C21、C39、C42 和 C46 属于因子 1，C18、C38、C44 和 C51 属于因子 2。结合现实意义，因子 1 表现的是学生对数学在生活、工作中的作用的看法，因子 2 则是学生就性别差异对数学的看法。

FACTOR 过程
旋转方法：Varimax

旋转因子模式

		Factor1		Factor2	
C2	C2:I CAN GET ALONG WELL WITHOUT MATH	-48	*	.	
C5	C5:MATH NOT NEEDED IN MOST OCCUPATIONS	-37	*	.	
C7	C7:WOULD LIKE JOB THAT USES MATH	45	*	.	
C13	C13:MATH NOT NEEDED FOR EVERYDAY LIVING	-52	*	.	
C18	C18:A WOMAN NEEDS CAREER AS MUCH AS MAN	.		-45	*
C21	C21:MATH IS IMPORTANT TO GET A GOOD JOB	54	*	.	
C38	C38:MEN BETTER SCIENTISTS AND ENGINEERS	.		75	*
C39	C39:MATH USEFUL IN EVERYDAY PROBLEMS	56	*	.	
C42	C42:MATH HAS PRACTICAL USE FOR JOBS	54	*	.	
C44	C44:BOYS HAVE MORE NATURAL MATH ABILITY	.		70	*
C46	C46:MOST DONT USE MATH IN THEIR JOBS	-46	*	.	
C51	C51:BOYS NEED MORE MATH THAN GIRLS	.		69	*

打印值乘以 100 并四舍五入到最接近的整数。大于 0.3 的值以 "*" 标记。小于 0.2 的值不打印。

图 7-44　因子旋转结果

3）旋转因子模式

从图 7-45 中的旋转因子模式图中可以看出，旋转因子模式的结构很简单，且足够好，但仍有因子挂载到一个因子的同时与另一个因子有较弱的相关关系，此模式说明因子保留个数可能有误，或许可以使用斜交旋转进行因子分析。

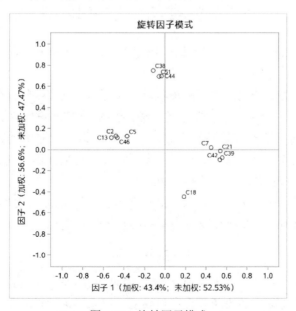

图 7-45　旋转因子模式

第 8 章 聚 类 分 析

俗话说：物以类聚，人以群分。在现实生活中分类是十分常见的需求，其核心就是根据一定的标准将相似的对象归入同一类，不相似的对象归入不同的类。例如：
（1）按照国家经济发展水平对国家进行分类。
（2）按照消费者特征对消费者进行分类。
（3）按照产品特征对产品进行分类。

在抽象意义上，当对数据构建分析模型并应用于未知样本时，如果输出是离散定类变量，则称为分类，如各种分类算法；如果输出是连续量化变量，则称为预测，如各种回归算法。基本的分类方法有如下两种，它们既有区别又有联系，但它们的基本原理是不同的。

（1）聚类分析：事先并不知道存在什么类别，完全按照反映对象特征的数据对对象进行分类，属于无监督学习方法。

（2）判别分析：基于已知数据建立了某种分类标准后，判定一个新的对象归属于哪一类别，属于有监督学习方法。

在数据分析领域中，聚类分析可以作用于不同的对象上，分为对观测（按行）进行分类的 Q 型聚类和对变量（按列）进行分类的 R 型聚类。

8.1 聚类与分类的区别

分类（Classification）就是根据数据中标记类别的特征和属性，划分未分类对象到已知的类别中。它通过对已知分类的数据进行训练和学习，找到这些分类数据的特征，再对未分类的数据进行分类。分类属于有监督学习，常见的方法有决策树分类算法、贝叶斯分类算法、逻辑回归算法、KNN 最近邻分类算法、SVM 支持向量机算法等。

聚类（Clustering）就是开始不知道数据会分为几类，通过聚类分析将已给定的若干无标记的数据聚合成几个有意义的聚类。聚类无须预先对数据进行训练和学习，它属于无监督学习，常见的方法有系统聚类、K-means 等。

基于聚类的结果，根据不同控制水平得到不同的分类结果，因此聚类是多层次的分类体系，而分类仅简单地划分观测或变量为不同的几个平行类别。

例 **消费者分类问题**

某市场研究公司在 B 城市的 8 个城区抽取 3000 个 15 岁以上具有独立购买能力的消费者样本，目的是研究消费者的生活方式。调查采用一系列关于对社会活动、价值观念等内容的陈述，让消费者根据自己的情况做出评价。评价结果采用 1~7 分评价法，1 分表示"非常同意"，7 分表示"非常不同意"。

研究者先通过因子分析将一系列调查问题进行综合，再根据消费者的回答情况将这些问题分为几大类，最后得到 5 个主要因子，它们的含义分别是：对时尚的观点、个人的事业心与进取心、对经济利益的看法、社交能力与影响力、生活的计划性。根据每一类消费者的因子特征，最终将消费者的生活方式划分为 6 个类别：时尚型、自保型、领袖型、上进型、迷茫型、平庸型。

根据因子分析的结果对评价结果按照新的类型进行重新评估打分，然后根据这些新评价进行聚类分析。

8.2 聚类分析概述

聚类分析是根据观测得到的变量值对个体或变量进行分类的分析方法。聚类分析认为我们所研究的样本或指标（变量）之间存在着不同程度的相似性，因此可基于多个样本的多个观测指标，找出这些样本或指标之间的相似程度，然后根据亲疏关系将相似性较大的样本或指标归为同类。

聚类分析的目的是将相似性较高的对象归类，使得同类对象比不同类对象具有更高的相似度。聚类分析的内容包括如何度量相似性、如何聚集成类。聚类分析用于寻找复杂数据中隐藏的模式，用于辅助商业决策。例如，哪些人会买全价精装书？在特定时间段里什么食品促销最有效？不同呼叫中心有哪些共有的客户抱怨？

一般来说，研究者会假设聚类能产生可解释的结果，但事实并非总是如此。即使结果不能解释，利用聚类分析对数据进行的划分也可能有意义。在预测方面，对划分好的数据建立预测模型通常要比对整个样本建立预测模型更精确。

8.2.1 聚类分析的具体应用

下面是聚类分析的三个具体应用例子。

（1）根据消费心理对消费者进行分类：
① 专买便宜货的；
② 有目的性的；
③ 基于冲动的。

（2）如何识别犯罪或欺诈行为：
① 很少旅行的人，开始在不同国家或地区疯狂购物；
② 从不网购的人，开始在许多网站疯狂购买各种商品。

（3）想要开实体店，确认店铺类型：
① 低档的杂货店；
② 大型超市；
③ 小型精品店。

8.2.2 聚类分析法的分类

根据待分类的对象不同,聚类分析法可分为 Q 型和 R 型两类(见图 8-1)。

按行对样本(观测)进行分类处理的聚类方法称为 Q 型聚类分析法,该方法的特点如下。

(1)分类结果是直观的。

(2)聚类谱系图可非常清楚地表现其数值的分类结果。

(3)聚类分析法得到的结果比传统的分类方法得到的结果更细致、全面、合理。

按列对指标(变量)进行分类处理的聚类方法称为 R 型聚类分析法,该方法的特点如下。

(1)了解特定变量或变量组合之间的亲疏程度。

(2)根据变量分类结果及它们之间的关系,可选择主要变量进行回归分析。

例如,现有各省的国民经济数据,每一列数据对应某个经济指标,而每一行数据对应某个省份,如果分析各省之间的差异,则聚类是在横向上进行的,称为 Q 型聚类分析;如果分析各经济指标变量的内在结构性,则聚类是在纵向上进行的,称为 R 型聚类分析。虽然在数学上可通过数据转置旋转数据,但在现实意义上 Q 型聚类分析可采用距离度量相似性,而 R 型聚类分析一般不采用距离度量相似性。

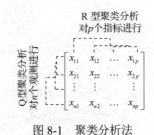

图 8-1 聚类分析法

8.2.3 度量相似性:距离与相似系数

聚类分析衡量对象之间亲疏远近关系的度量包括距离与相似系数。对样本进行聚类分析时,可将样本视为变量空间中的点,这些点彼此靠近的程度由某种"距离"刻画。对指标进行聚类分析时,往往用某种相似系数来刻画指标之间的相似性,揭示指标之间的结构性。距离和相似系数的定义与变量的统计学类型,即测量尺度(定类、定序、定距、定比)有密切关系。

距离定义适用于定距变量,常用的距离如下。

(1)闵氏距离:可细分为曼哈顿距离、欧氏距离和切比雪夫距离。

(2)马氏距离:一种考虑了变量相关性,与数据分布有关的距离定义。

(3)兰氏距离:当所有数据都是正数时适用,数据斜偏或包含异常值时适用,该距离与变量单位无关。

(4)汉明距离:用于度量离散型变量之间的距离,如字符串或基因序列之间的差异程度。

距离定义必须满足如下三个准则。

(1) 对称性：$d(x,y)=d(y,x)$，即距离是无向的，其计算的源和目标是可以交换的。

(2) 区分性：$d(x,y)\neq 0$，则 $x\neq y$；$d(x,y)=0$，则 $x=y$。

(3) 满足三角不等式：$d(x,y)\leqslant d(x,z)+d(y,z)$。

8.2.4 距离的定义

假设每个样本有 p 个指标，故每个样本可以看成 p 维空间中的一个点，n 个样本就组成 p 维空间中的 n 个点，此时可用距离来度量样本之间的接近程度。数据以矩阵表示，则矩阵的元素 x_{ij} 表示第 i 个样本的第 j 个指标，其示意图如图 8-2 所示。

样本之间的距离为观测向量 $\boldsymbol{X}_i=(x_{i1},x_{i2},\cdots,x_{ip})$ 与 $\boldsymbol{X}_j=(x_{j1},x_{j2},\cdots,x_{jp})$ 之间的距离。

$$n\text{个观测}\begin{array}{c}p\text{个指标}\\\begin{bmatrix}x_{11}&x_{12}&\cdots&x_{1p}\\x_{21}&x_{22}&\cdots&x_{2p}\\\vdots&\vdots&&\vdots\\x_{n1}&x_{n2}&\cdots&x_{np}\end{bmatrix}\end{array}$$

图 8-2 数据矩阵示意图

1. 闵氏距离

令 d_{ij} 表示样本 $\boldsymbol{X}_i$ 与 $\boldsymbol{X}_j$ 之间的距离，定义如下一般性距离公式，称为闵可夫斯基距离（Minkowski Distance），简称闵氏距离。

$$d_{ij}(q)=\left(\sum_{k=1}^{p}\left|x_{ik}-x_{jk}\right|^q\right)^{1/q}$$

式中，q 大于 0。根据 q 取值不同，闵氏距离又可细分为如下几类。

(1) 当 $q=1$ 时，闵氏距离称为曼哈顿距离，其公式为 $d_{ij}(1)=\sum_{k=1}^{p}\left|x_{ik}-x_{jk}\right|$，也称为城市街区距离或绝对距离。

(2) 当 $q=2$ 时，闵氏距离称为欧氏距离，其公式为 $d_{ij}(2)=\left(\sum_{k=1}^{p}\left|x_{ik}-x_{jk}\right|^2\right)^{1/2}$。

(3) 当 $q=\infty$ 时，闵氏距离称为切比雪夫距离，其公式为 $d_{ij}(\infty)=\max_{1\leqslant k\leqslant p}\left|x_{ik}-x_{jk}\right|$。

三种距离的示意图如图 8-3 所示。

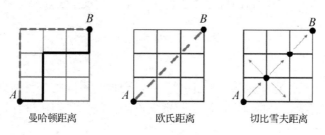

图 8-3 三种距离的示意图

欧氏距离是最常用的距离计算方式，但解决多元数据的分析问题时，它存在如下不足：将样本的不同指标之间的差别等同看待，计算结果受变量的量纲影响。

2. 马氏距离

假如 X_i 与 X_j 为来自均值向量为 μ、协方差矩阵为 Σ 的两个 p 维样本,则两样本的马氏距离(Mahalanobis Distance)定义为

$$d_{ij} = \sqrt{(X_i - X_j)^T \Sigma^{-1} (X_i - X_j)}$$

式中,T 表示矩阵转置;-1 表示矩阵的逆。马氏距离也称为广义欧氏距离,其优点如下。

(1) 考虑了观测变量之间的相关性。

① 如果各变量之间相互独立(协方差矩阵为对角矩阵),则马氏距离退化为用各个观测指标的标准差的倒数作为权数的加权欧氏距离,即正规化欧氏距离。

② 如果协方差矩阵为单位矩阵,则马氏距离退化为欧氏距离。

(2) 考虑了观测变量之间的变异性,不再受各变量量纲的影响。

3. 兰氏距离

X_i 与 X_j 之间的兰氏距离(Canberra Distance)的公式如下:

$$d_{ij} = \sum_{k=1}^{p} \frac{|x_{ik} - x_{jk}|}{|x_{ik}| + |x_{jk}|}$$

兰氏距离要求所有观测的数值都大于零,其主要特征如下。

(1) 克服了变量间量纲的影响,自带标准化。

(2) 没有考虑变量间的相关性。

(3) 仅适用于 $x_{ij} > 0$ 的情况,受高值变量影响小,且越接近于 0 越敏感。

4. 汉明距离

汉明距离(Hamming Distance)度量离散型变量之间的距离,最初用于计算二进制模式的距离。汉明距离的定义为两个观测不匹配元素的个数。二进制模式可以扩展到其他有序集合,如条形码和文本字符串。

例如,western 和 pattern 只有前三个字符不同,则其汉明距离为 3;而图 8-4 中的二进制序列 A 和 B 的汉明距离为 5。

```
Gene A: 011001001001111001
Gene B: 011100001111111011
DIF A B: 000101000011000010
```

图 8-4 汉明距离示意

5. 距离的选择

一般来说,同一批数据采用不同的距离公式,会得到不同的分类结果。产生不同结果的原因主要是不同距离公式的侧重点和实际意义不同,因此我们在进行聚类分析时,需要注意距离公式的选择。

选择距离公式通常要遵循以下基本原则。

(1) 考虑所选择的距离公式在实际应用中有明确的意义,如欧氏距离就有非常明确的空间距离概念,马氏距离具有消除量纲影响的作用。

(2) 综合考虑对样本观测数据的预处理和采用的聚类分析方法，如果在进行聚类分析之前已经对变量做了标准化处理，则通常可采用欧氏距离。

(3) 考虑研究对象的特点和计算量的大小。

样本间距离公式的选择是一个比较复杂且带有一定主观性的问题，我们应根据研究对象特点的不同做出具体分析。在实际中，不妨试探性地多选择几个距离公式分别进行聚类分析，然后对聚类分析结果进行对比，以确定最合适的距离度量方法。

8.2.5 变量的相似性

多元数据中的变量表现为向量形式，在几何上可用多维空间中的一个有向线段表示。在对多元数据进行分析时，相对于数据的大小，我们更多地对变量的变化趋势或方向感兴趣。因此，我们可以从它们的相关性或方向趋同性考察变量间的相似性。相似性的度量工具有相关系数和夹角余弦两种。

（1）相关系数。两变量 x 与 y 的相关系数定义为

$$r_{xy} = \frac{\sum_{i=1}^{n}(x_i - \bar{x})(y_i - \bar{y})}{\sqrt{\sum_{i=1}^{n}(x_i - \bar{x})^2 \sum_{i=1}^{n}(y_i - \bar{y})^2}}$$

（2）夹角余弦。两变量 x 与 y 被看作多维空间中的两个向量，这两个向量间的夹角余弦可用下式进行计算：

$$\cos\theta_{xy} = \frac{\sum_{i=1}^{n} x_i y_i}{\sqrt{\sum_{i=1}^{n} x_i^2} \sqrt{\sum_{i=1}^{n} y_i^2}}$$

从上面的公式可以看出，如果变量经过标准化，则相关系数等于夹角余弦，即两者等价。无论是相关系数还是夹角余弦，它们的绝对值都小于或等于 1。作为变量近似性的度量工具，我们可把它们统一记为 c_{xy} 进行表述。

（1）当 $|c_{xy}|$ 等于 0 时，变量 x 与 y 完全不一样。

（2）当 $|c_{xy}|$ 靠近 0 时，变量 x 与 y 差别越大，越不相似。

（3）当 $|c_{xy}|$ 靠近 1 时，变量 x 与 y 差别越小，越相似。

（4）当 $|c_{xy}|$ 等于 1 时，变量 x 与 y 完全相似。

据此可把比较相似的变量聚为一类，把不太相似的变量归到不同的类内。

抽象而言，距离总是可转化为相似系数，如定义 $c_{xy} = 1/(1+d_{xy})$ 即可；但数学上已证明，只有相似系数矩阵为非负定矩阵，才可定义 $d_{xy} = \sqrt{2(1-c_{xy})}$ 来满足距离定义的三个准则。

在实际聚类分析过程中，为了计算方便，变量间相似性根据 $d_{xy} = 1 - |c_{xy}|$ 或 $d_{xy}^2 = 1 - c_{xy}^2$ 变换为变量间的距离，这样就可统一按 d_{xy} 小者先聚成一类，这符合人们的一般思维习惯。

8.3 层次聚类

层次聚类又称系统聚类，属于结构性聚类方法的一种，它的重要特征是聚类树可在给定水平上切割得到相应精度的分类。层次聚类包括如下两种方法。

（1）合并法：自底至顶的方法，所有对象先独立成类，然后不断合并直到所有类别合并为一类，如图 8-5 所示。

图 8-5　层次聚类的合并法

（2）分解法：自顶至底的方法，先假设所有对象都属于一类，然后不断分解直到所有对象都独立成类为止，如图 8-6 所示。

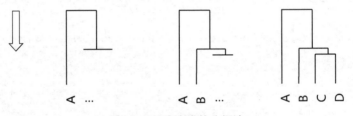

图 8-6　层次聚类的分解法

8.3.1 合并法

（1）将每个样本作为一类，如果是 n 个样本就分成 n 类。

（2）选择某种方法度量样本之间的距离，并将距离最近的两个样本合并为一个新类别，从而形成了 $n-1$ 个类别。

（3）计算新类别与其他各类别之间的距离，并将距离最近的两个类别合并为一个新类别。这时如果类别的个数仍然大于 1，则继续重复这一步直到所有类别合并成一类为止。

合并法总是先把离得最近的两个类别进行合并，因此对于合并越晚的类，其类间距离越远。事先并不需要指定最后要分成多少类，而是把所有可能的分类都列出来，再视具体情况选择一个合适水平的分类结果。注意，上面的计算步骤包括如何衡量类别与类别之间的距离，而不仅仅是计算样本与样本之间的距离。

8.3.2 分解法

分解法的原理与合并法的原理相反。

（1）先把所有对象（样本或变量）作为一大类，然后度量对象之间的距离或相似程度，并将距离最远（或相似程度最小）的对象分离出去自成一类。

(2) 再度量类别中剩余对象之间的距离或相似程度，并将距离最远（或相似程度最小）的对象分离出去。

(3) 不断重复这一过程直到所有对象自成一类为止。

分解法总是先把离得最远的两个类别进行分离，因此对于分离越晚的类，其类间距离越近。不管是哪种层次聚类法，都涉及如何计算由多个样本组成的类别之间的距离，而不仅仅是计算样本与样本之间的距离。

8.3.3 如何计算类间距离

在层次聚类法中，当类别包含的对象多于 1 时，涉及如何定义两个类别（而不是对象）之间的距离（类间距离）。计算类间距离与计算对象之间的距离不同，其核心是设计类间距离，主要包括如下几种方法。

(1) 最短距离法（Nearest Neighbor）：将两类中最靠近的两个样本之间的距离作为类间距离。

(2) 最长距离法（Furthest Neighbor）：将两类中最远离的两个样本之间的距离作为类间距离。

(3) 中间距离法（Median Method）：对任一类取它与两类构成的三角形的中线作为类间距离。

(4) 重心法（Centroid Method）：以两类样本的均值（重心）之间的距离作两类的类间距离。

(5) 类平均法（Average Linkage）：将两类中所有样本之间距离的平均值（或平方和的开方）作为类间距。

(6) 可变类平均法（Flexible-beta Method）。

(7) 可变距离法（Flexible Median）。

(8) 离差平方和法（Ward's Minimum-Variance Method）：以类内各样本到类均值（重心）的平方欧氏距离之和作为类间距离。该方法对大类倾向于分离，对小类倾向于合并。

上面的 8 种方法除了可变距离法，其他方法在 SAS 程序中均有实现，分别对应 Method=SINGLE、COMPLETE、MEDIAN、CENTROID、AVERAGE、FLEXIBLE 和 WARD 方法。另外，SAS 程序还提供密度估计法（DENSITY）、两阶段密度估计法（TWOSTAGE）、最大似然谱系聚类法（EML）及相似分析法（MCQUITTY）等，在实际中较常用的是离差平方和法。

8.3.4 类间距离的统一表述

上述 8 种层次聚类法的步骤完全一样，只是距离的递推公式不同。兰斯（Lance）和威廉姆斯（Williams）在 1967 年给出了一个统一公式：

$$D_{kr}^2 = \alpha_p D_{kp}^2 + \alpha_q D_{kq}^2 + \beta D_{pq}^2 + \gamma \left| D_{kp}^2 - D_{kq}^2 \right|$$

式中，α_p、α_q、β、γ 是参数，对于不同层次聚类法，它们的取值不同。

这里应该注意，由不同聚类法所得的结果不一定完全相同，一般只是大致相似。如果所得结果有很大的差异，则应该仔细调查问题所在，并将聚类结果与实际问题对照查看哪一结果更符合实践经验。

8.3.5 类间距离的统一表述的参数

类间距离公式中的参数如表 8-1 所示。

表 8-1 类间距离公式中的参数

方　　法	α_p	α_q	β	γ
最短距离法	1/2	1/2	0	−1/2
最长距离法	1/2	1/2	0	1/2
中间距离法	1/2	1/2	−1/4	0
重 心 法	n_p/n_r	n_q/n_r	$-\alpha_p\alpha_q$	0
类平均法	n_p/n_r	n_q/n_r	0	0
可变类平均法	$(1-\beta)n_p/n_r$	$(1-\beta)n_q/n_r$	β（<1）	0
可变距离法	$(1-\beta)/2$	$(1-\beta)/2$	β（<1）	0
离差平方和法	$(n_p+n_k)/(n_r+n_k)$	$(n_q+n_k)/(n_r+n_k)$	$-n_k/(n_r+n_k)$	0

统一公式可计算新类 r 与任意一类 k 之间的距离，其中 α_p、α_q、β、γ 为参数，而 D_{pq} 为类别 p 和 q 之间的距离，D_{kr}、D_{kp}、D_{kq} 分别为类别 r、p、q 与类别 k 之间的距离。

8.3.6 层次聚类合并法的基本步骤

层次聚类合并法的基本步骤如下。
（1）计算 n 个样品间的距离 $\{d_{ij}\}$，记作 $D=\{d_{ij}\}$。
（2）构造 n 个类，每个类只包含一个样品。
（3）合并距离最近的两类为一新类。
（4）计算新类与当前各类的距离，重复步骤（3）直到所有类别合并为一类。
（5）类间距离根据前面 8 种方法之一进行计算。
（6）画聚类图。
（7）指定最终分类的个数。

8.3.7 层次聚类实例

为了研究吉林、江苏、河北、山西和宁夏 5 个省份某年城镇居民消费支出的分布规律，根据调查资料进行类型划分。各指标名称及原始数据如图 8-7 所示。

Obs	省份	人均粮食支出	人均副食支出	人均烟酒茶支出	人均其他副食支出	人均衣著商品支出	人均日用品支出	人均燃料支出	人均非商品支出
1	吉林	7.90	39.77	8.49	12.94	19.27	11.05	2.02	13.29
2	江苏	7.68	50.37	11.35	13.30	19.25	14.59	2.75	14.87
3	河北	9.42	27.93	8.20	8.14	16.17	9.42	1.55	9.76
4	山西	9.16	27.98	9.01	9.32	15.99	9.10	1.82	11.35
5	宁夏	10.06	28.64	10.52	10.05	16.18	8.39	1.96	10.81

图 8-7 原始数据

执行下面的 SAS 代码生成待分析的数据。

```
data expenditure;
  input province $4. x1-x8;
  label province="省份"
  x1="人均粮食支出"  x2="人均副食支出"  x3="人均烟酒茶支出"
  x4="人均其他副食支出"  x5="人均衣着商品支出"  x6="人均日用品支出"
  x7="人均燃料支出"  x8="人均非商品支出";
  datalines;
吉林 7.9   39.77 8.49  12.94 19.27 11.05 2.02 13.29
江苏 7.68  50.37 11.35 13.3  19.25 14.59 2.75 14.87
河北 9.42  27.93 8.2   8.14  16.17 9.42  1.55 9.76
山西 9.16  27.98 9.01  9.32  15.99 9.1   1.82 11.35
宁夏 10.06 28.64 10.52 10.05 16.18 8.39  1.96 10.81
run;
proc print label;run;
```

将图 8-7 中的每一行看成一个样品，先计算 5 省份之间的欧氏距离，用 D 表示各样品之间的距离矩阵，代码如下。

```
options validvarname=any;
/*计算欧氏距离*/
proc distance data=expenditure method=EUCLID  out=distance_dist;
  var interval( x1-x8 );
  id province;
run;
proc print label;
  id province;
run;
```

此处我们用欧氏距离（method=EUCLID）进行计算，即 $d_{ij}(2) = \left[\sum_{k=1}^{p}\left(x_{ik} - x_{jk}\right)^2\right]^{\frac{1}{2}}$，运行结果如图 8-8 所示。

省份	吉林	江苏	河北	山西	宁夏
吉林	0.0000	.	.	.	.
江苏	11.6739	0.0000	.	.	.
河北	13.8047	24.6353	0.00000	.	.
山西	13.1275	24.0591	2.20327	0.00000	.
宁夏	12.7982	23.5389	3.50368	2.21585	0

图 8-8　输出结果

8.3.8　类间距离计算：以最短距离法为例

最短距离法用类 U 与类 V 中最临近的两个样品的距离来刻画类 U 与类 V 之间的距离，公式如下：

$$d(U,V) = \min\{d_{ij} \mid i \in U, j \in V\}$$

该例一开始划分为如下五个类：

$$G_1 = \{\text{吉林}\}, \quad G_2 = \{\text{江苏}\}, \quad G_3 = \{\text{河北}\},$$
$$G_4 = \{\text{山西}\}, \quad G_5 = \{\text{宁夏}\}$$

此时 $d(i,j) = d_{ij}$（$i, j = 1, 2, \cdots, 5$）即五个类之间的距离，直接由样品计算出。

$$\mathbf{D}_{(0)} = \begin{array}{c|ccccc} & G_1 & G_2 & G_3 & G_4 & G_5 \\ \hline G_1 & 0 & & & & \\ G_2 & 11.67 & 0 & & & \\ G_3 & 13.80 & 24.64 & 0 & & \\ G_4 & 13.13 & 24.06 & 2.20 & 0 & \\ G_5 & 12.80 & 23.54 & 3.50 & 2.22 & 0 \end{array}$$

矩阵 $\mathbf{D}_{(0)}$ 中最小的元素是 $d_{34} = 2.20$，将 G_3 与 G_4 合并成一个新类，记为 $G_6 = \{6\} = \{3, 4\}$。

分别计算 G_6 与 G_1、G_2、G_5 之间的距离 $d(6, i) = \min\{d_{3i}, d_{4i}\}$（$i = 1, 2, 5$），其值如下：

$$d(6, 1) = \min\{d_{31}, d_{41}\} = \min\{13.80, 13.13\} = 13.12$$
$$d(6, 2) = \min\{d_{32}, d_{42}\} = \min\{24.64, 24.06\} = 24.06$$
$$d(6, 5) = \min\{d_{35}, d_{45}\} = \min\{3.50, 2.22\} = 2.22$$

得到各类之间的距离矩阵如下：

$$\mathbf{D}_{(1)} = \begin{array}{c|cccc} & G_1 & G_2 & G_6 & G_5 \\ \hline G_1 & 0 & & & \\ G_2 & 11.67 & 0 & & \\ G_6 & 13.13 & 24.06 & 0 & \\ G_5 & 12.80 & 23.54 & 2.22 & 0 \end{array}$$

矩阵 $\mathbf{D}_{(1)}$ 中最小的元素是 $d_{65} = 2.22$，故将 G_6 与 G_5 合并成一个新类，记为 $G_7 = \{6, 5\} = \{3, 4, 5\}$。

分别计算 G_7 与 G_1、G_2 之间的距离 $d(7, i) = \min\{d_{6i}, d_{5i}\}$（$i = 1, 2$），其值如下：

$$d(7, 1) = \min\{d_{51}, d_{61}\} = \min\{12.80, 13.13\} = 12.80$$
$$d(7, 2) = \min\{d_{52}, d_{62}\} = \min\{23.54, 24.06\} = 23.54$$

得到各类之间的距离矩阵如下：

$$\mathbf{D}_{(2)} = \begin{array}{c|ccc} & G_1 & G_2 & G_7 \\ \hline G_1 & 0 & & \\ G_2 & 11.67 & 0 & \\ G_7 & 12.80 & 23.54 & 0 \end{array}$$

矩阵 $\mathbf{D}_{(2)}$ 中最小的元素是 $d_{12} = 11.67$，故将 G_1 与 G_2 合并成一个新类，记为 $G_8 = \{8\} = \{1, 2\}$。

计算 G_8 与 G_7 之间的距离：

$$d(8, 7) = \min\{d_{17}, d_{27}\} = \min\{12.80, 23.54\} = 12.80$$

得到各类之间的距离矩阵 $\mathbf{D}_{(3)}$ 如下：

$$D_{(3)} = \begin{vmatrix} & G_7 & G_8 \\ G_7 & 0 & \\ G_8 & 12.80 & 0 \end{vmatrix}$$

把上述层次聚类的结果用图示表示，如图 8-9 所示。从图 8-9 可以清楚地看到各个类在不同距离水平（垂直虚线）上聚集和归并的过程。

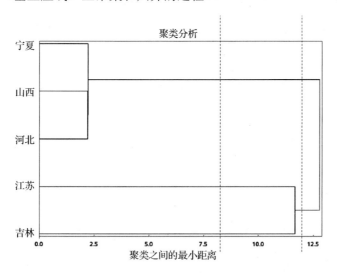

图 8-9 层次聚类的结果

如果该例需要分成两类，则在 11.67～12.80 范围内划定一个水平，得到宁夏、山西和河北为一类，江苏和吉林为另一类。

如果该例需要分成三类，则可以在 2.22～11.67 范围内划定一个水平，得到宁夏、山西、河北为一类，江苏和吉林各成一类。

在距离为 2.20 这个水平上首先合并样品{3, 4}。其次，更新距离矩阵后，在距离为 2.22 这个水平上合并类 G_5 和 G_6={3, 4}，变成新类 G_7={3, 4, 5}；在距离为 11.67 这个水平上合并 G_1 和 G_2，变成新类 G_8={1, 2}。最后，在距离为 12.8 这个水平上把类 G_7={3, 4, 5} 和 G_8={1, 2}合并，形成一个大类的聚类系统。

在图 8-9 中距离为 12 这个水平上得到两大类：一类是{河北，山西，宁夏}；

另一类是 {吉林，江苏}。

下面的SAS代码执行如上分析过程，它首先生成距离数据，然后根据距离进行聚类。

```
data expenditure;
  input province $4. x1-x8;
  label province="省份"
    x1="人均粮食支出"
    x2="人均副食支出"
    x3="人均烟酒茶支出"
    x4="人均其他副食支出"
    x5="人均衣着商品支出"
    x6="人均日用品支出"
    x7="人均燃料支出"
```

```
        x8="人均非商品支出";
datalines;
吉林 7.9   39.77  8.49  12.94  19.27  11.05  2.02  13.29
江苏 7.68  50.37  11.35  13.3   19.25  14.59  2.75  14.87
河北 9.42  27.93  8.2    8.14   16.17  9.42   1.55  9.76
山西 9.16  27.98  9.01   9.32   15.99  9.1    1.82  11.35
宁夏 10.06 28.64  10.52  10.05  16.18  8.39   1.96  10.81
run;
proc print label;run;
options validvarname=any;
/*2. 欧氏距离 EUCLID*/
proc distance data=expenditure method=EUCLID out=distance_dist;
  var interval( x1-x8 );
  id province;
run;
proc print;
  id province;
run;
proc cluster data=distance_dist method=SINGLE nonorm;
  id province;
run;
```

8.3.9　层次聚类的不足

层次聚类法得到的结果是一个多层次分类系统，其主要特征如下。

（1）层次聚类的计算量相对较大，复杂度较高。

（2）合并或分解不可改变，自底至顶或自顶至底单向进行，误差会积累，如图 8-10 所示。

（3）层级聚类法有很多种，每种聚类方法定义相似度的方式可以不同。

（4）并不存在"最好"的聚类方法一说，需要结合实践经验进行解释。

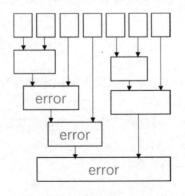

图 8-10　层次聚类的误差积累

8.4　K 均值聚类

层次聚类法不仅要计算出不同样品或变量之间的距离，还要在聚类的每一步都计算出类间距离，相应计算量比较大。特别是当样本容量很大时，计算需要消耗非常大的计算机内存空间，这给实际应用带来了一定的困难。另外，系统聚类对于错误分类的对象没有重新分类的机会，从而不能动态地构建聚类。动态聚类采用动态修改分类，迭代到稳定分类为止，其中比较常用的动态聚类法为 K 均值法。

K 均值法是由麦奎因（James MacQueen）提出的，这种方法的基本思想是将每个样品分配给距离中心（均值）最近的类，其计算量要小得多，效率比层次聚类的效率要高。

K 均值法是一种快速聚类方法，采用该方法得到的结果为没有层次划分的平行的多个类别，分类结果比较简单易懂，对计算机的性能要求不高，因此应用比较广泛。

K 均值法的缺点是需要事先指定划分的类别数目（如果样品点为几何空间点，则可以指定类别划分的半径），而且它与初始值有一定的敏感性；它只能用于观测的 Q 型聚类，不能用于变量的 R 型聚类。

K 均值法和系统聚类法一样，是以距离的远近亲疏为标准进行聚类的。但是两者的不同之处也是很明显的：系统聚类法对不同的类数产生一系列的聚类结果，而 K 均值法只能产生指定类数的聚类结果。具体类数的确定，离不开实践经验的积累，有时也可以借助系统聚类法以一部分样品为对象进行聚类，其结果作为 K 均值法确定类数的参考。

8.4.1　K 均值聚类的步骤

计算 K 均值聚类的步骤如下。

（1）确定要划分的类别数目 K。

① 需要研究者自己确定，不指定 K 时也可通过半径来指定归属同类的最大距离。

② 在实际应用中，研究者需要根据实际问题反复尝试，得到不同的分类并进行比较，得出要分的类别数。

（2）确定 K 个类别的初始聚类中心。

① 在用于聚类的全部样本中，选择 K 个样品作为 K 个类别的初始聚类中心。

② 原始聚类中心的确定也需要研究者根据实际问题和经验综合考虑。

③ 使用软件进行聚类时，可以由系统随机地指定初始聚类中心，它可以是真实的或虚拟的样品点。

（3）先根据确定的 K 个初始聚类中心，依次计算每个样品到 K 个聚类中心的欧氏距离，然后根据距离最近原则将所有样品分配到事先确定的 K 个类别中。

（4）根据所分成的 K 个类别，计算出各类别中每个变量的均值，并将均值点作为 K 个类别的新中心。根据新的中心位置重新计算每个样品到新中心的距离，并重新进行分类。

（5）重复步骤（4），直到满足终止聚类条件为止。

① 迭代次数达到研究者事先指定的最大迭代次数。

② 新确定的聚类中心点与上一次迭代形成的中心点的最大偏移量小于指定的量。

K 均值法是根据事先确定的 K 个类别反复迭代，直到把每个样本分到指定的类别中。类别数目的确定具有一定的主观性，究竟分多少类合适，需要研究者根据对所研究问题的了解程度、相关知识和经验确定。

8.4.2 K 均值极简实例

先来看一个简单的 K 均值实例。

（1）假设平面上有四个点：(5,3)、(-1,1)、(1,-2)和(-3,-2)，如图 8-11 所示。

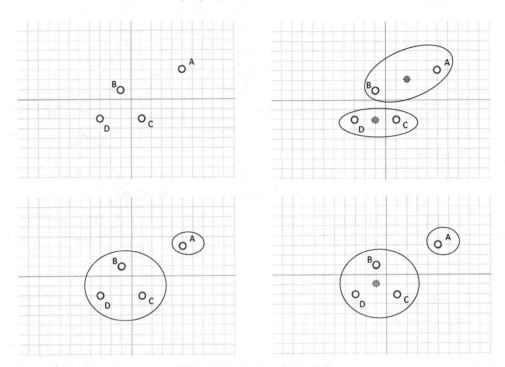

图 8-11 K 均值聚类示意图

（2）对空间上的四个点进行 K 均值聚类，假定初始划分为两类，分别包含 AB 和 CD。
（3）根据类别包含的样品计算新的聚类中心（虚线点），将每个点归入最近的类别。
（4）重复上面的步骤，直到类别不再变化，或者达到特定迭代次数为止，结果如图 8-12 和图 8-13 所示。

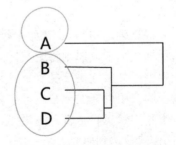

图 8-12 K 均值聚类结果表　　　　图 8-13 K 均值聚类结果图

8.4.3 K 均值 SAS 实例

一家连锁超市想要开设新店，数据分析师利用美国人口调查局提供的数据进行分析，该数据集包括如下内容。

(1)家庭收入（Household Income）。
(2)人口密度（Population Density）。
(3)家庭人数（Household Size）。
通过对上面的数据进行划分，判断特定地区适合开设如下哪一类型的超市。
(1)生活超市（Budget Mid-sized Market），如物美、美廉美。
(2)大型超市（Full-service Super Market），如沃尔玛、家乐福。
(3)精品超市（Boutique Grocery Store），如华联精品超市 BHG。
判断的基本规则如下：
(1)对于家庭收入低且家庭人数多的区域，建议开生活超市。
(2)对于家庭收入高且人口密度中低的区域，建议开大型超市。
(3)对于家庭收入高、人口密度高、家庭人数少的区域，建议开精品超市。

1. 检查数据结构

在 SAS 程序中，用如下过程步检查待分析的数据，程序代码如下：

```
proc contents data=census;
run;
```

结果如图 8-14 所示，它可检查可用数据的类型和结构，为分析做准备。在图 8-14 中，MeanHHSz 为平均家庭人数；MedHHInc 为家庭收入中位数；RegDens 为区域人口密度的百分位数；RegPop 为区域人口；LocX 和 LocY 为经纬度。

#	Variable	Type	Len	Format	Label
1	ID	Char	5		Region ID
2	LocX	Num	8	BEST9.2	Region Longitude
3	LocY	Num	8	BEST9.2	Region Latitude
7	MeanHHSz	Num	8	COMMA9.2	Average Household Size
6	MedHHInc	Num	8	DOLLAR9.	Median Household Income
4	RegDens	Num	8	BEST9.	Region Density Percentile
5	RegPop	Num	8	COMMA9.	Region Population

图 8-14　PROC CONTENTS 输出结果

2. 数据标准化

在 SAS 程序中，数据标准化的代码如下。

```
%let inputs = RegDens MedHHInc MeanHHSz;
proc stdize data = census method = range out = scensus;
  var &inputs;
run;
```

结果如图 8-15 所示。

数据标准化是为了消除数据量纲的影响，对人口密度、家庭收入和家庭人数三个变量进行处理。

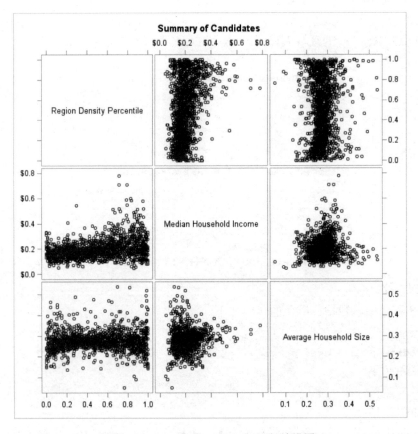

标准化前　　　　　　　　　　　　　　　　标准化后

图 8-15　PROC STDIZE 标准化前后对比

3. 查看数据特征

当数据量比较大时，我们对数据进行随机抽样，然后用散点图查看抽样数据的特征。完整的 SAS 代码如下所示，运行结果如图 8-16，从散点图看不出明显的类别。

```
proc surveyselect data = scensus out = samplecensus
  method = srs sampsize=1500 seed=123;
run;
proc sgscatter data = samplecensus;
  matrix &inputs;
run;
```

图 8-16　PROC SGSCATTER 运行结果图

4. 对标准化数据进行 K 均值聚类

对标准化数据进行 K 均值聚类的代码如下。

```
proc fastclus data = scensus maxclusters = 6 out = censusclus;
  var &inputs;
run;
```

有 3 种超市类型，我们尝试最大类别为 6 对标准化后的数据进行 K 均值聚类，然后对聚类结果进行分析。PROC FASTCLUS 聚类结果如图 8-17 所示。

The FASTCLUS Procedure
Replace=FULL Radius=0 Maxclusters=6 Maxiter=1

Initial Seeds			
Cluster	RegDens	MedHHInc	MeanHHSz
1	0.171717172	0.761686192	0.511029413
2	0.010101010	0.043749781	0.743872550
3	0.818181818	0.402437988	0.980392157
4	0.959595960	0.024999875	0.106617647
5	0.929292929	1.000000000	0.338235295
6	0.000000000	0.068749656	0.020833333

Criterion Based on Final Seeds = 0.0921

图 8-17 PROC FASTCLUS 聚类结果

5. 分析聚类结果的特征

查看每个类别内的样品数，从图 8-18 可以看出，类别 4 和类别 6 的频数很大，其他 3 个类别的频数中等。但类别 3 的频数为 156，可以忽略不计。

Cluster Summary						
Cluster	Frequency	RMS Std Deviation	Maximum Distance from Seed to Observation	Radius Exceeded	Nearest Cluster	Distance Between Cluster Centroids
1	2140	0.0528	0.6493		6	0.2530
2	698	0.0773	0.5631		6	0.1695
3	156	0.1029	0.4151		4	0.2326
4	14429	0.0962	0.3939		3	0.2326
5	801	0.0850	0.5880		4	0.2943
6	13410	0.0819	0.4411		2	0.1695

图 8-18 分析聚类结果的特征

如图 8-19 所示，人口密度的变异性（0.29）要强于其他两个变量的变异性。

如图 8-20 所示，Cluster Means 表为标准化后每个类别中各变量的均值，Cluster Standard Deviations 表为每个类别中各变量的标准差。

Statistics for Variables				
Variable	Total STD	Within STD	R-Square	RSQ/(1-RSQ)
RegDens	0.29023	0.13278	0.790725	3.778390
MedHHInc	0.08116	0.06015	0.450915	0.821210
MeanHHSz	0.04618	0.04002	0.249060	0.331664
OVER-ALL	0.17603	0.08727	0.754215	3.068595

Pseudo F Statistic = 19410.70

Approximate Expected Over-All R-Squared = 0.89262

Cubic Clustering Criterion = -168.564

WARNING: The two values above are invalid for correlated variables.

图 8-19 人口密度的变异性

Cluster Means			
Cluster	RegDens	MedHHInc	MeanHHSz
1	0.4681440574	0.2468413803	0.2892563454
2	0.1079563544	0.1480139376	0.3821422557
3	0.8524346024	0.2125450591	0.4835580071
4	0.7518283535	0.2095428891	0.2738575231
5	0.8337431746	0.4910671764	0.2992414510
6	0.2305146920	0.1630715922	0.2659693896

Cluster Standard Deviations			
Cluster	RegDens	MedHHInc	MeanHHSz
1	0.0557679410	0.0646478510	0.0325765346
2	0.1045577277	0.0545872634	0.0633904325
3	0.1375134595	0.0848494015	0.0751043587
4	0.1444801511	0.0697774652	0.0447101528
5	0.0888709028	0.1084329924	0.0451672686
6	0.1318015819	0.0410813208	0.0325959314

图 8-20 标准化后每个类别中各变量的均值

6. 对聚类结果进行分析

K 均值的聚类代码如下。

```
data cenclus;
  merge censusclus census ;           /*合并语句中的数据集顺序导致标准化变量被覆盖*/
  if cluster=3 then delete;           /*剔除第三类数据*/
run;
proc sort data = cenclus out = sortclus;
  by cluster;
run;
/*对分类好的数据进行抽样，并查看特征*/
proc surveyselect data = sortclus out = sampleclus method = srs
    sampsize=(50 50 50 50 50) seed=123;        /*每个类选取50个观测用于绘图*/
```

```
    strata cluster;
run;
proc sgscatter data = sampleclus;
    matrix &inputs / group = cluster;
run;
```

根据聚类结果，结合标准化之前的变量值，对数据进行绘图并解释聚类结果。聚类结果图如图 8-21 所示，聚类汇总如图 8-22 所示，聚类均值如图 8-23 所示。

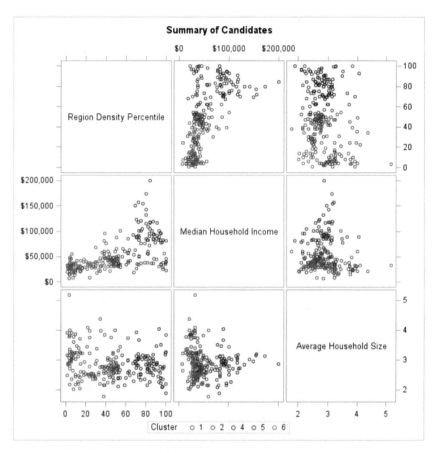

图 8-21 聚类结果图

聚类汇总

聚类	频数	均方根标准差	从种子到观测的最大距离	半径超出	最近的聚类	聚类质心间的距离
1	2140	0.0528	0.6493		6	0.2530
2	698	0.0773	0.5631		6	0.1695
3	156	0.1029	0.4151		4	0.2326
4	14429	0.0962	0.3939		3	0.2326
5	801	0.0850	0.5880		4	0.2943
6	13410	0.0819	0.4411		2	0.1695

图 8-22 聚类汇总

聚类均值			
聚类	RegDens	MedHHInc	MeanHHSz
1	0.4681440574	0.2468413803	0.2892563454
2	0.1079563544	0.1480139376	0.3821422557
3	0.8524346024	0.2125450591	0.4835580071
4	0.7518283535	0.2095428891	0.2738575231
5	0.8337431746	0.4910671764	0.2992414510
6	0.2305146920	0.1630715922	0.2659693896

图 8-23 聚类均值

7. 结果解读

结合前面的基本规则，我们考察分析如图 8-22 和图 8-23 所示的结果。

如图 8-22 所示，类别 4 和类别 6 最大。

（1）类别 4 的特征是人口密度高、家庭收入中下、家庭人数中下。
   城中村：不太适合开超市。
（2）类别 6 的特征是人口密度相对低、家庭收入低、家庭人数较少。
   边远地区：适合开生活超市。

类别 1、类别 2、类别 5 要小于类别 4 或类别 6，数据量也足够大。

（3）类别 1 代表人口密度中等、家庭收入中等偏高、家庭人数中等的地区。
   一般小区：适合开大型超市。
（4）类别 2 代表人口密度低、家庭收入低、家庭人数多的地区。
   边远地区：适合开生活超市。
（5）类别 5 代表人口密度高、家庭收入高、家庭人数中小的地区。
   高档公寓或高端小区：适合开精品超市。

研究者可尝试不同聚类技术及指定不同类别数量进行分析解释。

8. 绘图投点

绘图投点的 SAS 程序代码如下。

```
proc format;
   value grocery 1 = '大型超市' 2 = '生活超市' 5 = '精品超市' 6 = '生活超市';
run;
data attr_map;                                    /*创建属性表控制图例*/
   length value $ 32;
   input id $ value $ fillcolor $ markercolor $ markersymbol $ markersize;
   datalines;
id1 生活超市 CXC0C0C0 CXC0C0C0 sqaureFilled 4
id1 大型超市 CX000000 CXFF0000 Star 8
id1 精品超市 CX0000FF CX0000FF Asterisk 8
run;
proc sgplot data = cenclus dattrmap=attr_map; /*用属性表进行分组显示*/
   where cluster = 1 or cluster = 2 or  cluster = 5 or cluster = 6;
   format cluster grocery.;
   scatter y = locy x = locx / group = cluster attrid=id1;
   xaxis label='经度';
   yaxis label='纬度';
run;
```

由于数据包含了经纬度的信息，我们可以将它与聚类结果联合绘图，以便更直观地观察这些聚类分布在哪些地区。

图 8-24 中的全部投点反映了美国的基本地理轮廓，其中东海岸和五大湖地区的投点非常密集，反映了这些区域人口密集和经济发达；而西海岸除了西雅图、旧金山和洛杉矶附近，其他地方相对而言人口比较稀疏。生活超市作为满足人们生活所需，跟人口分布紧密相关。

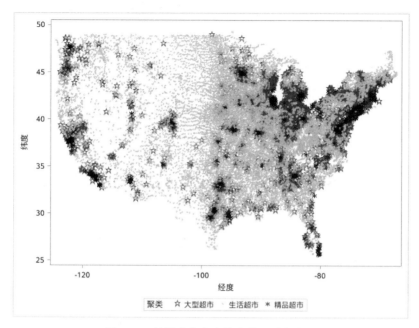

图 8-24 经纬度信息和聚类结果联合绘图

从图 8-24 可以看出，适合开大型生活超市（五角星标记）的区域主要分布在传统的东海岸，五大湖地区，南部的佛罗里达州、达拉斯和休斯敦附近，西部的西雅图、波特兰、旧金山和圣荷西，以及洛杉矶和圣迭戈等地。

标记为星号的区域适合开精品超市，这些区域是美国富裕阶层和追求更高生活品质人士的聚集地，覆盖波士顿、纽约、巴尔的摩、芝加哥、迈阿密、西雅图、旧金山和洛杉矶等各大都会的中心。

8.4.4　K 均值法的不足

K 均值法需要满足如下假设。
（1）预先猜测聚类的个数。
（2）对聚类的形状给出假设，通常是球面或超球面。
（3）受到种子位置（初始向量的位置）、异常值、观测值的读入顺序的影响。

当潜在的聚类组合过多时，确定最优分类结果几乎变得不可能。将 100 个观测分入 4 个组，想要找到最优的聚类结果，需要生成并估计 6.7×10^{58} 个组合。据估算将 n 个观测分入 g 个组，划分的个数满足如下方程：

$$N(n,g) = \frac{1}{g!} \sum_{m=1}^{g} (-1)^{g-m} \binom{g}{m} m^n$$

8.4.5　聚类分析的注意事项

在进行聚类分析时需要注意以下事项。
（1）聚类分析是一种探索性的数据分析方法。相同的数据采用不同的分类方法，会得到不同的分类结果。分类结果没有对错之分，只是标准不同。

（2）选择聚类方法时，首先要明确分类的目的，其次考虑选择哪些变量（或数据）参与分类，最后考虑方法的选择。分类结果是否合理及如何解释，取决于研究者对所研究问题的了解程度、相关背景知识和经验。

（3）除了层次聚类法、K 均值法，还有其他聚类方法，如两步聚类法（Two Step Cluster）。但采用哪种分类方法，最终要分成多少类别，并不是完全由方法本身来决定的，研究者应结合具体问题而定。

（4）有序样品的聚类。
① 动植物按生长的年龄段进行分类，年龄的顺序是不能改变的。
② 在地质勘探中，通过岩芯了解地层结构，按深度取样的样品次序不能打乱。

（5）聚类方法的选择。
① 如果参与分类的变量是连续变量，层次聚类法、K 均值法及两步聚类法都是适用的。
② 如果变量包括离散变量，则需要先对离散变量进行连续化处理，否则应该使用两步聚类法。
③ 当数据量较少时，三种方法都可以选用。
④ 当数据量较多（如大于 1000）时，应该考虑选用 K 均值法或两步聚类法。
⑤ 如果是对样品进行分类，则三种方法都可用；如果是对变量进行分类，则应选择层次聚类法。

（6）分类结果的检验。分类结果是否合理取决于它是否有用，但分类结果是否可靠和稳定，需要在实践中反复聚类和比较。

（7）通常使用散点图（当变量数为 2 时）和三维旋转图（当变量数为 3 时）对分类的效果进行主观评估和检验。当变量数较多时，可采用主成分分析或因子分析技术进行降维，然后使用散点图或三维旋转图进行主观评估。高维数据也可用平行坐标图或星座图进行可视化，以进行直观判断。

8.5 确定聚类数

由于聚类分析的结果可以是所有对象单独成类，也可以是所有对象归属于一类。因此聚类数并不是唯一的，而与样品数（Q 型）或变量数（R 型）有关。如何在一系列的聚类数中找到最佳的聚类数，需要引入特定的统计方法并结合实践经验进行确定。

8.5.1 总离差平方和的分解

聚类分析可以得到若干数量的类别，需要人为确定最终的聚类数，此时需要一些统计方法来辅助确定。

对于 p 个变量的 n 个观测（见图 8-25），Q 型聚类的数目为 $G < n$，R 型聚类的数目为 $G < p$。假设总离差平方和记为 T，分成 G 类时的组内离差平方和记为 P_G，则有

总离差平方和（T）=组内离差平方和（P_G）+ 组间离差平方和

式中，$T = \sum_{i=1}^{n}\sum_{j=1}^{p}(x_{ij} - \bar{x})^2$。定义统计量 $R^2 = 1 - P_G/T$，此时组内离差平方和 P_G 越小，则 R^2 越大，且 G 越大。如果在一定的 R^2 水平上，随着聚类数 G 的增大，R^2 没有明显增长，则取尽可能小的 G 类。

图 8-25 离差平方和分解

8.5.2 确定聚类个数

除了对聚类结果图（见图 8-26）进行直观解读和 R^2 统计量，还可利用其他统计量绘制聚类图，并对聚类图进行解读，包括：

（1）立方聚类准则（Cubic Clustering Criterion，CCC）：当评价分为 G 类的效果时，取聚类数 G 增大而 CCC 值无明显增长的峰值。

（2）伪 F 统计量 $\text{Pseudo} - F\,(\text{PSF})$：用于评价分为 G 类的效果，取伪 F 值较大而类数较小的 G。

（3）伪 t^2 统计量 $\text{Pseudo} - t^2\,(\text{PST2})$：用于评价合并两类的效果，如果伪 t^2 值大，则说明不应该合并，取合并前的类数 G。

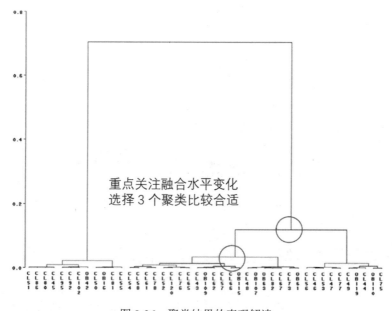

图 8-26 聚类结果的直观解读

1. 立方聚类准则

立方聚类准则（CCC）比较的是观测 R^2 与期望 $E(R^2)$，计算较复杂，计算公式如下：

$$\text{CCC} = \ln\left[\frac{1-E(R^2)}{1-R^2}\right] \frac{\sqrt{\dfrac{np^*}{2}}}{\left(0.001 + E(R^2)\right)^{1.2}}$$

式中，n 为观测数；p 为变量数；p^* 为类间变异的维度，它小于 q。

$$R^2 = 1 - \frac{p^* + \sum_{j=p^*+1}^{p} u_j^2}{\sum_{j=1}^{p} u_j^2}, \quad E(R^2) \cong 1 - \left[\frac{\sum_{j=1}^{p^*} \frac{1}{n+u_j} + \sum_{j=p^*+1}^{p} \frac{u_j^2}{n+u_j}}{\sum_{j=1}^{p} u_j^2}\right]\left[\frac{(n-p)^2}{n}\right]\left[1 + \frac{4}{n}\right]$$

式中，$u_j = \dfrac{s_j}{c}$，s_j 为超立方第 j 维的边长；$c = \left(\dfrac{v}{q}\right)^{\frac{1}{p}}$；$v = \prod_{i=1}^{p} s_i$；$q$ 为聚类数。

CCC 要求协方差矩阵存在特征值，但它不适用于最近邻聚类方法，也不适用于不规则形状聚类，以及输入变量间存在相关关系的情况。解读 CCC 统计量的方法是将 CCC 和聚类个数绘图，如图 8-27 所示，其中 CCC 值大于 2 的峰都是备选方案。

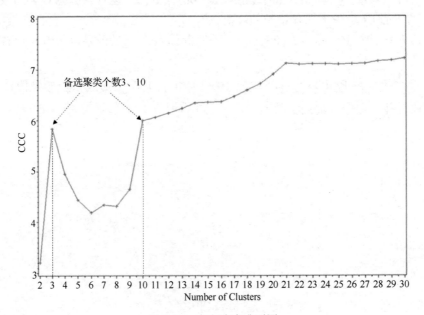

图 8-27 立方聚类准则图

2. 伪 F 统计量

伪 F 统计量的计算公式如下：

$$\text{PSF} = \frac{B/(g-1)}{W/(n-g)}$$

式中，B 为类间距离平方和；W 为类内距离平方和；n 为观测个数；g 为聚类个数。

伪 F 统计量（PSF）通过度量聚类之间的分离程度，判断数据集中的聚类个数，它反映当前水平下所有聚类的分离程度。从图 8-28 可以看出，PSF 的解读方式与 CCC 的解读方式类似，不同点在于 PSF 没有阈值，每个峰都是备选方案，但聚类数不能太大。

3. 伪 t^2 统计量

伪 t^2 统计量的计算公式如下：

$$\text{PST2} = \frac{W_m - W_k - W_l}{(W_k - W_l) - (n_k + n_l - 2)}$$

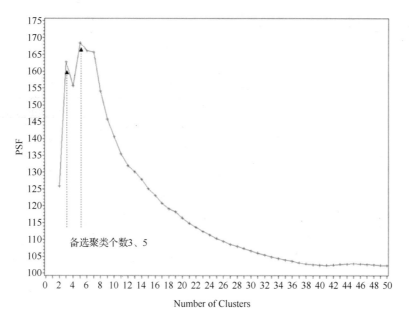

图 8-28 伪 F 统计量图

伪 t^2 统计量用于评价合并第 k 和第 l 两个类的效果,如果伪 t^2 统计量大,则说明不应该合并,需要取合并前的类数 G。也就是说,若 PST2 统计量增加,则说明两个类不应合并,因此 PST2 值增加之前的类数 G 就是一个可能方案。它反映最近合并的两个类之间的分离程度,适用于 AVERAGE、CENTROID 和 WARD 等聚类方法。

如图 8-29 所示,自左向右,任何 PST2 值急剧上升之前的点(波谷)都是备选方案,但要避免过多的备选方案:忽略聚类数大于样本容量 20%的方案,通常仅考虑左侧 PST2 值变化较大的点。

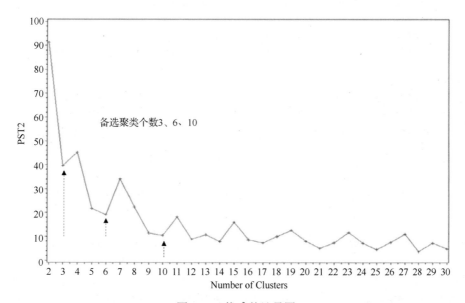

图 8-29 伪 t^2 统计量图

8.5.3 确定聚类个数：层次聚类

表 8-2 记录了芬兰 Laengelmavesi 湖里的 157 条鱼的数据及各变量描述。

表 8-2 变量描述

变量名	变量描述
Species	鱼的种类（bream、roach、whitefish、parkki、perch、pike、smelt）
Weight	鱼的质量
Length1	鱼的鼻子到尾巴开始的长度
Length2	鱼的鼻子到尾巴缺口的长度
Length3	鱼的鼻子到尾巴末端的长度
htPct	高度与 Length3 的百分比
widthPct	宽度与 Length3 的百分比

在生成分析数据时，需要过滤掉原始数据中质量小于零或缺失的数据，并做如下变换得到要分析的变量（用黑体标注的是变量）。

```
  if weight <=0 or weight = . then delete;
  weight3=weight**(1/3);
  height=htPct*length3/(weight3*100);
  width=WidthPct*length3/(weight3*100);
  length=length1/weight3;
  temp=length3/weight3;
  logRatio=log(temp/length);
```

首先对数据进行标准化，然后调用层次聚类方法进行聚类并输出伪 F、伪 t^2 和 CCC 统计量的投影图，程序代码如下。

```
%let inputs=weight3 height width length logRatio;
ods graphics on/reset = index imagemap;
proc stdize data=fish method=range out=sfish;
  var &inputs;
run;
/*生成聚类层次*/
ods output CccPsfAndPsTSqPlot=plotdata;
title1 'Ward''s Method';
proc cluster data = sfish
  notie
  method = ward
  plots = (pseudo ccc)              /*输出伪 F、伪 t²、CCC 图*/
  dendrogram(vertical sw=6.5 unit=in));  /*聚类图为竖直方向，并指定宽度*/
  var &inputs;
run;
proc sort data=plotdata out=plot_sorted;
  by numberofclusters;
run;
```

如下代码基于伪 F、伪 t^2 和 CCC 统计量确定最佳聚类数，每个数据集包含准则的候选簇数。

```
data plotdataccc(keep=nclusters lag1_ccc)
    plotdatapsf(keep=nclusters lag1_psf)
    plotdatapst2(keep=nclusters lag1_pst2);
  set plot_sorted;
  nclusters=lag1(NumberOfClusters);
  lag1_ccc=lag1(CubicClusCrit);
  lag2_ccc=lag2(CubicClusCrit);
  if lag1_ccc > 2 and lag1_ccc > CubicClusCrit and lag1_ccc > lag2_ccc
    then do;
    output plotdataccc;
  end;
  lag1_psf=lag1(PseudoF);
  lag2_psf=lag2(PseudoF);
  if lag1_psf > PseudoF and lag1_psf > lag2_psf
    then do;
    output plotdatapsf;
  end;
  lag1_pst2=lag1(PseudoTSq);
  lag2_pst2=lag2(PseudoTSq);
  if  lag1_pst2 > . and lag1_pst2 < PseudoTSq and
     lag1_pst2 <= lag2_pst2 then do;
    output plotdatapst2;
  end;
run;
```

如下代码合并原始数据并准备绘图。

```
data plotdata2;
  merge plot_sorted
    plotdataccc(rename=(nclusters=NumberOfClusters
    lag1_ccc=CubicClusCrit) in=ccc)
    plotdatapsf(rename=(nclusters=NumberOfClusters
    lag1_psf=PseudoF ) in=psf)
    plotdatapst2(rename=(nclusters=NumberOfClusters
    lag1_pst2=PseudoTSq) in=pst2);
  by NumberOfClusters;
  if ccc then ccc_cand=NumberOfClusters;
  if psf then psf_cand=NumberOfClusters;
  if pst2 then pst2_cand=NumberOfClusters;
run;
proc sgplot data=plotdata2;
  series x=NumberOfClusters y=CubicClusCrit/markers datalabel=ccc_cand;
  series x=NumberOfClusters y=PseudoF / markers datalabel=psf_cand;
  series x=NumberOfClusters y=PseudoTSq / markers datalabel=pst2_cand;
  yaxis label = 'Value';
  title 'Plot of CCC, PSF, and PST2';
run;
title;
```

对于五个输入变量，根据协方差矩阵计算出五个特征值。各特征值占比反映了它能够解释数据变异程度的多少，如图 8-30 所示。由图 8-30 的协方差矩阵特征值数据可知，第一个特征值解释了 58.62%的变异，前两个特征值可解释 79.06%的变异，前三个特征值可解释 93.53%的变异。

Ward's Method

The CLUSTER Procedure
Ward's Minimum Variance Cluster Analysis

Eigenvalues of the Covariance Matrix			
	Eigenvalue	Difference	Proportion	Cumulative
1	0.19137865	0.12467309	0.5862	0.5862
2	0.06670555	0.01947479	0.2043	0.7906
3	0.04723076	0.03453802	0.1447	0.9353
4	0.01269274	0.00425176	0.0389	0.9741
5	0.00844099		0.0259	1.0000

Root-Mean-Square Total-Sample Standard Deviation	0.255519
Root-Mean-Square Distance Between Observations	0.808021

图 8-30　协方差矩阵的特征值和累积占比

根据图 8-31 中各统计量的数值，确定可能的聚类数，它包括 R^2、CCC、伪 F 和伪 t^2 统计量。

Cluster History								
Number of Clusters	Clusters Joined		Freq	Semipartial R-Square	R-Square	Approximate Expected R-Square	Cubic Clustering Criterion	Pseudo F Statistic	Pseudo t-Squared
156	OB86	OB90	2	0.0000	1.00	.	.	745	.
155	OB102	OB103	2	0.0000	1.00	.	.	746	.
154	OB141	OB142	2	0.0000	1.00	.	.	671	.
153	OB151	OB152	2	0.0000	1.00	.	.	592	.
152	OB64	OB66	2	0.0000	1.00	.	.	536	.
151	OB88	OB92	2	0.0000	1.00	.	.	496	.
150	OB30	OB31	2	0.0000	1.00	.	.	464	.
149	OB16	OB17	2	0.0000	1.00	.	.	439	.
148	OB9	OB10	2	0.0000	1.00	.	.	417	.
147	OB54	OB55	2	0.0000	1.00	.	.	397	.
146	OB118	OB119	2	0.0000	1.00	.	.	373	.
145	OB43	OB82	2	0.0000	1.00	.	.	350	.
144	OB18	OB21	2	0.0000	1.00	.	.	331	.
143	OB69	OB70	2	0.0000	1.00	.	.	317	.

　　　　　　　　　　　　　　R^2　　　　　　CCC　　伪 F　　伪 t^2
　　　　　　　　　　　　　　统计量　　　　统计量　统计量　统计量

图 8-31　聚类历史：用统计量确定聚类个数

将 CCC、伪 F 及伪 t^2 统计量与聚类数进行投影作图（见图 8-32），直接选择恰当的聚类数。

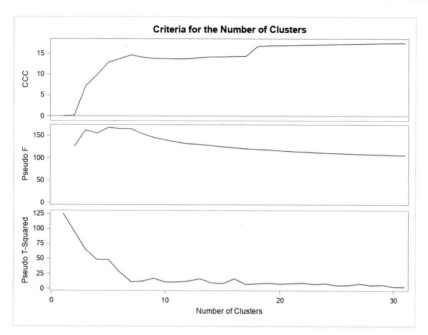

图 8-32　CCC、伪 F 及伪 t^2 统计量与聚类数的投影

直接在聚类树上选择合适的水平，将样品或变量分割成特定的聚类数目，如图 8-33 所示。

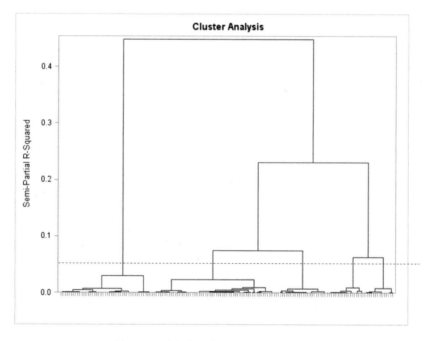

图 8-33　选择合适的水平来确定聚类数

从图 8-34 中可以看出，CCC 选择 7 类为备选方案，而 PSF 选择 3、5、7 类为备选方案，PST2 选择 7 或 8 为备选方案。综合三个统计量，最终选择 7 为聚类数。

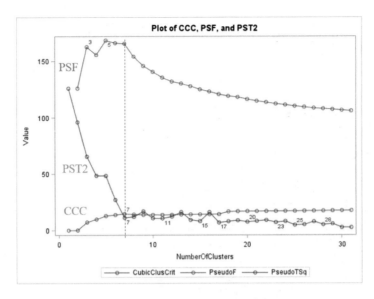

图 8-34　综合统计量以确定聚类数

8.5.4　确定聚类个数：K 均值

对于 K 均值法，也可以使用 CCC 和 PSF 等统计量来确定聚类个数，程序代码如下。

```
%let inputs=weight3 height width length logRatio; /*输入变量*/
%macro k_means(dsn=,m=,n=);
  data results; /*初始化*/
    length _ncl_ 8; length _ccc_ 8; length _psf_ 8;
  run;
  proc stdize data=&dsn method=range out=temp; /*RANGE 标准化输入数据*/
    var &inputs;
  run;
  %do i = &m %to &n; /*从 m 到 n 个簇生成统计量*/
    proc fastclus data=temp maxclusters=&i least=2
        outstat=stats(keep=_TYPE_ OVER_ALL) noprint;
      var &inputs;
    run;
    data results;
      set stats(where=(_TYPE_='CCC' or _TYPE_='PSEUDO_F'));
      if 0 then modify results;
      else if _TYPE_='CCC' then _ccc_=OVER_ALL;
      else if _TYPE_='PSEUDO_F' then _psf_=OVER_ALL;
      _ncl_="&i";
      if _ccc_ NE . and _psf_ NE . then output;
    run;
  %end;
  title1 'Plots';
  proc sgscatter data=results;
    plot (_ccc_ _psf_)*_ncl_/columns = 1 join;
  run;
  data ccc_candidates(keep=nclusters); /*确定 CCC 推选的备选方案*/
    set results;
```

```
  nclusters=lag1(_ncl_);  lag1_ccc =lag1(_ccc_);  lag2_ccc =lag2(_ccc_);
  if lag1_ccc > 2 and lag2_ccc < lag1_ccc and lag1_ccc > _ccc_ then output;
run;
title1 'CCC Candidates';
proc print data=ccc_candidates; run;
data psf_candidates(keep=nclusters);  /*确定PSF推选的备选方案*/
  set results;
  nclusters=lag1(_ncl_);  lag1_psf =lag1(_psf_);  lag2_psf =lag2(_psf_);
  if lag2_psf < lag1_psf and lag1_psf > _psf_ then output;
run;
title1 'PSF Candidates';
proc print data=psf_candidates; run;
data candidates;
  set ccc_candidates psf_candidates;
run;
title1 'Summary of Candidates';
proc freq data=candidates;
  tables nclusters;
run;
%mend k_means;
ods graphics / imagemap=on reset=index;
%k_means(dsn=fish,m=2,n=20);
```

运行上面的代码，输出结果如图 8-35～图 8-37 所示。

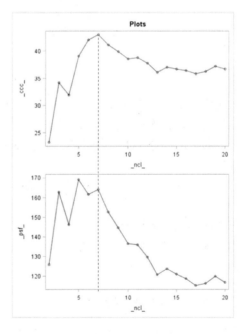

图 8-35　PROC FREQ 输出结果

图 8-36　CCC 和 PSF 候选聚类数　　　　图 8-37　CCC 和 PSF 候选聚类图

从图 8-37 可以看出，CCC 选择 3、7、11、14、19 类为备选方案，而 PSF 选择 3、5、7、14、19 类为备选方案。综合两个统计量，可选择 3 或 7 为聚类数。

根据奥卡姆简单有效原则，可选 3 类为最终方案，虽然 7 类可解释更多的变异性，但最终选择应该根据实践经验反复对比确定。

第 9 章　判　别　分　析

人们观察事物并对目标进行判别和分类是一个基本需求，尤其是当获得的信息不完备、确认代价高昂或需要破坏性试验时。例如，一些生物很难根据外观判定其性别，只有通过解剖测量才能够确定性别。但这些生物可能是珍稀物种，一旦解剖就死亡了。对于图 9-1 中的美洲甲虫，如何在不解剖的情况下对其进行性别判定呢？通常雌雄生物在外观特征上有一些差异，统计学家可根据已知雌雄生物的外观特征建立一个标准，然后利用这个标准对那些未知性别的个体进行判别。

图 9-1　美洲甲虫性别判定

上述判别虽然不能保证百分之百准确，但至少大部分判别都是对的。在现实中，客户分类、信用评估、疾病对照等只能获得外部观测特征，而这些特征是由一些不可见的内在差异造成的，因此分类也只能基于已知类别的外部观测特征进行判定。

9.1　判别分析基础

分类和预测是数据分析的两大基本目标，分类输出结果为离散的若干类别，预测输出结果为连续的定量变量。常见的分类方法包括聚类分析和判别分析，本章介绍判别分析的基础知识。

9.1.1　判别分析的概念

判别分析是根据已知对象的某些观测指标和所属类别来判断未知对象的所属类别的一种统计学方法，判别分析的目的是识别未知对象的所属类别。判别分析的主要内容包括如下两部分。

（1）建立判别准则：基于具有类别信息的观测数据建立分类器或分类准则，该准则尽可能区分已有类别。

（2）预测未知样本。给定未知类别信息的观测数据，使用分类器进行归类。

判别分析的本质就是利用已知类别的样本信息构建判别函数，然后根据判别函数对未知样本的所属类别进行判别的过程。

（1）根据已掌握的历史数据（n 个样本的 p 个指标，以及 1 个类别数据）总结出该事物分类的规律性，建立判别函数和判别准则。

（2）根据建立的判别函数和判别准则，推断未知类别样本（p 个指标，无类别数据）的所属类别。

判别分析的基本要求为：解释变量必须是可测量的，分组类型在两组以上，每组样本个数至少是一个。

判别分析与聚类分析都用于类别判定，但两者是有区别的。

（1）判别分析是在已知研究对象分成若干类别并已取得各类别中一批已知样本的观测数据的基础上，根据某些准则建立判别式，然后对未知类型的样本进行判别分类，属于有监督学习。

（2）聚类分析是在研究对象的类型未知的情况下，对其进行分类的方法，属于无监督学习。

判别分析和聚类分析往往联合使用，当总体分类不清楚时，先用聚类分析对一批样本进行分类，再用判别分析构建判别式对新样本进行判别。

判别分析可以划分为不同的类型或方法，类别数有时也叫组数或总体数。

（1）按判别的组数来分：两组判别分析、多组判别分析。

（2）按区分不同总体所用的模型来分：线性判别、非线性判别。

（3）按判别准则来分：距离判别、贝叶斯判别、Fisher 判别。

（4）按判别时所处理的变量方法来分：逐步判别、序贯判别。

9.1.2 判别分析的一般步骤

判别分析通常要建立一个判别函数，然后利用此判别函数来进行判别。为了建立判别函数，必须有一个训练样本，判别分析的任务是向这些样本学习形成判断类别的规则，并进行多方考核。

判别分析的训练样本质量与数量至为重要，每一个体所属类别必须用一定准则进行确认：解释变量 $X_1, X_2, \cdots, X_p$ 必须确实与类别 Y 有关，个体的观测值必须尽可能准确，个体数目必须足够多。

判别分析的一般步骤如图 9-2 所示。

图 9-2　判别分析的一般步骤

判别分析所使用的数据结构如图 9-3 所示，变量分为解释变量和类别变量。

观测	解释变量							类别变量
OBS	X_1	X_2	⋯	X_j	⋯	X_p		Y
1	x_{11}	x_{12}	⋯	x_{1j}	⋯	x_{1p}		y_1
2	x_{21}	x_{22}	⋯	x_{2j}	⋯	x_{2p}		y_2
⋮	⋮	⋮	⋮	⋮	⋮	⋮		⋮
i	x_{i1}	x_{i2}	⋯	x_{ij}	⋯	x_{ip}		y_i
⋮	⋮	⋮	⋮	⋮	⋮	⋮		⋮
n	x_{n1}	x_{n2}	⋯	x_{nj}	⋯	x_{np}		y_n

图 9-3 判别分析所使用的数据结构

9.1.3 判别分析方法

常用的判别分析方法如下。

1．距离判别法

距离判别法先定义个体到总体的距离，然后将个体判归至与其距离最近的总体或类别中。总体位置和距离度量至关重要，对于连续型变量，总体位置使用总体均值表示，距离用欧氏距离或马氏距离度量。

2．最大似然法

最大似然分类器选择使事件发生概率最大的类别，它根据独立事件发生概率的乘法定律得到判别个体归属某个总体或类别的概率。

假设个体只能归属于 g 个类别之一，则个体指标 $X_1, X_2, \cdots, X_p$ 取值为 $S_1, S_2, \cdots, S_p$ 的概率可用似然函数表示，它等于已知归属为类别 k（$k=1, 2, \cdots, g$）时各指标 X_i 取值为 S_i 的条件概率的乘积，即将它判定为似然函数取值最大的类别。最大似然法的本质是对点的估计。

3．贝叶斯判别法

根据贝叶斯统计思想，计算样本属于各总体的条件概率，将样本判归至条件概率最大的总体。贝叶斯判别法取后验概率（它等于标准似然度×先验概率）最大的类别，其本质是对分布的估计。当各总体为正态总体时，贝叶斯判别就退化为距离判别，即距离判别是贝叶斯判别的特殊形式。

4．Fisher 判别法

Fisher 判别法先对数据进行降维，然后根据距离进行判别。它通过构造判别函数使组间离差最大，组内离差最小。新样本代入判别函数，将计算结果与临界值进行比较，以判定归属于哪一个总体。Fisher 判别法常用于两类间的判别。由于它利用了主成分分析和广义相关的降维技术，也叫作典型判别分析。

5．逐步判别分析法

逐步判别分析法建立在贝叶斯判别分析的基础上，采用类似逐步回归分析的方法在众多指标中挑选一些有显著作用的指标来建立一个判别函数，它使方程内的指标都有显著的判别作用，而方程外的指标的判别作用都不显著。

6. Logistic 判别法

Logistic 判别法常用于两类间判别，它不要求多元正态分布的假设，所以可用于二值变量或半定量变量的判定场合。

其他方法包括最近邻分类、支持向量机和人工神经网络等方法，但常用的方法为距离判别法、贝叶斯判别法和 Fisher 判别法。

9.2 距离判别法

距离判别法假设每个类别或分组为一个独立总体，未知样本应归属于与之最近的总体。

9.2.1 两个总体的距离判别法（方差相等）

距离判别法首先定义样本到总体的距离，然后将新样本判归至距离最近的总体或类别中，它包括方差相等和方差不相等两种情况。下面考虑方差相等的情况。

设两个协方差矩阵 Σ 具有相同的 p 维正态总体 G_1、G_2，对给定样本 y，判别一个样本 y 到底是来自哪一个总体。直接的想法是计算样本 y 到两个总体 G_1、G_2 的距离。

基于马氏距离建立判别规则：定义两个观测 i 和 j 的平方马氏距离为

$$d_{ij}^2 = (X_i - X_j)^T \Sigma^{-1} (X_i - X_j)$$

式中，Σ 为协方差矩阵。

同理，定义样本 y 与两个总体 G_1 和 G_2 的马氏距离为

$$d^2(y, G_1) = (y - \mu_1)^T \Sigma^{-1} (y - \mu_1)$$
$$d^2(y, G_2) = (y - \mu_2)^T \Sigma^{-1} (y - \mu_2)$$

则样本归属哪个总体可按如下内容判定，后面按照方差相等与否分别讨论：

$$\begin{cases} y \in G_1, & d^2(y, G_1) \leq d^2(y, G_2) \\ y \in G_2, & d^2(y, G_2) < d^2(y, G_1) \end{cases}$$

计算样本与不同总体的距离差值，公式如下：

$$\begin{aligned} d^2(y, G_2) - d^2(y, G_1) &= (y - \mu_2)^T \Sigma^{-1} (y - \mu_2) - (y - \mu_1)^T \Sigma^{-1} (y - \mu_1) \\ &= y^T \Sigma^{-1} y - 2y^T \Sigma^{-1} \mu_2 + \mu_2^T \Sigma^{-1} \mu_2 - (y^T \Sigma^{-1} y - 2y^T \Sigma^{-1} \mu_1 + \mu_1^T \Sigma^{-1} \mu_1) \\ &= 2y^T \Sigma^{-1} (\mu_1 - \mu_2) - (\mu_1 + \mu_2)^T \Sigma^{-1} (\mu_1 - \mu_2) \\ &= 2 \left[y - \frac{(\mu_1 + \mu_2)}{2} \right]^T \Sigma^{-1} (\mu_1 - \mu_2) \end{aligned}$$

令 $\bar{\mu} = \dfrac{\mu_1 + \mu_2}{2}$，$\alpha = \Sigma^{-1}(\mu_1 - \mu_2) = (\alpha_1, \alpha_2, \cdots, \alpha_p)^T$，则两个总体距离判别的线性判别函数为

$$W(y) = \frac{d^2(y, G_2) - d^2(y, G_1)}{2} = (y - \bar{\mu})^T \alpha$$
$$= \alpha^T(y - \bar{\mu}) = \alpha^T y - \alpha^T \bar{\mu}$$

判别规则可表示为

$$\begin{cases} y \in G_1, & W(y) \geqslant 0 \\ y \in G_2, & W(y) < 0 \end{cases}$$

当 μ_1、μ_2 和 Σ 已知时，$\alpha = \Sigma^{-1}(\mu_1 - \mu_2)$ 是一个已知的 p 维向量。$W(y)$ 是 y 的线性函数，称为线性判别函数，而 α 称为判别系数。用线性判别函数进行判别分析非常直观，使用起来较方便，在实际中应用广泛。

例   **企业经营情况判别**

在企业的考核中，根据企业的生产经营情况把企业分为优秀企业和一般企业。考核企业经营状况的三个核心指标为

        资金利润率=利润总额/资金占用总额
        劳动生产率=总产值/职工平均人数
        产品净值率=净产值/总产值

假如已知三个指标的均值向量和协方差矩阵如表 9-1 和表 9-2 所示。

表 9-1   均值向量

均值向量	变量		
	资金利润率	劳动生产率	产品净值率
优秀 μ_1	13.5	40.7	10.7
一般 μ_2	5.4	29.8	6.2

表 9-2   协方差矩阵

协方差矩阵 Σ		
68.39	40.24	21.41
40.24	54.58	11.67
21.41	11.67	7.90

现有各项指标的观测值分别为 7.8、39.1、9.6 和 8.1、34.2、6.9 的两家企业，请问它们分别属于哪一类？

9.2.2   判别函数的求解步骤

根据上例数据可得：

$$\bar{\mu} = (\mu_1 + \mu_2)/2 = \begin{bmatrix} 9.45 \\ 35.25 \\ 8.45 \end{bmatrix} \quad \mu_1 - \mu_2 = \begin{bmatrix} 8.1 \\ 10.9 \\ 4.5 \end{bmatrix}$$

求协方差矩阵的逆矩阵得到

$$\boldsymbol{\Sigma}^{-1} = \begin{bmatrix} 0.119337 & -0.02753 & -0.28276 \\ -0.02753 & 0.033129 & 0.025659 \\ -0.28276 & 0.025659 & 0.854988 \end{bmatrix}$$

则判别函数系数为

$$\boldsymbol{\alpha} = \boldsymbol{\Sigma}^{-1}(\boldsymbol{\mu}_1 - \boldsymbol{\mu}_2) = \begin{bmatrix} -0.60581 \\ 0.25362 \\ 1.83679 \end{bmatrix}$$

判别函数的常数项为

$$\boldsymbol{\alpha}^\mathrm{T}\bar{\boldsymbol{\mu}} = \bar{\boldsymbol{\mu}}^\mathrm{T}\boldsymbol{\alpha} = \begin{bmatrix} 9.45 \\ 35.25 \\ 8.45 \end{bmatrix} \begin{bmatrix} -0.60581 \\ 0.25362 \\ 1.83679 \end{bmatrix} = 18.73596$$

将 $\boldsymbol{y} = \begin{bmatrix} x_1 \\ x_2 \\ x_3 \end{bmatrix}$ 代入判别函数得到

$$W(\boldsymbol{y}) = \boldsymbol{\alpha}^\mathrm{T}\boldsymbol{y} - \boldsymbol{\alpha}^\mathrm{T}\bar{\boldsymbol{\mu}} = \begin{bmatrix} -0.60581 \\ 0.25362 \\ 1.83679 \end{bmatrix} \begin{bmatrix} x_1 \\ x_2 \\ x_3 \end{bmatrix} - 18.73596$$

$$= -0.60581x_1 + 0.25362x_2 + 1.83679x_3 - 18.73596$$

利用判别函数进行判定：

$$W(\boldsymbol{y}_1) = \begin{bmatrix} -0.60581 \\ 0.25362 \\ 1.83679 \end{bmatrix} \begin{bmatrix} 7.8 \\ 39.1 \\ 9.6 \end{bmatrix} - 18.73596 = 4.0892 > 0 \qquad \boldsymbol{y} \in G_1$$

$$W(\boldsymbol{y}_2) = \begin{bmatrix} -0.60581 \\ 0.25362 \\ 1.83679 \end{bmatrix} \begin{bmatrix} 8.1 \\ 34.2 \\ 6.9 \end{bmatrix} - 18.73596 = -2.2956 < 0 \qquad \boldsymbol{y} \in G_2$$

此时可得出结论：第一家企业（7.8、39.1、9.6）属于类别 $\boldsymbol{\mu}_1$，而第二家企业（8.1、34.2、6.9）属于类别 $\boldsymbol{\mu}_2$。也就是说，第一家企业属于优秀企业，而第二家企业属于一般企业。

9.2.3 SAS PROC FCMP 程序实现

PROC FCMP 是 SAS 程序中实现自定义函数编译功能的过程步，利用它可轻松实现与矩阵操作相关的分析计算，程序代码如下。

```
proc fcmp;
  array u1[3] (13.5 40.7 10.7);
  array u2[3] ( 5.4 29.8  6.2);
  array um[3];
  call addMatrix(u1, u2, um);
  call elemmult(um, 0.5, um);
  array us[3];
```

```
        call subtractMatrix(u1, u2, us);
        array S[3,3] (68.39 40.24 21.41
                      40.24 54.58 11.67
                      21.41 11.67  7.90);
        array S_i[3,3];
        call inv(S, S_i);
        array a[3];
        call mult(S_i, us, a);
        array um_t [1,3];
        array b[1];
        call transpose(um, um_t);
        call mult(um_t, a, b);
        put / "W(X)=a'X-b";
        array x1[3] (7.8 39.1 9.6);
        array x2[3] (8.1 34.2 6.9);
        array a_t[1,3];
        call transpose(a, a_t);
        array w[1];
        call mult(a_t, x1, w);
        call subtractMatrix(w, b, w);
        do i=1 to dim(x1); put x1[i] 5.1 @@; end;
        put w[1]= 7.4 "->G" ((w[1]<0)+1);
        call mult(a_t, x2, w);
        call subtractMatrix(w, b, w);
        do i=1 to dim(x2); put x2[i] 5.1 @@; end;
        put w[1]= 7.4 "->G" ((w[1]<0)+1);
run;
quit;
```

SAS 程序利用矩阵运算实现前面的计算步骤，结果如图 9-4 所示。

```
W(X)=a'X-b
 7.8  39.1   9.6 W(X)=  4.0883 ->G 1
 8.1  34.2   6.9 W(X)= -2.2955 ->G 2
```

图 9-4　PROC FCMP 输出结果

9.2.4　两个总体的距离判别法（方差不等）

当总体的协方差不相等时，两个总体距离的判别规则为

$$\begin{cases} y \in G_1, & d^2(y,G_1) \leqslant d^2(y,G_2) \\ y \in G_2, & d^2(y,G_2) < d^2(y,G_1) \end{cases}$$

此时比较个体跟两个总体期望 μ 的距离：

$$W(y) = d^2(y,G_2) - d^2(y,G_1) = (y-\mu_2)^T \Sigma_2^{-1}(y-\mu_2) - (y-\mu_1)^T \Sigma_1^{-1}(y-\mu_1)$$

该判别函数为 y 的二次函数，判别规则为

$$\begin{cases} y \in G_1, & W(y) \geqslant 0 \\ y \in G_2, & W(y) < 0 \end{cases}$$

总体分布与期望的距离如图 9-5 所示。

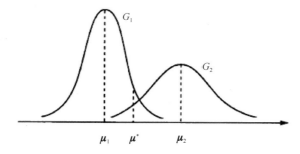

图 9-5　总体分布与期望的距离

假设两组的均值分别为 μ_1、μ_2（$\mu_1 < \mu_2$），方差分别为 σ_1^2 和 σ_2^2（实践中总体均值和总体方差一般未知，可用相应的样本统计量代替），此时距离为

$$d(y, G_1) = \frac{|y - \mu_1|}{\sigma_1}$$

$$d(y, G_2) = \frac{|y - \mu_2|}{\sigma_2}$$

当 $\mu_1 < y < \mu_2$ 时，判别函数 $W(y)$ 可转化为

$$W(y) = d(y, G_2) - d(y, G_1) = \frac{\mu_2 - y}{\sigma_2} - \frac{y - \mu_1}{\sigma_1} = \frac{(\sigma_1 + \sigma_2)}{\sigma_1 \sigma_2}(\mu^* - y)$$

式中，$\mu^* = \dfrac{\sigma_2 \mu_1 + \sigma_1 \mu_2}{\sigma_1 + \sigma_2}$。

μ^* 就是两个总体方差不等时，两组判别的阈值点，此时判别规则为

$$\begin{cases} y \in \pi_1, & y \leqslant \mu^* \\ y \in \pi_2, & y > \mu^* \end{cases}$$

9.2.5　距离判别方法的简单总结

应用距离判别方法时，总体位置 μ 及距离度量准则 $d(y, G)$ 的选取至关重要。协方差矩阵相同和协方差矩阵不同的判别函数有差异，但判别准则无差异。

距离判别法与各总体出现的概率无关，也与错判后造成的损失无关。虽然可能发生误判，但用距离最近准则判别是恰当的，各总体发生误判的概率和阈值选择有关。当总体靠得很近时，无论用哪种方法，误判概率都很大，判别分析无意义，如图 9-6 所示。因此判别分析的前提是各总体均值必须有显著差异（见图 9-7），即类间差异必须足够大。

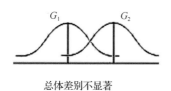

总体差别不显著

图 9-6　总体均值过于接近

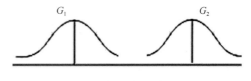

总体差别很显著

图 9-7　总体均值显著差异

距离判别只要求知道总体的数值特征，不涉总体的分布函数，当总体均值和方差未知时要用样本均值和协方差矩阵来估计。

两个总体的距离判别法的误判概率（方差相等）如下。

如果应该属于某组却未分配到该组，则称之为误判，其概率称为误判概率。

$P(2|1) = P(W(x) < 0 | x \in G_1)$ 即本应是组 1 的数据，却分类到组 2 的概率。

$P(1|2) = P(W(x) > 0 | x \in G_2)$ 即本应是组 2 的数据，却分类到组 1 的概率。

设 $G_1 \sim N_p(\boldsymbol{\mu}_1, \boldsymbol{\Sigma})$，$G_2 \sim N_p(\boldsymbol{\mu}_2, \boldsymbol{\Sigma})$，$\Delta = \sqrt{(\boldsymbol{\mu}_1 - \boldsymbol{\mu}_2)^T \boldsymbol{\Sigma}^{-1}(\boldsymbol{\mu}_1 - \boldsymbol{\mu}_2)}$ 是两组之间的马氏距离，则有

$$P(1|2) = P(2|1) = \Phi\left(-\frac{\Delta}{2}\right)$$

也就是说，两个正态总体分得越开，其误判的概率就越小，效果也就越好。而当两个正态总体很接近时，两个误判概率会较大，这时做判别分析的实际意义就很差。

为了判断两个总体是否过于接近，可进行假设检验，其原假设和备择假设为 H_0：$\boldsymbol{\mu}_1 = \boldsymbol{\mu}_2$，$H_1$：$\boldsymbol{\mu}_1 \neq \boldsymbol{\mu}_2$。

若检验接受原假设 H_0，则说明两个总体均值之间无显著差异，此时做判别分析没有意义。

若检验拒绝原假设 H_0，则说明两个总体均值之间虽然存在显著差异，但差异是否足以进行有效的判别分析，还需要根据误判概率是否超过特定合理水平确定。

9.2.6 总体之间是否过于接近的判定

设 $p = 1$，$G_1 \sim N(\mu_1, \sigma^2)$，$G_2 \sim N(\mu_2, \sigma^2)$，$\mu_1$、$\mu_2$、$\sigma^2$ 均已知，且 $\mu_1 < \mu_2$，如图 9-8 所示。

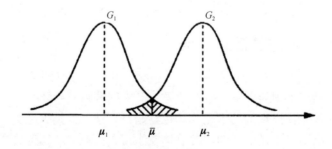

图 9-8　总体间过于接近判定

此时判别系数、判别函数、判别规则和误判概率的公式为

判别系数：

$$\alpha = \frac{\mu_1 - \mu_2}{\sigma^2} < 0$$

判别函数：

$$W(x) = \alpha(x - \bar{\mu})$$

判别规则：
$$\begin{cases} x \in \pi_1, & x \leq \bar{\mu} \\ x \in \pi_2, & x > \bar{\mu} \end{cases}$$

误判概率：
$$P(1|2) = P(2|1) = \Phi\left(-\frac{\Delta}{2}\right) = \Phi\left(\frac{\mu_1 - \mu_2}{2\sigma}\right)$$

9.2.7 误判概率的非参数估计

若两个总体不能假设为正态总体，则 $P(2|1)$ 和 $P(1|2)$ 可以用样本中个体的误判比例来估计。通常非参估计方法包括误差个数比、划分方法、交叉验证法，它们广泛适用于两个总体或多个总体的各种判别方法。

1. 误判个数比

假设 $n(2|1)$ 为样本中来自 G_1 而误判为 G_2 的个数，$n(1|2)$ 为样本中来自 G_2 而误判为 G_1 的个数，则 $P(2|1)$ 和 $P(1|2)$ 可估计为

$$\hat{P}(2|1) = \frac{n(2|1)}{n_1}$$

$$\hat{P}(1|2) = \frac{n(1|2)}{n_2}$$

这种方法简单、直观且计算方便，计算出的误判概率偏低。当各总体的样本数较大时，这种方法会比较有效。误判概率偏低的原因是，被用来构造判别函数的样本数据又被重复用于对该函数进行评估，评估的结果自然就倾向有利于所构造的判别函数。构造判别函数已使用过的样本数据在对该函数进行评估时已不能很好地代表总体。

2. 划分方法

划分方法将样本划分为两部分：一部分作为训练样本来构造判别函数，而另一部分则作为对判别函数进行评估的验证集。误判概率用验证集中的被误判比例来估计，该估计统计量是无偏的。

划分方法需要较大的样本容量，同时在构造判别函数时仅用了部分样本数据，因此可能损失一些有用的样本信息，这种从数据中"学习"不充分的情况会导致误判概率上升。但如果样本容量确实很大，则这种误判概率会降低到可以接受的水平。

3. 交叉验证法

交叉验证法从总体 G_1 中取 n_1-j 个观测和总体 G_2 的 n_2 个观测构造判别函数，并对 G_1 中其余的 j（$j=1,2,\cdots,n_1$）个观测进行判别；同理从 G_2 中取 n_2-k 个观测和总体 G_1 的 n_1 个观测构造判别函数，并对 G_2 中其余的 k（$k=1,2,\cdots,n_2$）个观测进行判别。

假设 $n^*(2|1)$ 为样本中来自 G_1 而误判为 G_2 的个数，$n^*(1|2)$ 为样本中来自 G_2 而误判为 G_1 的个数，则两个误判概率 $P(2|1)$ 和 $P(1|2)$ 的估计量为如下近似无偏的估计量：

$$\hat{P}(2|1) = \frac{n^*(2|1)}{n_1}$$

$$\hat{P}(1|2) = \frac{n^*(1|2)}{n_2}$$

交叉验证法既避免了样本数据在构造判别函数的同时被用来对该判别函数进行评价，造成不合理的信息复用，又避免了构造判别函数时过大的样本信息损失。但交叉验证法没有考虑每个总体出现的机会大小（先验概率），也没有考虑错判的损失。

例 　　　　　　　　　　　　**距离判别的 SAS 示例**

如图 9-9 所示，两个总体靠得很近，$x=5$ 应归属于哪个总体？

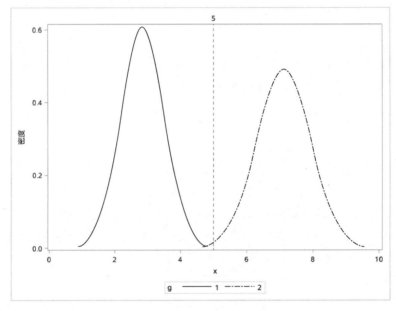

图 9-9　距离判别极简示例

下面的 SAS 代码生成两组来自不同总体的 60 条数据，分别服从 $N(3, 0.6)$ 和 $N(7, 0.9)$ 的正态分布，它们的总体均值和方差都不相等。

```
data data;
  g=1;
  do i=1 to 30;
    x=rand('NORMAL', 3, 0.6 );
    output;
  end;
  g=2;
  do i=1 to 30;
    x=rand('NORMAL', 7, 0.9 );
    output;
  end;
run;

/*绘制两个总体的正态曲线和参考线 x=5*/
```

```
proc sgplot data=data;
  density x / type=NORMAL legendlabel='Normal' group=g;
  refline 5 /axis=x lineattrs=(pattern=2) ;
  xaxis min=0 max=10;
run;
/*准备一条 x=5 的观测用于检验*/
data test;
  x=5;
  output;
run;
/*判别分析：正态，方差不全等*/
proc discrim data=data
  method=normal
  pool=no
  testdata=test/*检验数据*/
  testout=testout
  short
  listerr
  crosslisterr;/*交叉验证*/
  class g;
  var x;
run;
/*打印判别结果*/
proc print data=testout;
run;
```

得到的结果如图 9-10 和图 9-11 所示。

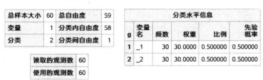

图 9-10 结果输出

图 9-12 显示了误判情况和误判概率，也显示了交叉验证汇总数据。

图 9-11 检验数据的分类汇总   图 9-12 校准数据的分类汇总

图 9-13 指示检验数据 $x=5$ 被分配到第 2 个类别中，因为 0.93 大于 0.07。

Obs	x	_1	_2	_INTO_
1	5	0.071063	0.92894	2

图 9-13　检验数据的判别结果

9.2.8　多个总体的距离判别法

前面讲的两个总体距离判别法可以推广到多个总体或类别的情况。假设有 k 个总体 $G_1, G_1, \cdots, G_k$，其均值为 $\mu_1, \mu_2, \cdots, \mu_k$，其协方差矩阵分别为 $\Sigma_1, \Sigma_2, \cdots, \Sigma_k$，则 y 到特定总体 G_i 的马氏距离的平方为

$$d^2(y, G_i) = (y - \mu_i)^T \Sigma_i^{-1} (y - \mu_i)$$

式中，$i = 1, 2, \cdots, k$。基于马氏距离的判别规则为

$$y \in G_l, \text{ 如果} d^2(y, G_l) = \min_{1 \leq i \leq k} d^2(y, G_i)$$

当方差全部相等时，由于 $\Sigma_1 = \Sigma_2 = \cdots = \Sigma_k$，有

$$d^2(y, G_i) = y' \Sigma_i^{-1} y - 2(I_i^T y + c_i)$$

式中，$I_i = \Sigma_i^{-1} \mu_i$；$c_i = -\frac{1}{2} \mu_i^T \Sigma_i^{-1} \mu_i$。$I_i^T y + c_i$ 为线性判别函数，判别规则简化为

$$y \in G_l, \text{ 如果} I_l^T y + c_l = \max_{1 \leq i \leq k}(I_i^T y + c_i)$$

在实践中总体参数一般未知，应由相应样本估计量代替计算，即用样本均值 $\bar{x}_i$ 代替 μ_i，而 $\bar{x}_i = \frac{1}{n_j} \sum_{j=1}^{n_j} x_{ij}$。此时协方差的联合无偏估计为

$$S_p = \frac{1}{n-k} \sum_{i=1}^{k} (n_i - 1) S_i$$

式中，$n = \sum_{i=1}^{k} n_i$；$n - k \geq p$；S_i 为第 i 组的样本协方差矩阵：

$$S_i = \frac{1}{n_i - 1} \sum_{j=1}^{n_i} (x_{ij} - \bar{x}_i)(x_{ij} - \bar{x}_i)^T$$

此时判别规则变为

$$y \in G_l, \text{ 如果} \hat{I}_l^T y + \hat{c}_l = \max_{1 \leq i \leq k}(\hat{I}_i^T y + \hat{c}_i)$$

式中，$\hat{I}_i = S_p^{-1} \bar{x}_i$；$\hat{c}_i = -\frac{1}{2} \bar{x}_i^T S_p^{-1} \bar{x}_i$。

方差不全相等时，由于 $\Sigma_1 \neq \Sigma_2 \neq \cdots \neq \Sigma_k$，则用 S_i 估计 Σ_i，最终的判定规则为

$$y \in G_l, \text{ 如果} \hat{d}^2(y, G_l) = \min_{1 \leq i \leq k} \hat{d}^2(y, G_i)$$

式中，$\hat{d}^2(y, G_i) = (y - \bar{y}_i)^T S_i^{-1} (y - \bar{y}_i)$。

距离判别分析有如下注意事项。

（1）判别分析要求各总体均值之间有显著差异，各总体均值向量之间有明显差异。

（2）当各总体样本容量较小时，采用线性判别函数，否则应该采用二次判别函数。

（3）当假设各组协方差矩阵相等时，应对多总体数据进行方差齐性检验。

（4）当样本容量足够大时，可对判别分析结果采用交叉验证法来比较不同方法的误判概率并择优应用。

9.3 贝叶斯判别法

贝叶斯判别法是根据贝叶斯准则进行判别的多元统计分析方法，它基于贝叶斯理论计算样本属于特定类别的条件概率（也称后验概率），未知样本归属于条件概率最大的类别。贝叶斯判别法把条件概率最大或平均损失最小作为判别分类的准则，而条件概率和贝叶斯定理是贝叶斯判别法的理论基础。

9.3.1 条件概率

贝叶斯定理由英国数学家贝叶斯（Thomas Bayes）发现，用来描述两个条件概率 $P(A|B)$ 和 $P(B|A)$ 之间的关系。

事件 A 和事件 B 同时发生的概率等于事件 A 发生的概率 $P(A)$ 乘以事件 A 发生条件下事件 B 发生的概率 $P(B|A)$，也等于事件 B 发生的概率 $P(B)$ 乘以事件 B 发生条件下事件 A 发生的概率 $P(A|B)$，记为

$$P(A \cap B) = P(A) \times P(B|A) = P(B) \times P(A|B)$$

条件概率如图 9-14 所示。

贝叶斯法则为

$$P(A|B) = \left[P(B|A) \times P(A) \right] / P(B)$$

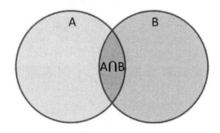

图 9-14 条件概率示意图

也就是说，事件 B 发生条件下事件 A 发生的概率 $P(A|B)$ 等于事件 A 发生条件下事件 B 发生的概率 $P(B|A)$ 乘以 A 发生的概率 $P(A)$，再除以事件 B 发生的概率 $P(B)$。

例   **贝叶斯法则示例**

现有甲、乙两个袋子，甲袋子中有 7 个红球、3 个白球，乙袋子中有 1 个红球、9 个白球，现在从两个袋子中任意抽出一个球是红球，问该红球来自甲袋的概率是多少？

解：选袋事件：假设从袋子中选中甲袋子的概率为 $P(甲)$，则 $P(甲)=\dfrac{1}{2}$；

选球事件：假设从球中选中红色球的概率为 $P(红)$，则 $P(红)=(7+1)\div 20=\dfrac{8}{20}$。

根据公式 $P(甲|红)=[P(红|甲)\times P(甲)]/P(红)$，已知从甲袋子中取出红球的概率为
$$P(红|甲)=7/10$$
则有
$$P(甲|红)=[P(红|甲)\times P(甲)]/P(红)=\dfrac{7}{10}\times\dfrac{1}{2}\div\dfrac{8}{20}=0.875$$

9.3.2 贝叶斯法则

在事件 B 发生条件下事件 A 发生的概率 $P(A|B)$，与事件 A 发生条件下事件 B 发生的概率 $P(B|A)$ 是不一样的，但这两者是有确定关系的，贝叶斯法则就描述了这两者间的关系。

随机事件 A 和 B 发生的概率 $P(A)$ 和 $P(B)$ 称为先验概率，表示事前对它们发生概率的一个判断。而 $P(A|B)$ 是在事件 B 发生的情况下事件 A 发生的可能性，称为后验概率，表示事件 B 发生后对事件 A 的一个重新评估。

（1） $P(A)$ 是事件 A 的先验概率，因为它不考虑任何事件 B 方面的因素。

（2） $P(A|B)$ 是已知事件 B 发生后事件 A 的条件概率，因依赖于事件 B 发生的概率而被称作事件 A 的后验概率。

（3） $P(B|A)$ 是已知事件 A 发生后事件 B 的条件概率，因依赖于事件 A 发生的概率而被称作事件 B 的后验概率。

（4） $P(B)$ 是事件 B 的先验概率，也称为标准化常量。

贝叶斯法则 $P(A|B)=[P(B|A)\times P(A)]/P(B)$ 可表述为

后验概率 = (似然度×先验概率)/标准化常量

后验概率跟先验概率与似然度的乘积成正比。另外，比例 $P(B|A)/P(B)$ 有时也被称作标准似然度（Standardized Likelihood），则此时贝叶斯法则简化为

后验概率 = 标准似然度×先验概率

9.3.3 贝叶斯定理

设 $A_1,A_2,\cdots,A_n$ 是两两互斥事件，且 $P(A_i)>0, i=1,2,\cdots,n$。另有一事件 B，它总是与 $A_1,A_2,\cdots,A_n$ 之一同时发生，则事件 B 发生条件下事件 A_i 发生的概率 $P(A_i|B)$ 为

$$P(A_i|B)=\dfrac{P(A_i)P(B|A_i)}{\sum_{j=1}^{n}P(A_j)P(B|A_j)}$$

式中，$i=1,2,\cdots,n$。该公式于 1763 年由贝叶斯给出，称为贝叶斯公式。但实际上法国数学家拉普拉斯在 1744 年更早地独立发现了该公式并推广应用。贝叶斯公式是在观察到事件 B 已发生条件下，寻找导致该事件发生的每个原因的概率。

> **例** 贝叶斯定理实例

某公司新来了一个员工张三，大家对张三的人品不了解，因此张三是好人还是坏人，大家都不清楚。上班第一天，张三做了一件打扫办公室的好事，现在问张三是好人的概率有多大。

解：根据认知，一个人是好人还是坏人，比例都差不多。在一般情况下，好人做十件事，九件是好事；而坏人做十件事，八件是坏事。因此 $P(好人)=P(坏人)=0.5$，$P(做好事|好人)=0.9$，$P(做坏事|坏人)=0.8$。

根据贝叶斯公式有如下结论：

$$P(好人|做好事) = \frac{P(做好事|好人)P(好人)}{P(做好事|好人)P(好人)+P(做好事|坏人)P(坏人)}$$

$$= \frac{0.9 \times 0.5}{0.9 \times 0.5 + (1-0.8) \times 0.5}$$

$$= 0.82$$

$$P(坏人|做好事) = \frac{P(做好事|坏人)P(坏人)}{P(做好事|好人)P(好人)+P(做好事|坏人)P(坏人)}$$

$$= \frac{(1-0.8) \times 0.5}{0.9 \times 0.5 + (1-0.8) \times 0.5}$$

$$= 0.18$$

在做好事的前提下，张三是好人的概率为 82%。

9.3.4 贝叶斯判别分析

假设有定义明确的 g 个总体 $G_1, G_2, \cdots, G_g$，分别为 $X_1, X_2, \cdots, X_p$ 的多元正态分布。对于任一个体，若已知 p 个变量的观察值，要求判断该个体最可能属于哪一个总体。

如果我们指定了一个判别分类规则，难免会发生错分现象。把实属第 i 类的个体错分到第 j 类的概率记为 $P(j|i)$，这种错误分类造成的损失记为 $C(j|i)$。将后验概率最大或平均损失最小作为判别分类的准则，按照这个准则寻找判别分类的方法，称为贝叶斯判别。贝叶斯判别法包括后验概率最大法和最小期望误判代价法。

后验概率最大法可看成所有误判代价均相同时的最小期望误判代价法，此时最小总误判概率法等同于后验概率最大法。下面讲述后验概率最大法。

9.3.5 后验概率最大法

假设有 p 个互相独立的判别指标 $X_1, X_2, \cdots, X_p$，每个观测只能归属于其中某一类，设有 g 个组 $G_1, G_2, \cdots, G_g$，且组 G_i 的概率密度为 $f_i(x)$，样本 x 来自组 G_i 的先验概率为 p_i（$i=1,2,\cdots,g$），满足 $\sum_{i=1}^{g} p_i = 1$。x 属于 G_i 的后验概率为

$$P(G_i|x) = \frac{p_i f_i(x)}{\sum_{j=1}^{g} p_j f_j(x)}, \quad i=1,2,\cdots,g$$

则最大后验概率法采用的判别准则如下：

$$x \in G_l, \text{ 如果} P(G_l|x) = \max_{1 \leq i \leq g} P(G_i|x)$$

例如，有三个组 G_1、G_2、G_3，已知样本 x 来自三个组的先验概率为 $p_1=0.1$，$p_2=0.5$，$p_3=0.4$，样品归属各组的概率密度函数为 $f_1(x)=0.1$，$f_2(x)=0.5$，$f_3(x)=2.5$。则样本 x 归属于各组的后验概率为

$$P(G_1|x) = \frac{p_1 f_1(x)}{\sum_{j=1}^{3} p_j f_j(x)} = \frac{0.1 \times 0.1}{0.1 \times 0.1 + 0.5 \times 0.5 + 0.4 \times 2.5} = 0.0079$$

$$P(G_2|x) = \frac{p_1 f_1(x)}{\sum_{j=1}^{3} p_j f_j(x)} = \frac{0.5 \times 0.5}{0.1 \times 0.1 + 0.5 \times 0.5 + 0.4 \times 2.5} = 0.1984$$

$$P(G_3|x) = \frac{p_1 f_1(x)}{\sum_{j=1}^{3} p_j f_j(x)} = \frac{0.4 \times 2.5}{0.1 \times 0.1 + 0.5 \times 0.5 + 0.4 \times 2.5} = 0.7937$$

则应将 x 判定为 G_3。

9.3.6 全是正态总体时后验概率的计算

假设 $G_i \sim N_p(\boldsymbol{\mu}_i, \boldsymbol{\Sigma}_i)$，$|\boldsymbol{\Sigma}_i| > 0$，$i=1,2,\cdots,g$。这时，总体 G_i 的概率密度为

$$f(\boldsymbol{x}) = 2\pi^{-p_i/2} |\boldsymbol{\Sigma}_i|^{-1/2} e^{-d^2(\boldsymbol{x},G_i)/2}$$

式中，$d^2(\boldsymbol{x},G_i) = (\boldsymbol{x}-\boldsymbol{\mu}_i)^T \boldsymbol{\Sigma}_i^{-1} (\boldsymbol{x}-\boldsymbol{\mu}_i)$ 为样本 $\boldsymbol{x}$ 到总体 G_i 的平方马氏距离。各种后验概率的计算公式为

当 $p_1 = p_2 = \cdots = p_g = 1/g$，$\boldsymbol{\Sigma}_1 = \boldsymbol{\Sigma}_2 = \cdots \boldsymbol{\Sigma}_g = \boldsymbol{\Sigma}$ 时

$$P(G_i|\boldsymbol{x}) = \frac{e^{-d^2(\boldsymbol{x},G_i)/2}}{\sum_{j=1}^{g} e^{-d^2(\boldsymbol{x},G_j)/2}}$$

当 $p_1 = p_2 = \cdots = p_g = 1/g$，$\boldsymbol{\Sigma}_1 \neq \boldsymbol{\Sigma}_2 \neq \cdots \boldsymbol{\Sigma}_g \neq \boldsymbol{\Sigma}$ 时

$$P(G_i|\boldsymbol{x}) = \frac{e^{-(d^2(\boldsymbol{x},G_i)+\ln|\boldsymbol{\Sigma}_i|)/2}}{\sum_{j=1}^{g} e^{-(d^2(\boldsymbol{x},G_j)+\ln|\boldsymbol{\Sigma}_j|)/2}}$$

当 $p_1 \neq p_2 \neq \cdots \neq p_g$，$\boldsymbol{\Sigma}_1 = \boldsymbol{\Sigma}_2 = \cdots \boldsymbol{\Sigma}_g = \boldsymbol{\Sigma}$ 时

$$P(G_i|\boldsymbol{x}) = \frac{e^{-(d^2(\boldsymbol{x},G_i)-2\ln p_i)/2}}{\sum_{j=1}^{g} e^{-(d^2(\boldsymbol{x},G_j)-2\ln p_j)/2}}$$

当 $p_1 \neq p_2 \neq \cdots \neq p_g$，$\boldsymbol{\Sigma}_1 \neq \boldsymbol{\Sigma}_2 \neq \cdots \boldsymbol{\Sigma}_g \neq \boldsymbol{\Sigma}$ 时

$$P(G_i|\boldsymbol{x}) = \frac{e^{-(d^2(\boldsymbol{x},G_i)+\ln|\boldsymbol{\Sigma}_i|-2\ln p_i)/2}}{\sum_{j=1}^{g} e^{-(d^2(\boldsymbol{x},G_j)+\ln|\boldsymbol{\Sigma}_j|-2\ln p_j)/2}}$$

9.3.7 后验概率的统一表述

后验概率的公式如下：

$$P(G_i|\boldsymbol{x}) = \frac{e^{-D^2(\boldsymbol{x},G_i)/2}}{\sum_{j=1}^{g} e^{-D^2(\boldsymbol{x},G_j)/2}}, \quad i=1,2,\cdots,g$$

定义广义平方马氏距离为 $D^2(\boldsymbol{x},G_i) = d^2(\boldsymbol{x},G_i) + v_i + w_i$，其中 $d^2(\boldsymbol{x},G_i) = (\boldsymbol{x}-\boldsymbol{\mu}_i)^{\mathrm{T}} \boldsymbol{\Sigma}_i^{-1}(\boldsymbol{x}-\boldsymbol{\mu}_i)$ 为平方马氏距离，则有

当 $\boldsymbol{\Sigma}_1 = \boldsymbol{\Sigma}_2 = \cdots = \boldsymbol{\Sigma}_g = \boldsymbol{\Sigma}$ 时

$$v_i = 0$$

当 $\boldsymbol{\Sigma}_1 \neq \boldsymbol{\Sigma}_2 \neq \cdots \boldsymbol{\Sigma}_g \neq \boldsymbol{\Sigma}$ 时

$$v_i = \ln|\boldsymbol{\Sigma}_i|$$

当 $p_1 = p_2 = \cdots = p_g = 1/g$ 时

$$w_i = 0$$

当 $p_1 \neq p_2 \neq \cdots \neq p_g$ 时

$$w_i = 2\ln p_i$$

此时正态分布假设下的判别准则可表述为

$$\boldsymbol{x} \in G_l, \text{ 如果 } D^2(\boldsymbol{x},G_l) = \min_{1 \leqslant i \leqslant g} D^2(\boldsymbol{x},G_i)$$

当 $\boldsymbol{\Sigma}_1 = \boldsymbol{\Sigma}_2 = \cdots = \boldsymbol{\Sigma}_g = \boldsymbol{\Sigma}$ 时

$$P(G_i|\boldsymbol{x}) = \frac{e^{(\boldsymbol{I}_i^{\mathrm{T}}\boldsymbol{x}+c_i+\ln p_i)}}{\sum_{j=1}^{g} e^{(\boldsymbol{I}_j^{\mathrm{T}}\boldsymbol{x}+c_j+\ln p_j)}}$$

式中，$\boldsymbol{I}_i = \boldsymbol{\Sigma}^{-1}\boldsymbol{\mu}_i$，$c_i = \frac{1}{2}\boldsymbol{\mu}_i^{\mathrm{T}}\boldsymbol{\Sigma}^{-1}\boldsymbol{\mu}_i$。判别准则进一步简化为

$$\boldsymbol{x} \in G_l, \text{ 如果 } \boldsymbol{I}_l^{\mathrm{T}}\boldsymbol{x}+c_l+\ln p_l = \min_{1 \leqslant i \leqslant g}(\boldsymbol{I}_i^{\mathrm{T}}\boldsymbol{x}+c_i+\ln p_i)$$

先验概率难以确定时，一般取 $p_1 = p_2 = \cdots = p_g = 1/g$，则上式中的 $\ln p_i$ 为常数，可从公式中化掉。

9.3.8 贝叶斯判别函数

根据前面的分析可知，贝叶斯判别准则为

$$\boldsymbol{x} \in G_l, \text{ 如果 } P(G_l|\boldsymbol{x}) = \max_{1 \leqslant i \leqslant g} P(G_i|\boldsymbol{x})$$

式中，$P(G_i|\boldsymbol{x}) = \dfrac{p_i f_i(\boldsymbol{x})}{\sum_{j=1}^{g} p_j f_j(\boldsymbol{x})}$，$i = 1, 2, \cdots, g$。当 $p_1 = p_2 = \cdots = p_g = 1/g$ 时，判别函数可简化为

$$\boldsymbol{x} \in G_l, \text{ 如果 } f_l(\boldsymbol{x}) = \max_{1 \leq i \leq g} f_i(\boldsymbol{x})$$

因此该判别准则本质上是一种最大似然法。一般地，对于 g 个类别、p 个指标的观测，贝叶斯判别分析建立的判别函数如下：

$$Y_j = C_{0j} + \sum_{i=1}^{p} C_{ij} X_i$$

式中，$j = 1, 2, \cdots, g$。上式的展开形式如下：

$$\begin{cases} Y_1 = C_{01} + C_{11} X_1 + C_{21} X_2 + \cdots + C_{p1} X_p \\ Y_2 = C_{02} + C_{12} X_1 + C_{22} X_2 + \cdots + C_{p2} X_p \\ \quad\quad\quad\quad\quad\quad\quad\vdots \\ Y_g = C_{0g} + C_{1g} X_1 + C_{2g} X_2 + \cdots + C_{pg} X_p \end{cases}$$

即 g 个线性函数的联立方程，每个线性函数对应某一类别，其中 $C_{0j}, C_{1j}, \cdots, C_{pj}$ ($j = 1, 2, \cdots, g$) 为需要估计的参数。判别函数建立后通常的判别准则是：将该样本的各 X_i 值代入上面的各个方程，分别算出 $Y_1, Y_2, \cdots, Y_g$，样本归属于 Y 取值最大的类别。若 Y_f 为最大，则意味着该样本属于第 f 类的概率最大。

函数的图像如图 9-15 所示。

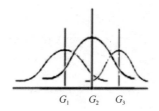

图 9-15 函数的图像

1. 考虑先验概率

考虑先验概率时，判别函数如下：

$$\begin{cases} Y_1 = C_{01} + C_{11} X_1 + C_{21} X_2 + \cdots + C_{p1} X_p + \ln(q(Y_1)) \\ Y_2 = C_{02} + C_{12} X_1 + C_{22} X_2 + \cdots + C_{p2} X_p + \ln(q(Y_2)) \\ \quad\quad\quad\quad\quad\quad\quad\vdots \\ Y_g = C_{0g} + C_{1g} X_1 + C_{2g} X_2 + \cdots + C_{pg} X_p + \ln(q(Y_g)) \end{cases}$$

式中，$q(Y_j)$ 为所研究的总体中任取一个样本归属于 Y_j 类别的概率，称为类别 j 的先验概率。考虑先验概率能适当提高判别的敏感性，先验概率可建立在以往文献报道或大样本研究上，但现实中先验概率往往不容易预先知道。

如果训练样本是从所研究的总体中随机抽取的，则可以用训练样本中各类的发生频率

$Q(Y_j)$ 来估计各类别的先验概率 $q(Y_j)$，即 $q(Y_j) = Q(Y_j)$。如果先验概率未知而又不能用 $Q(Y_j)$ 来估计 $q(Y_j)$，则只能假设各先验概率相等（服从均匀分布），此时先验概率退化为常数 $q(Y_j) = 1/g$。

2．考虑后验概率

考虑后验概率时，如果已知某样本的各个指标 X_i 的观察值为 S_i，则在该条件下，样本属于 Y_j 类别的概率 $P(Y_j | S_1, S_2, \cdots, S_p)$ 称为后验概率。后验概率和具体指标值有关。

判别某样本属于哪个类别时，可将样本各指标的取值 $S_1, S_2, \cdots, S_p$ 代入判别函数，求得各类别的 Y 值，即 $Y_1, Y_2, \cdots, Y_g$。后验概率的计算公式为

$$P(Y_j | S_1, S_2, \cdots, S_p) = \exp(Y_j) \bigg/ \sum_{i=1}^{g} \exp(Y_i)$$

当上式中的 Y_j 过大或过小时，$\exp(Y_j)$ 的计算会溢出。为了避免溢出，在计算后验概率前将各个 Y_j 减去或加上一个相同的常量 $Y^* = \max(Y_1, Y_2, \cdots, Y_g)$，即

$$P(Y_j | S_1, S_2, \cdots, S_p) = \exp(Y_j - Y^*) \bigg/ \sum_{i=1}^{g} \exp(Y_i - Y^*)$$

仅凭后验概率最大就判定属于哪一个类别有时是不够的，但后验概率可用于描述某样本属于 Y_j 类别概率的可靠性，这就使得判别的可靠性由一个量化指标来衡量。例如：

如果 A_1、A_2、A_3 的后验概率为 0.95、0.03 和 0.02，则判为 A_1 类的可靠性较好。

如果 A_1、A_2、A_3 的后验概率为 0.40、0.30 和 0.30，则判为 A_1 类的可靠性较差。

与临床上的诊断相类似，当对某病人的诊断把握不大时，常定为可疑或待查，这在实践应用中依然具有非常重要的意义。

9.3.9 SAS 判别分析过程步

SAS 程序提供 4 个 PROC 过程步，用于判别分析，DISCRIM 默认基于贝叶斯理论计算样本属于特定组的条件概率。

（1）PROC DISCRIM 是常用且全面的 PROC，提供线性判别方法和贝叶斯方法。但若指定选项 Canonical，则执行 Fisher 判别分析，即下面介绍的典型判别分析。它有两个重要的选项。

① **Method**=Normal | Npar 指定采用参数方法还是非参数方法进行判别，默认为参数方法。参数方法假设各组服从多元正态分布，基于组内协方差矩阵 WCOV 和合并协方差矩阵 PCOV，采用广义平方距离来建立判别函数。非参数方法不要求正态分布假设，而是基于概率密度（用 kernel=指定核函数，默认为 UNIFORM 均匀核密度函数），采用核密度估计（用 r =指定核半径）或 k-最近邻方法（用 k =指定最近邻个数）得到非参数估计。

② **Pool**=Yes | No | Test 用于指定计算马氏距离时协方差矩阵的选取：Yes 表示用合并样本的协方差矩阵 PCOV，采用线性判别函数进行判别；No 表示用组内样本协方差矩阵 WCOV，采用二次判别函数进行判别。由于在实际应用中一般只知道样本来自 k 个总体，而不知道各总体的均值和协方差矩阵，因此假设各总体方差相等时，应指定 "Yes"；假设

各总体方差不全等时，应指定"No"。

如果指定 Test，则表示进行协方差矩阵齐性检验，此时显著性水平可通过 Slpool=选项指定，默认为 0.1。检验结果满足方差齐性就相当于 Pool=Yes，否则相当于 Pool=No。

（2）PROC CANDISC 或它的高性能版本 PROC HPCANDISC。过程步的名称为典型判别分析，其实就是 Fisher 判别分析。它通过发现定量变量的线性组合来使得组或类之间的分离最大化。给定一个分类变量和若干定量变量，该过程步就可以找到这些定量变量的线性组合（称为典型变量），它汇总组间变异的方式与主成分分析中汇总总体变异的方式相同。

过程步会计算各类均值之间的平方马氏距离，执行单变量和多变量的单因素方差分析，输出典型系数及典型变量得分等。

（3）PROC STEPDISC 逐步线性判别分析方法。

1. 鸢尾花数据

SAS 系统数据 sashelp.iris 是统计学家 Fisher 于 1936 年发表的鸢尾花数据，它被广泛作为判别分析的经典数据。该数据包括 3 个鸢尾花品种的花萼和花瓣的长宽测量数据，单位为毫米。

（1）刚毛鸢尾花（第Ⅰ组 Setosa）。
（2）变色鸢尾花（第Ⅱ组 Versicolor）。
（3）弗吉尼亚鸢尾花（第Ⅲ组 Virginica）。

各品种包含一个容量为 50 的样本，观测变量包括花萼长度 x_1、花萼宽度 x_2、花瓣长度 x_3、花瓣宽度 x_4。图 9-16 所示为待分析数据的基本结构。

Obs	Iris Species	Sepal Length (mm)	Sepal Width (mm)	Petal Length (mm)	Petal Width (mm)
1	Setosa	50	33	14	2
2	Setosa	46	34	14	3
3	Setosa	46	36	10	2
4	Setosa	51	33	17	5
5	Setosa	55	35	13	2
...	...	...	...	...	...
145	Virginica	65	32	51	20
146	Virginica	64	27	53	19
147	Virginica	68	30	55	21
148	Virginica	57	25	50	20
149	Virginica	58	28	51	24
150	Virginica	63	33	60	25

图 9-16　待分析数据的基本结构

例 单变量密度估计和后验概率

```
/*1.考察单个定量变量（如花瓣宽度）在各品种上的频数分布*/
proc freq data=sashelp.iris noprint;
    tables petalwidth * Species / out=freqout;
run;
```

```
/*2. 花瓣宽度在品种类别上的颜色分组图*/
proc sgplot data=freqout;
   vbar petalwidth / group=species response=count;
run;
```

从图 9-17 可以看出 sashelp.iris 数据集中的 3 种不同品种的花，其花瓣宽度有重叠的地方。Versicolor 品种的花瓣宽度为 10~18mm，而 Virginica 品种的花瓣宽度为 14~25mm，花瓣宽度为 14~18mm 是两者的重叠区域。

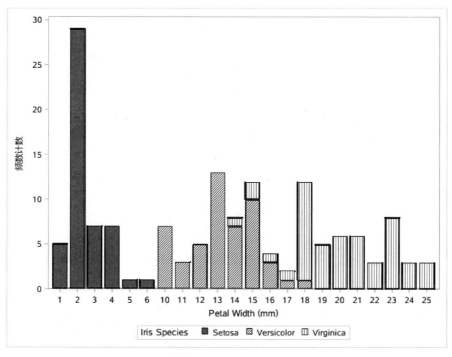

图 9-17　SASHELP.IRIS 花瓣宽度分组与品种

2. 参数方法

1）假设方差相等进行正态密度估计

假设各品种的花瓣宽度符合正态分布，为了绘制密度估计和后验概率图，我们首先创建一个名叫 plotdata 的检验数据集，它从-5 到 30 以 0.5 为步长均匀取值，该数据集用于 PROC DISCRIM 调用的 TESTDATA 选项进行检验。

```
/*准备检验数据*/
data plotdata;
  do PetalWidth=-5 to 30 by 0.5;
    output;
  end;
run;
/*1.1 假设方差相等进行正态密度估计*/
title2 'Using Normal Density Estimates with Equal Variance';
proc discrim data=sashelp.iris
  method=normal       /*假设需要判别的数据服从正态分布*/
  pool=yes            /*假设三个类别方差相等（POOL=YES）*/
```

```
   testdata=plotdata     /*检验数据*/
   testoutd=plotd        /*输出密度估计*/
   testout=plotp;        /*输出后验概率*/
   class Species;        /*鸢尾花品种*/
   var PetalWidth;       /*花瓣宽度*/
run;
```

图 9-18 所示为数据的一些基本信息，包括观测数和分类水平信息等。图 9-19 所示为合并协方差矩阵信息。

总样本大小	150	总自由度	149
变量	1	分类内自由度	147
分类	3	分类间自由度	2

读取的观测数	150
使用的观测数	150

分类水平信息

Species	变量名	频数	权重	比例	先验概率
Setosa	Setosa	50	50.0000	0.333333	0.333333
Versicolor	Versicolor	50	50.0000	0.333333	0.333333
Virginica	Virginica	50	50.0000	0.333333	0.333333

图 9-18 观测数和分类水平信息

合并协方差矩阵信息

协方差矩阵秩	协方差矩阵的行列式的自然对数
1	1.43226

图 9-19 合并协方差矩阵信息

图 9-20 所示为校准数据和检验数据的分类汇总。

DISCRIM 过程

到 Species 的广义平方距离

从 "Species"	Setosa	Versicolor	Virginica
Setosa	0	27.84992	75.65130
Versicolor	27.84992	0	11.69964
Virginica	75.65130	11.69964	0

"Species" 的线性判别函数

变量	标签	Setosa	Versicolor	Virginica
常数		-0.72246	-20.99102	-49.00330
PetalWidth	Petal Width (mm)	0.58737	3.16607	4.83744

DISCRIM 过程
以下校准数据的分类汇总: SASHELP.IRIS
使用以下项的重新替换汇总: 线性判别函数

分入 "Species" 的观测数和百分比

从 "Species"	Setosa	Versicolor	Virginica	合计
Setosa	50 100.00	0 0.00	0 0.00	50 100.00
Versicolor	0 0.00	48 96.00	2 4.00	50 100.00
Virginica	0 0.00	4 8.00	46 92.00	50 100.00
合计	50 33.33	52 34.67	48 32.00	150 100.00
先验	0.33333	0.33333	0.33333	

"Species" 的出错数估计

	Setosa	Versicolor	Virginica	合计
比率	0.0000	0.0400	0.0800	0.0400
先验	0.3333	0.3333	0.3333	

图 9-20 校准数据和检验数据的分类汇总

DISCRIM 过程
以下检验数据的分类汇总: WORK.PLOTDATA
使用以下项的分类汇总: 线性判别函数

检验数据的观测概略

读取的观测数	71
使用的观测数	71

分入"Species"的观测数和百分比

	Setosa	Versicolor	Virginica	合计
合计	26 36.62	18 25.35	27 38.03	71 100.00
先验	0.33333	0.33333	0.33333	

图 9-20　校准数据和检验数据的分类汇总（续）

为了控制输出结果，我们在 PROC DISCRIM 过程步中加上下面 3 个选项，以显示交叉验证信息。

short 选项压缩输出内容；

noclassify 选项抑制了输入数据集的重新分类结果；

crosslisterr 选项列出交叉验证下误分类观测及交叉验证错误率估计。

```
/*1.2 假设方差相等进行正态密度估计*/
title2 'Using Normal Density Estimates with Equal Variance';
proc discrim data=sashelp.iris
  method=normal     /*假设需要判别的数据服从正态分布*/
  pool=yes          /*假设三个类别方差相等,用线性判别函数进行判别*/
  testdata=plotdata /*检验数据*/
  testoutd=plotd    /*输出密度估计*/
  testout=plotp     /*输出后验概率*/
  short             /*压缩输出内容*/
  noclassify        /*抑制输入数据集的重新分类结果*/
  crosslisterr ;    /*列出交叉验证下误分类的观测及交叉验证错误率的估计*/
  class Species;
  var PetalWidth;
run;
```

CROSSLISTERR 选项列出交叉验证下误分类的观测及交叉验证错误率的估计。图 9-21～图 9-24 为线性判别函数的交叉验证结果，表明观测 53、100、103、124、130 和 136 为误分类的观测。

总样本大小	150	总自由度	149
变量	1	分类内自由度	147
分类	3	分类间自由度	2

图 9-21　数据的基本信息

读取的观测数	150
使用的观测数	150

图 9-22　观测数

分类水平信息

Species	变量名	频数	权重	比例	先验概率
Setosa	Setosa	50	50.0000	0.333333	0.333333
Versicolor	Versicolor	50	50.0000	0.333333	0.333333
Virginica	Virginica	50	50.0000	0.333333	0.333333

图 9-23　分类水平信息

DISCRIM 过程
以下校准数据的分类结果: SASHELP.IRIS
使用以下项的交叉验证结果: 线性判别函数

	"Species" 中成员的后验概率				
观测	从 "Species"	分为 "Species"	Setosa	Versicolor	Virginica
53	Versicolor	Virginica	* 0.0000	0.0952	0.9048
100	Versicolor	Virginica	* 0.0000	0.3828	0.6172
103	Virginica	Versicolor	* 0.0000	0.9610	0.0390
124	Virginica	Versicolor	* 0.0000	0.9940	0.0060
130	Virginica	Versicolor	* 0.0000	0.8009	0.1991
136	Virginica	Versicolor	* 0.0000	0.9610	0.0390

* 误分类的观测

图 9-24　校准数据的分类结果

图 9-25 列出了误判的出错数估计。

DISCRIM 过程
以下校准数据的分类汇总: SASHELP.IRIS
使用以下项的交叉验证汇总: 线性判别函数

	分入 "Species" 的观测数和百分比			
从 "Species"	Setosa	Versicolor	Virginica	合计
Setosa	50 100.00	0 0.00	0 0.00	50 100.00
Versicolor	0 0.00	48 96.00	2 4.00	50 100.00
Virginica	0 0.00	4 8.00	46 92.00	50 100.00
合计	50 33.33	52 34.67	48 32.00	150 100.00
先验	0.33333	0.33333	0.33333	

"Species" 的出错数估计				
	Setosa	Versicolor	Virginica	合计
比率	0.0000	0.0400	0.0800	0.0400
先验	0.3333	0.3333	0.3333	

图 9-25　误判的出错数估计

图 9-26 列出了分入各品种的观测数和百分比及比率。

DISCRIM 过程
以下检验数据的分类汇总: WORK.PLOTDATA
使用以下项的分类汇总: 线性判别函数

检验数据的观测概略	
读取的观测数	71
使用的观测数	71

	分入 "Species" 的观测数和百分比			
	Setosa	Versicolor	Virginica	合计
合计	26 36.62	18 25.35	27 38.03	71 100.00
先验	0.33333	0.33333	0.33333	

图 9-26　分入各品种的观测数和百分比及比率

基于预测结果和类别绘制后验概率和密度估计图的代码如下。

```
/*基于预测结果和类别绘制后验概率图*/
%macro plotprob;
   title3 'Plot of Posterior Probabilities';
   data plotp2;
     set plotp;
     if setosa < .01 then setosa = .;
     if versicolor < .01 then versicolor = .;
     if virginica  < .01 then virginica  = .;

     g = 'Setosa';     Probability = setosa;
     output;
     g = 'Versicolor'; Probability = versicolor;
     output;
     g = 'Virginica';  Probability = virginica;
     output;
     label PetalWidth='Petal Width in mm.';
   run;
   proc sgplot data=plotp2;
     series y=Probability x=PetalWidth / group=g;
     discretelegend;
   run;
%mend;

/*基于组特定的密度估计绘制正态密度估计曲线*/
%macro plotden;
   title3 'Plot of Estimated Densities';
   data plotd2;
     set plotd;
     if setosa < .002 then setosa = .;
     if versicolor < .002 then versicolor = .;
     if virginica  < .002 then virginica  = .;

     g = 'Setosa';     Density = setosa;
     output;
     g = 'Versicolor'; Density = versicolor;
     output;
     g = 'Virginica';  Density = virginica;
     output;
     label PetalWidth='Petal Width in mm.';
   run;
   proc sgplot data=plotd2;
     series y=Density x=PetalWidth / group=g;
     discretelegend;
   run;
%mend;
```

由于假设方差相等，三个品种的密度曲线大致相同，但均值不同，如图 9-27 所示。

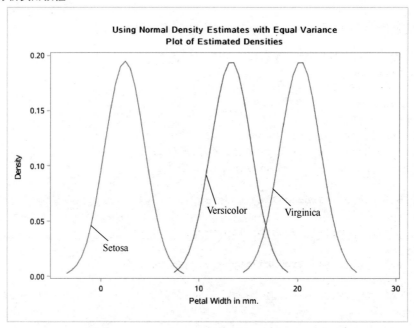

%plotden

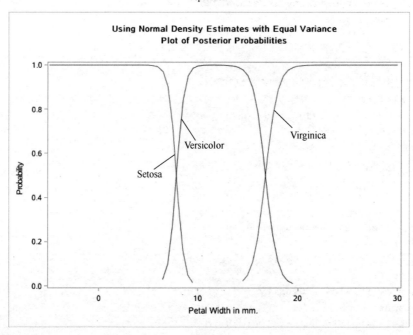

%plotprob

图 9-27　密度估计图和后验概率图（方差相等）

2）假设方差不相等进行正态密度估计

```
/*2.假设方差不相等进行正态密度估计*/
title2 'Using Normal Density Estimates with Different Variance';
proc discrim data=sashelp.iris
  method=normal          /*假设数据服从正态分布*/
```

```
    pool=no             /*假设三个类别方差不等，用二次判别函数进行判别*/
    testdata=plotdata   /*检验数据*/
    testoutd=plotd      /*输出密度估计*/
    testout=plotp       /*输出后验概率*/
    short               /*压缩输出内容*/
    noclassify          /*抑制输入数据集的重新分类结果*/
    crosslisterr ;      /*列出交叉验证下误分类的观测及交叉验证错误率估计*/
    class Species;
    var PetalWidth;
  run;
  %plotden;
  %plotprob;
```

此时用二次判别函数进行判别，从图 9-28 和图 9-29 可以看出，观测 10 把 Setosa 品种误判为 Versicolor 品种。从图 9-30 的交叉验证的误判比率可以看出，结果跟前面的线性判别函数所得的结果有所不同。

DISCRIM 过程
以下校准数据的分类结果: SASHELP.IRIS
使用以下项的交叉验证结果: 二次判别函数

"Species" 中成员的后验概率						
观测	从 "Species"	分为 "Species"		Setosa	Versicolor	Virginica
10	Setosa	Versicolor	*	0.4923	0.5073	0.0004
53	Versicolor	Virginica	*	0.0000	0.0686	0.9314
100	Versicolor	Virginica	*	0.0000	0.2871	0.7129
103	Virginica	Versicolor	*	0.0000	0.8740	0.1260
124	Virginica	Versicolor	*	0.0000	0.9602	0.0398
130	Virginica	Versicolor	*	0.0000	0.6558	0.3442
136	Virginica	Versicolor	*	0.0000	0.8740	0.1260

* 误分类的观测

图 9-28　校准数据的分类结果

DISCRIM 过程
以下校准数据的分类汇总: SASHELP.IRIS
使用以下项的交叉验证汇总: 二次判别函数

分入 "Species" 的观测数和百分比				
从 "Species"	Setosa	Versicolor	Virginica	合计
Setosa	49 98.00	1 2.00	0 0.00	50 100.00
Versicolor	0 0.00	48 96.00	2 4.00	50 100.00
Virginica	0 0.00	4 8.00	46 92.00	50 100.00
合计	49 32.67	53 35.33	48 32.00	150 100.00
先验	0.33333	0.33333	0.33333	

图 9-29　校准数据的分类汇总

由于假设方差不相等，三个品种的密度曲线差异较大，如图 9-31 所示。

294 | 数据分析实用教程

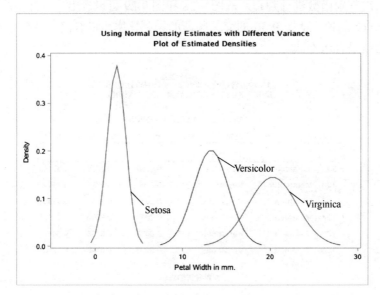

图 9-30　检验数据的分类汇总和各品种的出错数估计

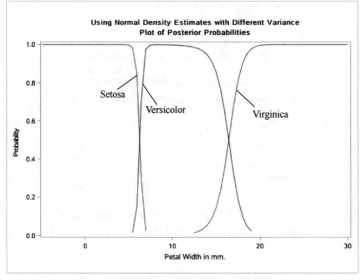

图 9-31　密度估计图和后验概率图（方差不等）

3. 非参数方法

1）等带宽核密度估计

```
/*3. 使用等带宽核密度估计 r=0.4*/
title2 'Using Kernel Density Estimates with Equal Bandwidth';
proc discrim data=sashelp.iris
  method=npar           /*非参数方法 Non-Parameter*/
  pool=yes              /*各类别等带宽（平滑参数），不限定密度估计为等方差*/
  kernel=normal         /*正态核密度估计*/
  r=0.4                 /*半径参数：假设正态且最小化近似均值积分的误差平方为 0.4*/
  testdata=plotdata     /*检验数据*/
  testoutd=plotd        /*输出密度估计*/
  testout=plotp         /*输出后验概率*/
  short                 /*压缩输出内容*/
  noclassify            /*抑制输入数据集的重新分类结果*/
  crosslisterr;         /*列出交叉验证下误分类的观测及交叉验证错误率估计*/
  class Species;
  var PetalWidth;
run;
%plotden;
%plotprob;
```

如图 9-32 所示，此时用正态核密度进行判别，分析结果跟方差相等时的正态密度估计的分析结果一样。

DISCRIM 过程
以下校准数据的分类结果: SASHELP.IRIS
使用以下项的交叉验证结果: 正态核密度

"Species" 中成员的后验概率						
观测	从 "Species"	分为 "Species"		Setosa	Versicolor	Virginica
53	Versicolor	Virginica	*	0.0000	0.0438	0.9562
100	Versicolor	Virginica	*	0.0000	0.2586	0.7414
103	Virginica	Versicolor	*	0.0000	0.8827	0.1173
124	Virginica	Versicolor	*	0.0000	0.9472	0.0528
130	Virginica	Versicolor	*	0.0000	0.8061	0.1939
136	Virginica	Versicolor	*	0.0000	0.8827	0.1173

* 误分类的观测

DISCRIM 过程
以下校准数据的分类汇总: SASHELP.IRIS
使用以下项的交叉验证汇总: 正态核密度

分入 "Species" 的观测数和百分比				
从 "Species"	Setosa	Versicolor	Virginica	合计
Setosa	50 100.00	0 0.00	0 0.00	50 100.00
Versicolor	0 0.00	48 96.00	2 4.00	50 100.00
Virginica	0 0.00	4 8.00	46 92.00	50 100.00
合计	50 33.33	52 34.67	48 32.00	150 100.00
先验	0.33333	0.33333	0.33333	

"Species" 的出错数估计				
	Setosa	Versicolor	Virginica	合计
比率	0.0000	0.0400	0.0800	0.0400
先验	0.3333	0.3333	0.3333	

DISCRIM 过程
以下检验数据的分类汇总: WORK.PLOTDATA
使用以下项的分类汇总: 正态核密度

检验数据的观测概略	
读取的观测数	71
使用的观测数	71

分入 "Species" 的观测数和百分比				
	Setosa	Versicolor	Virginica	合计
合计	26 36.62	18 25.35	27 38.03	71 100.00
先验	0.33333	0.33333	0.33333	

图 9-32　用正态核密度进行判别

2）不等带宽核密度估计，密度估计曲线如图 9-33 所示。

```
/*4. 使用不等带宽核密度估计，r=0.4*/
title2 'Using Kernel Density Estimates with Unequal Bandwidth';
proc discrim data=sashelp.iris
  method=npar           /*非参数方法 Non-Parameter*/
  pool=no               /*每个类别带宽不等*/
  kernel=normal         /*正态核密度估计*/
```

```
   r=0.4              /*半径参数：假设正态且最小化近似均值积分的误差平方为0.4*/
   testdata=plotdata  /*检验数据*/
   testoutd=plotd     /*输出密度估计*/
   testout=plotp      /*输出后验概率*/
   short              /*压缩输出内容*/
   noclassify         /*抑制输入数据集的重新分类结果*/
   crosslisterr ;     /*列出交叉验证下误分类的观测及交叉验证错误率估计*/
   class Species;
   var PetalWidth;
run;
%plotden;
%plotprob;
```

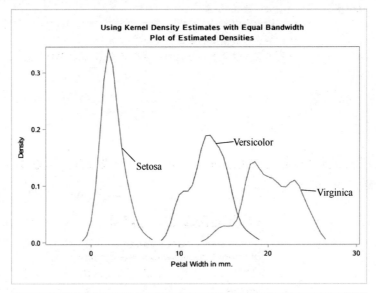

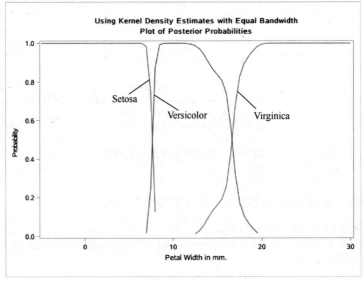

图 9-33　等带宽核密度估计曲线

除了检验数据的误分类率（见图 9-34）稍有不同，其他结果与等带宽核密度估计分析结果一样。

非参数方法不管带宽相等与否，结果都大致相同。

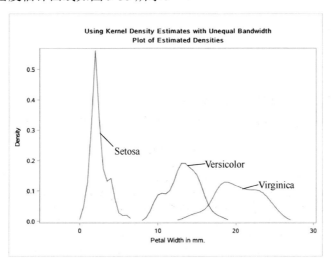

图 9-34　检验数据的误分类率

不等带宽核密度估计曲线如图 9-35 所示。

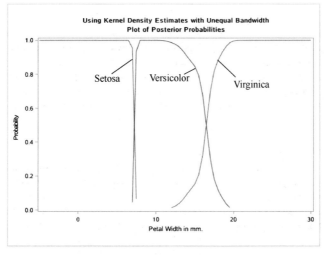

图 9-35　不等带宽核密度估计曲线

> **例** 参数方法：用二次判别函数对 Iris 数据进行判别分析

用二次判别函数对 Iris 数据进行判别分析的程序代码如下。

```
title2 'Using Quadratic Discriminant Function';
proc discrim data=sashelp.iris
/*在输出数据中生成 TYPE=MIXED 列，它包含各种统计量，如均值、协方差和判别函数系数*/
outstat=irisstat
  method=normal      /*使用正态理论方法*/
  pool=test          /*检验组内协方差矩阵的同质性*/
  wcov pcov          /*显示组内协方差矩阵 WCOV 和合并的协方差矩阵 PCOV*/
  distance           /*显示组间距离的平方*/
  anova manova       /*用单/多变量统计来检验"类均值相等"假设*/
  listerr            /*列出重新替换后的误分类观测*/
  crosslisterr;      /*列出交叉验证错误分类的观测及交叉验证误差率估计值*/
  class Species;
  var SepalLength SepalWidth PetalLength PetalWidth;
run;
/*显示判别统计量*/
proc print data=irisstat;
  title2 'Output Discriminant Statistics';
run;
```

用二次判别函数进行判别分析的结果如下。

WCOV PCOV 选项显示组内协方差矩阵和合并的协方差矩阵，如图 9-36 和图 9-37 所示。

DISCRIM 过程
分类内协方差矩阵

变量	标签	SepalLength	SepalWidth	PetalLength	PetalWidth
Species = Setosa, DF = 49					
SepalLength	Sepal Length (mm)	12.42489796	9.92163265	1.63551020	1.03306122
SepalWidth	Sepal Width (mm)	9.92163265	14.36897959	1.16979592	0.92979592
PetalLength	Petal Length (mm)	1.63551020	1.16979592	3.01591837	0.60693878
PetalWidth	Petal Width (mm)	1.03306122	0.92979592	0.60693878	1.11061224
Species = Versicolor, DF = 49					
SepalLength	Sepal Length (mm)	26.64326531	8.51836735	18.28979592	5.57795918
SepalWidth	Sepal Width (mm)	8.51836735	9.84693878	8.26530612	4.12040816
PetalLength	Petal Length (mm)	18.28979592	8.26530612	22.08163265	7.31020408
PetalWidth	Petal Width (mm)	5.57795918	4.12040816	7.31020408	3.91061224
Species = Virginica, DF = 49					
SepalLength	Sepal Length (mm)	40.43428571	9.37632653	30.32897959	4.90938776
SepalWidth	Sepal Width (mm)	9.37632653	10.40040816	7.13795918	4.76285714
PetalLength	Petal Length (mm)	30.32897959	7.13795918	30.45877551	4.88244898
PetalWidth	Petal Width (mm)	4.90938776	4.76285714	4.88244898	7.54326531

图 9-36　组内协方差矩阵

DISCRIM 过程

合并分类内协方差矩阵，DF = 147					
变量	标签	SepalLength	SepalWidth	PetalLength	PetalWidth
SepalLength	Sepal Length (mm)	26.50081633	9.27210884	16.75142857	3.84013605
SepalWidth	Sepal Width (mm)	9.27210884	11.53877551	5.52435374	3.27102041
PetalLength	Petal Length (mm)	16.75142857	5.52435374	18.51877551	4.26653061
PetalWidth	Petal Width (mm)	3.84013605	3.27102041	4.26653061	4.18816327

分类内协方差矩阵信息		
Species	协方差矩阵秩	协方差矩阵的行列式的自然对数
Setosa	4	5.35332
Versicolor	4	7.54636
Virginica	4	9.49362
合并	4	8.46214

图 9-37 合并的协方差矩阵

POOL=TEST 选项检验组内协方差矩阵的同质性。由于结果检验统计量在 0.10 水平上显著，用组内协方差矩阵来推导二次判别式准则，如图 9-38 所示。

DISCRIM 过程
分类内协方差矩阵的齐性检验

卡方	自由度	Pr > 卡方
140.943050	20	<.0001

由于卡方值在 0.1 水平处显著，将在判别函数中使用 分类内协方差矩阵。
参考：Morrison, D.F. (1976) Multivariate Statistical Methods p252.

图 9-38 组内协方差矩阵的齐性检验

DISTANCE 选项显示组间距离的平方，如图 9-39 所示。

DISCRIM 过程

到 Species 的平方距离			
从 "Species"	Setosa	Versicolor	Virginica
Setosa	0	103.19382	168.76759
Versicolor	323.06203	0	13.83875
Virginica	706.08494	17.86670	0

到 Species 的广义平方距离			
从 "Species"	Setosa	Versicolor	Virginica
Setosa	5.35332	110.74017	178.26121
Versicolor	328.41535	7.54636	23.33238
Virginica	711.43826	25.41306	9.49362

图 9-39 组间的平方距离和广义平方距离

ANOVA MANOVA 选项用单/多变量统计来检验"类均值相等"假设，所有统计量都在 0.0001 水平上显著，如图 9-40 所示。

DISCRIM 过程

一元检验统计量

F 统计量，自由度分子=2，自由度分母=147

变量	标签	标准差合计	合并标准差	之间标准差	R 方	R 方 / (1-R 方)	F 值	Pr > F
SepalLength	Sepal Length (mm)	8.2807	5.1479	7.9506	0.6187	1.6226	119.26	<.0001
SepalWidth	Sepal Width (mm)	4.3587	3.3969	3.3682	0.4008	0.6688	49.16	<.0001
PetalLength	Petal Length (mm)	17.6530	4.3033	20.9070	0.9414	16.0566	1180.16	<.0001
PetalWidth	Petal Width (mm)	7.6224	2.0465	8.9673	0.9289	13.0613	960.01	<.0001

平均 R 方	
未加权	0.7224358
按方差加权	0.8689444

Multivariate Statistics and F Approximations

S=2 M=0.5 N=71

统计量	值	F 值	分子自由度	分母自由度	Pr > F
Wilks' Lambda	0.02343863	199.15	8	288	<.0001
Pillai's Trace	1.19189883	53.47	8	290	<.0001
Hotelling-Lawley Trace	32.47732024	582.20	8	203.4	<.0001
Roy's Greatest Root	32.19192920	1166.96	4	145	<.0001

NOTE: Roy 最大根的 F 统计量是上限。
NOTE: Wilks Lambda 的 F 统计量是精确值。

图 9-40 检验各类别均值相等的统计量

LISTERR 选项列出重新替换后的误分类观测，如图 9-41 和图 9-42 所示。

DISCRIM 过程
以下校准数据的分类结果: SASHELP.IRIS
使用以下项的重新替换结果: 二次判别函数

	"Species" 中成员的后验概率				
观测	从 "Species"	分为 "Species"	Setosa	Versicolor	Virginica
53	Versicolor	Virginica	*	0.0000	0.3359	0.6641
55	Versicolor	Virginica	*	0.0000	0.1543	0.8457
103	Virginica	Versicolor	*	0.0000	0.6050	0.3950

* 误分类的观测

图 9-41 重新替换后的误分类观测

DISCRIM 过程
以下校准数据的分类汇总: SASHELP.IRIS
使用以下项的重新替换汇总: 二次判别函数

分入 "Species" 的观测数和百分比				
从 "Species"	Setosa	Versicolor	Virginica	合计
Setosa	50 100.00	0 0.00	0 0.00	50 100.00
Versicolor	0 0.00	48 96.00	2 4.00	50 100.00
Virginica	0 0.00	1 2.00	49 98.00	50 100.00
合计	50 33.33	49 32.67	51 34.00	150 100.00
先验	0.33333	0.33333	0.33333	

"Species" 的出错数估计				
	Setosa	Versicolor	Virginica	合计
比率	0.0000	0.0400	0.0200	0.0200
先验	0.3333	0.3333	0.3333	

图 9-42 校准数据的分类汇总和出错数估计

CROSSLISTERR 选项列出交叉验证错误分类的观测及交叉验证误差率的估计值。误差计数估计值 0.02（见图 9-43）不大于交叉验证误差计数的估计值 0.0267，这与预期一样，重新替换的估计是偏向于乐观的。

DISCRIM 过程
以下校准数据的分类结果：SASHELP.IRIS
使用以下项的交叉验证结果：二次判别函数

		"Species" 中成员的后验概率			
观测	从"Species"	分为"Species"	Setosa	Versicolor	Virginica
52	Versicolor	Virginica	* 0.0000	0.3134	0.6866
53	Versicolor	Virginica	* 0.0000	0.1616	0.8384
55	Versicolor	Virginica	* 0.0000	0.0713	0.9287
103	Virginica	Versicolor	* 0.0000	0.6632	0.3368

* 误分类的观测

DISCRIM 过程
以下校准数据的分类汇总：SASHELP.IRIS
使用以下项的交叉验证汇总：二次判别函数

	分入"Species"的观测数和百分比			
从"Species"	Setosa	Versicolor	Virginica	合计
Setosa	50 100.00	0 0.00	0 0.00	50 100.00
Versicolor	0 0.00	47 94.00	3 6.00	50 100.00
Virginica	0 0.00	1 2.00	49 98.00	50 100.00
合计	50 33.33	48 32.00	52 34.67	150 100.00
先验	0.33333	0.33333	0.33333	

	"Species"的出错数估计			
	Setosa	Versicolor	Virginica	合计
比率	0.0000	0.0600	0.0200	0.0267
先验	0.3333	0.3333	0.3333	

图 9-43 交叉验证结果和各品种的出错数估计

9.4 Fisher 判别法

贝叶斯判别法假设总体服从正态分布，但其平均误判概率最小的性质对非正态总体而言不一定存在。Fisher 判别法则不要求假设总体服从正态分布，它只是假设各总体方差相等。

9.4.1 Fisher 判别法的基本思想

Fisher 判别法是根据方差分析思想建立起来的一种线性判别分析方法，它能较好地区分各总体而不要求对总体分布做任何假设，除了需要假设各总体方差相等，也称为典型判别分析。

Fisher 判别法的核心思想是将高维空间的点投影（降维）在低维空间上将点分开，用 p 维向量 $\boldsymbol{x}=\left(x_1, x_2, \cdots, x_p\right)^{\mathrm{T}}$ 的 r（$r<p$）个线性组合 $y_1=\boldsymbol{a}_1^{\mathrm{T}}\boldsymbol{x}, y_2=\boldsymbol{a}_2^{\mathrm{T}}\boldsymbol{x}, \cdots, y_r=\boldsymbol{a}_r^{\mathrm{T}}\boldsymbol{x}$ 来代替原

始的 p 个变量 $x_1, x_2, \cdots, x_p$，以达到降维的目的，并根据这 r 个线性组合 $y_1, y_2, \cdots, y_r$ 对样本归属做出判别。

假设来自组 G_i（$i=1,2,\cdots,k$）的 p 维观测值 $\boldsymbol{x}_{ij}$（$j=1,2,\cdots,n_i$），将它们共同投影到某一个 p 维常数向量 $\boldsymbol{a}$ 上，得到的投影点分别对应线性组合 $y_{ij}=\boldsymbol{a}^T\boldsymbol{x}_{ij}$，则有

$$\bar{y}_i = \frac{1}{n_i}\sum_{j=1}^{n_i} y_{ij} = \boldsymbol{a}^T\bar{\boldsymbol{x}}_i$$

$$\bar{y} = \frac{1}{n}\sum_{i=1}^{k}\sum_{j=1}^{n_i} y_{ij} = \frac{1}{n}\sum_{i=1}^{k} n_i \bar{y}_i = \boldsymbol{a}^T\bar{\boldsymbol{x}}$$

式中，$\bar{\boldsymbol{x}}_i = \frac{1}{n_i}\sum_{j=1}^{n_i}\boldsymbol{x}_{ij}$；$\bar{\boldsymbol{x}} = \frac{1}{n}\sum_{i=1}^{k}n_i\bar{\boldsymbol{x}}_i$；$n = \sum_{i=1}^{k}n_i$。

通常 r 要明显小于 p，这几个组合称为判别式或典型变量，降维使判别更为方便有效，一般对前 2、3 个判别式作投影图来直观地从图形上检验各组的分离程度。

降维思想：主成分分析 PCA 是基于最大投影方差或最小投影距离的降维，属于无监督学习；而线性判别分析 LDA 是发现最优化分类方案变量子空间的降维方法，属于有监督学习。

9.4.2　Fisher 判别函数

设有 k 个组 G_i，每组有 n_i 个数据，假设各组协方差阵相同 $\boldsymbol{\Sigma}_1 = \boldsymbol{\Sigma}_2 = \cdots = \boldsymbol{\Sigma}_k = \boldsymbol{\Sigma}$，对于来自组 G_i 的 p 维观测值为 $\boldsymbol{x}_{ij}$（$i=1,2,\cdots,k$，$j=1,2,\cdots,n_i$），则 y_{ij} 的组间平方和与组内平方和为

$$\text{SSB} = \sum_{i=1}^{k} n_i (\bar{y}_i - \bar{y})^2 = \sum_{i=1}^{k} n_i (\boldsymbol{a}^T\bar{\boldsymbol{x}}_i - \boldsymbol{a}^T\bar{\boldsymbol{x}})^2 = \boldsymbol{a}^T\boldsymbol{B}\boldsymbol{a}$$

$$\text{SSE} = \sum_{i=1}^{k}\sum_{j=1}^{n_i} (y_{ij} - \bar{y}_i)^2 = \sum_{i=1}^{k}\sum_{j=1}^{n_i} (\boldsymbol{a}^T\boldsymbol{x}_{ij} - \boldsymbol{a}^T\bar{\boldsymbol{x}}_i)^2 = \boldsymbol{a}^T\boldsymbol{E}\boldsymbol{a}$$

式中，$\boldsymbol{B} = \sum_{i=1}^{k} n_i (\bar{\boldsymbol{x}}_i - \bar{\boldsymbol{x}})(\bar{\boldsymbol{x}}_i - \bar{\boldsymbol{x}})^T$ 为组间平方和及交叉乘积和；$\boldsymbol{E} = \sum_{i=1}^{k}(n_i - 1)\boldsymbol{S}_i = \sum_{i=1}^{k}\sum_{j=1}^{n_i}(\bar{\boldsymbol{x}}_{ij} - \bar{\boldsymbol{x}}_i)(\bar{\boldsymbol{x}}_{ij} - \bar{\boldsymbol{x}}_i)^T$ 为组内平方和及交叉乘积和；$\boldsymbol{S}_p = \frac{1}{n-k}\boldsymbol{E}$ 为协方差矩阵 $\boldsymbol{\Sigma}$ 的联合无偏估计；$\bar{\boldsymbol{x}}_i = \frac{1}{n_i}\sum_{j=1}^{n_i}\boldsymbol{x}_{ij}$；$\bar{\boldsymbol{x}} = \frac{1}{n}\sum_{i=1}^{k}n_i\bar{\boldsymbol{x}}_i$；$n = \sum_{i=1}^{k}n_i$。此时反映 y_{ij} 组间分离程度的统计量为

$$\text{SSB}/\text{SSE} = \boldsymbol{a}^T\boldsymbol{B}\boldsymbol{a}/\boldsymbol{a}^T\boldsymbol{E}\boldsymbol{a}$$

在约束条件 $\boldsymbol{a}^T\boldsymbol{S}_p\boldsymbol{a}=1$ 下寻找 $\boldsymbol{a}$，使得反映组间分离程度的统计量最大。基本原则为同一组中变量的差异最小，而不同组中变量的差异最大。

设 $\boldsymbol{E}^{-1}\boldsymbol{B}$ 的全部非零特征值依次为 $\lambda_1 \geq \lambda_2 \geq \cdots \geq \lambda_s > 0$，其中非零特征值个数为 s 且 $s \leq \min(k-1, p)$。相应的特征向量依次记为 $\boldsymbol{t}_1, \boldsymbol{t}_2, \cdots, \boldsymbol{t}_s$（标准化为 $\boldsymbol{t}_i^T\boldsymbol{S}_p\boldsymbol{t}_i = 1$，$i = 1, 2, \cdots, s$）。

当 $\boldsymbol{a}_1 = \boldsymbol{t}_1$ 时，反映组间分离程度的统计量达到最大值 λ_1，则意味着选择投影到 $\boldsymbol{t}_1$ 上可使投影点最大限度地分离，称 $y_1 = \boldsymbol{t}_1^T\boldsymbol{x}$ 为 Fisher 第一线性判别函数，简称第一判别式。

当使用第一判别式不够时，需要考虑建立第二判别式 $y_2 = \boldsymbol{a}_2^T\boldsymbol{x}$，且两个判别式之间满足 $\text{Cov}(y_1, y_2) = \text{Cov}(\boldsymbol{t}_1^T\boldsymbol{x}, \boldsymbol{a}_2^T\boldsymbol{x}) = \boldsymbol{t}_1^T\boldsymbol{\Sigma}\boldsymbol{a}_2 = 0$，其中未知的 $\boldsymbol{\Sigma}$ 需要用 $\boldsymbol{S}_p$ 代替。在约束条件

$t_1^T S_p a_2 =0$ 下寻找 a_2，使得反映组间分离程度的统计量达到最大。当 $a_2 = t_2$ 时，反映组间分离程度的统计量达到最大值 λ_2，称 $y_2 = t_2^T x$ 为第二判别式。

一般地，要建立的第 i 个线性组合 $y_i = a_i^T x$ 不能重复前面 $i-1$ 个判别函数中的信息，即有约束 $\text{Cov}(y_j, y_i) = \text{Cov}(t_j^T x, a_i^T x) = t_j^T \Sigma a_i = 0$（$j=1,2,\cdots,i-1$，未知的 Σ 用 S_p 代替）。采用与上面同样的步骤寻找 a_i，使得反映组间分离程度的统计量达到最大。当 $a_i = t_i$ 时，反映组间分离程度的统计量达到最大值 λ_i，称 $y_i = t_i^T x$ 为第 i 判别式。

Fisher 判别式 $y_i = t_i^T x$ 也可用中心化 Fisher 判别函数 $y_i = t_i^T (x - \bar{x})$ 表示，其中 $\bar{x} = \frac{1}{n} \sum_{i=1}^{k} \sum_{j=1}^{n_i} x_{ij}$ 为 k 个组的总体均值。

9.4.3 Fisher 判别函数的特点

所有的判别函数不受度量单位的影响，彼此之间互不相关，彼此之间的联合样本方差为零。Fisher 判别函数的方向近似于正交。虽然判别函数的方向 t_i（$i=1,2,\cdots,s$）并不严格正交，但仍可用直角坐标系作投影图来反映判别函数得分。一般选取 2 或 3 个函数绘制得分图来考察样本归属的分离程度。三维时可从多个角度观察各组的分离效果和新样本归属情况，从而发现各组结构特征和离群值的分布情况。降维投影作图是 Fisher 判别的重要应用。

由于 $s \leq \min(k-1, p)$，所以组数 $k=2$ 时只有一个判别式，$k=3$ 时最多只有两个判别式，判别式的总个数不会超过原始变量的个数 p。

特征值 λ_i 表明了第 i 判别式 y_i 对区分各组的贡献大小。若 y_i 在所选出的 s 个判别函数中的贡献率记为

$$\frac{\lambda_i}{\sum_{i=1}^{s} \lambda_i}$$

则前 r 个判别式 $y_1, y_2, \cdots, y_r$ 的累计贡献率可表示为

$$\sum_{i=1}^{r} \lambda_i \Big/ \sum_{i=1}^{s} \lambda_i$$

它反映了这些判别函数的判别能力。通常选取累计贡献率达到较高比例（75%～95%）的前 r 个判别式进行判别。

9.4.4 Fisher 判别的判别规则

由于判别函数彼此不相关且具有单位方差，马氏距离等同于欧式距离。采用距离判别法将一个新样本根据如下规则来判定归属。一般判别规则为

$$x \in \pi_l，如果 \sum_{j=1}^{r} (y_j - \bar{y}_{lj})^2 = \min_{1 \leq i \leq k} \sum_{j=1}^{r} (y_j - \bar{y}_{ij})^2$$

式中，$\bar{y}_{ij} = t_j^T \bar{x}_i$，$\bar{x}_i = \frac{1}{n_i} \sum_{j=1}^{n_i} x_{ij}$，$i=1,2,\cdots,k$。上式也可表示为

$$x \in \pi_l，如果 \sum_{j=1}^{r} \left[t_j^T (x - \bar{x}_l) \right]^2 = \min_{1 \leq i \leq k} \sum_{j=1}^{r} \left[t_j^T (x - \bar{x}_i) \right]^2$$

如果只使用一个判别式进行判别，则 $r=1$，以上判别法可简化为
$$\boldsymbol{x}\in\pi_l,\ \text{如果}\ |y-\overline{y}_l|=\min_{1\leqslant i\leqslant k}|y-\overline{y}_i|$$
式中，y 和 $\overline{y}_i$ 为上面一般判别规则中的 y_l 和 $\overline{y}_{il}$。

对于只有两组的判别只需要一个判别式，即 $r=1$，此时 Fisher 判别等价于协方差矩阵相等的距离判别，也等价于两个协方差矩阵相等的正态总体在先验概率与误判代价均相同时的贝叶斯判别。

如果使用全部 s 个判别函数做判别（$r=s$），Fisher 判别等价于距离判别，也等价于正态分布假设下各组协方差矩阵相等且先验概率和误判代价均相同的贝叶斯判别。

例　Fisher 判别的计算步骤(1)

基于前面的鸢尾花数据 sashelp.iris，我们可手动进行 Fisher 判别计算。在本例中 $n_1=n_2=n_3=50$，$n=n_1+n_2+n_3=150$，组数 $k=3$ 个组，变量数 $p=4$，则各组均值向量为

$$\overline{\boldsymbol{x}}_1=\begin{pmatrix}50.06\\34.28\\14.62\\2.46\end{pmatrix}\quad \overline{\boldsymbol{x}}_2=\begin{pmatrix}59.36\\27.70\\42.60\\13.26\end{pmatrix}\quad \overline{\boldsymbol{x}}_3=\begin{pmatrix}65.88\\29.74\\55.52\\20.26\end{pmatrix}\quad \overline{\boldsymbol{x}}=\frac{1}{n}\sum_{i=1}^{3}n_i\overline{\boldsymbol{x}}_i=\begin{pmatrix}58.433\\30.573\\37.580\\11.993\end{pmatrix}$$

组间平方和及交叉乘积和

$$\boldsymbol{B}=\sum_{i=1}^{3}n_i(\overline{\boldsymbol{x}}_i-\overline{\boldsymbol{x}})(\overline{\boldsymbol{x}}_i-\overline{\boldsymbol{x}})^{\mathrm{T}}=\begin{pmatrix}6321.213 & -1995.267 & 16524.840 & 7127.933\\-1995.267 & 1134.493 & -5723.960 & -2293.267\\165624.840 & -5723.960 & 43710.280 & 18677.400\\7127.933 & -2293.267 & 18677.400 & 8041.333\end{pmatrix}$$

组内平方和及交叉乘积和为

$$\boldsymbol{E}=\sum_{i=1}^{3}\sum_{j=1}^{n_i}(\overline{\boldsymbol{x}}_{ij}-\overline{\boldsymbol{x}}_i)(\overline{\boldsymbol{x}}_{ij}-\overline{\boldsymbol{x}}_i)^{\mathrm{T}}=\begin{pmatrix}3895.620 & -1363.000 & 2462.460 & 564.500\\-1363.000 & 1696.200 & 812.080 & 480.840\\2562.460 & 812.080 & 2722.260 & 627.180\\564.500 & 2722.260 & 627.180 & 615.660\end{pmatrix}$$

$$\boldsymbol{E}^{-1}\boldsymbol{B}=\begin{pmatrix}-3.058 & 1.081 & -8.112 & -3.459\\-5.562 & 2.178 & -14.965 & -6.308\\8.077 & -2.943 & 21.512 & 9.142\\10.497 & -3.420 & 27.549 & 11.846\end{pmatrix}$$

$\boldsymbol{E}^{-1}\boldsymbol{B}$ 的正特征值个数 $s\leqslant\min(k-1,p)=\min(2,4)=2$，可求得两个正特征值为
$$\lambda_1=32.192,\ \lambda_2=0.285$$

取相应的标准化特征向量为

$$\boldsymbol{t}_1=\begin{pmatrix}-0.083\\-0.153\\0.220\\0.281\end{pmatrix}\quad \boldsymbol{t}_2=\begin{pmatrix}0.002\\0.216\\-0.093\\0.284\end{pmatrix}$$

则中心化的 Fisher 判别式为

$$y_1 = t_1(x - \bar{x}) = -0.083 \times (x_1 - 58.433) - 0.153 \times (x_2 - 30.573) + 0.220 \times (x_3 - 37.580) + 0.281 \times (x_4 - 11.993)$$

$$y_2 = t_2(x - \bar{x}) = 0.002 \times (x_1 - 58.433) + 0.216 \times (x_2 - 30.573) - 0.093 \times (x_3 - 37.580) + 0.284 \times (x_4 - 11.993)$$

判别式的组均值为

$$\bar{y}_{11} = -7.608 \quad \bar{y}_{21} = 1.825 \quad \bar{y}_{31} = 5.783$$
$$\bar{y}_{21} = 0.215 \quad \bar{y}_{22} = -0.728 \quad \bar{y}_{32} = 0.513$$

对于任何一个样本 x，可按代入判别式求值，取最小值所在的类别即可：

$$x \in \pi_l, \text{ 如果 } \sum_{j=1}^{2}(y_j - \bar{y}_{lj})^2 = \min_{1 \leq i \leq 3} \sum_{j=1}^{2}(y_j - \bar{y}_{lj})^2$$

由于 n_1、n_2、n_3 都较大，因此前面的公式估计误判概率的效果还不错，其判别情况如表 9-3 所示。表 9-3 的纵向为真实组，横向为目标类别，非对角线的元素表示误判数目，对角线的元素表示正确判定数目。

表 9-3 各品种的判别情况

判别为 真实组	I Setosa	II Versicolor	III Virginica
I Setosa	50	0	0
II Versicolor	0	48	2
III Virginica	0	1	49

计算误判概率为非对角线元素除以真实组的数目（见表 9-4）。

表 9-4 计算误判概率

判别为 真实组	I Setosa	II Versicolor	III Virginica
I Setosa	50/50	$\hat{P}(2\|1) = 0$	$\hat{P}(3\|1) = 0$
II Versicolor	$\hat{P}(1\|2) = 0$	48/50	$\hat{P}(3\|2) = 2/50$
III Virginica	$\hat{P}(1\|3) = 0$	$\hat{P}(2\|3) = 1/50$	49/50

由表 9-4 可知，Setosa 的误判比例为 0%，Versicolor 的误判比例为 4%，Virginica 的误判比例为 2%，总体误判比例为 3/150 = 2%。

例 **Fisher 判别分析 SAS 示例 1**

基于 CANDISC 的 Fisher 判别分析的程序代码如下。

```
/*1.1 Fisher 判别分析：基于 CANDISC*/
proc candisc data=sashelp.iris
  out=iriscls anova;
  class Species;
  var sepalLength sepalWidth
    petalLength petalWidth;
```

```
run;
/*1.2 对输出结果投影作图*/
symbol1 value=square   color=black;
symbol2 value=triangle color=red;
symbol3 value=circle   color=green;
proc gplot data=iriscls;
  plot Can2 * Can1=Species;
run;
```

有了判别函数,可计算所有观测在 2 个判别函数上的得分,对输出结果投影作图即可观察各组数据的分离情况,如图 9-44 所示。

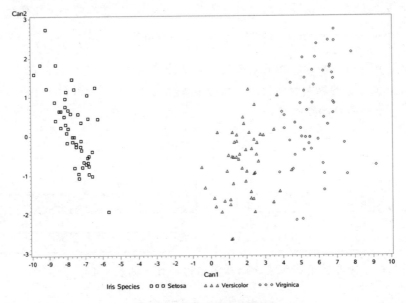

图 9-44 输出结果投影作图

图 9-45 显示了观测数据的基本统计量,包括样本大小、变量和分类数目、观测数、各分类水平的频数和比例等信息。而图 9-46 显示了各个变量的一元检验统计量、平均 R 方(未加权和按方差加权)及多变量统计和 F 统计量。以上这些统计量是关于观测和变量的一些基本统计信息,并不 Fisher 判别分析的特定结果。

图 9-45 观测数据的基本统计量和分类水平信息

CANDISC 过程

一元检验统计量
F 统计量，自由度分子=2，自由度分母=147

变量	标签	标准差合计	合并标准差	之间标准差	R 方	R 方/(1-R 方)	F 值	Pr > F
SepalLength	Sepal Length (mm)	8.2807	5.1479	7.9506	0.6187	1.6226	119.26	<.0001
SepalWidth	Sepal Width (mm)	4.3587	3.3969	3.3682	0.4008	0.6688	49.16	<.0001
PetalLength	Petal Length (mm)	17.6530	4.3033	20.9070	0.9414	16.0566	1180.16	<.0001
PetalWidth	Petal Width (mm)	7.6224	2.0465	8.9673	0.9289	13.0613	960.01	<.0001

平均 R 方
未加权	0.7224358
按方差加权	0.8689444

Multivariate Statistics and F Approximations
S=2 M=0.5 N=71

统计量	值	F 值	分子自由度	分母自由度	Pr > F
Wilks' Lambda	0.02343863	199.15	8	288	<.0001
Pillai's Trace	1.19189883	53.47	8	290	<.0001
Hotelling-Lawley Trace	32.47732024	582.20	8	203.4	<.0001
Roy's Greatest Root	32.19192920	1166.96	4	145	<.0001

NOTE: Roy 最大根的 F 统计量是上限。
NOTE: Wilks Lambda 的 F 统计量是精确值。

图 9-46　各种一元检验和多元检验统计量

图 9-47 列出了典型相关性分析的结果。

CANDISC 过程

	典型相关	调整典型相关	近似标准误差	典型相关平方	特征值: Inv(E)*H = CanRsq/(1-CanRsq)				H0 检验: 当前行以及其后所有行的典型相关为零				
					特征值	差分	比例	累积	似然比	近似 F 值	分子自由度	分母自由度	Pr > F
1	0.984821	0.984508	0.002468	0.969872	32.1919	31.9065	0.9912	0.9912	0.02343863	199.15	8	288	<.0001
2	0.471197	0.461445	0.063734	0.222027	0.2854		0.0088	1.0000	0.77797337	13.79	3	145	<.0001

图 9-47　典型相关性分析的结果

图 9-48 显示了典型结构总计、类间和合并类内的典型结构信息。

CANDISC 过程

典型结构总计
变量	标签	Can1	Can2
SepalLength	Sepal Length (mm)	0.791888	0.217593
SepalWidth	Sepal Width (mm)	-0.530759	0.757989
PetalLength	Petal Length (mm)	0.984951	0.046037
PetalWidth	Petal Width (mm)	0.972812	0.222902

类间典型结构
变量	标签	Can1	Can2
SepalLength	Sepal Length (mm)	0.991468	0.130348
SepalWidth	Sepal Width (mm)	-0.825658	0.564171
PetalLength	Petal Length (mm)	0.999750	0.022358
PetalWidth	Petal Width (mm)	0.994044	0.108977

合并类内典型结构
变量	标签	Can1	Can2
SepalLength	Sepal Length (mm)	0.222596	0.310812
SepalWidth	Sepal Width (mm)	-0.119012	0.863681
PetalLength	Petal Length (mm)	0.706065	0.167701
PetalWidth	Petal Width (mm)	0.633178	0.737242

图 9-48　典型结构总计、类间和合并类内的典型结构信息

图 9-49 列出了总样本和合并类内标准化典型系数，图 9-50 列出了原始典型系数和典型变量分类均值，其中原始典型系数对应标准化特征向量，而 Can1 对应中心化的第一判别式系数，Can2 对应中心化的第二判别式系数，用它们进行具体计算见图 9-50 下方的计算公式。

总样本标准化典型系数

变量	标签	Can1	Can2
SepalLength	Sepal Length (mm)	-0.686779533	0.019958173
SepalWidth	Sepal Width (mm)	-0.668825075	0.943441829
PetalLength	Petal Length (mm)	3.885795047	-1.645118866
PetalWidth	Petal Width (mm)	2.142238715	2.164135931

合并类内标准化典型系数

变量	标签	Can1	Can2
SepalLength	Sepal Length (mm)	-.4269548486	0.0124075316
SepalWidth	Sepal Width (mm)	-.5212416758	0.7352613085
PetalLength	Petal Length (mm)	0.9472572487	-.4010378190
PetalWidth	Petal Width (mm)	0.5751607719	0.5810398645

图 9-49　总样本和合并类内标准化典型系数

原始典型系数

变量	标签	Can1	Can2
SepalLength	Sepal Length (mm)	-.0829377642	0.0024102149
SepalWidth	Sepal Width (mm)	-.1534473068	0.2164521235
PetalLength	Petal Length (mm)	0.2201211656	-.0931921210
PetalWidth	Petal Width (mm)	0.2810460309	0.2839187853

典型变量分类均值

Species	Can1	Can2
Setosa	-7.607599927	0.215133017
Versicolor	1.825049490	-0.727899622
Virginica	5.782550437	0.512766605

图 9-50　原始典型系数和典型变量分类均值

$$y_1 = t_1(x - \bar{x})$$
$$= -0.083 \times (x_1 - 58.433)$$
$$- 0.153 \times (x_2 - 30.573)$$
$$+ 0.220 \times (x_3 - 37.580)$$
$$+ 0.281 \times (x_4 - 11.993)$$

$$y_2 = t_2(x - \bar{x})$$
$$= 0.002 \times (x_1 - 58.433)$$
$$+ 0.216 \times (x_2 - 30.573)$$
$$- 0.093 \times (x_3 - 37.580)$$
$$+ 0.284 \times (x_4 - 11.993)$$

典型变量分类均值表则是前面提到的判别式各组的均值，参见前面的 Fisher 判别计算步骤。

例　　　　　　　　　　**Fisher 判别分析 SAS 示例 2**

基于 DISCRIM 的 Fisher 判别分析的程序代码如下。

```
/*2.1 Fisher 判别分析：基于 DISCRIM */
proc discrim data=sashelp.iris  canonical
  out=iriscls anova manova;
  class Species;
  var sepalLength sepalWidth
      petalLength petalWidth;
run;
/*2.2 对输出结果投影作图*/
symbol1 value=square   color=black;
symbol2 value=triangle color=red;
symbol3 value=circle   color=green;
proc gplot data=iriscls;
  plot Can2 * Can1=Species;
run;
```

上面的 PROC DISCRIM 判别分析除了输出与 PROC CANDISC 的输出完全一样的信息，还输出一些额外信息，包括合并协方差矩阵信息（见图 9-51）、到 Species 的广义平方距离（见图 9-52）、"Species"线性判别函数（见图 9-53）及重新替换的分类数和误判数（见图 9-54）等。

合并协方差矩阵信息

协方差矩阵秩	协方差矩阵的行列式的自然对数
4	8.46214

图 9-51 合并协方差矩阵信息

DISCRIM 过程

到 Species 的广义平方距离

从 "Species"	Setosa	Versicolor	Virginica
Setosa	0	89.86419	179.38471
Versicolor	89.86419	0	17.20107
Virginica	179.38471	17.20107	0

图 9-52 组间广义平方距离

DISCRIM 过程

"Species" 的线性判别函数

变量	标签	Setosa	Versicolor	Virginica
常数		-85.20986	-71.75400	-103.26971
SepalLength	Sepal Length (mm)	2.35442	1.56982	1.24458
SepalWidth	Sepal Width (mm)	2.35879	0.70725	0.36853
PetalLength	Petal Length (mm)	-1.64306	0.52115	1.27665
PetalWidth	Petal Width (mm)	-1.73984	0.64342	2.10791

图 9-53 线性判别函数

DISCRIM 过程
以下校准数据的分类汇总: SASHELP.IRIS
使用以下项的重新替换汇总: 线性判别函数

分入 "Species" 的观测数和百分比

从 "Species"	Setosa	Versicolor	Virginica	合计
Setosa	50 100.00	0 0.00	0 0.00	50 100.00
Versicolor	0 0.00	48 96.00	2 4.00	50 100.00
Virginica	0 0.00	1 2.00	49 98.00	50 100.00
合计	50 33.33	49 32.67	51 34.00	150 100.00
先验	0.33333	0.33333	0.33333	

"Species" 的出错数估计

	Setosa	Versicolor	Virginica	合计
比率	0.0000	0.0400	0.0200	0.0200
先验	0.3333	0.3333	0.3333	

图 9-54 校准数据的分类汇总和出错数估计

第 10 章 时间序列分析

数据的产生与湮灭都与时间有关,以特定的时间间隔观测目标可得到一个有序的离散数据序列,称为时间序列。单个时间序列变量的均值可能是不固定的,即非平稳的,但其差分或多个不同时间序列变量的线性组合可能是平稳的。时间序列分析正是对这一类数据形态进行分析的科学方法,广泛应用于计量经济学、金融工程、天气预报、地震预测、航空航天、信号处理和控制工程等领域。

10.1 时间序列基础

时间序列刻画了目标特征与时间的关系,其统计特性,如均值和方差可以是某个固定常数,也可以是与时间相关的函数。

10.1.1 认识时间序列

人们对同一现象在不同历史时期进行观测,得到的观测数据构成时间序列数据。在形式上,它由现象发生的时间 t 和现象在不同时间上的观测值 x 两部分组成。时间单位可以是年份、季度、月份或其他任何时间形式。对时间序列数据可根据其构成要素进行分解,以建立模型并进行预测,如很早以前人们就注意到了如下现象,并不断总结提高认识水平。

(1)《史记》记载:"六岁穰,六岁旱,十二岁一大饥。"

(2)近 400 年来天文学观测数据揭示太阳黑子喷发有 11.2 年的周期规律(见图 10-1)。

(3)天王星的发现者 F. W. Herschel 发现太阳黑子减少,地球雨量会减少,从而影响农业生产。

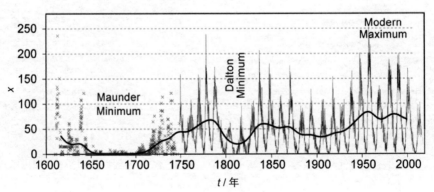

图 10-1 太阳黑子 400 年观测数据

时间序列数据的记录和应用历史悠久，但真正的时间序列分析并不是很长。下面介绍时间序列分析的发展简史。

（1）特定事件周期性记录的观测数据构成时间序列。例如，古埃及人记录水位涨落，发现了尼罗河的泛滥规律，并将其应用于发展农业。

（2）20世纪40年代，Norbert Wiener 和 Andrei Kolemogoner 分别独立给出了时间序列的参数模型与推断过程，促进了时间序列分析在工程领域的应用。

（3）20世纪70年代，G.P. Box 和 G.M. Jenkins 发表专著《时间序列分析：预测和控制》，系统阐述了 ARIMA 模型的识别、估计、检验与预测的原理和方法，ARIMA 模型的本质为单变量同方差线性模型。

（4）异方差时间序列模型：ARCH 模型（1982年）、GARCH 模型（1985年）及其衍生模型的提出。

（5）协整理论开创了现代多变量时序分析。2003年，诺贝尔经济学奖获得者为美国经济学家恩格尔和英国经济学家格兰杰，他们发现了处理诸多经济时间序列的两个关键特性的统计方法：时间变化的变更率和非平稳性。

① 时间变化的变更率指方差随时间变化而变化的频率，这主要是指恩格尔在1982年发表的条件异方差模型（ARCH 模型），该模型最初主要用于研究英国的通货膨胀问题，后来广泛用作金融分析的高级工具。

② 在传统计量经济学研究中，通常假设经济数据和产生这些数据的随机过程是平稳的，而格兰杰的贡献主要是在非平稳过程假设下进行的严格计量模型的建立（协整检验）。

（6）非线性模型：门限自回归模型（1980年，汤家豪等）和双线性模型（1978年，格兰杰）。

例 　　　　　　　　　　　　　　**企业保险理赔**

北京市某私人美容机构良好经营超过8年，两年前该机构扩张迅速，每月收入从7.5万元增长到20万元。然而由于一场意外火灾，主体经营建筑物被烧毁，所有业务被迫中断。

幸运的是该机构曾购买了必要的商业保险，保险内容不仅包括财产和设备损失，也包括因正常商业经营中断而引起的收入损失。确定实物财产和设备在火灾中的损失额是一件相对简单的事情，但在进行重建营业场所的6个月中，确定收入损失金额却很复杂，它涉及业主和保险公司之间的协商。

关于该机构的收入"将会发生什么变化"的计算，火灾前并没有预先制定规则。为了估算收入损失，需要用某种预测方法来测算在6个月的停业期间将要实现的营业增长。火灾前实际账单收入的历史数据为预测模型提供了必要的输入。最终预测模型为该企业的收入损失提供了一个相对合理的估算值并被保险公司接受。

例 　　　　　　　　　　　　　**平均增长率的计算争议**

上海市某地铁运营公司下属的新线路正式通车在即，为了实现公司收益最大化，公司将沿线16个车站的灯箱广告10年期经营代理权进行公开招标，招标代理工作委托该市某代理机构进行。发出的招标文件要求投标人按以下两个条件进行报价，评标时以报价条件在10年内向地铁运营公司上交总费用最高者胜出。

首年度经营代理权上交费用为____元,年递增率为____%。

在投标人的投标文件中,出现了以下两种报价。

甲公司的报价为:首年度经营代理权上交费用为 400 万元,年递增率为 12%。

乙公司的报价为:首年度经营代理权上交费用为 500 万元,年平均递增率为 10%。

在评标及招投标处理过程中,对投标人在投标报价文件中使用的"年递增率"和"年平均递增率"两个词的理解出现争议。

第一种意见认为"年递增率"和"年平均递增率"含义是一致的,没有实质性差别。

第二种意见认为"年递增率"和"年平均递增率"含义是不同的,有实质性差别。

按照甲公司报价,首年度经营代理权上交费用为 400 万元,年递增率为 12%,共计 10 年,可计算出 7019.49 万元固定得数,程序代码如下。

```
data _null_;
  amount=400;
  rate=0.12;
  total=0;
  do i=1 to 10;
    if i>1 then amount=amount * (1+rate);
    total=total+amount;
    put i= rate=4.2 amount=7.2 total= 7.2;
  end;
run;
```

按照乙公司报价,首年度经营代理权上交费用为 500 万元,年平均递增率为 10%,共计 10 年,可算出多个总价得数。若年递增率固定为 10%,则总价得数为 7968.71 万元;若年递增率不同,但 10 年间的平均增长率为 10%,则可算出多个总价得数,数值介于 5450 万元和 9050 万元之间。两个极端的操纵策略如下:

最后一年疯涨策略:
$$500 + 500 \times 8 + 500 \times (1+0.9) = 5450(万元)$$

第二年疯涨策略:
$$500 + 500 \times (1+0.9) + 950 \times 8 = 9050(万元)$$

如下代码模拟满足平均增长率为 10%的情况,可以得到多个总价得数。

```
data _null_;
  amount=500;
  rate=0.1 ;
  allrate= rate * (10-1);
  array r[10] _temporary_;
  do i=1 to 10; r[i]=0; end;
  n=100;
  do i=1 to n;
    k= 1+ceil( rand("UNIFORM")*(10-1));
    r[k]=r[k]+ allrate /n;
  end;
  total=0;
  do i=1 to 10;
    rate=r[i];
```

```
    if i>1 then amount=amount * (1+rate);
    total=total+amount;
    put i= rate=4.2 amount=7.2 total= 7.2;
  end;
run;
```

10.1.2 时间序列分析的基本原理

时间序列中某个变量按照时间顺序排列的一组观测值为 $X_1, X_2, \cdots, X_t$，其中 t 为序列长度。时间序列分析预测方法是连续性原理的直接运用，它利用变量历史数据建立变量的演化模式，并认为在将来这一模式同样有效。时间序列分析的基本步骤如下。

（1）搜集数据：准备时间序列数据。

（2）分析模式：用数据绘制散点图，进行定性分析和数据特征分析。

（3）建模预测：建立适当的预测模型进行预测，预测方法包括内插法和外延法。如果需要预测的值落在历史区间内，相当于内插填补缺失值；如果需要预测的值不在历史区间内，相当于外延预测尚未发生的事件。

通常，时间序列有如下基本模式。

（1）长期趋势变动模式：由于某种根本性原因的影响，预测变量在相当长的一段时期内，保持恒定、持续上升或下降的变动形态，分为水平型模式和趋势型模式。

（2）季节变动模式：由于自然条件或社会环境的影响，预测变量在一年内随季节更替而引起的周期性波动。

（3）周期变动模式：由经济周期，如经济危机、萧条、复苏、高涨等变动影响预测变量而引起的变动。每次变动周期的长短不同，波动幅度也不一样，但通常在一年以上。

（4）不规则模式：由意外或偶然性因素引起的突然或不规则的非周期性随机波动。

在了解了时间序列的模式之后，我们来看一下时间序列的分类，通常有如下几类。

（1）平稳序列：基本上不存在趋势的序列，各观测值基本上在某个固定的水平上波动，或者虽有波动但并不存在某种规律，其波动可视为由随机因素引起的，即其组成的趋势性成分为 0，主要是随机性波动成分导致了数据的波动。

（2）非平稳序列：除了随机性波动成分，时间序列还存在趋势性成分，而且可能包含季节性和周期性变化成分，从而导致数据的波动呈现非平稳的变化状态。

① 趋势序列：分为线性和非线性两种趋势变动，时间序列的主要成分是趋势性成分和随机性成分。

② 复合序列：除了趋势性成分，数据还包括季节性成分和周期性成分，导致数据波动具有复合变化的特征。

10.1.3 时间序列的成分和分解模型

模型假设时间序列观测值受到四种成分影响，因此时间序列是四种成分的函数 $Y = F(T, S, C, I)$。

（1）趋势性（Trend）：持续向上或持续下降的状态或规律，可分为线性趋势和非线性趋势。

（2）季节性（Seasonality）：时间序列在一年内重复出现的周期性波动，也称季节变动。

（3）周期性（Cyclicity）：围绕长期趋势的一种波浪形或振荡式变动，也称循环波动。

（4）不规则波动（Irregular Variations）：剔除趋势性、季节性和周期性成分之后的随机性偶然波动。

传统的时间序列的分解模型包括乘法模型和加法模型。如果趋势、季节和周期波动相对平稳，不随时间变化，适用加法模型，否则适用乘法模型。两者可通过对数函数和指数函数相互转换：

加法模型：$Y_t = T_t + S_t + C_t + I_t$；

乘法模型：$Y_t = T_t \times S_t \times C_t \times I_t$。

图 10-2（不含季节性成分）和图 10-3（包含季节性成分）展示了几种常见的时间序列模式。

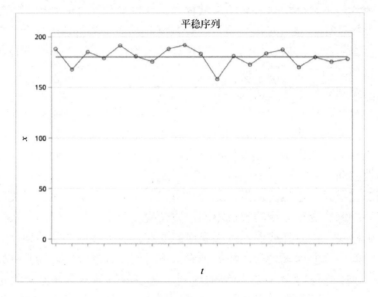

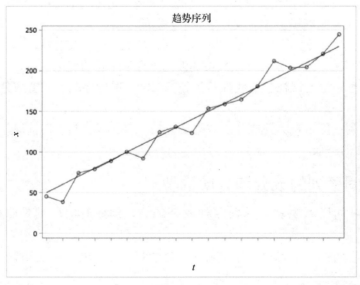

图 10-2　平稳序列和趋势序列

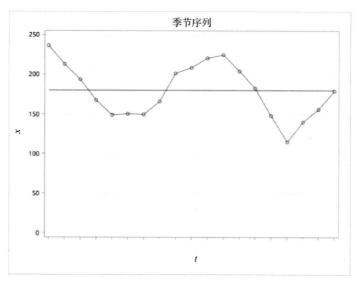

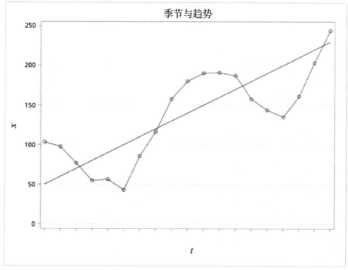

图 10-3　含季节成分的平稳序列和趋势序列

10.2　描述性分析与预测方法

时间序列数据在收集后首先要进行描述性统计分析,以了解所观察到的数据的基本分布情况和总体感觉,评估数据质量。一般通过图形化方法来了解数据的分布情况,并引入一些统计量来描述数据随时间变化的趋势和波动的基本特征,判断时间序列的成分构成和类型,选择恰当的时间序列分析方法及误差评价指标等。

例　　　　　　　　时间序列的描述性分析——图形描述

某省 1986—2000 年的宏观经济数据如图 10-4 所示,包括人均 GDP、人口自然增长率、能源生产总量、居民消费价格指数四项。

Obs	年份	人均GDP(元)	人口自然增长率(‰)	能源生产总量(千克标准煤)	居民消费价格指数P(%)
1	1986	956	15.57	80850	106.5
2	1987	1103	16.61	86632	107.3
3	1988	1355	15.73	92997	118.8
4	1989	1512	15.04	96934	118.0
5	1990	1634	14.39	98703	103.1
6	1991	1879	12.98	104844	103.4
7	1992	2287	11.60	107256	106.4
8	1993	2939	11.45	111059	114.7
9	1994	3923	11.21	118729	124.1
10	1995	4854	10.55	129034	117.1
11	1996	5576	10.42	132616	108.3
12	1997	6054	10.06	132410	102.8
13	1998	6307	9.54	124250	99.2
14	1999	6547	8.77	109126	98.6
15	2000	7078	8.24	100900	100.4

图 10-4　宏观经济数据示例

```
data mydata;
    t=1985+ _N_ ;
    input gdp npgr tep cpi;
    label gdp="人均 GDP(元)"
        npgr="人口自然增长率(‰))"
        tep="能源生产总量(千克标准煤)"
        cpi="居民消费价格指数 P(%)"
        t="年份";
    datalines;
956  15.57 80850  106.5
1103 16.61 86632  107.3
1355 15.73 92997  118.8
1512 15.04 96934  118.0
1634 14.39 98703  103.1
1879 12.98 104844 103.4
2287 11.60 107256 106.4
2939 11.45 111059 114.7
3923 11.21 118729 124.1
4854 10.55 129034 117.1
5576 10.42 132616 108.3
6054 10.06 132410 102.8
6307  9.54 124250  99.2
6547  8.77 109126  98.6
7078  8.24 100900 100.4
run;
```

分别对四个需要分析的变量和时间作投影图，观察它们随时间变化的趋势，检查数据是否存在某种直观的规律或模式，下面的 SAS 代码用来输出简单的序列投影图。

```
%macro draw(var);
    proc sgplot data=mydata;
        title " ";
```

```
    series y=&var x=t/markers;
    yaxis min=0  grid;
    xaxis display=all values=(1986 to 2000) fitpolicy=rotate;
run;
%mend;
%draw(gdp); %draw(npgr); %draw(tep); %draw(cpi);
```

代码运行结果如图 10-5 所示。

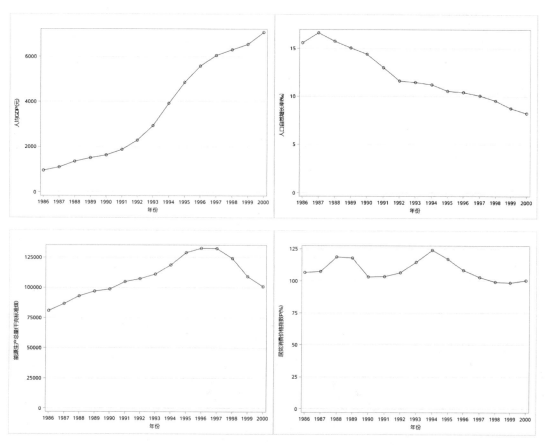

图 10-5　代码运行结果

10.2.1　增长率分析

增长率分析也称增长速度分析，为报告期观测值与基期观测值之比减 1，用百分比表示。因此它可以揭示变量数值相对于时间的基本变化规律。由于对比的基期不同，增长率可以分为定基增长率和环比增长率。根据计算方法不同，增长率包括平均增长率、年化增长率等不同统计量。

（1）环比表示当期数据与上一期数据之间的比较，如 2019 年第 2 季度相对于 2019 年第 1 季度的增长称为环比增长（见图 10-6）。

（2）同比表示当期数据与上一周期内的同期数据之间的比较，如 2019 年第 2 季度相对于 2018 年第 2 季度的增长称为同比增长（见图 10-6）。

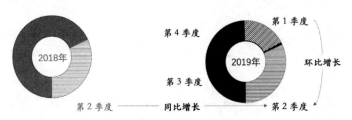

图 10-6 环比增长与同比增长

1. 定基增长率与环比增长率

定基增长率（见图 10-7 中的左图）：报告期水平与历史上某一固定时期（通常是第一期）水平之比减 1，即

$$G_i = \frac{Y_i}{Y_1} - 1, \quad i = 1, 2, \cdots, n$$

下面的 SAS 代码用来计算前面 mydata 数据集中 GDP 的定基增长率。

```
data ts_g2;
  set mydata;
  if _N_=1 then x0=gdp;
  retain x0;
  g=gdp/x0-1;
  keep gdp g;
  label gdp="人均GDP (元)" g="定基增长率";
run;
```

环比增长率（见图 10-7 中的右图）：报告期水平与前一期水平之比减 1，表示相对于上一期的增长，即

$$G_i = \frac{Y_i}{Y_{i-1}} - 1, \quad i = 2, 3, \cdots, n$$

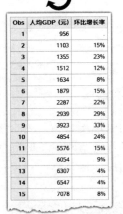

例如，我们要考察每年GDP相对于1986年以来的增长情况，比较基数是1986年的固定数据

例如，我们要考察每年GDP相对于上一年（或季、月）的增长情况，比较基数是不固定的上一期数据

图 10-7 定基增长率和环比增长率

下面的 SAS 代码用来计算前面 mydata 数据集中 GDP 的环比增长率。

```
data ts_g;
  set mydata;
  g=gdp/lag(gdp)-1;
  keep gdp g;
  label gdp="人均GDP (元)" g="环比增长率";
run;
```

2. 平均增长率

平均增长率是指序列中各逐期环比值的几何平均数减 1，用于描述现象在整个观察期内平均增长变化的程度。平均增长率的计算公式如下，化简等于期末与期初的比值开 $n-1$ 次方减 1：

$$\bar{G} = \sqrt[n-1]{\prod \frac{Y_i}{Y_{i-1}}} - 1 = \sqrt[n-1]{\frac{Y_n}{Y_1}} - 1, \quad i = 2, 3, \cdots, n$$

下面的 SAS 代码用来计算前面 mydata 数据集中 GDP 的平均增长率。

```
data ts_g3;
  set mydata end=last;
  if _N_=1 then x0=gdp;
  else g= (gdp/x0) ** (1.0/(_N_-1)) -1;
  retain x0;
  keep gdp g;
  label gdp="人均GDP (元)" g="平均增长率";
run;
proc print label;
  format g percent8.2;
run;
```

上述代码的运行结果如图 10-8 所示。

Obs	人均GDP (元)	平均增长率
1	956	.
2	1103	15.38%
3	1355	19.05%
4	1512	16.51%
5	1634	14.34%
6	1879	14.47%
7	2287	15.65%
8	2939	17.40%
9	3923	19.30%
10	4854	19.79%
11	5576	19.29%
12	6054	18.27%
13	6307	17.03%
14	6547	15.95%
15	7078	15.37%

图 10-8 平均增长率计算

例如，我们要考察某年 GDP 在过去若干年中的平均增长率：1987 年的 GDP 增长率相对于 1986 年的 GDP 平均增长率就是 1987 年的环比增长率；1988 年过去两年的 GDP 平均增长率就是 1988 年的 GDP 数据除以 1986 年的 GDP 数据开 2 次方减 1；1989 年过去三年的 GDP 平均增长率就是 1989 年的 GDP 数据除以 1986 年的 GDP 数据开 3 次方减 1；依次类推。

平均增长率可以根据如下公式和程序进行预测。

$$\bar{G} = \sqrt[n-1]{\frac{Y_n}{Y_1}} - 1 = \sqrt[15-1]{\frac{Y_{15}}{Y_1}} - 1 = \sqrt[14]{\frac{7078}{956}} - 1 = 15.37\%$$

$$\hat{Y}_{2001} = 2000\text{年数值} \times (1 + \text{年平均增数率}) = 7078 \times (1 + 15.37\%) = 8165.89 \text{（元）}$$

$$\hat{Y}_{2002} = 2000\text{年数值} \times (1 + \text{年平均增数率})^2 = 7078 \times (1 + 15.37\%)^2 = 9420.99 \text{（元）}$$

```
data predict;
  do i=1 to 2;
    set ts_g3 point=N nobs=N;
    gdp= gdp * (1+ g)**i;
    output;
  end;
  stop;
run;
proc print label;
  format g percent8.2;
run;
```

上述代码的运行结果如图 10-9 和图 10-10 所示。

在表述特定期间内的平均增长率时，如"从 2009 年到 2019 年的平均增长率"，一般不包括起点"2009 年"的增长率。而在表述特定时间点上的平均增长率时，如"2009，2010,…, 2019 年的平均增长率"，一般包括起点 2009 年的增长率。此时计算平均涨幅可以直接计算历年的平均值。

平均增长率可用于预测下一期该变量的可能值。

Obs	人均GDP (元)	平均增长率
1	956	.
2	1103	15.38%
3	1355	19.05%
4	1512	16.51%
5	1634	14.34%
6	1879	14.47%
7	2287	15.65%
8	2939	17.40%
9	3923	19.30%
10	4854	19.79%
11	5576	19.29%
12	6054	18.27%
13	6307	17.03%
14	6547	15.95%
15	7078	15.37%

Obs	i	人均GDP (元)	平均增长率
1	1	8166.09	15.37%
2	2	9421.46	15.37%

图 10-9　用平均增长率反向计算 GDP　　　　图 10-10　用平均增长率预测 GDP

3. 年化增长率

当平均增长率以年来表示时，称为年化增长率。月度增长率或季度增长率可转换为年化增长率，其计算公式为

$$G_A = \left(\frac{Y_e}{Y_s}\right)^{M/n} - 1$$

式中，M 为一年中的期数：季度增长率年度化时，$M = 4$；月增长率年度化时，$M = 12$。n 为数据 Y_s 到 Y_e 所包含的周期数，当 $M = n$ 时，G_A 就是年化增长率。

例　　　　　　　　　　　　**年化增长率计算**

（1）中国 2018 年 5 月的社会消费品零售总额为 30359 亿元，2019 年 5 月的社会消费品零售总额为 32956 亿元，如何计算年化增长率？

解：由于题干给出的数据是月份数据，所以 $M = 12$。从 2018 年 5 月到 2019 年 5 月所跨的周期数为 12，所以 $n = 12$。

$$G_A = \left(\frac{Y_e}{Y_s}\right)^{M/n} - 1 = \left(\frac{32956}{30359}\right)^{12/12} - 1 = 8.55\%$$

即年化增长率为 8.55%，这实际上就是 2019 年的年化增长率，因为所跨的时期总数为 1 年。中国社会消费品零售总额的年化增长率为 8.55%，计算步骤如下 SAS 代码所示。

```
data _null_;
  s=30359;  /*2018/05*/
  e=32956;  /*2019/05*/
  m=12;     /*1 year has 12 month*/
  n=12;     /* e-s = 12 month*/
  ga=(e/s)** (m/n) -1;
  put ga= percent8.2;
run;
```

（2）中国 2017 年 1 月的财政收入总额为 11385 亿元，2019 年 5 月的财政收入总额为 17268 亿元，如何计算年化增长率？

解：由题干可知，$M = 12$，$n = 18$，代入计算公式所得的年化增长率为

$$G_A = \left(\frac{Y_e}{Y_s}\right)^{M/n} - 1 = \left(\frac{17268}{11385}\right)^{12/18} - 1 = 32.01\%$$

（3）2018 年第 1 季度完成国内生产总值为 198783 亿元，2018 年第 2 季度完成国内生产总值为 220178 亿元，如何计算年化增长率？

解：由于题干给出的数据是季度数据，所以 $M = 4$。从第 1 季度到第 2 季度所跨的时期总数为 1，所以 $n = 1$。年化增长率为

$$G_A = \left(\frac{Y_e}{Y_s}\right)^{M/n} - 1 = \left(\frac{220178}{198783}\right)^{4/1} - 1 = 50.51\%$$

即根据第 1 季度和第 2 季度的数据计算出的国内生产总值年增长率为 50.51%。

（4）2009 年第 1 季度完成的税收收入合计为 13023.58 亿元，2019 年第 1 季度完成的

税收收入合计为 46706.00 亿元，如何计算年化增长率？

解：由题意可知，$M=4$。从 2009 年第 1 季度到 2019 年第 1 季度所跨的季度总数为 $n=40$。年化增长率为

$$G_A = \left(\frac{Y_e}{Y_s}\right)^{M/n} - 1 = \left(\frac{46706.00}{13023.58}\right)^{4/40} - 1 = 13.62\%$$

即根据 2009 年第 1 季度到 2019 年第 1 季度的数据计算出的完成的税收收入合计的年增长率为 13.62%，这实际上是 2009 年到 2019 年期间税收收入合计的年平均增长速度。

4．增长率分析中应注意的问题

在进行增长率分析时应注意以下问题。

（1）混合增长率计算：如果第 2 期和第 3 期连续两期的增长率为 G_1 和 G_2，如何计算第 3 期相对于第 1 期的增长率 G？

$$Y_3 = Y_2 \times (1+G_2) = Y_1 \times (1+G_1) \times (1+G_2)$$

$$G = \frac{Y_3}{Y_1} - 1 = (1+G_1) \times (1+G_2) - 1 = G_1 + G_2 + G_1 G_2$$

例如，2019 年 3 月财政收入同比增长 3.99%，2019 年 4 月财政收入同比增长 2.83%，则 2019 年 4 月相对于 2019 年 2 月的增长率为

$$G_1 + G_2 + G_1 G_2 = 3.99\% + 2.83\% + 3.99\% \times 2.83\% = 6.93\%$$

即 2019 年 4 月财政收入比 2019 年 2 月财政收入上涨了 6.93%。

（2）由于增长率为相对数，因此它很容易受到基数的影响，我们不能单纯看增长率，而是要跟基数结合起来分析真正的贡献和效应。

（3）如果基数出现很小的值或负数，则增长率会出现较大的偏差。当基数出现负数时，通常需要先加上特殊的常数，使得数据都是合理的正值，再进行分析。

（4）增长率只反映增长的快慢，并不能独立反映目标的基本水平。同样是增长率为 0 的情况，可能一个在高位运行，一个在低位运行，它们的风险可能是完全不同的。

10.2.2 应用时间序列进行预测的步骤

应用时间序列进行预测的步骤如下。
（1）确定序列成分：确定时间序列中到底包含哪种成分，建立分解模型。
（2）选择预测方法：根据时间序列的成分，恰当选择时间序列的预测方法。
（3）预测方法评估：利用所建立的模型进行预测，并评估模型的误差和效用。

1．确定序列成分

1）确定趋势性成分：线性趋势预测

假如某只股票连续 16 周的收盘价 x 和日期 t 如图 10-11 所示，尝试确立趋势及类型。下面的程序用的是线性回归方法来建立模型。

```
data mydata;
  input x @@;
  t=_N_;
```

```
    datalines;
15.03 11.69 9.63 10.58
 8.48  6.98 6.82  7.69
 9.12  8.51 4.45  4.02
 5.29  6.51 6.02  6.07
run;
proc print data=mydata;
run;
proc sgplot data=mydata;
  series y=x
  x=t/markers;
run;
proc reg data=mydata;
  model x=t;
run;
```

运行上面的代码得到的时间序列数据的投点图，如图10-12所示。

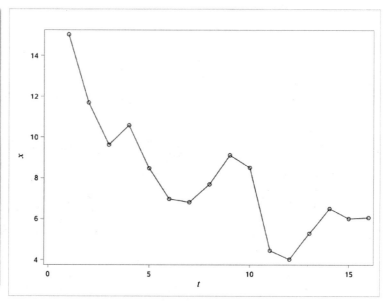

图 10-11　收盘价格和日期数据　　　　图 10-12　收盘价格投点图

直线趋势方程为

$$\hat{y} = 12.02325 - 0.48149t$$

其回归系数检验：MSE=3.0984，$R^2 = 0.645$，而模型的 P 值= 0.000179 ≈ 0.0002，如图 10-13 所示，最后绘制出的拟合图如图 10-14 所示。

2）确定趋势性成分：非线性趋势预测

当然也可用非线性模型进行拟合：$\hat{y} = 14.8051 - 1.4088x + 0.0545x^2$，回归系数检验：MSE=2.0295。完整 SAS 代码如下所示，计算出的拟合结果如图 10-15 和图 10-16 所示。

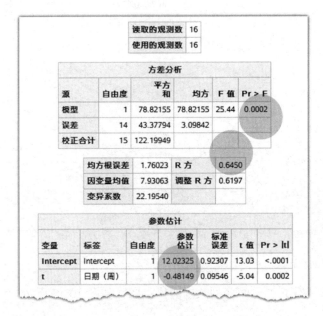

图 10-13　线性回归的方差分析和参数估计

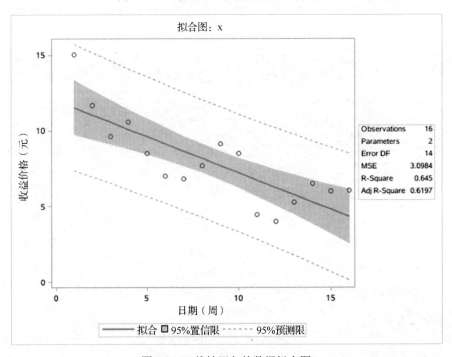

图 10-14　线性回归的数据拟合图

```
proc nlin data=mydata plots = fit(stats=all) plots=diagnostics(stats=all);
  model x=a+b*t+c*t*t;
  parameters a=1 b=1 c=1;
  output out=result predicted=p residual=rsd  sse=sse;/*残差和残差平方和*/
run;
```

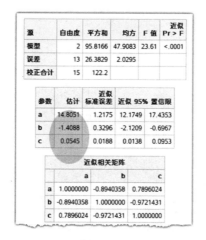

图 10-15　非线性回归的参数估计

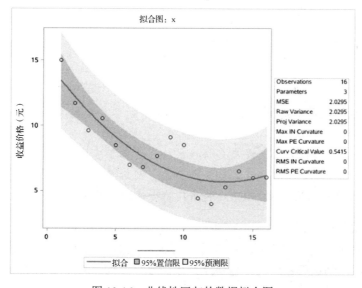

图 10-16　非线性回归的数据拟合图

例　确定季节性成分

图 10-17 为某啤酒生产企业 2000—2005 年各季度的啤酒销售量数据。根据 3 年的数据绘制各年度的时间序列图（见图 10-18），判断啤酒销售量是否存在季节性？

Obs	年份	春季销售量	夏季销售量	秋季销售量	冬季销售量
1	2000	25	32	37	26
2	2001	30	38	42	30
3	2002	29	39	50	35
4	2003	30	39	51	37
5	2004	29	42	55	38
6	2005	31	43	54	41

图 10-17　啤酒销售数据示例

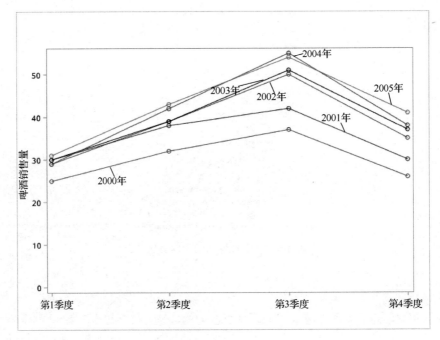

图 10-18　年度堆叠时间序列图（将每年数据分开画）

若序列只存在季节性成分，没有趋势性成分，则各年度折叠时间序列图中的折线会有交叉。

若序列既含有季节性成分又含有趋势性成分，则各年度折叠时间序列图中的折线可能因为趋势影响而不会有交叉。如果趋势是上升的，则后面年度的折线将会高于前面年度的折线；如果趋势是下降的，则后面年度的折线将会低于前面年度的折线。

2. 选择预测方法

图 10-19 展示了对时间序列数据应用不同预测方法的判定流程，是否存在趋势性和季节性决定了时间序列是平稳序列、趋势序列还是复合序列，从而对各种序列采用不同方法进行预测。本章不涵盖季节自回归模型和自回归预测模型。

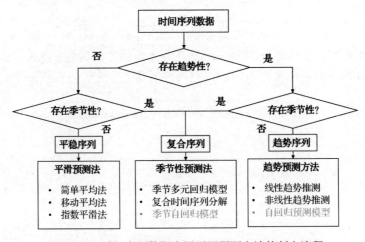

图 10-19　时间序列数据应用不同预测方法的判定流程

3. 预测方法评估

假设 Y 为观测值，F 为预测值，预测方法的误差可用如下评价指标进行刻画。

（1）平均误差 ME（Mean Error）：

$$\text{ME} = \frac{1}{n}\sum_{i=1}^{n}(Y_i - F_i)$$

也可以用百分比表示，得到平均百分比误差 MPE（Mean Percentage Error）：

$$\text{MPE} = \frac{1}{n}\sum_{i=1}^{n}(Y_i - F_i)/Y_i$$

（2）平均绝对误差 MAD（Mean Absolute Deviation）：

$$\text{MAD} = \frac{1}{n}\sum_{i=1}^{n}|Y_i - F_i|$$

也可以用百分比表示，得到平均绝对百分比误差 MAPE（Mean Absolute Percentage Error）：

$$\text{MAPE} = \frac{1}{n}\sum_{i=1}^{n}|Y_i - F_i|/Y_i$$

（3）均方误差 MSE（Mean Square Error）：

$$\text{MSE} = \frac{1}{n}\sum_{i=1}^{n}(Y_i - F_i)^2$$

注意：$\text{MSE} = \frac{1}{n}\text{SSE}$，模型拟合标准差为 $\text{RMSE} = \sqrt{\text{MSE}}$；SSE 为误差平方和（残差平方和，Sum of Square Errors），$\text{SSE} = \sum_{i=1}^{n}(Y_i - F_i)^2$，预测数据与观测值均值之差的平方和为 $\text{SSR} = \sum_{i=1}^{n}(F_i - \overline{Y_i})^2$，观测数据总的离差平方和为 $\text{SST} = \sum_{i=1}^{n}(Y_i - \overline{Y_i})^2$，且有 SST=SSE+SSR，而判定系数 R^2=SSR/SST=1−SSE/SST。

（4）估计标准误差 SEE（Standard Error of Estimate 或 S_y）：

$$\text{SEE} = \sqrt{\frac{\sum_{i=1}^{n}(Y_i - \hat{Y}_i)^2}{n-m}} = \sqrt{\frac{\text{SSE}}{n-m}}$$

式中，m 为模型参数个数。

10.3 平稳序列的预测

不存在趋势性和季节性的时间序列可采用如下平滑法进行预测。

（1）简单平均法：将全部已有历史数据的均值作为下一时刻的预测值。

（2）移动平均法：对时间序列以逐期递进方式计算平均值，将其作为下一时刻的预测值，包括简单移动平均、加权移动平均等方法。

（3）指数平滑法：指数加权移动平均法的特殊形式，只不过离观测时间越远的权数呈指数下降趋势，常用一次指数平滑、二次指数平滑和三次指数平滑等方法。

10.3.1 简单平均法

简单平均法（SA）根据既有历史数据均值来预测下一期的数值。

设时间序列已有的观测值为 $Y_1, Y_2, \cdots, Y_t$，则第 $t+1$ 期的预测值 F_{t+1} 为

$$F_{t+1} = \frac{1}{t}\sum_{i=1}^{t} Y_i$$

根据第 $t+1$ 期的实际值 Y_{t+1}，可计算出预测误差：$E_{t+1} = Y_{t+1} - F_{t+1}$；第 $t+2$ 期的预测值为

$$F_{t+2} = \frac{1}{t+1}\sum_{i=1}^{t+1} Y_i$$

简单平均法的特点如下：适合对较为平稳的时间序列进行预测，但预测结果不太准确；对线性增长数据的预测偏差较大；将远期的数值和近期的数值看作对未来同等重要，而从预测角度看，近期的数值要比远期的数值对未来有更大的作用，而且当时间序列有趋势性或季节性变动时，该方法的预测不够准确。

```
data mydata;
  input x @@;
  t=1985+ _N_ ;
  label t="年份" x="消费价格指数";
  datalines;
106.5 107.3 118.8 118.0 103.1 103.4 106.4 114.7 124.1 117.1 108.3 102.8 99.2
98.6 100.4
run;
data fdata;
  set mydata;
  sum+x;
  f=sum/_N_;
  drop sum;
run;
proc print;
  var t x f;
run;
```

运行上述代码得到的预测值结果如图 10-20 所示。

Obs	年份	消费价格指数	预测值
1	1986	106.5	106.500
2	1987	107.3	106.900
3	1988	118.8	110.867
4	1989	118.0	112.650
5	1990	103.1	110.740
6	1991	103.4	109.517
7	1992	106.4	109.071
8	1993	114.7	109.775
9	1994	124.1	111.367
10	1995	117.1	111.940
11	1996	108.3	111.609
12	1997	102.8	110.875
13	1998	99.2	109.977
14	1999	98.6	109.164
15	2000	100.4	108.580

图 10-20 简单平均法的预测结果

10.3.2 移动平均法

移动平均法（MA）通过对时间序列逐期递进计算平均值，将其作为下一时刻的预测值。移动平均法是对简单平均法的一种改进方法，它限定了平滑的窗口，即只有特定步长内的数据才会对下一时刻的观测产生影响。

移动平均法主要包括简单移动平均法和加权移动平均法两种，也包括更复杂的赫尔移动平均法。简单移动平均法的步长内所有点对当前的观测的影响权重是相等的，而加权移动平均法则赋予了不同的权重。

1. 简单移动平均法（SMA）

将最近 k 期数据的平均值作为下一期的预测值，在实践中也常用于对缺失值的插值。

设移动间隔为 k（$1<k<t$），则 t 时刻简单移动平均值为窗口内所有观测的均值。若

$$\bar{Y}_t = \frac{1}{k}\sum_{i=1}^{k}Y_{t-k+i}$$

则 $t+1$ 期的简单移动平均预测值为 $F_{t+1} = \bar{Y}_t$。

简单移动平均法的预测误差用均方误差（MSE）来衡量：

$$\text{MSE} = \frac{\text{误差平方和}}{\text{误差个数}} = \frac{1}{t-k}\sum_{i=k+1}^{t}(Y_i - F_i)^2$$

1）简单移动平均法的主要特征

（1）每个观测值都给予相同的权重。

（2）只使用最近若干期的数据，在每次计算移动平均值时，步长 k 固定不变。

（3）主要适合对较为平稳的时间序列进行预测。

（4）对于同一个时间序列，采用不同的移动步长预测的准确性不同。因此通过不断试验，选择一个使均方误差达到最小的移动步长值。

2）奇数项与偶数项移动平均

简单移动平均对于步长为偶数时需要特殊处理，而且移动平均用于预测和插值时细节处理稍有不同。

（1）简单平均法。将所有历史时期的平均值作为当期值：

$$\bar{Y}_1 = .\quad \bar{Y}_2 = Y_1 \quad \bar{Y}_3 = (Y_1 + Y_2)/2 \quad \bar{Y}_4 = (Y_1 + Y_2 + Y_3)/3$$
$$\bar{Y}_5 = (Y_1 + Y_2 + Y_3 + Y_4)/4 \cdots \text{项数越来越多}$$

（2）简单移动平均法（步长=3）。最近 3 项的奇数项移动平均：

$$\bar{Y}_1 = .\quad \bar{Y}_2 = Y_1 \quad \bar{Y}_3 = \frac{1}{2}(Y_1 + Y_2) \quad \bar{Y}_4 = \frac{1}{3}(Y_1 + Y_2 + Y_3)\cdots\text{此后都是 3 项}$$

移动平均可平滑序列波动，而且平均项数越大，平滑作用越强。对于插值，奇数项移动平均值可作为中间位置上的趋势代表，但当移动平均项数为偶数时，计算出来的移动平均值不能正对某一时点，需要对连续两次的偶数项移动平均值再做一次步长为 2 的移动平均，才能得到中心化的移动平均值，称为移正平均（见图 10-21）。

$$\bar{Y}_{5.5} = \frac{1}{4}(Y_1 + Y_2 + Y_3 + Y_4)$$

$$\overline{Y}_{6.5} = \frac{1}{4}(Y_2 + Y_3 + Y_4 + Y_5)$$

$$\overline{Y}_5 = \frac{1}{2}(\overline{Y}_{5.5} + \overline{Y}_{6.5}) = \frac{1}{4}(Y_1/2 + Y_2 + Y_3 + Y_4 + Y_5/2)$$

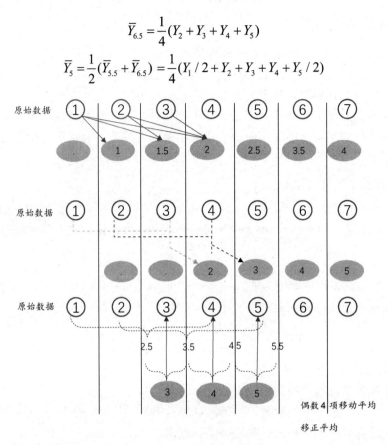

图 10-21　移正平均示意图

简单移动平均法（SMA）

将居民消费价格指数数据的 3 次和 5 次移动平均值作为下一期价格指数的预测值，计算出预测误差（见图 10-22），并绘图（见图 10-23）展示，完整的 SAS 代码如下所示。

```
proc expand data=mydata out=mydata_ma method=none;
  id t;
  convert x=MA3 / transout=(movave 3);
  convert x=MA5 / transout=(movave 5);
run;
data mydata_ma;
  set mydata_ma;
  f3=lag(ma3); e3=x-f3; e3sq=e3*e3;
  f5=lag(ma5); e5=x-f5; e5sq=e5*e5;
  label f3="预测值 MA3" e3="误差 MA3" e3sq="误差平方 MA3"
        f5="预测值 MA5" e5="误差 MA5" e5sq="误差平方 MA5";
run;
proc print label;
  var t x f3 e3 e3sq f5 e5 e5sq;
  sum e3sq e5sq;
run;
```

```
proc sgplot data=mydata_ma;
  series y=x x=t /markers;
  series y=f3 x=t /markers;
  series y=f5 x=t /markers;
  xaxis min=1986 type=DISCRETE;
  yaxis min=0;
run;
```

Obs	年份	消费价格指数	预测值 MA3	误差 MA3	误差平方 MA3	预测值 MA5	误差 MA5	误差平方 MA5
1	1986	106.5	.	.	.	.	.	.
2	1987	107.3	106.500	0.8000	0.64	106.500	0.8000	0.64
3	1988	118.8	106.900	11.9000	141.61	106.900	11.9000	141.61
4	1989	118.0	110.867	7.1333	50.88	110.867	7.1333	50.88
5	1990	103.1	114.700	-11.6000	134.56	112.650	-9.5500	91.20
6	1991	103.4	113.300	-9.9000	98.01	110.740	-7.3400	53.88
7	1992	106.4	108.167	-1.7667	3.12	110.120	-3.7200	13.84
8	1993	114.7	104.300	10.4000	108.16	109.940	4.7600	22.66
9	1994	124.1	108.167	15.9333	253.87	109.120	14.9800	224.40
10	1995	117.1	115.067	2.0333	4.13	110.340	6.7600	45.70
11	1996	108.3	118.633	-10.3333	106.78	113.140	-4.8400	23.43
12	1997	102.8	116.500	-13.7000	187.69	114.120	-11.3200	128.14
13	1998	99.2	109.400	-10.2000	104.04	113.400	-14.2000	201.64
14	1999	98.6	103.433	-4.8333	23.36	110.300	-11.7000	136.89
15	2000	100.4	100.200	0.2000	0.04	105.200	-4.8000	23.04
					1216.90			1157.94

图 10-22 简单移动平均预测和误差平方计算

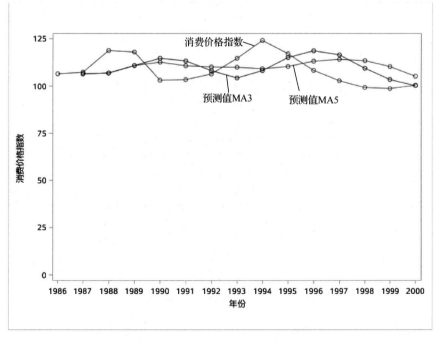

图 10-23 简单移动平均预测投点图

2. 加权移动平均法（WMA）

加权移动平均法对近期的观测值和远期的观测值赋予不同的权重后再进行预测。当序列波动较大时，越靠近近期的观测值被赋予越大的权数，较远期的观测值被赋予的权数依次递减。当序列波动不是很大时，各期的观测值被赋予近似相等的权数，此时它退化为简单移动平均。

均方误差可衡量加权移动平均法的预测精度，应选择一个均方误差最小的移动平均步长和权数组合。

```
proc expand data=mydata out=mydata_ma method=none;
  id t;
  convert x = WMA  / transout=(movave(0.2 0.3 0.5));
run;
```

上述代码设定了从远到近的 3 个权重系数，分别为 0.2、0.3 和 0.5（见图 10-24），其总和为 1.0。计算出的预测误差如图 10-25 所示，绘制的图像如图 10-26 所示。

Obs	年份	消费价格指数		预测值 WMA
1	1986	106.5	× 0.2	.
2	1987	107.3	× 0.3	106.50
3	1988	118.8	× 0.5	107.00
4	1989	118.0		112.89

图 10-24　加权移动平均法示意图

Obs	年份	消费价格指数	预测值 WMA	误差	误差平方
1	1986	106.5	.	.	.
2	1987	107.3	106.50	0.80	0.64
3	1988	118.8	107.00	11.80	139.24
4	1989	118.0	112.89	5.11	26.11
5	1990	103.1	116.10	-13.00	169.00
6	1991	103.4	110.71	-7.31	53.44
7	1992	106.4	106.23	0.17	0.03
8	1993	114.7	104.84	9.86	97.22
9	1994	124.1	109.95	14.15	200.22
10	1995	117.1	117.74	-0.64	0.41
11	1996	108.3	118.72	-10.42	108.58
12	1997	102.8	114.10	-11.30	127.69
13	1998	99.2	107.31	-8.11	65.77
14	1999	98.6	102.10	-3.50	12.25
15	2000	100.4	99.62	0.78	0.61
					1001.21

图 10-25　加权移动平均法预测的误差平方

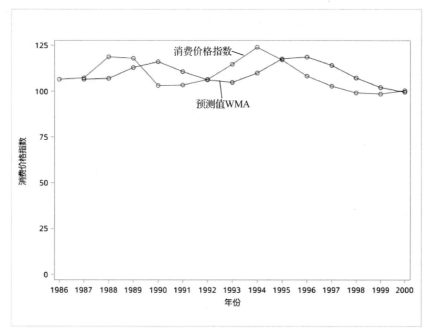

图 10-26 加权移动平均预测投点图

10.3.3 指数平滑法

指数加权移动平均法是加权移动平均法的一种特殊形式,它利用既往观测值进行加权平均来进行预测。观测值时间离当前点越远,其权数呈现指数下降趋势,因此又称为指数平滑法。

指数平滑法包括一次指数平滑、二次指数平滑、三次指数平滑等方法,其中一次指数平滑法可用于对时间序列进行平滑,以消除随机波动,找出序列的变化趋势。下面详细介绍一下一次指数平滑法。

一次指数平滑法以观测值与预测值的线性组合作为第 $t+1$ 时刻的预测值,其模型如下:

$$F_{t+1} = \alpha Y_t + (1-\alpha) F_t$$

式中,Y_t 为第 t 时刻的实际观测值;F_t 为第 t 时刻的预测值,其中 $F_1=Y_1$;α($0<\alpha<1$)为平滑系数,而 $1-\alpha$ 为阻尼系数。

在指数平滑法中,观测值时间离预测时期越远,其权数越小,即

$$F_2 = \alpha Y_1 + (1-\alpha) F_1 = \alpha Y_1 + (1-\alpha) Y_1 = Y_1$$
$$F_3 = \alpha Y_2 + (1-\alpha) F_2 = \alpha Y_2 + (1-\alpha) Y_1$$

指数平滑法的预测精度可用均方误差来衡量。F_{t+1} 是第 $t+1$ 时刻的预测值,它等于平滑系数 α 乘以上一时刻观测值再加上阻尼系数乘以上一时刻预测值,也等于上一时刻预测值 F_t 加上用 α 调整的第 t 时刻的预测误差($Y_t - F_t$):

$$F_{t+1} = \alpha Y_t + (1-\alpha) F_t$$
$$= \alpha Y_t + F_t - \alpha F_t = F_t + \alpha(Y_t - F_t)$$

平滑系数 α 的确定如下。

（1）α应根据时间序列的波动性确定，不同的α会对预测结果产生不同的影响。

当时间序列有较大的随机波动时，宜选较大的平滑系数α，以便能很快跟上近期的变化；当时间序列比较平稳时，宜选较小的平滑系数α。

（2）选择α时，还应考虑预测误差。用均方误差来衡量预测误差的大小，确定α时，应选择几个α分别进行预测，然后选择使总体预测误差最小的α作为最终的α值。

例 　　　　　　　　　　　　　一次指数平滑

对居民消费价格指数数据，选择适当的平滑系数α进行指数平滑预测，计算预测误差（见图10-27），并绘图进行比较。完整的 SAS 代码如下。

```
proc expand data=mydata out=mydata_ewma method=none;
  id t;
  convert x = EWMA / transout=(ewma 0.3);
run;

data mydata_ewma;
  set mydata_ewma;
  f=lag(ewma); e=x-f; esq=e*e;
  label f="预测值α=0.3" e="误差 α=0.3" esq="误差平方 α=0.3";
run;
proc print label;
  var t x f e esq ;
  sum esq;
run;
proc sgplot data=mydata_ewma;
  series y=x x=t /markers;
  series y=f x=t /markers;
  xaxis min=1986 type=DISCRETE;
  yaxis min=0;
run;
```

Obs	年份	消费价格指数	预测值 α=0.3	误差 α=0.3	误差平方 α=0.3
1	1986	106.5	.	.	.
2	1987	107.3	106.500	0.8000	0.640
3	1988	118.8	106.740	12.0600	145.444
4	1989	118.0	110.358	7.6420	58.400
5	1990	103.1	112.651	-9.5506	91.214
6	1991	103.4	109.785	-6.3854	40.774
7	1992	106.4	107.870	-1.4698	2.160
8	1993	114.7	107.429	7.2711	52.870
9	1994	124.1	109.610	14.4898	209.954
10	1995	117.1	113.957	3.1429	9.878
11	1996	108.3	114.900	-6.6000	43.560
12	1997	102.8	112.920	-10.1200	102.414
13	1998	99.2	109.884	-10.6840	114.148
14	1999	98.6	106.679	-8.0788	65.267
15	2000	100.4	104.255	-3.8552	14.862
					951.584

图10-27　指数平滑预测的误差平方

当 $\alpha=0.3$ 时，可得误差平方和为 951.6，同理可得 α 为 0.4、0.5 的误差平方和为 919.2、884.9。$\alpha=0.3$ 时误差最大，而 α 越大，误差平方和越小，一般取误差最小对应的 α 值。

10.4 趋势序列的预测

当时间序列包含趋势性成分时，描述性分析可揭示数据均值并不是固定不变的，序列的主体趋势是时间的某个函数，这种包含趋势性成分的时间序列称为趋势序列，它可用线性模型和非线性模型方法进行拟合与预测。采用不同的趋势预测方法计算后需要比较估计标准误差，选择误差最小的趋势计算方法预测趋势。

10.4.1 趋势序列的预测方法

趋势是指时间序列的观测值具有持续向上或持续向下的状态或规律。趋势序列的预测方法分为线性和非线性趋势预测两大类，其他方法包括自回归模型预测等。线性趋势预测如图 10-28 所示，非线性趋势预测如图 10-29 所示。

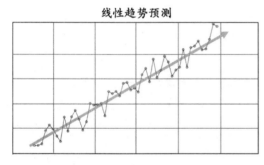

图 10-28 线性趋势预测

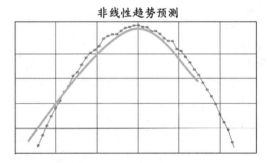

图 10-29 非线性趋势预测

1. 线性趋势预测

线性趋势是指时间序列的观测值的变化与时间 t 呈现线性关系，表现为现象随着时间推移而呈现出稳定增长或下降的线性变化规律。它由影响时间序列的基本因素作用形成，是时间序列的主要成分之一。线性趋势预测方法为线性模型法，主要采用线性回归模型来求解模型参数。

线性趋势方程的形式为

$$\hat{Y}_t = a + bt$$

式中，$\hat{Y}_t$ 是时间序列的预测值；t 是时间标号；a 是趋势线在 Y 轴上的截距；b 是趋势线的斜率，表示时间 t 变动 1 个单位观测值的平均变动数量。

根据最小二乘法得到求解 a 和 b 的标准方程：

$$\begin{cases} \sum Y = na + b\sum t \\ \sum tY = a\sum t + b\sum t^2 \end{cases}$$

解得

$$b = \frac{n\sum tY - \sum t \sum Y}{n\sum t^2 - (\sum t)^2} \quad a = \overline{Y} - b\overline{t}$$

预测误差可用估计标准误差 S_Y 来衡量：

$$S_Y = \sqrt{\frac{\sum_{i=1}^{n}(Y_i - \hat{Y}_i)^2}{n - m}}$$

式中，m 为线性趋势方程中待确定的未知常数个数。

如下 SAS 程序展示如何计算 S_Y，其中 yi 为真实值，pyi 为预测值，m 为参数个数。

```
data _null_;
 set result end=last;
 rsd=yi-pyi;
 rsdsq=rsd*rsd;
 retain rsdsq_s 0;
 rsdsq_s=rsdsq_s+rsdsq;
 if last then do;
   sy=sqrt(rsdsq_s/ (_N_ - m));
   put sy=;
 end;
run;
```

例　　　　　　　　　　　**线性模型法**

根据人口自然增长率数据（见图 10-30），可用最小二乘法确定线性趋势方程，计算出各期的预测值和预测误差，并预测 2001 年人口的自然增长率，最后将时间序列与预测值序列绘图进行比较。

Obs	npgr	t	p	rsd	r
1	15.57	1	16.3035	-0.73350	0.52465
2	16.61	2	15.7093	0.90071	0.54048
3	15.73	3	15.1151	0.61493	0.55351
4	15.04	4	14.5209	0.51914	0.56395
5	14.39	5	13.9266	0.46336	0.57194
6	12.98	6	13.3324	-0.35243	0.57758
7	11.60	7	12.7382	-1.13821	0.58094
8	11.45	8	12.1440	-0.69400	0.58205
9	11.21	9	11.5498	-0.33979	0.58094
10	10.55	10	10.9556	-0.40557	0.57758
11	10.42	11	10.3614	0.05864	0.57194
12	10.06	12	9.7671	0.29286	0.56395
13	9.54	13	9.1729	0.36707	0.55351
14	8.77	14	8.5787	0.19129	0.54048
15	8.24	15	7.9845	0.25550	0.52465

图 10-30　人口自然增长率数据

执行这一分析的完整 SAS 代码如下所示。

```
data mydata;
  input npgr @@;
  t=_N_;
  datalines;
15.57 16.61 15.73 15.04 14.39 12.98 11.60 11.45 11.21 10.55
10.42 10.06 9.54 8.77 8.24
run;
proc reg data=mydata;
  model npgr=t;
  output out=result predicted=p residual=rsd stdr=r;
quit;
proc print data=result;run;
```

由图 10-31 可知，线性趋势方程为

$$\hat{Y}_t = 16.89771 - 0.59421t$$

预测的 R^2 和估计标准误差为

$$R^2 = 0.9544, \quad S_Y = 0.60248$$

2001 年人口自然增长率的预测值为

$$\hat{Y}_{2001} = 16.89771 - 0.59421 \times 16 = 7.39035$$

读取的观测数	15
使用的观测数	15

方差分析

源	自由度	平方和	均方	F 值	Pr > F
模型	1	98.86537	98.86537	272.37	<.0001
误差	13	4.71879	0.36298		
校正合计	14	103.58416			

均方根误差	0.60248	R 方	0.9544
因变量均值	12.14400	调整 R 方	0.9509
变异系数	4.96114		

参数估计

变量	自由度	参数估计	标准误差	t 值	Pr > |t|
Intercept	1	16.89771	0.32736	51.62	<.0001
t	1	-0.59421	0.03601	-16.50	<.0001

图 10-31 线性趋势方程的参数估计

如图 10-31 所示，线性模型的主要参数斜率 b 和截距 a 分别为-0.59421 和 16.89771，而均方根误差为 0.60248，R^2 为 0.9544。该线性模型的拟合图如图 10-32 所示。

2．非线性趋势预测

1）二次曲线

非线性趋势是指观测值的变化与时间 t 之间的关系是非线性的，表现为多种非线性关

系，如二次曲线方程或其他高次方程，一般形式为
$$\hat{Y}_t = a + bt + ct^2$$

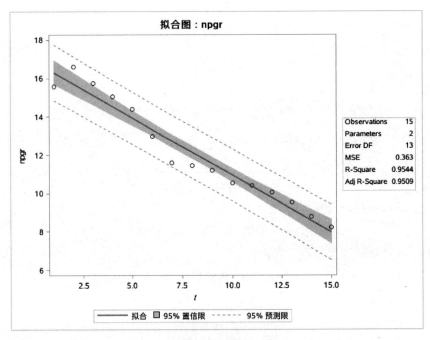

图 10-32 数据拟合图

根据最小二乘法求解模型参数 a、b、c，方程包含三个参数，至少需要三组方程联立求解：

$$\begin{cases} \sum Y = na + b\sum t + c\sum t^2 \\ \sum tY = a\sum t + b\sum t^2 + c\sum t^3 \\ \sum t^2 Y = a\sum t^2 + b\sum t^3 + c\sum t^4 \end{cases}$$

例　　　　　　　　　　　　　　二次曲线

根据能源生产总量数据（见图 10-33），计算各期的预测值和预测误差（见图 10-34），并绘图（见图 10-35），然后预测 2001 年的能源生产总量。下面的 SAS 代码读入往年能源生产总量数据，然后用非线性过程步 PROC NLIN 执行这一分析。

```
data mydata;
  input tep @@;
  t=_N_;
  datalines;
80850   86632   92997   96934   98703  104844  107256  111059
118729  129034  132616  132410  124250  109126  100900
run;
proc nlin data=mydata   plots = fit(stats=all)
  plots=diagnostics(stats=all);
  model tep=a+b*t+c *t*t;
  parameters a=1 b=1 c=1 ;
```

```
  output out=result predicted=p residual=rsd sse=sse;
run;
proc print data=result;
  sum tep p;
run;
```

Obs	tep	t	p	rsd	sse
1	80850	1	74889.46	5960.54	760265091.4
2	86632	2	84010.30	2621.70	760265091.4
3	92997	3	92131.82	865.18	760265091.4
4	96934	4	99254.02	-2320.02	760265091.4
5	98703	5	105376.90	-6673.90	760265091.4
6	104844	6	110500.47	-5656.47	760265091.4
7	107256	7	114624.72	-7368.72	760265091.4
8	111059	8	117749.64	-6690.64	760265091.4
9	118729	9	119875.25	-1146.25	760265091.4
10	129034	10	121001.54	8032.46	760265091.4
11	132616	11	121128.51	11487.49	760265091.4
12	132410	12	120256.16	12153.84	760265091.4
13	124250	13	118384.50	5865.50	760265091.4
14	109126	14	115513.51	-6387.51	760265091.4
15	100900	15	111643.21	-10743.21	760265091.4
	1626340		1626340.00		

源	自由度	平方和	均方	F 值	近似 Pr > F
模型	2	2.9597E9	1.4798E9	23.36	<.0001
误差	12	7.6027E8	63355424		
校正合计	14	3.72E9			

参数	估计	近似标准误差	近似 95% 置信限	
a	64769.3	7089.9	49321.7	80216.9
b	10619.8	2039.1	6177.1	15062.6
c	-499.7	123.9	-769.7	-229.6

近似相关矩阵			
	a	b	c
a	1.0000000	-0.8957407	0.7923923
b	-0.8957407	1.0000000	-0.9724093
c	0.7923923	-0.9724093	1.0000000

图 10-33 非线性模型的预测值，残差与误差平方和　　图 10-34 非线性模型的参数估计

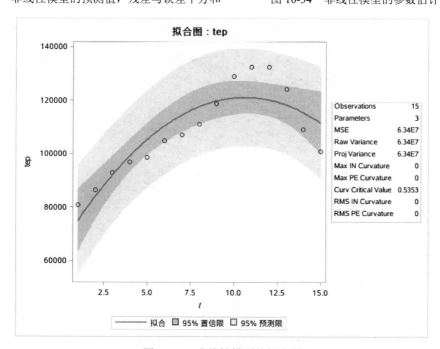

图 10-35 非线性模型的拟合图

由图 10-34 可知，二次曲线方程为

$$\hat{Y}_t = 64769.3 + 10619.8t - 499.7t^2$$

预测的估计标准误差为

$$S_Y = \sqrt{760265091/(15-3)} = \sqrt{63355424} = 7959.61$$

2001年能源生产总量的预测值为

$$\hat{Y}_{2001} = 64769.3 + 10619.8 \times 16 - 499.7 \times 16^2 = 106762.9$$

非线性模型的主要参数 a、b 和 c 分别为 64769.3、10619.8 和 -499.7，均方误差为 63355424。

2）指数曲线

时间序列以几何级数递增或递减，一般形式为

$$\hat{Y}_t = ab^t$$

式中，a、b 为待估算的未知常数。

若 $b>1$，则增长率随着时间 t 增加而增加；若 $b<1$，则增长率随着时间 t 增加而降低，当 $a>0$ 时，趋势值逐渐降低，并以 0 为极值。

系数 a、b 的求解方法如下：采取对数变换将非线性关系转化为线性关系，然后根据最小二乘法，得到求解 $\lg a$、$\lg b$ 的标准方程（取对数将乘法转化为加法，指数关系转化为乘法关系），即

$$\begin{cases} \sum \lg Y = n\lg a + \lg b \sum t \\ \sum t \lg Y = \lg a \sum t + \lg b \sum t^2 \end{cases}$$

求出 $\lg a$ 和 $\lg b$ 后，再取其反对数，即得模型参数 a 和 b 的值。

例 　　　　　　　　　　**指数曲线（变换后线性回归）**

根据人均 GDP 数据（见图 10-4），确定指数曲线方程并计算出各期的预测值和预测误差，预测 2001 年的人均 GDP 数据。

```
data mydata;
  input gdp @@;
  t=_N_;
  datalines;
956  1103  1355  1512  1634  1879  2287  2939  3923  4854
5576  6054  6307  6547  7078
run;
data mydata2;
  set mydata;
  _gdp=log(gdp);
run;
proc reg data=mydata2 OUTEST= stat;
  model _gdp=t;
quit;
data stat2;
  set stat;
  intercept=exp(intercept); t=exp(t);/*真正参数*/
run;
proc print data=stat2;run;
```

运行上述代码得到的方差分析和参数估计结果如图 10-36 所示，参数估计需交换才能得到真正参数。

方差分析					
源	自由度	平方和	均方	F 值	Pr > F
模型	1	6.93261	6.93261	452.84	<.0001
误差	13	0.19902	0.01531		
校正合计	14	7.13163			

均方根误差	0.12373	R 方	0.9721
因变量均值	7.97048	调整 R 方	0.9699
变异系数	1.55236		

参数估计					
变量	自由度	参数估计	标准误差	t 值	Pr > |t|
Intercept	1	6.71167	0.06723	99.83	<.0001
t	1	0.15735	0.00739	21.28	<.0001

图 10-36 指数曲线模型的参数估计

指数曲线趋势方程为

$$\hat{Y}_t = 821.944 \times 1.17041^t$$

预测的估计标准误差为

$$S_Y = 674.78$$

2001 年人均 GDP 的预测值为

$$\hat{Y}_{2001} = 821.944 \times 1.17041^{16} = 10191.79$$

指数曲线与线性模型（直线）的比较如下。

（1）指数曲线比一般的线性模型有着更广泛的应用，它可以反映现象的相对发展变化程度。

本例中 b=1.170406 表示 1986—2000 年期间人均 GDP 的年平均增长率 r 为 17.04%，即 r=b－1.0。

（2）不同序列的指数曲线可以进行相对增长程度的比较。

例 **指数曲线（非线性回归）**

根据人均 GDP 数据（见图 10-4），用 SAS 非线性回归确定指数曲线方程并计算出各期的预测值和预测误差，预测 2001 年的人均 GDP 数据。

```
data mydata;
  input gdp @@;
  t=_N_;
  datalines;
956   1103  1355  1512  1634  1879  2287  2939  3923  4854
5576  6054  6307  6547  7078
run;
proc nlin data=mydata  plots = fit(stats=all)
  plots=diagnostics(stats=all);
```

```
  model gdp=a*b**t;
  parameters a=1 b=1;
  output out=result predicted=p residual=rsd sse=sse;
run;
proc print data=result;
  sum gdp p;
run;
```

运行上述代码得到的结果如图10-37和图10-38所示,绘制出的拟合图如图10-39所示。

源	自由度	平方和	均方	F 值	近似 Pr > F
模型	2	2.6166E8	1.3083E8	415.84	<.0001
误差	13	4090044	314619		
未校正合计	15	2.6575E8			

参数	估计	近似标准误差	近似 95% 置信限	
a	1071.5	147.8	752.2	1390.8
b	1.1424	0.0127	1.1150	1.1699

近似相关矩阵

	a	b
a	1.0000000	-0.9678930
b	-0.9678930	1.0000000

Obs	gdp	t	p	rsd	sse
1	956	1	1224.07	-268.065	4090044.41
2	1103	2	1398.38	-295.384	4090044.41
3	1355	3	1597.53	-242.527	4090044.41
4	1512	4	1825.03	-313.029	4090044.41
5	1634	5	2084.93	-450.931	4090044.41
6	1879	6	2381.84	-502.844	4090044.41
7	2287	7	2721.04	-434.041	4090044.41
8	2939	8	3108.54	-169.543	4090044.41
9	3923	9	3551.23	371.772	4090044.41
10	4854	10	4056.96	797.043	4090044.41
11	5576	11	4634.71	941.295	4090044.41
12	6054	12	5294.73	759.270	4090044.41
13	6307	13	6048.75	258.250	4090044.41
14	6547	14	6910.15	-363.148	4090044.41
15	7078	15	7894.22	-816.218	4090044.41
	54004		54732.10		

注:表中 SSE 为误差平方和,参见"预测方法的误差评价指标"。

图 10-37 指数曲线模型的参数估计　　　图 10-38 指数曲线模型的预测,残差与误差平方和

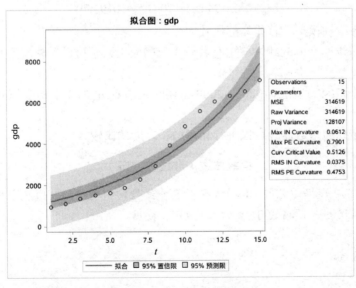

图 10-39 指数曲线模型的拟合图

指数曲线趋势方程为

$$\hat{Y}_t = 1071.5 \times 1.1424^t$$

预测的估计标准误差为

$$S_Y = \sqrt{4090044/(15-2)} = \sqrt{314619} = 560.91$$

2001 年人均 GDP 的预测值为

$$\hat{Y}_{2001} = 1071.5 \times 1.1424^{16} = 9017.44$$

3) 修正指数曲线

修正指数曲线在一般指数曲线方程的基础上增加了一个常数项 K，其一般形式为

$$\hat{Y}_t = K + ab^t$$

式中，K、a、b 为未知常数，$K > 0$，$a \neq 0$，$b > 0$ 且 $b \neq 1$。

修正指数曲线适用于描述增长率初期增长迅速，随后逐渐降低，最终以 K 为增长极限的现象。

求解方程系数的三和法如下。

（1）当趋势值 K 无法事先确定时，采用三和法。
（2）将时间序列观测值等分为三个部分，每个部分有 m 个时期。
（3）令预测值的三个部分总和分别等于原序列观测值的三个部分总和。

求解方程系数的公式如下。

$$S_1 = \sum_{t=1}^{m} Y_t \qquad S_2 = \sum_{t=m+1}^{2m} Y_t \qquad S_3 = \sum_{t=2m+1}^{3m} Y_t$$

$$b = \left(\frac{S_3 - S_2}{S_2 - S_1}\right)^{1/m} \qquad a = (S_2 - S_1)\frac{b-1}{b(b^m-1)^2} \qquad K = \frac{1}{m}\left[S_1 - \frac{b(b^m-1)}{b-1}a\right]$$

例 　　　　　　　　　　　　修正指数曲线

我国 1983—2000 年的糖产量数据如图 10-40 所示。试确定修正指数曲线方程，计算出各期预测值和预测误差，预测 2001 年糖产量，并将原序列和各期预测值序列绘图比较（见图 10-41）。

Obs	sugar	t
1	377	1
2	380	2
3	451	3
4	525	4
5	506	5
6	501	6
7	582	7
8	640	8
9	829	9
10	771	10
11	592	11
12	559	12
13	630	13
14	703	14
15	826	15
16	861	16
17	700	17
18	623	18

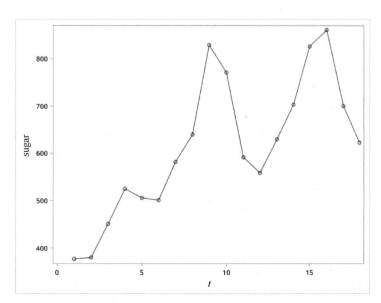

图 10-40　糖产量数据　　　　　　图 10-41　糖产量数据的原序列投点图

下面的 SAS 代码首先读入历史数据，然后利用三和法计算 S_1、S_2 和 S_3，代入公式求解得到系数 K、a 和 b。

```
data mydata;
  input x @@;
  t=_N_;
  datalines;
377 380 451 525 506 501 582 640 829
771 592 559 630 703 826 861 700 623
run;

data sum;
  if 0 then set mydata nobs=nobs;
  set mydata end=last;
  if _N_=1 then do;
    retain m;
    m=nobs / 3;
    call symput("M", m);
  end;
  g=ceil(_N_/m);

  retain lastg 1;
  retain s 0;
  if g ^= lastg then do;
    output;
    call symput("S" || trim(left(g-1)), s);
    s=0;
  end;
  s=s+x;

  if last then do;
    output;
    call symput("S" || trim(left(g)), s);
  end;
  lastg=g;
  drop g lastg;
run;

data _null_;
  put "&S1 &S2 &S3 &M";
  b=(((&S3-&S2)*1.0)/(&S2-&S1))**(1.0/&M);
  a=(&S2-&S1)*((b-1)/(b*(b**&m-1)**2));
  K=1.0/&m * (&S1-(a*b*(b**&m-1))/(b-1));

  call symput("b", b);
  call symput("a", a);
  call symput("k", k);
  t=19;
  y=k+a*b**t;
  put b= a= k= y=;
run;
```

```
data c;
  set mydata end=last;
  y= &k + &a * &b ** t;
  d= y-x;
  retain sse 0;
  sse=sse+ d*d;
  if last then do;
    sy=sqrt( sse / (18-3));
    put sse= sy=;
  end;
run;
```

上面的 SAS 程序相当于如下手工计算。首先利用三和法计算 S_1、S_3、S_2：

$$S_1 = \sum_{t=1}^{6} Y_t = 2740$$

$$S_2 = \sum_{t=6+1}^{12} Y_t = 3973$$

$$S_3 = \sum_{t=12+1}^{18} Y_t = 4343$$

代入公式解得 K、a、b 为

$$b = \left(\frac{S_3 - S_2}{S_2 - S_1}\right)^{1/m} = 0.8182$$

$$a = (S_2 - S_1)\frac{b-1}{b(b^m - 1)^2} = -559.14839$$

$$K = \frac{1}{m}\left[S_1 - \frac{b(b^m - 1)}{b-1}a\right] = 750.2721$$

则糖产量修正指数曲线方程为

$$\hat{Y}_t = 750.2721 - 559.14839 \times 0.8182^t$$

2001 年糖产量的预测值为

$$\hat{Y}_{2001} = 750.2721 - 559.14839 \times 0.8182^{19} = 737.9167$$

预测的估计标准误差为

$$S_Y = 94.1466$$

4）戈珀兹曲线

戈珀兹曲线以英国统计学家和数学家 Benjamin Gompertz 命名，主要用于描述类似商品市场的普及率等现象，其特征为初期增长缓慢，以后增长逐渐加快，当达到一定程度后，增长率又逐渐下降，最后接近一条水平线的饱和状态。戈珀兹曲线的一般形式为

$$\hat{Y}_t = Ka^{b^t}$$

式中，K、a、b 为未知常数，$K > 0$，$a > 0$ 且 $a \neq 1$，$b > 0$ 且 $b \neq 1$。该曲线以 Sigmoid 函数为基础，两端都有渐近线，上渐近线为 $Y=K$，下渐近线为 $Y=0$。

求解方程系数的三和法如下。

（1）将戈珀兹曲线的一般形式改写为对数形式：$\lg \hat{Y}_t = \lg K + (\lg a)b^t$。

（2）根据修正指数曲线的常数确定方法，计算出 $\lg a$、$\lg K$、b 参数。

（3）取 $\lg a$、$\lg K$ 的反对数求得真正的模型参数 a 和 K。

$$S_1 = \sum_{t=1}^{m} \lg Y_t \qquad S_2 = \sum_{t=m+1}^{2m} \lg Y_t \qquad S_3 = \sum_{t=2m+1}^{3m} \lg Y_t$$

$$b = \left(\frac{S_3 - S_2}{S_2 - S_1}\right)^{1/m}$$

$$\lg a = (S_2 - S_1)\left(\frac{b-1}{b(b^m - 1)^2}\right)$$

$$\lg K = \frac{1}{m}\left[S_1 - \frac{b(b^m - 1)}{b - 1}\lg a\right]$$

例 戈珀兹曲线

我国 1983—2000 年的糖产量数据如图 10-42 所示，试确定其戈珀兹曲线方程，计算出各期的预测值和预测误差，预测 2001 年的糖产量，并将原序列和各期的预测值序列绘图比较（见图 10-43）。

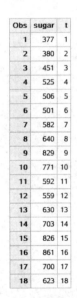
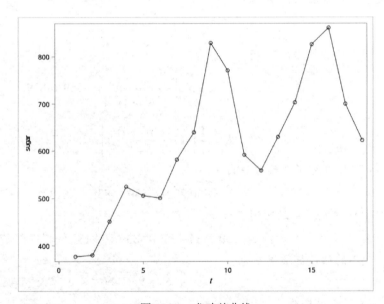

图 10-42　糖产量数据　　　　　图 10-43　戈珀兹曲线

下面的 SAS 代码首先读入历史数据，利用自然对数进行变换，然后利用三和法计算 S_1、S_2 和 S_3，代入公式求解得到系数 b 及 K、a 的自然对数形式，进一步变换得到真正的 K 和 a。

```
data mydata;
  input sugar @@;
  t=_N_;
  datalines;
377 380 451 525 506 501 582 640 829
771 592 559 630 703 826 861 700 623
```

```
run;
data sum;
  if 0 then set mydata nobs=nobs;
  set mydata end=last;
  m=nobs / 3;
  call symput("M", m);
  g=ceil(_N_/m);
  retain lastg 1;
  retain s 0;
  if g ^= lastg then do;
    output;
    put s= ;
    call symput("S" || trim(left(g-1)), s);
    s=0;
  end;
  s=s+log(sugar); /*取对数*/
  if last=1 then do;
    output;
    put s= ;
    call symput("S" || trim(left(g)), s);
  end;
  lastg=g;
run;
data _null_;
  put "S1=&S1 S2=&S2 S3=&S3";
  b=((&S3-&S2)/(&S2-&S1))**(1.0/&M);
  a=(&S2-&S1)*((b-1)/(b*(b**&m-1)**2));
  K=1.0/&m * (&S1-(a*b*(b**&m-1))/(b-1));
  a=exp(a); K=exp(K);
  put b= a= K=;
run;
```

上面的SAS程序相当于如下手工计算。首先改写对数形式并计算三和：

$$S_1 = \sum_{t=1}^{6} \lg Y_t = 36.6904$$

$$S_2 = \sum_{t=6+1}^{12} \lg Y_t = 38.9055$$

$$S_3 = \sum_{t=12+1}^{18} \lg Y_t = 39.4614$$

代入公式解得 b、$\lg a$ 及 $\lg K$，最后得到真正的系数 K、a、b，即

$$b = \left(\frac{S_3 - S_2}{S_2 - S_1}\right)^{1/m} = 0.7942$$

$$\lg a = (S_2 - S_1)\frac{b-1}{b(b^m-1)^2} = -1.0230$$

$$\lg K = \frac{1}{m}\left[S_1 - \frac{b(b^m-1)}{b-1}\lg a\right] = 6.6079$$

糖产量的戈珀兹曲线方程为

$$\hat{Y}_t = Ka^{b^t} = e^{\ln K} e^{\ln a^{b^t}} = 740.9546 \times 0.3595^{0.7942^t}$$

2001 年糖产量的预测值为

$$\hat{Y}_{2001} = 740.9546 \times 0.3595^{0.7942^{19}} = 731.5007$$

预测的估计标准误差为

$$S_Y = 92.14$$

5）Logistic 曲线

Logistic 曲线是由比利时数学家 P. F. 韦吕勒于 1938 年提出的，用于描述的现象与戈珀兹曲线描述的现象类似：初始为指数增长，然后饱和，增长变慢，最后成熟时则不再增长。Logistic 曲线方程为

$$\hat{Y}_t = \frac{1}{K + ab^t}$$

式中，K、a、b 为未知常数，$K > 0$，$a > 0$，$b > 0$ 且 $b \neq 1$。

求解 K、a、b 的三和法如下：取观测值 Y_t 的倒数 Y_t^{-1}，当 Y_t^{-1} 很小时，可乘以 10 的适当次方，计算公式为

$$S_1 = \sum_{t=1}^{m} Y_t^{-1} \quad S_2 = \sum_{t=m+1}^{2m} Y_t^{-1} \quad S_3 = \sum_{t=2m+1}^{3m} Y_t^{-1}$$

$$b = \left(\frac{S_3 - S_2}{S_2 - S_1} \right)^{1/m} \quad a = (S_2 - S_1) \frac{b-1}{b(b^m - 1)^2} \quad K = \frac{1}{m} \left[S_1 - \frac{b(b^m - 1)}{b - 1} a \right]$$

例 Logistic 曲线

下面的 SAS 代码首先读入历史数据，进行倒数变换，然后利用三和法计算 S_1、S_2 和 S_3，代入公式求解得到真正的系数 K、a 和 b，最终得到 Logistic 曲线方程。

```
data mydata;
  input sugar @@;
  t=_N_;
  datalines;
377 380 451 525 506 501 582 640 829
771 592 559 630 703 826 861 700 623
run;

data sum;
  if 0 then set mydata nobs=nobs;
  set mydata end=last;
  m=nobs / 3;
  call symput("M", m);
  g=ceil(_N_/m);

  retain lastg 1;
  retain s 0;
  if g ^= lastg then do;
    output;
    put s= ;
    call symput("S" || trim(left(g-1)), s);
```

```
      s=0;
    end;
    s=s+ 1/ sugar; /*取倒数*/
    if last=1 then do;
      output;
      put s= ;
      call symput("S" || trim(left(g)), s);
    end;
    lastg=g;
run;
data _null_;
    put "S1=&S1 S2=&S2 S3=&S3";
    b=((&S3-&S2)/(&S2-&S1))**(1.0/&M);
    a=(&S2-&S1)*((b-1)/(b*(b**&m-1)**2));
    K=1.0/&m * (&S1-(a*b*(b**&m-1))/(b-1));

    call symput("b", b);
    call symput("a", a);
    call symput("K", k);
    put b= a= K=;
    t=19;
    Y2001=1/ (K + a * (b**t));
    put Y2001=;
run;

data _null_;
    set mydata end=last;
    t=_N_;
    p=&K * &a ** (&b **t);
    rsd=sugar-p;
    retain rsdsq_s 0;
    rsdsq_s=rsdsq_s + rsd * rsd;
    if last then do;
      sy=sqrt( rsdsq_s/ (_N_ -3));
      put sy=;
    end;
run;
```

上面的 SAS 程序相当于如下手工计算。利用倒数变换后计算三和:

$$S_1 = \sum_{t=1}^{m} Y_t^{-1} = 0.0134$$

$$S_2 = \sum_{t=m+1}^{2m} Y_t^{-1} = 0.0093$$

$$S_3 = \sum_{t=2m+1}^{3m} Y_t^{-1} = 0.0084$$

代入公式解得 K、a、b 为

$$b = \left(\frac{S_3 - S_2}{S_2 - S_1} \right)^{1/m} = 0.7683$$

$$a = (S_2 - S_1)\frac{b-1}{b(b^m-1)^2} = 0.0093$$

$$K = \frac{1}{m}\left[S_1 - \frac{b(b^m-1)}{b-1}a\right] = 0.0084$$

糖产量的 Logistic 曲线方程为

$$\hat{Y}_t = 1/(K + ab^t) = 1/(0.0084 + 0.0093 \times 0.7683^t)$$

2001 年糖产量的预测值为

$$\hat{Y}_{2001} = 1/(0.0084 + 0.0093 \times 0.7683^{19}) = 725.0488$$

预测的估计标准误差为

$$S_Y = 690.8149$$

10.4.2 趋势预测方法的选择

选择趋势预测方法时，先要通过观察散点图确定其基本形态，然后根据观察到的数据特征按以下标准选择趋势线。

（1）一次差大体相同：直线方程。
（2）二次差大体相同：二次曲线。
（3）对数的一次差大体相同：指数曲线。
（4）一次差的环比值大体相同：修正指数曲线。
（5）对数一次差的环比值大体相同：戈珀兹曲线。
（6）倒数一次差的环比值大体相同：Logistic 曲线。

在采用不同方法计算后，还需要比较估计标准误差，选择预测误差最小的趋势线。图 10-44 展示了几种曲线的大致走势。

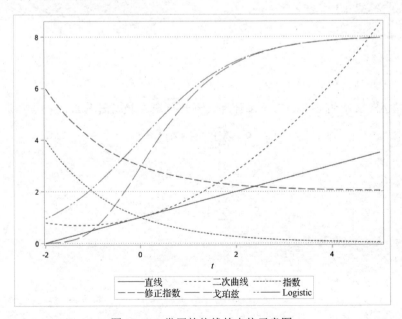

图 10-44　常用趋势线的走势示意图

10.5 复合序列的预测

在现实中,时间序列包含的成分往往不是单一的,而是复杂多样的。时间序列除了包含趋势性成分,往往还包含季节性或周期性成分,甚至是它们的复合成分。随机性成分存在于所有的时间序列中,构成时间序列的随机波动部分。如果复合序列包含季节性成分但不包含周期性成分,可用季节多元回归模型进行处理;也可以对时间序列进行成分分解,有步骤地剥离季节性成分、趋势性成分和周期性成分来建立复合时间序列预测模型。

10.5.1 季节多元回归模型

季节性预测法包括季节多元回归模型、季节自回归模型及复合时间序列分解法等,其中季节多元回归模型采用的步骤如下。

(1)季节多元回归模型需要引入哑元变量。如果数据是按季度记录的(见表 10-1),则需要引入 3 个哑元变量;如果数据是按月记录的,则需要引入 11 个哑元变量。引入哑元变量的个数为周期数 N 减 1。

表 10-1 季节多元回归模型中的哑元变量

X	Q_1	Q_2	Q_3
100	1	0	0
120	0	1	0
139	0	0	1
140	0	0	0

(2)季节多元回归模型可表示为

$$\hat{Y}_t = b_0 + b_1 t + b_2 Q_1 + b_3 Q_2 + b_4 Q_3$$

式中,b_0 为时间序列的平均值;b_1 为趋势性成分的系数,表示趋势给时间序列带来的影响值;b_2、b_3、b_4 为每个季度与参照的第 4 季度的平均差值;Q_1、Q_2、Q_3 为 3 个季度的哑元变量,取 1 或 0。

模型建立后进行预测时,Q_1、Q_2、Q_3 等于 1,其他为 0 即可。四个季节分别为 1、0、0、0、1、0、0、0、1 和 0、0、0。

例 季节多元回归模型

某商场 2003—2005 年各季度的销售额数据如图 10-45 所示。试用季节多元回归模型预测 2006 年各季度的销售额。

下面的 SAS 代码按照年和季节顺序读入数据,然后用 PROC SGPLOT 按照年份绘制各季节的销售额走势图。

```
data mydata;
  t=_N_;
  y=2003+ floor((_N_-1)/4);
  s=mod((_N_-1),4)+1;
  input x @@;
  datalines;
```

```
    3890 2500 1989 4365
    3840 2190 1765 4213
    4125 3146 2434 4531
run;
proc print; run;
proc sgplot data=mydata;
    series y=x x=s / group=y markers;
    yaxis min=0;
    xaxis values=(1 2 3 4);
run;
```

在图 10-45 中，t 列为时间序列编号，y 列为年份，s 列为季节，x 列为销售额数据。图 10-46 所示为按年度绘制的时间序列图，没有任何交叉说明序列中只含季节性成分。

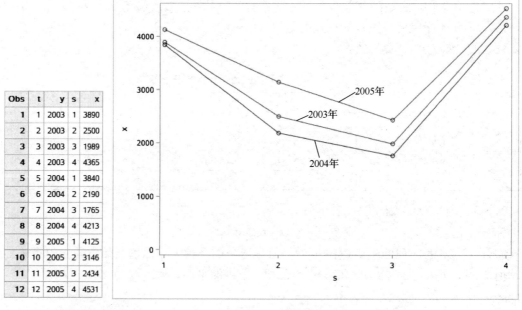

图 10-45 各季度销售额数据   图 10-46 按年度绘制的时间序列图

在季节多元回归模型中引入哑元变量的程序代码如下。

```
/*引入哑元变量 q1~q3*/
data mydata;
    set mydata;
    q1=0; q2=0; q3=0;
    if s=1 then q1=1;
    if s=2 then q2=1;
    if s=3 then q3=1;
run;
proc print; run;
```

在图 10-47 中，q1～q3 列为引入的哑元变量。

Obs	x	t	y	s	q1	q2	q3
1	3890	1	2003	1	1	0	0
2	2500	2	2003	2	0	1	0
3	1989	3	2003	3	0	0	1
4	4365	4	2003	4	0	0	0
5	3840	5	2004	1	1	0	0
6	2190	6	2004	2	0	1	0
7	1765	7	2004	3	0	0	1
8	4213	8	2004	4	0	0	0
9	4125	9	2005	1	1	0	0
10	3146	10	2005	2	0	1	0
11	2434	11	2005	3	0	0	1
12	4531	12	2005	4	0	0	0

图 10-47　引入哑元变量

```
/*SAS 线性回归建立季节多元回归模型,预测值和残差输出到数据集 result 的 p 和 rsd 列中*/
proc reg data=mydata OUTEST= stat;
  model x=t q1 q2 q3;
  output out=result predicted=p
  residual=rsd;
quit;
proc print data=result; run;
```

利用 SAS 线性回归求得的季节多元回归模型如下:

$$\hat{Y}_t = 3996.7 + 46.6t - 278.1Q_1 - 1664.4Q_2 - 2260.3Q_2$$

模型参数如下(见图 10-48):

(1) b_0=3996.667,表示平均销售额。

(2) b_1=46.625,表示每季度平均增加的销售额(趋势)。

(3) b_2=-278.125,表示第 1 季度的销售额比第 4 季度的销售额平均少 278.125 万元。

(4) b_3=-1664.417,表示第 2 季度的销售额比第 4 季度的销售额平均少 1664.417 万元。

(5) b_4=-2265.375,表示第 3 季度的销售额比第 4 季度的销售额平均少 2260.375 万元。

方差分析

源	自由度	平方和	均方	F 值	Pr > F
模型	4	10966628	2741657	36.46	<.0001
误差	7	526358	75194		
校正合计	11	11492986			

均方根误差	274.21524	R 方	0.9542
因变量均值	3249.00000	调整 R 方	0.9280
变异系数	8.43999		

参数估计

变量	自由度	参数估计	标准误差	t 值	Pr > |t|
Intercept	1	3996.66667	250.32312	15.97	<.0001
t	1	46.62500	24.23743	1.92	0.0958
q1	1	-278.12500	235.40691	-1.18	0.2760
q2	1	-1664.41667	229.08327	-7.27	0.0002
q3	1	-2260.37500	225.20388	-10.04	<.0001

图 10-48　季节多元回归模型的模型参数

季节性多元回归预测（历史数据的预测）如下。

在图 10-49 中 p 列为模型预测值，rsd 列为残差值。

Obs	x	t	y	s	q1	q2	q3	p	rsd
1	3890	1	2003	1	1	0	0	3765.17	124.833
2	2500	2	2003	2	0	1	0	2425.50	74.500
3	1989	3	2003	3	0	0	1	1876.17	112.833
4	4365	4	2003	4	0	0	0	4183.17	181.833
5	3840	5	2004	1	1	0	0	3951.67	-111.667
6	2190	6	2004	2	0	1	0	2612.00	-422.000
7	1765	7	2004	3	0	0	1	2062.67	-297.667
8	4213	8	2004	4	0	0	0	4369.67	-156.667
9	4125	9	2005	1	1	0	0	4138.17	-13.167
10	3146	10	2005	2	0	1	0	2798.50	347.500
11	2434	11	2005	3	0	0	1	2249.17	184.833
12	4531	12	2005	4	0	0	0	4556.17	-25.167

图 10-49　季节多元回归模型的预测值和残差

下面利用建立的季节多元回归模型：

$$\hat{Y}_t = 3996.7 + 46.6t - 278.1Q_1 - 1664.4Q_2 - 2260.3Q_3$$

对 2006 年各季度的销售额进行预测，则有

$\hat{Y}_{13} = 3996.7 + 46.6 \times 13 - 278.1 \times 1 - 1664.4 \times 0 - 2260.3 \times 0 = 4324.67$

$\hat{Y}_{14} = 3996.7 + 46.6 \times 14 - 278.1 \times 0 - 1664.4 \times 1 - 2260.3 \times 0 = 2985.00$

$\hat{Y}_{15} = 3996.7 + 46.6 \times 15 - 278.1 \times 0 - 1664.4 \times 0 - 2260.3 \times 1 = 2435.67$

$\hat{Y}_{16} = 3996.7 + 46.6 \times 16 - 278.1 \times 0 - 1664.4 \times 0 - 2260.3 \times 0 = 4742.67$

图 10-50 所示为实际值与模型预测值的对比，其中虚线右侧为 2006 年四个季度的预测值。

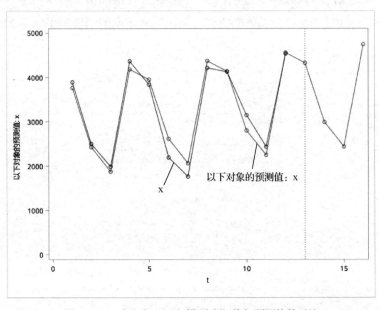

图 10-50　季节多元回归模型实际值与预测值的对比

10.5.2 复合时间序列的分解

复合时间序列包含各种成分，需要有步骤地将各成分进行分离并建立模型。一般步骤是先准备数据并确定季节性成分，然后剔除季节性成分，建立趋势模型，无季节性成分时剔除趋势值则可得仅包含周期性成分和随机性成分的序列。如果它包含周期性成分则还需用移动平均法消除不规则波动，得到周期性成分。最后剥离周期性成分剩下的序列就只包含纯粹的随机性成分（噪声）。复合时间序列的一般分解步骤如下。

（1）准备数据。
① 构造分析数据，检查是否存在季节性规律。
② 变换数据为线性存储，并进一步检查数据特征，如包含季节性成分和趋势性成分。
（2）确定并分离季节性成分。
① 计算季节指数，以确定时间序列中的季节性成分，通常采用乘法模型。
② 将季节性成分从时间序列中分离出去，即用每个观测值除以相应的季节指数，以消除季节性。
（3）建立预测模型并进行预测。
对消除季节性成分的时间序列建立适当的预测模型，并根据这一模型进行预测。
（4）利用模型预测并计算出最终的预测值。
用预测值乘以相应的季节指数，得到最终的预测值。

1. 准备数据
1）构造数据集
图 10-51 为某啤酒生产企业 2000—2005 年各季度的啤酒销售量数据（单位为万吨）。试计算各季度的季节指数。

Obs	年份	春季销售量	夏季销售量	秋季销售量	冬季销售量
1	2000	25	32	37	26
2	2001	30	38	42	30
3	2002	29	39	50	35
4	2003	30	39	51	37
5	2004	29	42	55	38
6	2005	31	43	54	41

图 10-51 各季度的啤酒销售量数据

图 10-51 中的列为年份及各季度销售量，分别对应 y 列和 x1～x4 列。
下面的 SAS 代码按季节读入数据到 x1～x4 四个变量，每一行对应某一年。

```
data mydata_x(label="复合序列的分解");
  y=2000+_N_-1;
  input x1 x2 x3 x4 @@;
  label y="年份"
        x1="春季销售量"
        x2="夏季销售量"
        x3="秋季销售量"
```

```
        x4="冬季销售量";
  datalines;
25 32 37 26
30 38 42 30
29 39 50 35
30 39 51 37
29 42 55 38
31 43 54 41
run;
proc print data=mydata_x label;
run;
```

2)检查数据特征

```
/*转置数据,检查是否存在季节性规律*/
proc transpose data=mydata_x  out=mydata_nos prefix=year name=season;
  id y;
run;
proc print data=mydata_nos;
run;
proc sgplot data=mydata_nos;
  series y=year2000 x=season/markers;
  series y=year2001 x=season/markers;
  series y=year2002 x=season/markers;
  series y=year2003 x=season/markers;
  series y=year2004 x=season/markers;
  series y=year2005 x=season/markers;
  yaxis min=0;
run;
```

图 10-52 显示总体上各季度销售额有一定的规律,其中第 3 季度销售额最高,揭示了夏秋啤酒销售旺盛的事实;然而图中不同年份的销售额走势线有交叉,表明成分比较复杂,至少应该包括季节性成分和趋势性成分。

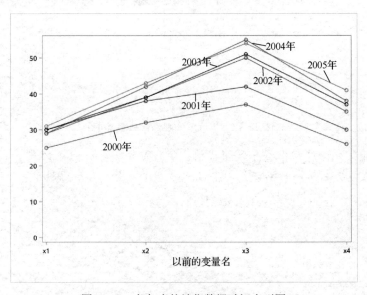

图 10-52 各年度的销售数据时间序列图

检查趋势性成分的程序代码如下。

```
/*变换数据为线性存储，进一步检查趋势性成分*/
data mydata;
  array xc[4] x1-x4;
  set mydata_x;
  retain n 0;
  do i=1 to dim(xc);
    s=i;
    n=n+1;
    t=n;
    x=xc[i];
    keep t s y x;
    output;
  end;
  label x="销售量" s="季节" t="时间编号";
run;
proc print data=mydata label;
run;
proc sgplot data=mydata;
  series y=x x=t/markers;
  yaxis min=0;
run;
```

按照时间序列顺序展开绘图（见图 10-53），由图可以看出啤酒销售额逐年攀升的总体规律，这表现为趋势性成分。

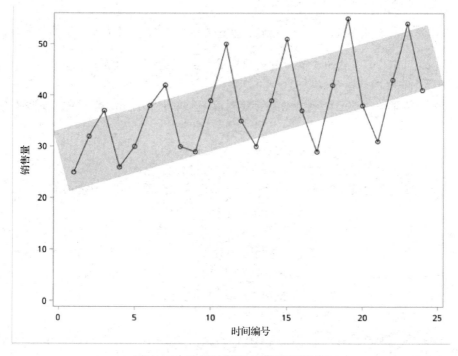

图 10-53　按照时间序列顺序展开绘图

2. 确定并分离季节性成分

1)季节指数

季节指数用于刻画时间序列在一个年度内各季度的典型季节特征,它反映某一季度的数值占全年平均数值的大小。

如果现象的发展没有季节变动,则各期的季节指数相等,且都等于 1,即各季节没有差别。季节变动的程度是根据各季节指数与其平均数(100%)的偏差程度来测定的。如果某一季度有明显的季节变化,则各期的季节指数应大于或小于平均数(100%)。

季节指数的具体计算步骤如下。

(1)计算移动平均值,并将其结果进行中心化处理。

① 季度数据采用 4 项移动平均,月份数据采用 12 项移动平均。

② 由于数据是偶数项移动平均,需要将移动平均结果再进行一次 2 项移动平均(移正平均),得到中心化移动平均值(CMA)。

(2)计算移动平均的比值,称为季节比率。

将时间序列的各观测值除以相应的中心化移动平均值,然后计算出各比值的季度(或月份)平均值,即季节指数(Y/CMA):

$$季节指数 = \frac{同季度平均数}{总季度平均数} \times 100\%$$

(3)季节指数调整(趋势剔除法)。

① 如果时间序列无季节波动,各季节指数的平均数应等于 100%。若根据第(2)步计算的季节比率平均值不等于1,则需要进行调整。具体方法为:用第(2)步计算出的每个季节比率的平均值除以它们的总平均值。

② 若$\sum$季节指数$\neq 400\%$(若月份则为1200%),则调整系数为 $R = \frac{400\%}{\sum 季节指数}$,则有

$$调整后的季节指数 = 原季节指数 \times 调整系数(R)$$

2)计算每个观测的季节指数

(1)先计算 4 项移动平均值,结果存放到图 10-54 中表的 MA4 列中,如前两个 MA4 的计算如下:

$$MA4 = (25+32+37+26)/4 = 30.00$$
$$MA4 = (32+37+26+30)/4 = 31.25$$

(2)计算移正平均值(2 项移动平均值),结果存放到图 10-54 中表的 CMA 列:

$$CMA = [30.00 + 31.25]/2 = 30.625$$

注意:计算出来的30.625位于图 10-54 中表的第 3 行,而不是第 5 行,这是我们对偶数项移动平均处理后的位置的移正,这样处理后可得到更加精确的时间序列处理模型。

(3)计算季节指数 Y/CMA,结果存放到图 10-54 中表的 y_cma 列:

$$Y/CMA = 37/30.625 = 1.2082$$

以上各步的具体运算步骤如下面的程序所示。

```
/*移动平均与移正平均,计算中心化移动平均值CMA*/
proc expand data=mydata out=mydata_ma4 method=none;
   id t;
```

```
    convert x=MA4 / transout=(movave 4);/*4 次移动平均*/
run;
proc expand data=mydata_ma4 out=mydata_cma method=none;
    id t;
    convert ma4=CMA / transout=(movave 2);/*2 次移动平均*/
run;
data mydata_cma_a;
    set mydata_cma nobs=N;
    pos=_N_ + 2; /*移正平均：访问后两行*/
    if pos<=N then do;
        set mydata_cma(keep=cma) point=pos;
    end;
    y_cma=x/ cma;/*计算每个观测的季节指数 Y/CMA*/
    output;
run;
proc print data=mydata_cma_a;
    var t y s x ma4 cma y_cma ;
run;
```

图 10-54 中 MA4 列为 4 项移动平均值，CMA 列为移正平均值，而 y_cma 列为季节指数。

Obs	t	y	s	x	MA4	CMA	y_cma
1	1	2000	1	25	25.0000	29.9167	0.83565
2	2	2000	2	32	28.5000	30.6667	1.04348
3	3	2000	3	37	31.3333	30.6250	1.20816
4	4	2000	4	26	30.0000	32.0000	0.81250
5	5	2001	1	30	31.2500	33.3750	0.89888
6	6	2001	2	38	32.7500	34.5000	1.10145
7	7	2001	3	42	34.0000	34.8750	1.20430
8	8	2001	4	30	35.0000	34.8750	0.86022
9	9	2002	1	29	34.7500	36.0000	0.80556
10	10	2002	2	39	35.0000	37.6250	1.03654
11	11	2002	3	50	37.0000	38.3750	1.30293
12	12	2002	4	35	38.2500	38.5000	0.90909
13	13	2003	1	30	38.5000	38.6250	0.77670
14	14	2003	2	39	38.5000	39.0000	1.00000
15	15	2003	3	51	38.7500	39.1250	1.30351
16	16	2003	4	37	39.2500	39.3750	0.93968
17	17	2004	1	29	39.0000	40.2500	0.72050
18	18	2004	2	42	39.7500	40.8750	1.02752
19	19	2004	3	55	40.7500	41.2500	1.33333
20	20	2004	4	38	41.0000	41.6250	0.91291
21	21	2005	1	31	41.5000	41.6250	0.74474
22	22	2005	2	43	41.7500	41.8750	1.02687
23	23	2005	3	54	41.5000	41.6250	1.29730
24	24	2005	4	41	42.2500	41.8750	0.97910

图 10-54　移动平均、移正平均和季节指数

对季度数据进行4项移动平均,再对结果MA4进行2项移动平均。结果CMA利用下面的数据步调整时点,从而可以得到更加精确的模型(见图10-55)。对于本例而言,调整后得出的估计标准误差SEE为2.1728,而不调整得出的估计标准误差SEE则是2.3143。

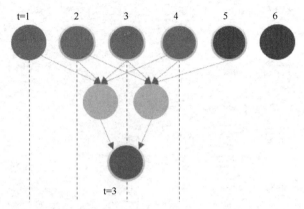

图10-55 移正平均示意图

对于4次移动平均需要进行2次移正平均才能构造正确的时间序列。

3)计算季节指数的调整系数

(1)计算各季度的平均季节指数。将同一季度的历年合计值除以年数,如 4.7820/6=0.7970,作为第1季度的平均季节指数,但有时排除首尾两个季度数据进行计算。

(2)根据四个季度平均季节指数的合计值计算调整系数 R,合计值必须调整为季节数4。例如,合计值为

$$0.7970+1.0393+1.2749+0.9023 = 4.0135$$

则调整系数为

$$R = 4 / 4.0135 = 0.9966$$

(3)调整后的季节指数=原季节指数×调整系数 R,如 $0.7970 \times 0.9966 = 0.7943$。同理,得到调整后的各季节指数(表10-2中的最后一行),其合计值为

$$0.7943 + 1.0358 + 1.2706 + 0.8982 = 4$$

调整后的季节指数投点图如图10-56所示。

表10-2 计算调整后的季节指数

年 份	季 度			
	1	2	3	4
2000	0.8357	1.0435	1.2082	0.8125
2001	0.8989	1.1015	1.2043	0.8602
2002	0.8056	1.0365	1.3029	0.9091
2003	0.7767	1.0000	1.3035	0.9397
2004	0.7205	1.0275	1.3333	0.9129
2005	0.7447	1.0269	1.2973	0.9791
合计	4.7820	6.2359	7.6495	5.4135
平均	0.7970	1.0393	1.2749	0.9023
季节指数	0.7943	1.0358	1.2706	0.8992

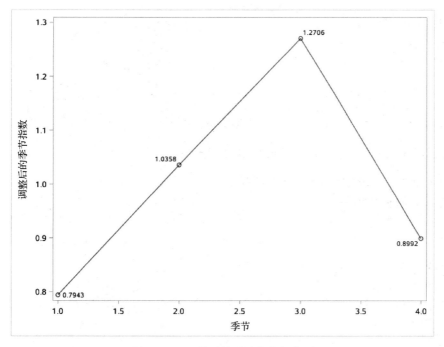

图 10-56　调整后的季节指数投点图

计算季节指数的调整系数的代码如下。

```
/*计算各季度的平均季节指数 avg_y_cma,输出如图 10-57 所示 */
proc sort data=mydata_cma_a out=mydata_cma4;
  by s;
run;
proc means data=mydata_cma4 sum mean;
  var y_cma;
  class s;
  output out=AvgYCMA(drop=_TYPE_ _FREQ_ where=(s^=.)) mean=avg_y_cma;
run;
/*计算平均季节指数的合计值 sum_avg_y_cma,输出如图 10-58 所示*/
proc means data=AvgYCMA(where=(s^=.)) sum;
  var avg_y_cma;
  output out=SumOfAvgYCMA(drop= _TYPE_ _FREQ_) sum=sum_avg_y_cma;
run;
data AdjYCMA;
  set AvgYCMA(where=(s^=.));
  pos=1;
  set SumOfAvgYCMA point=pos;
  r=4.0/sum_avg_y_cma;           /*计算调整系数 R */
  adj_y_cma=avg_y_cma * r;       /*计算各季节平均季节指数的修正值*/
  label adj_y_cma="调整后季节指数";
  keep s r avg_y_cma adj_y_cma;
run;
proc print data=AdjYCMA; sum adj_y_cma; run; /*输出如图 10-59 所示*/
proc sgplot data=AdjYCMA;        /*输出如图 10-56 所示*/
  series x=s y=adj_y_cma / markers datalabel=adj_y_cma;
run;
```

MEANS PROCEDURE

分析变量: y_cma			
季节	观测数	总和	均值
1	6	4.7820272	0.7970045
2	6	6.2358610	1.0393102
3	6	7.6495409	1.2749235
4	6	5.4135059	0.9022510

MEANS PROCEDURE

分析变量: avg_y_cma
总和
4.0134892

Obs	s	avg_y_cma	sum_avg_y_cma	adj_y_cma
1	1	0.79700	4.01349	0.79433
2	2	1.03931	4.01349	1.03582
3	3	1.27492	4.01349	1.27064
4	4	0.90225	4.01349	0.89922
				4.00000

图 10-57 平均季节指数　图 10-58 平均季节指数的合计值　图 10-59 调整后的季节指数

图 10-59 中的 avg_y_cma 列为平均季节指数，sum_avg_y_cma 列为它的和，而 adj_y_cma 列为调整后的季节指数。

4）分离季节性成分

（1）利用乘法模型，将原时间序列（x 列）除以相应的季节指数（adj_y_cma 列），即可得到包含趋势性和随机性两种成分的序列（x_nos 列）：

$$\frac{Y}{S} = \frac{T \times S \times I}{S} = T \times I$$

（2）季节性成分分离后的时间序列（x_nos 列）反映了在没有季节因素影响的情况下时间序列的变化形态。这一处理去掉了原始数据中的季节性成分，如 2000 年的数据去掉季节性成分后就变为

　　25/0.7943=31.47　32/1.0358=30.89　37/1.2706=29.12　26/0.8992=28.91

分离季节性成分的程序代码如下。

```
/*从原始序列的观测中分离季节性成分*/
data mydata_nos;
  set mydata;
  pos=s;
  set AdjYCMA point=pos;
  x_nos=x / adj_y_cma;
  label x_nos="季节分离后的序列";
run;
proc print data=mydata_nos;run;
```

程序的输出如图 10-60 所示，其中 x_nos 列为原始序列 x 剥离对应季节性成分后的值。

Obs	y	s	t	x	avg_y_cma	sum_avg_y_cma	adj_y_cma	x_nos
1	2000	1	1	25	0.79700	4.01349	0.79433	31.4732
2	2000	2	2	32	1.03931	4.01349	1.03582	30.8935
3	2000	3	3	37	1.27492	4.01349	1.27064	29.1192
4	2000	4	4	26	0.90225	4.01349	0.89922	28.9140
5	2001	1	5	30	0.79700	4.01349	0.79433	37.7679

图 10-60 程序的输出

5）季节性成分剥离前后对比

绘制剥离季节性成分前后的对比图的代码如下。

```
/*绘制剥离季节性成分前后的对比图*/
proc sgplot data=mydata_nos;
  series x=t y=x / markers datalabel=x;
  series x=t y=x_nos / markers datalabel=x_nos;
  yaxis min=0;
run;
```

上述代码的运行结果如图 10-61 所示。

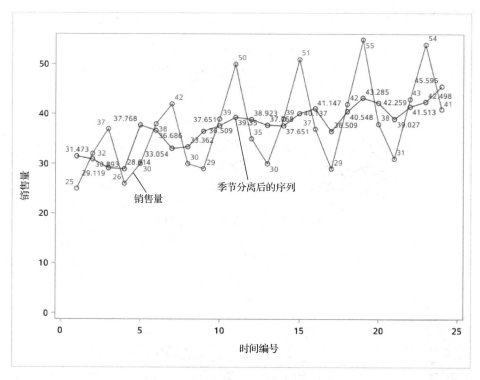

图 10-61　剥离季节性成分前后对比图

对于没有季节性成分的数据，我们可以利用趋势预测方法对它的趋势性成分进行分析。

3．建立预测模型并进行预测

（1）根据分离季节性成分的序列确定线性趋势方程：

$$\hat{Y}_t = a + bt$$

（2）根据线性趋势方程进行预测，此时该预测值也不含季节性成分，即在没有季节因素影响情况下的预测值。

（3）计算最终的预测值。利用回归预测值乘以相应的季节指数得到最终的预测值。

建立模型并进行预测的代码如下。

```
/*基于剥离后的数据建模，并将计算出来的统计参数输出到model列中，将预测值输出到x_nos_p列中*/
proc reg data=mydata_nos  OUTEST= model;
  model x_nos=t;
  output out=mydata_nos_p predicted=x_nos_p
  residual=rsd stdr=r;
```

```
  quit;
proc print data=mydata_nos_p label;run;
proc sgplot data=mydata_nos_p;
  series y=x_nos x=t/ markers;
series y=x_nos_p x=t/markers datalabel=x_nos_p legendlabel="回归预测值";
run;
```

由以上代码得到的结果如图 10-62 所示，绘制出的图像如图 10-63 所示，并得到线性趋势方程：$\hat{Y}_t = 30.62027 + 0.55585t$。

均方根误差	2.21830	R 方	0.7665
因变量均值	37.56839	调整 R 方	0.7559
变异系数	5.90469		

参数估计

变量	标签	自由度	参数估计	标准误差	t 值	Pr > |t|
Intercept	Intercept	1	30.62027	0.93468	32.76	<.0001
t	时间编号	1	0.55585	0.06541	8.50	<.0001

图 10-62　线性模型的参数估计

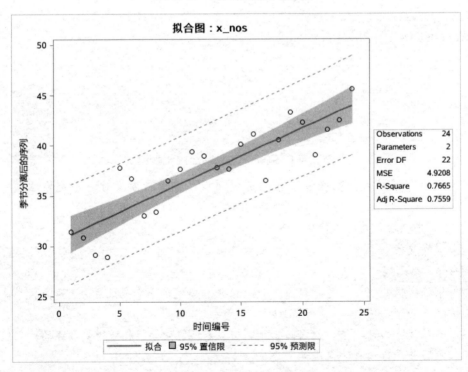

图 10-63　线性模型的拟合图

本例的数据如图 10-64 所示，代码运行结果如图 10-65 所示。

Obs	年份	季节	时间编号	销售量	avg_y_cma	sum_avg_y_cma	调整后季节指数	季节分离后的序列	以下对象的预测值: x_nos	残差	残差的标准误差
1	2000	1	1	25	0.79700	4.01349	0.79433	31.4732	31.1761	0.29711	2.03713
2	2000	2	2	32	1.03931	4.01349	1.03582	30.8935	31.7320	-0.83848	2.06011
3	2000	3	3	37	1.27492	4.01349	1.27064	29.1192	32.2878	-3.16860	2.08078
4	2000	4	4	26	0.90225	4.01349	0.89922	28.9140	32.8437	-3.92967	2.09920
5	2001	1	5	30	0.79700	4.01349	0.79433	37.7679	33.3995	4.36836	2.11545
6	2001	2	6	38	1.03931	4.01349	1.03582	36.6860	33.9554	2.73065	2.12956
7	2001	3	7	42	1.27492	4.01349	1.27064	33.0542	34.5112	-1.45697	2.14158
8	2001	4	8	30	0.90225	4.01349	0.89922	33.3623	35.0671	-1.70477	2.15155
9	2002	1	9	29	0.79700	4.01349	0.79433	36.5089	35.6229	0.88603	2.15949
10	2002	2	10	39	1.03931	4.01349	1.03582	37.6514	36.1788	1.47267	2.16543
11	2002	3	11	50	1.27492	4.01349	1.27064	39.3503	36.7346	2.61568	2.16937
12	2002	4	12	35	0.90225	4.01349	0.89922	38.9227	37.2905	1.63222	2.17135
13	2003	1	13	30	0.79700	4.01349	0.79433	37.7679	37.8463	-0.07844	2.17135
14	2003	2	14	39	1.03931	4.01349	1.03582	37.6514	38.4022	-0.75073	2.16937
15	2003	3	15	51	1.27492	4.01349	1.27064	40.1373	38.9580	1.17928	2.16543
16	2003	4	16	37	0.90225	4.01349	0.89922	41.1468	39.5139	1.63297	2.15949
17	2004	1	17	29	0.79700	4.01349	0.79433	36.5089	40.0697	-3.56077	2.15155
18	2004	2	18	42	1.03931	4.01349	1.03582	40.5477	40.6256	-0.07787	2.14158
19	2004	3	19	55	1.27492	4.01349	1.27064	43.2853	41.1814	2.10390	2.12956
20	2004	4	20	38	0.90225	4.01349	0.89922	42.2589	41.7373	0.52165	2.11545
21	2005	1	21	31	0.79700	4.01349	0.79433	39.0268	42.2931	-3.26631	2.09920
22	2005	2	22	43	1.03931	4.01349	1.03582	41.5131	42.8490	-1.33585	2.08078
23	2005	3	23	54	1.27492	4.01349	1.27064	42.4983	43.4048	-0.90650	2.06011
24	2005	4	24	41	0.90225	4.01349	0.89922	45.5951	43.9607	1.63448	2.03713

图 10-64　本例的数据

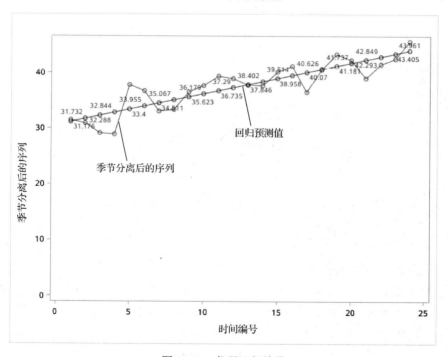

图 10-65　代码运行结果

说明：（1）在图 10-64 中，季节性成分分离后的序列为 x_nos 列，后一列为对应的预测值（x_nos_p 列），残差及残差的标准误差分别为 rsd 列和 r 列。

（2）输出数据集 mydata_nos_p 中的 x_nos_p 列就是利用线性趋势方程（$\hat{Y}_t = 30.62027 + 0.55585t$）进行预测得到的值，但由于此时预测值不包含季节性成分，还需要后续修正。

（3）模型建立是基于季节性成分分离后的序列（x_nos 列）和时间编号列的，x_nos_p 列是基于时间编号列和建立的模型所预测出来的值。

如图 10-65 所示，基于季节分离后的序列（x_nos 列）和时间编号列建立的线性模型，此时所有预测值落在一条直线上。但这些数据并不是最终的预测值，还需要乘以调整季节指数（见 adj_y_cma 列）来得到最终的预测值，其程序代码如下。

```
data adj_mydata_nos_p;           /*修正预测*/
  set mydata_nos_p;
  p=x_nos_p * adj_y_cma;
  e=x - p;
  label p="回归预测值" p= "最终预测值" e="预测误差";
run;
proc print data=adj_mydata_nos_p label;
  var y s t x adj_y_cma x_nos x_nos_p rsd r p e;
run;
proc sgplot data=adj_mydata_nos_p;
  series y=x x=t/markers;
  series y=p x=t/markers datalabel=p;
  yaxis min=0;
run;
data sse;                        /*计算预测误差，即估计标准误差 SEE*/
  set adj_mydata_nos_p end=last;
  se=e*e;
  retain sse 0;
  sse=sse+se;
  if last then do;
    df=_N_ -2;                   /*自由度 df= N - 模型参数个数*/
    see=sqrt( sse/df );
    keep sse df see;
    output;                      /*2.1727934593*/
  end;
run;
proc print data=sse; run;
```

本例所涉及的数据如图 10-66 所示。

说明：在图 10-66 中，基于预测值 x_nos_p 列进行修正得到最终的预测值 p 列，然后我们可以根据最终预测值计算预测误差、估计标准误差 SEE 等统计量。

上述代码的运行结果如图 10-67 所示。从图 10-67 可以看出最终预测值（p 列）和原始数据（x 列）非常接近，计算出来的误差平方和 SSE 为 103.863、估计标准误差 SEE 仅为 2.17279（见图 10-68）。

Obs	年份	季节	时间编号	销售量	调整后季节指数	季节分离后的序列	以下对象的预测值: x_nos	残差	残差的标准误差	最终预测值	预测误差
1	2000	1	1	25	0.79433	31.4732	31.1761	0.29711	2.03713	24.7640	0.23600
2	2000	2	2	32	1.03582	30.8935	31.7320	-0.83848	2.06011	32.8685	-0.86852
3	2000	3	3	37	1.27064	29.1192	32.2878	-3.16860	2.08078	41.0261	-4.02615
4	2000	4	4	26	0.89922	28.9140	32.8437	-3.92967	2.09920	29.5336	-3.53364
5	2001	1	5	30	0.79433	37.7679	33.3995	4.36836	2.11545	26.5301	3.46990
6	2001	2	6	38	1.03582	36.6860	33.9554	2.73065	2.12956	35.1716	2.82845
7	2001	3	7	42	1.27064	33.0542	34.5112	-1.45697	2.14158	43.8513	-1.85128
8	2001	4	8	30	0.89922	33.3623	35.0671	-1.70477	2.15155	31.5330	-1.53296
9	2002	1	9	29	0.79433	36.5089	35.6229	0.88603	2.15949	28.2962	0.70380
10	2002	2	10	39	1.03582	37.6514	36.1788	1.47267	2.16543	37.4746	1.52541
11	2002	3	11	50	1.27064	39.3503	36.7346	2.61568	2.16937	46.6764	3.32358
12	2002	4	12	35	0.89922	38.9227	37.2905	1.63222	2.17135	33.5323	1.46772
13	2003	1	13	30	0.79433	37.7679	37.8463	-0.07844	2.17135	30.0623	-0.06231
14	2003	2	14	39	1.03582	37.6514	38.4022	-0.75073	2.16937	39.7776	-0.77762
15	2003	3	15	51	1.27064	40.1373	38.9580	1.17928	2.16543	49.5016	1.49844
16	2003	4	16	37	0.89922	41.1468	39.5139	1.63297	2.15949	35.5316	1.46840
17	2004	1	17	29	0.79433	36.5089	40.0697	-3.56077	2.15155	31.8284	-2.82841
18	2004	2	18	42	1.03582	40.5477	40.6256	-0.07787	2.14158	42.0807	-0.08066
19	2004	3	19	55	1.27064	43.2853	41.1814	2.10390	2.12956	52.3267	2.67330
20	2004	4	20	38	0.89922	42.2589	41.7373	0.52165	2.11545	37.5309	0.46907
21	2005	1	21	31	0.79433	39.0268	42.2931	-3.26631	2.09920	33.5945	-2.59452
22	2005	2	22	43	1.03582	41.5131	42.8490	-1.33585	2.08078	44.3837	-1.38369
23	2005	3	23	54	1.27064	42.4983	43.4048	-0.90650	2.06011	55.1518	-1.15184
24	2005	4	24	41	0.89922	45.5951	43.9607	1.63448	2.03713	39.5302	1.46975

图 10-66　计算最终预测值和预测误差

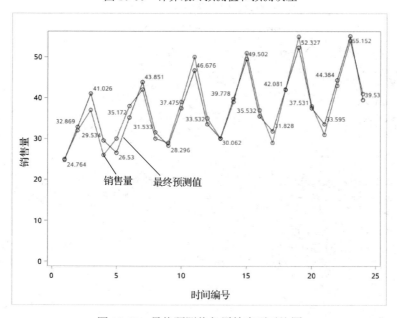

图 10-67　最终预测值与原始序列对比图

Obs	sse	df	see
1	103.863	22	2.17279

图 10-68　误差平方和 SSE 与估计标准误差 SEE

利用模型进行预测和修正（外推）的过程如下。

（1）根据预测方程 $\hat{Y}_t = 30.62027 + 0.5559t$，将外推的时间序列编号 t =25、26、27、28 代入可得回归预测值，即调整前预测值 x_nos_p 列（见图 10-69）：

$$\hat{Y}_{25} = 30.62027 + 0.5559 \times 25 = 44.5165$$
$$\hat{Y}_{26} = 30.62027 + 0.5559 \times 26 = 45.0724$$
$$\hat{Y}_{27} = 30.62027 + 0.5559 \times 27 = 45.6282$$
$$\hat{Y}_{28} = 30.62027 + 0.5559 \times 28 = 46.1841$$

Obs	y	s	t	x_nos_p	adj_y_cma	p
1	2006	1	25	44.5165	0.79433	35.3606
2	2006	2	26	45.0724	1.03582	46.6867
3	2006	3	27	45.6282	1.27064	57.9770
4	2006	4	28	46.1841	0.89922	41.5296

图 10-69　利用模型进行最终预测

说明：x_nos_p 列为中间结果（回归预测值），而 p 列为最终预测值。

（2）根据调整系数计算最终预测值=回归预测值×季节指数，得到 p 列：

$$44.5165 \times 0.79433 = 35.3606$$
$$45.0724 \times 1.03582 = 46.6867$$
$$45.6282 \times 1.27064 = 57.9770$$
$$46.1841 \times 0.89922 = 41.5296$$

```
/*利用模型外推预测 2006 年的数据*/
data mydata_nos_q;
  if 0 then set mydata_nos_p nobs=N point=N;
  do i=1 to 4;                                /*预测周期 4 */
    y=2005+ceil(i/4);
    _t=i+N;
    s=mod(i-1, 4)+1;
    pos=1;
    set model point=pos;                      /*获取模型参数*/
    x_nos_p=intercept + _t * t;               /*回归预测值*/
    pos=s;
    set AdjYCMA(keep=adj_y_cma) point=pos;
    p=x_nos_p * adj_y_cma;                    /*计算最终的预测值*/
    keep y _t s x_nos_p adj_y_cma p;
    rename _t=t;
    output;
  end;
  stop;
run;
/*调整预测值*/
data adj_mydata_nos_q;
  set mydata_nos_q;
```

```
  pos=s;
  set AdjYCMA(keep=adj_y_cma) point=pos;
  p=x_nos_p * adj_y_cma;
run;
proc print data=adj_mydata_nos_q;              /*输出如图10-69所示*/
  var y s t x_nos_p adj_y_cma p ;
run;
```

合并观测值和最终预测值并绘图的程序如下。

```
/*合并数据并绘图*/
data adj_mydata_nos_all;
  set adj_mydata_nos_p adj_mydata_nos_q;
run;
proc sgplot data=adj_mydata_nos_all;
  series y=x x=t / markers ;
  series y=p x=t / markers datalabel=p;
  refline 24 / axis=x
    lineattrs=(color=red pattern=dot);
  yaxis min=0;
run;
```

程序运行结果如图 10-70 所示，也是所有实际数据和预测数据联合所绘制的图，可以看出模型整体拟合得相当好。

预测 2006 年四个季度的销售量约为 35.3 万吨、46.6 万吨、57.9 万吨和 41.5 万吨，其中依然可以看到明显的季节规律。

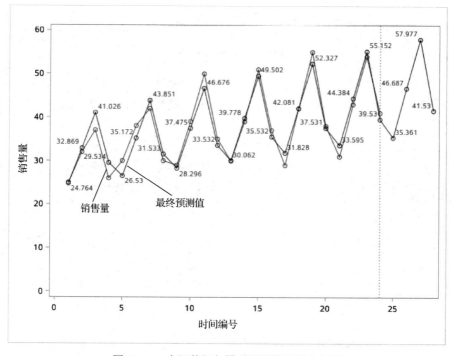

图 10-70　实际数据与模型预测数据联合作图

10.5.3 周期性分析

当复合时间序列包含周期性成分时,需要使用周期性分析方法进行序列分解。周期性成分具有如下特征。

(1) 数据波动近乎规律性地从低到高,再从高到低周而复始地变动。
(2) 与趋势变动不同,它不是朝着单一方向的持续运动,而是涨落交替波动。
(3) 与季节变动不同,它的变化无固定规律,变动周期长短不一且周期多在一年以上。
(4) 时间长短和波动大小不一,且常与不规则波动交织在一起,很难单独加以描述和分析。
(5) 需要较长期间的时间序列数据才能进行周期性分析。

周期性分析的步骤如下。

(1) 采用乘法模型,先剔除季节变动,求得无季节性成分的数据序列:
$$无季节性成分的数据序列 = (T \times S \times C \times I)/S = T \times C \times I$$

(2) 基于无季节性成分的数据序列求得趋势值,并将无季节性成分的数据序列除以该趋势值,得到只含有周期性及随机性两种成分的数据序列:
$$包含周期性成分与随机性成分的数据序列 = (T \times C \times I)/T = C \times I$$

(3) 进一步对该数据序列进行移动平均(MA),消除不规则波动,得到只包含周期性成分的数据序列:
$$包含周期性成分的数据序列 = \mathrm{MA}(C \times I)$$

(4) 从包含周期性成分与随机性成分的数据序列中剔除周期性成分,最后剩下的就是只包含随机性成分的数据序列:
$$包含随机性成分的数据序列 = (C \times I)/C = I$$

例 周期性分析的步骤

采用前例的数据(见图 10-71)和剥离季节性分析的方法,可得到剥离季节性成分后的序列 x_nos 列和它的模型预测值 x_nos_p 列,rsd 列和 r 列分别为残差及残差的标准误差。它们存储在 SAS 数据集 mydata_nos_p 中。

基于该数据,我们首先要计算只含有周期性和随机性两种成分的序列:
$$\mathrm{CI} = (T \times C \times I)/T = C \times I$$

它等于剥离季节性成分后的数值除以其趋势值,即模型的预测值。

```
/*得到周期及随机波动 C*I 列*/
data mydata_nos_ci;
  set mydata_nos_p(keep=y s t x adj_y_cma x_nos x_nos_p);
  ci= x_nos / x_nos_p;
  label ci="周期及随机波动 C*I";
run;
proc print label;run;
```

运行上述程序得到的结果如图 10-72 所示。

Obs	y	s	t	x	avg_y_cma	sum_avg_y_cma	adj_y_cma	x_nos	x_nos_p	rsd	r
1	2000	1	1	25	0.79700	4.01349	0.79433	31.4732	31.1761	0.29711	2.03713
2	2000	2	2	32	1.03931	4.01349	1.03582	30.8935	31.7320	-0.83848	2.06011
3	2000	3	3	37	1.27492	4.01349	1.27064	29.1192	32.2878	-3.16860	2.08078
4	2000	4	4	26	0.90225	4.01349	0.89922	28.9140	32.8437	-3.92967	2.09920
5	2001	1	5	30	0.79700	4.01349	0.79433	37.7679	33.3995	4.36836	2.11545
6	2001	2	6	38	1.03931	4.01349	1.03582	36.6860	33.9554	2.73065	2.12956
7	2001	3	7	42	1.27492	4.01349	1.27064	33.0542	34.5112	-1.45697	2.14158
8	2001	4	8	30	0.90225	4.01349	0.89922	33.3623	35.0671	-1.70477	2.15155
9	2002	1	9	29	0.79700	4.01349	0.79433	36.5089	35.6229	0.88603	2.15949
10	2002	2	10	39	1.03931	4.01349	1.03582	37.6514	36.1788	1.47267	2.16543
11	2002	3	11	50	1.27492	4.01349	1.27064	39.3503	36.7346	2.61568	2.16937
12	2002	4	12	35	0.90225	4.01349	0.89922	38.9227	37.2905	1.63222	2.17135
13	2003	1	13	30	0.79700	4.01349	0.79433	37.7679	37.8463	-0.07844	2.17135
14	2003	2	14	39	1.03931	4.01349	1.03582	37.6514	38.4022	-0.75073	2.16937
15	2003	3	15	51	1.27492	4.01349	1.27064	40.1373	38.9580	1.17928	2.16543
16	2003	4	16	37	0.90225	4.01349	0.89922	41.1468	39.5139	1.63297	2.15949
17	2004	1	17	29	0.79700	4.01349	0.79433	36.5089	40.0697	-3.56077	2.15155
18	2004	2	18	42	1.03931	4.01349	1.03582	40.5477	40.6256	-0.07787	2.14158
19	2004	3	19	55	1.27492	4.01349	1.27064	43.2853	41.1814	2.10390	2.12956
20	2004	4	20	38	0.90225	4.01349	0.89922	42.2589	41.7373	0.52165	2.11545
21	2005	1	21	31	0.79700	4.01349	0.79433	39.0268	42.2931	-3.26631	2.09920
22	2005	2	22	43	1.03931	4.01349	1.03582	41.5131	42.8490	-1.33585	2.08078
23	2005	3	23	54	1.27492	4.01349	1.27064	42.4983	43.4048	-0.90650	2.06011
24	2005	4	24	41	0.90225	4.01349	0.89922	45.5951	43.9607	1.63448	2.03713

图 10-71 剥离季节性成分后的实际值与预测值

Obs	年份	季节	时间编号	销售量	调整后季节指数	季节分离后的序列	以下对象的预测值: x_nos	周期及随机波动 C*I
1	2000	1	1	25	0.79433	31.4732	31.1761	1.00953
2	2000	2	2	32	1.03582	30.8935	31.7320	0.97358
3	2000	3	3	37	1.27064	29.1192	32.2878	0.90186
4	2000	4	4	26	0.89922	28.9140	32.8437	0.88035
5	2001	1	5	30	0.79433	37.7679	33.3995	1.13079

图 10-72 计算周期性及随机性两种成分构成的序列

图 10-72 中最后一列包含周期性和随机性两种成分。

```
/*2.1 移动平均与移正平均*/
proc expand data=mydata_nos_ci out=mydata_nos_ci_ma2 method=none;
  id t;
  convert ci=ci_MA2 / transout=(movave 2);/*2 次移动平均*/
run;
proc print;run;
proc expand data=mydata_nos_ci_ma2 out=mydata_nos_ci_ma2_cma method=none;
  id t;
  convert ci_ma2=c / transout=(movave 2);/*2 次移动平均, 得到周期波动 C*/
run;
data mydata_nos_ci_ma2_cma_a;
  set mydata_nos_ci_ma2_cma  nobs=N;
  pos=_N_+1;                         /*移正平均: 访问后 1 行*/
```

```
    if pos<=N then do;
      set mydata_nos_ci_ma2_cma(keep=c)
        point=pos;
    end;
    i=ci/c;                /*得到随机波动 I */
    label c="周期波动 C" i="随机波动 I";
    format i 4.2;
    output;
  run;
```

为了得到周期性成分，我们需要对周期及随机波动 C*I 列的数据进行移动步长为 2 的偶数移动平均，并进行移正处理，得到周期性波动成分 C。例如，计算 2000 年第 2 季度的周期性波动：

$$C = [(1.00953 + 0.97358)/2 + (0.97358 + 0.90186)/2]/2 = 0.96464$$

最后将 CI 除以 C 即可得到随机性波动成分，并存入随机波动 I 列中。

```
/*打印各成分*/
proc print data=mydata_nos_ci_ma2_cma_a label;
  var y s t x adj_y_cma x_nos x_nos_p ci c i;
run;
```

上述程序代码的运行结果如图 10-73 所示。

Obs	年份	季节	时间编号	销售量	调整后季节指数	季节分离后的序列	以下对象的预测值: x_nos	周期及随机波动 C*I	周期波动 C	随机波动 I
1	2000	1	1	25	0.79433	31.4732	31.1761	1.00953	1.00054	1.01
2	2000	2	2	32	1.03582	30.8935	31.7320	0.97358	0.96464	1.01
3	2000	3	3	37	1.27064	29.1192	32.2878	0.90186	0.91441	0.99
4	2000	4	4	26	0.89922	28.9140	32.8437	0.88035	0.94834	0.93
5	2001	1	5	30	0.79433	37.7679	33.3995	1.13079	1.05559	1.07

图 10-73　分解周期性成分和随机性成分

图 10-73 中的周期波动 C 列是由周期及随机波动 C * I 列数据进行 2 项移动平均和移正平均得到的，而随机波动 I 列则是根据乘法模型得到的。

绘制周期波动图和随机波动图的程序如下。

```
/*周期波动图，输出结果如图 10-74 所示*/
proc sgplot data=mydata_nos_ci_ma2_cma_a;
  series y=c x=t / markers;
  refline 1 / axis=y lineattrs=(color=red pattern=dot);
run;
/*随机波动图，输出结果如图 10-75 所示*/
proc sgplot data=mydata_nos_ci_ma2_cma_a;
  series y=i x=t / markers;
  yaxis min=0;
  refline 1 / axis=y lineattrs=(color=red pattern=dot);
run;
```

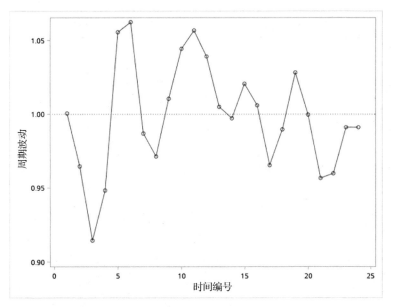

周期性成分的时间序列图:
由于啤酒销售数据主要包含趋势性成分和季节性成分,因此剥离季节性成分后所做的周期性分析显示周期性波动(振幅)并不强,需要具体问题具体分析。

图 10-74　周期性成分的时间序列图

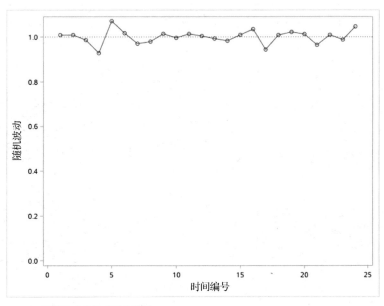

随机性成分的时间序列图:
剥离各种成分后剩下的随机波动通常表现为无趋势的水平小幅波动。

图 10-75　随机性成分的时间序列图

表 10-3 汇总了各种时间序列的构成、趋势变动和预测方法。

表 10-3　各种时间序列的构成、趋势变动和预测访求

时间序列	时间序列构成	趋势变动	预测方法
平稳序列		水平趋势	• 简单平均法：$\hat{Y}_{t+1}=\dfrac{1}{t}\sum_{t=1}^{n}Y_t$ • 简单移动平均法：$\hat{Y}_{t+1}=\dfrac{1}{k}\sum_{i=t-k+1}^{t}Y_i$ • 加权移动平均法 • 指数平滑法：$\hat{Y}_{t+1}=aY_t+(1-a)\hat{Y}_t=\hat{Y}_t+a(Y_t-\hat{Y}_t)$
非平稳序列	TI：趋势性成分 $\hat{T}$	线性趋势	• 直线方程拟合法：$\hat{Y}_t=a+bt$ • 二次移动平均法 • 二次指数平滑法 • Halt 双参数指数平滑法
		非线性趋势	• 二次曲线：$\hat{Y}_t=a+bt+ct^2$ • 指数曲线：$\hat{Y}_t=ab^t$ • 修正指数曲线：$\hat{Y}_t=K+ab^t$ • 戈珀兹曲线：$\hat{Y}_t=Ka^{b^t}$ • Logistic 曲线：$\hat{Y}_t=\dfrac{1}{K+ab^t}$ • 对数曲线、幂函数曲线等
复合序列	TSI： 趋势性成分 $\hat{T}$ +季节性成分 $\hat{S}$	水平趋势	• 季节指数调整法
		非水平趋势	• 中心化移动平均 + 季节指数调整法 • 趋势方程拟合 + 季节指数调整法 • Winters 法（三参数指数平滑法）
	TSCI： 趋势性成分 $\hat{T}$ +季节性成分 $\hat{S}$ +周期性成分 $\hat{C}$	季节+周期 复合序列	• $\hat{T}$ 和 $\hat{S}$ 估计方法同上 • 用定性预测方法分析周期性变动

第 11 章　SAS 编程基础

从本章开始,将详细介绍 SAS 编程的基本原理、SAS 程序语言的基本组成要素及其特点,并结合案例研究将数据分析过程中常用的SAS编程语言的语法要求逐一展开介绍。语法说明配有大量程序示例和运行结果,帮助读者理解和记忆,简单易懂并且重点突出,方便读者从示例程序入手编写新的 SAS 程序。

本章开篇介绍了 SAS 系统及其基础结构、SAS 编程工具、SAS 编程语言基本要素,帮助读者了解SAS 系统和编程语言的运行环境、运行机制。在此基础上,着重介绍了 SAS 编程语言的基本组成要素:SAS 逻辑库、SAS 数据集、SAS 过程步等,读者可以通过大量的图形说明和示例,理解SAS程序语言的基本概念,为后续章节的学习打下良好的基础。

11.1　SAS 基础

SAS(Statistical Analysis System)是一系列用于帮助企业解决业务问题的商业解决方案和技术。图 11-1 是 SAS 系统的功能示意图,Base SAS®是 SAS 软件的核心部分,是一整套可集成、可扩展的软件环境,用于数据创建、转换数据及智能编辑。

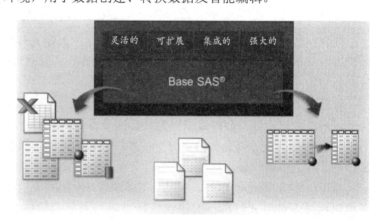

图 11-1　SAS 系统功能示意图

Base SAS®提供了高灵活和高效可用的专门为数据访问、数据转换和数据展现设计的第四代编程语言。它包含海量的封装后的程序库,支持数据处理、信息存取和获取、描述性统计和报表编写,以及强大的降低开发和维护时间的宏语言机制。高可扩展性的跨平台架构让 Base SAS®软件更加高效地使用硬件资源,大量组件提供了直接访问标准化数据源及高级统计分析等诸多功能。更多详细内容请参见 SAS 官网。

11.1.1 SAS 基础架构

图 11-2 是 SAS 系统的基础架构图，展现了 SAS 系统处理数据、分析数据的系统设计理论，囊括了读取数据、管理数据、分析数据和展现数据的数据分析过程。

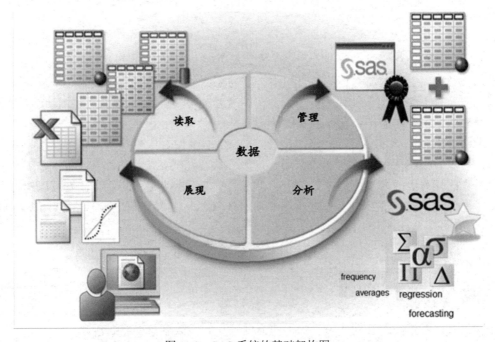

图 11-2　SAS 系统的基础架构图

读取：数据可能存储在 SAS 中，也可能存储在原始文件/Oracle 数据库/Excel 文件或其他类型的文件中，使用 SAS 可以任意读取这些数据。读取后的数据存储为 SAS 系统的数据存储结构——SAS 数据集（SAS Data Set）。

管理：数据读入 SAS 以后，可以对数据进行管理。例如，选取部分数据、创建变量、验证或清洗数据，以及合并数据，为分析做准备。SAS 具有出色的数据管理能力。

分析：SAS 既可以进行简单分析，如找到频次最大的数据或计算平均值；又可以进行复杂的分析，如回归和预测。对于统计分析，SAS 是标杆。

展现：SAS 通过创建列表报告、汇总报告或图形报告来直观地组织和展现数据。报告可以通过多种方式打印，而报告数据可以写入新的数据文件，也可以发布到网络上。SAS 为用户提供了多种多样的数据展示方法。

11.1.2 SAS 编程工具

SAS 窗口环境提供了全功能编程界面，支持对程序的编写、编辑、提交等功能。如图 11-3 所示，SAS 提供了三种可视化窗口环境：SAS Display Manager、Enterprise Guide 和 SAS Studio。

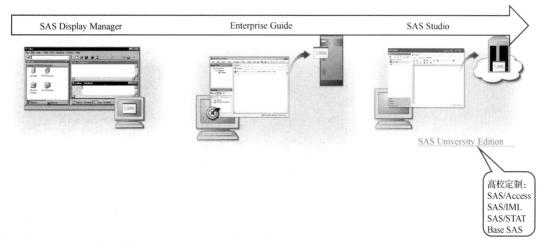

图 11-3　SAS 编程工具的演变发展

通过任意一款 SAS 界面都可以学习 SAS 编程，因为它们都提供了以下几种基本工具，如表 11-1 所示。

表 11-1　SAS 编程工具中的基本工具

编 辑 器	日 志	结 果
可以编写、提交 SAS 程序的编辑器窗口	查看 SAS 运行程序等发出的消息和信息	查看结果的窗口

11.1.3　SAS 语言概述

SAS 语言是专门为数据分析和报告处理所设计的，具有复杂数据操作、图形图表制作、文档创建与输出设计等功能的面向过程的编程语言。SAS 语言以数据为导向，第一代不支持面向对象，支持在 SAS 中调用 Java 等面向对象语言的对象，也支持调用操作系统指令，以实现复杂功能。SAS 语言用于编写 SAS 程序，主要由一系列面向数据操作和分析的语言元素构成。

（1）数据步（DATA 步）负责读取数据、处理数据并创建数据集（SAS 的数据存储结构）。

（2）过程步（PROC 步）负责对数据进行分析，完成各种统计功能和图表功能等。SAS 提供 400 多个功能强大的过程步。

（3）SAS 宏（SAS Macro）包括宏变量和宏函数，实现代码重用，减少代码冗余。

SAS 语言是一种跨平台的编程语言，同一段程序在 Linux、Unix、Windows 中都可以运行。虽然 SAS 语言入门快，但精通需要较长时间。

11.1.4　认识 SAS 程序

什么是 SAS 程序？先来看看图 11-4 和图 11-5，描绘出一个 SAS 程序的基本构成。

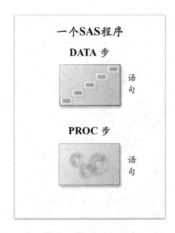

图 11-4 SAS 程序

SAS 程序是提交给SAS系统执行的一系列步骤，包括DATA 步和PROC 步

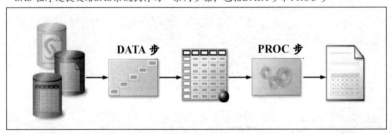

DATA 步通常用来读取数据并　　PROC步或程序步通常用于处
创建 SAS 数据集　　　　　　　理SAS 数据集

注：步是指一系列 SAS 语句。

图 11-5 SAS 程序的基本构成

每一步都有开头和结尾的边界，称为步边界。SAS 编译和执行独立的一步都基于步边界。每一条完整的语句后，都以分号为结尾，SAS 系统编译和执行 SAS 程序时，遇到分号，会将分号前面的语句识别为完整 SAS 语句。换句话说，分号是 SAS 语句的截止符号。该内容会在后续章节详细介绍。

```
DATA 步开始于      data work.newsalesemps;
DATA 语句              set orion.sales;
                       where Country='AU';
RUN语句结尾        run;

全局语句分号结尾   title 'New Sales Employees';

PROC 步开始于      proc sort data=work.newsalesemps;
PROC 语句              by Job_Title;
QUIT语句结尾       quit;

PROC 步开始于      proc means data=work.newsalesemps;
PROC 语句              class Job_Title;
                       var Salary;
RUN语句结尾        run;

全局语句分号结尾   title;
```

注意：这里的 RUN 语句和 QUIT 语句是 SAS DATA 步语句和 PROC 步语句的结尾

句。有时，可以省去 RUN 语句或 QUIT 语句，步程序会隐含地在遇到下一步的时候截止。但是最佳实践还是建议在每一步后面添加 RUN 语句和 QUIT 语句，从而明确指示 SAS 系统步的截止。

1. SAS 程序的书写格式

SAS 系统对于 SAS 程序的书写格式没有任何要求，SAS 程序中的 SAS 语句可以按照任意格式任意位置来摆放，SAS 系统可以完美处理按照 SAS 程序语法要求编写的任意格式的 SAS 程序。但是为了提高程序的可读性，降低代码维护和调试的成本，按照下面的四个要求来书写 SAS 程序会更好。

① DATA、PROC 及 RUN 语句在第一列总起。
② 其他语句缩进。
③ 每条语句另起一行。
④ 用空行来区分各个程序步。

```
① data work.newsalesemps;
②     set orion.sales;
②     where Country='AU';
① run;
④
③ title 'New Sales Employees';
④
① proc sort data=work.newsalesemps;
②     by Job_Title;
① quit;
④
① proc means data=work.newsalesemps;
②     class Job_Title;
②     var Salary;
① run;
④
③ title;
```

2. SAS 程序的注释

注释（COMMENTS）用于文档记录、程序释义、非执行语句（把代码注释掉）。

注释的类型如下：

（1）块注释（Block Comment）。

`/*块注释内容；*/`

① 任意长度；
② 可以包含分号；
③ 不允许嵌套。

（2）注释语（Comment Statement）。

`*注释语句内容;`

① 完整的一条语句；
② 不能包含分号句。

3. SAS 程序的一般语法错误

任何程序在编写和调试的过程中都可能遇到各种各样的错误，SAS 程序的一般语法错误包括：

① 关键字拼写错误；
② 缺失的分号；
③ 无效的选项；
④ 不对称的引号。

图 11-6 是 SAS 程序的语法错误提示示意图，SAS 系统会将语法错误相关信息写入日志。图 11-7 是 SAS 程序的语法错误示例程序，程序示例中语句前面的编号，提示该语句所示例的语法错误类型。

图 11-6 SAS 程序的语法错误提示示意图

注意：语法错误通常发生在没有按照 SAS 语言的既定规则编写的程序语句中。

```
① daat work.newsalesemps;
      length First_Name $ 12
            Last_Name $ 18 Job_Title $ 25;
④     infile "&path/newemps.csv" dlm=', ;
      input First_Name $ Last_Name $
            Job_Title $ Salary;
   run;

② proc print DATA=work.newsalesemps
   run;

③ proc means DATA=work.newsalesemps
   average max;
      class Job_Title;
      var Salary;
   run;
```

图 11-7 SAS 程序的语法错误示例程序

11.1.5 SAS 逻辑库的基本概念

SAS 逻辑库是一个或多个 SAS 文件的组合，这些 SAS 文件能够被 SAS 系统识别并且能作为一个单元被引用或存储。SAS 逻辑库的引用是通过定义一个逻辑名字（逻辑库引用名或 libref）来实现的。SAS 系统逻辑库（SAS 会话初始化时，自动创建；SAS 会话结束时，自动删除）包括临时逻辑库（Work）和永久逻辑库（Sasuser）。图 11-8 是 SAS 逻辑库及成员示意图。

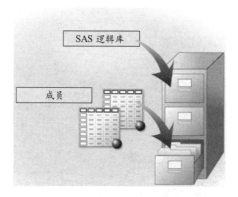

图 11-8　SAS 逻辑库及成员示意图

11.1.6　SAS 逻辑库的引用

SAS 逻辑库的引用是通过 LIBNAME 关键字来定义引用，LIBNAME 和 CLEAR 组合取消引用的。

1．语法要求和语法释义

```
LIBNAME libref 'SAS-library-location' <options>;
Libname libref CLEAR;
```

注意：在交互式 SAS 会话中，如果不取消或改变逻辑库引用，也没有终止会话，则逻辑库一直有效。CLEAR 语句是在会话中取消 SAS 逻辑库的引用，有效清理缓存空间。

（1）全局语句（非 DATA 步或 PROC 步）：LIBNAME，可以单独提交执行，也可以存在程序文件中。

（2）libref 命名规范：1~8 字符（字节）；以字母或下画线开头；其余必须是字母、数字或下画线。

（3）SAS-library-location 替换成指向数据文件存放的实际物理位置，用单引号或者双引号括起来。

（4）不需要 run 语句。

2．程序示例

```
Libname orion "c:\temp\orion";
```

11.1.7　探索 SAS 逻辑库

SAS 逻辑库引用后，使用 SAS 过程步 CONTENTS 探索 SAS 逻辑库，了解 SAS 逻辑库引用自身和 SAS 逻辑库中可以访问的 SAS 数据文件基本信息。

1．语法要求和语法释义

```
PROC CONTENTS DATA= libref._ALL_ <options>;
run;
```

在上述代码中，libref 是逻辑库名称；_ALL_ 关键字提示显示逻辑库全部信息；options 可选属性。

2. 程序示例

```
libname orion "\\XXXX\eg251";
proc contents DATA=orion._all_ nods;
run;
```

执行这段程序前，先通过文件浏览器查看 SAS 逻辑库指向的路径中的数据文件列表，如图 11-9 所示。

图 11-9　SAS 数据文件示意图

3. 结果展示

SAS 运行结果报告如图 11-10 所示，信息内容包括逻辑库基本信息和逻辑库中数据文件的相关信息。

SAS 系统

CONTENTS PROCEDURE

目录	
逻辑库引用名	ORION
引擎	V9
物理名	＿＿＿＿＿＿＿eg251
文件名	＿＿＿＿＿＿＿eg251

#	名称	成员类型	文件大小	上次修改时间
1	ACTIVEEMPLOYEES	DATA	97KB	2012-04-12 12:12:11
2	BUDGET_QUARTERLY	DATA	5KB	2012-04-12 08:11:13
3	CHARACTERDATA	DATA	5KB	2012-04-12 12:00:22
4	COUNTRY_REGION_LOOKUP	DATA	5KB	2011-06-21 06:01:33
5	CUSTOMERTOTALS	DATA	33KB	2012-04-12 12:18:09
6	CUSTOMER_DIM	DATA	33KB	2012-05-03 04:27:52

图 11-10　SAS 运行结果报告

11.1.8　SAS 数据集的概念

SAS 数据集是一个特定数据结构的文件，以数据表的形式呈现，表中包含变量（Variables）和观测（Observations），在浏览器中可以看到 SAS 数据集在操作系统中的类型，文件后缀和图标，如图 11-11 所示。

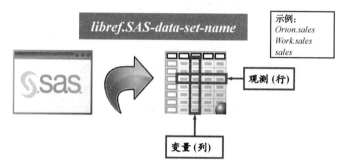

图 11-11　SAS 数据集文件

SAS 数据集的名字是两级名称（见图 11-12），包含逻辑库名称、点分隔符和数据集名称。

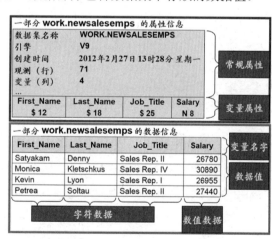

图 11-12　SAS 数据集名称

11.1.9　SAS 数据集的结构

SAS 数据集包含描述部分和数据部分，如图 11-13 所示。

如图 11-14 所示，数据集的描述部分包含数据集名称、创建时间、观测和变量、变量属性（变量名称、类型和长度）等属性信息。数据部分包含数据集中存放的数据值。

图 11-13　数据集结构示意图　　　图 11-14　数据集存储信息示意图

11.1.10　探索 SAS 数据集

SAS 数据集的一个重要组成部分就是变量，变量（列）属性如表 11-2 所示，其中*表示必须包含的属性信息。

表 11-2 变量（列）属性

属性	说明
名字*	1~32 字符（字节）； 以字母或下画线开头； 其余字符必须是字母、数字和下画线
类型*	字符型（Character） 数值型（Numeric）
长度*	字符型：1~32767（字节） 数值型：默认 8（字节）
输出格式（Format）	参见 SAS 输入/输出格式章节
输入格式（Informat）	参见 SAS 输入/输出格式章节
标签	1~256 字符（字节）

变量（列）属性分为字符型和数值型两种，它们的特点如图 11-15 所示。请注意图中字符型变量和数值型变量的代表符号，在数据表中或者在后文图表中见到这样的符号，就表示相应的变量类型。

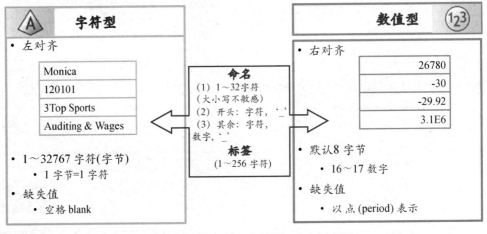

图 11-15　变量属性及其特征、命名示意图

11.1.11　SAS 输入/输出格式

SAS 输入格式（INFORMAT）是 SAS 系统中的模式集，用于决定如何解析要存入变量列的数据（直接读取或转换），如图 11-16 所示。

图 11-16　SAS 输入格式名称示意图

SAS 输入格式的作用是将原始数据（带格式的）转换为 SAS 数据。

输入格式有两种类型，其对应的两种 SAS 变量类型分别是：字符型输入格式（名称前带"$"符号）和数值型输入格式（名称前无"$"符号）。任何输入格式在末尾要加"."符号结尾，这是语法要求。

SAS 输入格式示例如图 11-17 和表 11-3 所示。

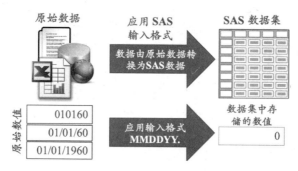

图 11-17　SAS 输入格式示例图

表 11-3　SAS 输入格式示例表

输入格式	定义	原始数据值	SAS 数据值
COMMA. DOLLAR.	读取非标准数值数据，去掉内嵌的逗号、空格、美元符号、百分比符号及破折号	$12,345	12345
COMMAX. DOLLARX.	读取非标准数值数据，去掉内嵌的非数值字符，保留小数点和逗号	$12.345	12.345
$CHAR.	读取字符数据并保留前置空格	##Australia	##Australia
$UPCASE.	读取字符数据并转换成全部大写	Au	AU
MMDDYY.	提示 SAS 系统，数据是月份后跟日期和年份的格式，结果对应 SAS 相应日期	010160 01/01/60 01/01/1960	0
DDMMYY.	提示 SAS 系统，数据是日期后跟月份和年份的格式	311260 31/12/60 31/12/1960	365
DATE.	提示 SAS 系统，数据是特定的日期格式	31DEC59 31DEC1959	-1

SAS 输出格式（FORMAT）用来提示 SAS 系统如何展现（Display）数据值（见图 11-18）。

图 11-18　SAS 输出格式名称示意图

注意：小数位 d 的长度包含在总长度 w 中。

作用是用指定的显示格式显示 SAS 数据集中的数据，类型有字符型、数值型、货币型、日期时间型（日期、时间，日期和时间）。SAS 输出格式示例如图 11-19 所示，SAS 输出格式类型如图 11-20 所示。

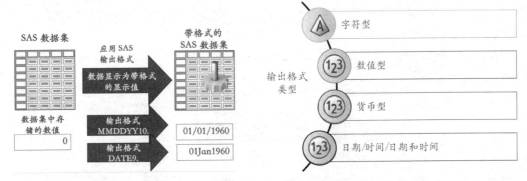

图 11-19　SAS 输出格式示例　　　　图 11-20　SAS 输出格式类型

SAS 字符型、数值型、货币型等输出格式如表 11-4 所示，示例表如表 11-5 所示。

表 11-4　SAS 输出格式

输出格式	定　义
$w.	标准字符型输出格式，用于将字符写入宽度为 w 的字段
w.d	标准数值型输出格式，用于将数值数据写入宽度为 w，带 d 位小数的字段。宽度 w 的值包括小数点和小数位数
COMMAw.d	将数值数据写为每三位数字用逗号分隔，小数部分用句点分隔
DOLLARw.d	将数值数据写为以美元符号（Dollar Sign）开头，每三位数字用逗号分隔，小数部分用句点分隔
COMMAXw.d	非美国数值输出格式，将数值数据写为每三位数字用句点分隔，小数部分用逗号分隔
EUROXw.d	与 COMMAXw.d 类似，但是数字开头包含一个欧元符号（€）

表 11-5　SAS 输出格式示例表

输出格式	存储的实际值	显示的值
$4.	Programming	Prog
12.	27134.5864	27135
12.2	27134.5864	27134.59
COMMA12.2	27134.5864	27,134.59
COMMAX12.2	27134.5864	27.134,59
EUROX12.2	27134.5864	€27.134,59
DOLLAR12.2	27134.5864	$27,134.59
DOLLAR9.2	27134.5864	$27134.59
DOLLAR8.2	27134.5864	27134.59
DOLLAR5.2	27134.5864	27135
DOLLAR4.2	27134.5864	27E3

例 **SAS 输出格式示例——日期型**

如图 11-21 所示，SAS 把某个日期值存储为距离 1960 年 1 月 1 日的天数。SAS 日期输出格式如表 11-6 所示。

图 11-21　SAS 日期值

表 11-6　SAS 日期输出格式

输出格式	存储的实际值	显示的值
MMDDYY6.	0	010160
MMDDYY8.	0	01/01/60
MMDDYY10.	0	01/01/1960
DDMMYY6.	365	311260
DDMMYY8.	365	21/12/60
DDMMYY10.	365	31/12/1960
DATE7.	-1	31DEC59
DATE9.	-1	31DEC1959
WORDDATE.	0	January 1, 1960
WEEKDATE.	0	Friday, January 1, 1960
MONYY7.	0	JAN1960
YEAR4.	0	1960

SAS 输入/输出格式完整应用示例图如图 11-22 所示。

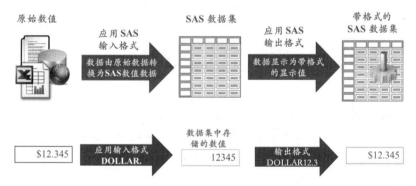

图 11-22　SAS 输入/输出格式完整应用示例图

11.2　使用 SAS 分析数据

了解了 SAS 语言的基本内容，我们用一个示例：国际航空公司案例分析来进一步介绍 SAS 编程的主要内容。

如图 11-23 所示，某国际航空公司飞行员的流失率有攀升趋势，公司管理层决定给飞行员一定数额的奖金并加薪。为了支付这些增加的费用,管理层决定提升所有航班的货运费率和机票价格。

图 11-23　国际航空公司数据分析案例示意图

11.2.1　给飞行员发放奖金并加薪需求内容描述

1．场景描述

所有的国际航空公司的飞行员都会收到一份奖金并加薪,奖金数量等于每个飞行员当前年收入的 10%,每个飞行员薪水涨幅的规则如下。

（1）level-one（PILOT1）的飞行员加薪 5%;

（2）level-two（PILOT2）的飞行员加薪 7%;

（3）level-three（PILOT3）的飞行员加薪 9%。

注意：任何数据分析首要关心的问题是业务目标,业务目标的定义是否合理和准确将直接影响数据分析过程的选择和结果的有效性。除此之外,还要整理和收集规则要求和可用数据或工具资源。

2．数据资源

（1）可用数据：飞行员编号（EmployeeID）、名（FirstName）、姓（LastName）、工作代码（JobCode）、薪水（Salary）、航线类型（Category）。

（2）原始数据文件：pilot.dat。

（3）需要创建两个新的数据：Bonus 和 New Salary。

3．报告要求

（1）列表报告显示所有飞行员的期望奖金。

（2）汇总报告,包含国内和国际航线的飞行员当前薪水和新薪水平均值对比,以及国内航线和国际航线飞行员数量的频次和占比分析。

4．编程任务分解

（1）读取 pilot.dat 原始数据文件并创建 SAS 数据集（使用 DATA 步）。

（2）计算新的奖金（Bonus,使用 DATA 步）。

（3）计算新的薪水（New Salary,使用 DATA 步）。

（4）创建 SAS 数据集的列表报告（使用 DATA 步）。

（5）创建 SAS 数据集的汇总报告（使用 DATA 步）。

后续几节将按照上述 5 步编程任务,用编程语言实现本节需求。

11.2.2 给飞行员发放奖金并加薪编程第（1）步

完成这个案例的第（1）步是读取原始数据，将国际航空公司给定的原始数据文件正确读入并存储为 SAS 数据集 pilotdata。首先需要了解原始数据的存放格式和包含的数据类型。从图 11-24 可以看出，国际航空公司给定的原始数据文件是文本文件，也是 SAS 可以读取的原始数据文件类型中的一种-TXT 类型的原始文件，并且该文件中包含的数据带有一定的数据摆放格式。

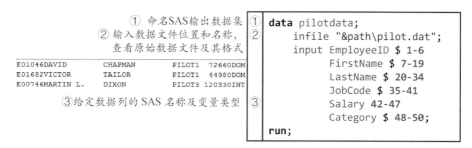

图 11-24 读入数据程序及释义

1. 原始数据文件（TEXT/CVS/ASCII 文件）

TXT/CVS/ASCII 类型的原始数据文件有两种存放格式：一种是固定分隔符，每一列之间用固定的分隔符（可以是逗号、分号、斜线、反斜线等）分隔；另一种是固定列宽，每一列的数据在原始数据文件中都占据固定的宽度，长度不够的字符用空格占位，如图 11-25 所示。pilot.dat 中的数据是按照固定列宽摆放的文本数据。原始数据中的数值数据通常有标准和非标准两种，标准数值数据就是常用的数字，非标准数值数据通常带有格式，如日期和带有货币符号的代表金额的数值数据。pilot.dat 中的数值型数据都是标准数值型数据。

图 11-25 原始数据文件的种类和举例

2. SAS 读取原始数据文件

原始数据文件中存在的数据列信息包括数据值在某条记录中的位置信息、SAS 变量的名称和 SAS 变量的类型。

对于字符数据，指定变量类型是字符型及字符长度。SAS 不对原始数据中的字符进行任何转换处理，只如实读取且存储。

标准数值数据和非标准数值数据（见图 11-25）的读取方法有三种（见表 11-7）。

表 11-7 读取原始文件的三种方法

读 取 方 法	数据的种类	数据的格式
列表输入	标准和/或非标准	以分隔符分隔
列输入	标准	按列排列（固定列宽）
格式化输入	标准和/或非标准	按列排列（固定列宽）

本节着重介绍前两种原始数据文件的读取方法。

1）列表输入法

使用 DATA 步、INFILE 语句和 INPUT 语句的组合语句实现从原始数据创建 SAS 数据集的方法，用列表输入法可以成功读取以固定分隔符分隔数据的原始数据文件中的标准或者非标准数值数据。SAS 默认将空格作为原始数据文件中的数据分隔符，如果是其他分隔符，需要用 DLM 参数在 INFILE 语句中指定。

列表输入法的语法要求和语法释义。

```
DATA output-SAS-data-set;
    INFILE 'raw-data-file-name' DLM='delimiter';
    INPUT variable1 <$>
            variable2 <$>
            ···variableN <$>;
run;
```

DATA 语句指定创建的新数据的名称，以分号作为语句结束。INFILE 语句识别原始数据文件的物理路径和名称。

INPUT 语句描述原始数据文件中数据值的排列，从而把输入值与 SAS 变量对应起来。INPUT 语句后的 varible1 等变量列表是对输出数据集中的变量进行命名，并且提供读取数据的描述及每个简要创建的变量的类型（字符变量后带$符号）。在 INPUT 语句中指定的变量先后顺序与原始数据中从左到右出现的数据列顺序是一致的。

DLM 参数指定原始数据文件中使用的分隔符，分隔符用单引号括起来。

代码示例如图 11-26 所示。

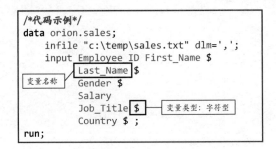

图 11-26 代码示例

原始数据文件中的部分数据如图 11-27 所示，结果展示如图 11-28 所示。

```
 1         2         3         4         5         6         7
1---5----0----5----0----5----0----5----0----5----0----5----0----5----0
120102,Tom,Zhou,M,108255,Sales Manager,AU,11AUG1973,06/01/1993
120103,Wilson,Dawes,M,87975,Sales Manager,AU,22JAN1953,01/01/1978
120121,Irenie,Elvish,F,26600,Sales Rep. II,AU,02AUG1948,01/01/1978
120122,Christina,Ngan,F,27475,Sales Rep. II,AU,27JUL1958,07/01/1982
```

图 11-27　原始数据文件中的部分数据

观测	Employee_ID	First_Name	Last_Name	Gender	Salary	Job_Title	Country
1	120102	Tom	Zhou	M	108255	Sales Ma	AU
2	120103	Wilson	Dawes	M	87975	Sales Ma	AU
3	120121	Irenie	Elvish	F	26600	Sales Re	AU
4	120122	Christin	Ngan	F	27475	Sales Re	AU

图 11-28　结果展示

注意：SAS 数据集的变量 Job_Title 中的存储值与原始数据不相同，原因是 SAS 处理数据时有默认长度设置，如果输入数据的长度超过了默认长度，会出现类似的数据截断现象。

使用 LENGTH 语句用来指定 SAS 变量的长度。LENGTH 语句的语法要求和语法释义如下。

LENGTH *variable(s)* <**$**> *length*;　　支持长度 1 到 32,767　　系统默认长度 8　　系统默认长度 8

代码示例如下。

```
data orion.sales;
   length First_Name $12
          Last_Name $18
          Gender $1
          Job_Title $25
          Country $ 2;
   infile "c:\temp\sales.txt" dlm=',';
   input Employee_ID
         First_Name $
         Last_Name $
         Gender $
         Salary
         Job_Title $
         Country $;
run;
```

针对如图 11-28 所示的原始数据，运行上例程序的结果展示如图 11-29 所示，Job-Title 中存储的数据与原始数据文件中对应列的数据相同。

Obs	First_Name	Last_Name	Gender	Job_Title	Country
1	Tom	Zhou	M	Sales Manager	AU
2	Wilson	Dawes	M	Sales Manager	AU
3	Irenie	Elvish	F	Sales Rep. II	AU
4	Christina	Ngan	F	Sales Rep. II	AU

图 11-29　导入结果展示

注意：图 11-29 中显示的变量的顺序与图 11-28 不同，原因是 LENGTH 语句必须在 INPUT 语句前指定长度，因此 SAS 先处理 LENGTH 语句，而代码示例中 LENGTH 语句指定的第一个变量是 First_Name 而不是 Employee_ID。这里提到的 SAS 处理原理会在 SAS 处理数据集原理章节进一步阐述。

2）列输入法

列输入法可以读入按列排列（固定列宽）格式的原始数据文件，能正确读取标准数值数据。使用 INFILE 语句和 INPUT 语句的组合，需要指定变量的读取起始位置和结束位置。语法要求和语法释义如下。

```
DATA output-SAS-data-set;
    INFILE 'raw-data-file-name';
    INPUT variable1 <$> startcol-endcol
          variable2 <$> startcol-endcol
          ...
          variableN <$> startcol-endcol
    ;
run;
```

startcol-endcol（开始位置—结束位置）提示 SAS 从原始数据文件的第 startcol 列开始读取到第 endcol 列结束。程序示例如图 11-30 所示，列输入法读取的原始数据文件中的部分数据如图 11-31 所示，导入结果展示如图 11-32 所示。

```
data orion.sales;
    infile "c:\temp\sales.txt";
    input Employee_ID 1-6
          First_Name $ 7-17
          Last_Name $ 18-32    开始位置-结束位置
          Job_Title $ 33-52
          Salary 53-58
          Country $ 59-60;
run;
```

图 11-30　程序示例

```
           1    1    2    2    3    3    4    4    5    5    6
1----5----0----5----0----5----0----5----0----5----0----5----0
120102Tom        Zhou           Sales Manager       108255AU
120103Wilson     Dawes          Sales Manager        87975AU
120121Irenie     Elvish         Sales Rep. II        26600AU
120122Christina  Ngan           Sales Rep. II        27475AU
```

图 11-31　原始数据文件中的部分数据

Obs	Employee_ID	First_Name	Last_Name	Job_Title	Salary	Country
1	120102	Tom	Zhou	Sales Manager	108255	AU
2	120103	Wilson	Dawes	Sales Manager	87975	AU
3	120121	Irenie	Elvish	Sales Rep. II	26600	AU
4	120122	Christina	Ngan	Sales Rep. II	27475	AU

图 11-32　导入结果展示

由于列输入法对每个变量都指定了读取的起始位置和结束位置，即同时指定了变量的长度，在通常情况下无须 LENGTH 语句指定变量长度来防止读取截断现象。

11.2.3　给飞行员发放奖金并加薪编程第（2）步

本节将介绍如何通过赋值语句实现奖金的计算，程序代码如图 11-33 所示。

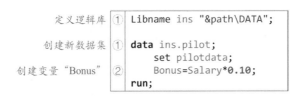

图 11-33　程序代码

第（2）步程序需要实现的目标是，计算奖金数额，将其存放在新变量 Bonus 中，并放入新的数据集存储。

1. 创建变量 Bonus

赋值语句计算表达式，并将其计算的结果赋给一个新的或存在的变量。

语法要求和语法释义如下。

```
variable = expression;
```

（1）定义要创建的变量；
（2）开头无须关键字；
（3）必须以分号结尾。

赋值语句计算表达式 expression，并将计算结果赋给一个新的或存在的变量。赋值语句示例如图 11-34 所示。

举例	类型
Salary=26960;	数值常量
Gender='F';	字符常量
Hire_Date='21JAN1995'd;	日期常量
Bonus=Salary*.10;	算术表达式
BonusMonth=month(Hire_Date);	SAS 函数

日期常量: 'ddmmm<yy>yy' D

图 11-34　赋值语句示例

表 11-8 列举了计算表达式常用的运算符符号、定义及计算优先级。

表 11-8　表达式常用的运算符符号、定义及计算优先级

运算符符号	定　　义	计算优先级
**	乘方	I
*	乘	II
/	除	II
+	加	III
−	减	III

注意：赋值语句是诸多无须以关键字开头的 SAS 语句之一。

2. 创建新数据

1) SET 语句

SET 语句在 DATA 中使用，是用于创新数据集的 SAS 语句。语法要求和语法释义如下。

```
DATA output-SAS-data-set;
   SET input-SAS-data-set;
run;
```

Input-SAS-data-set 是读取的输入 SAS 数据集；output-SAS-data-set 是指定的新创建的 SAS 数据集。代码示例如下。

```
data ins.pilot;
   set pilotdata;
run;
```

以上程序的运行结果如图 11-35 所示。

Obs	Employee_ID	First_Name	Last_Name	Job_Title	Salary	Country
1	120102	Tom	Zhou	Sales Manager	108255	AU
2	120103	Wilson	Dawes	Sales Manager	87975	AU
3	120121	Irenie	Elvish	Sales Rep. II	26600	AU
4	120122	Christina	Ngan	Sales Rep. II	27475	AU

图 11-35　SET 语句运行结果

注意：SET 语句在 DATA 步中独立使用，可以变通地理解为将 SET 关键字后的数据集复制一份作为新的数据集。

在一般情况下，我们只希望存储一部分数据到新创建的数据集中，可以使用 WHERE 子查询语句实现。

2) WHERE 子查询语句

在分析过程中，通常 SET 语句会与 WHERE 子查询语句结合使用，从某个数据集或原始数据中提取部分数据到新的数据集。

WHERE 子查询语句的语法要求和语法释义如下。

```
DATA output-SAS-data-set;
     SET input-SAS-data-set;
     <WHERE where-expression;>
run;
```

WHERE 的处理机制有以下特点。

（1）效率高：不会读取全部输入数据。

（2）非有条件执行：不能作为 IF-THEN 语句的一部分使用。

（3）支持多个以逻辑操作符连接的 WHERE 表达式。

表 11-9 列出了 SAS 支持的部分类型的操作符和机器对应的助记符。算数类操作符有乘（*）、除（/）、加（+）、减（—）、乘方（**）等。在比较类操作符中，等于用=或 EQ（Equal）表示，不等于用^=或 NE（Not Equal）表示，大于用>或 GT（Great Than）表示，小于用<或 LT（Less Than）表示等。

表 11-9 操作符规则说明表

操作符类型	符号或助记符
算数	*；/；+；-；**
比较	=或 EQ； ^=；¬=；~=；或 NE； >或 GT；<或 LT； >=或 GE；<=或 LE； IN
逻辑（布尔型）	&或 AND； |或 OR； ~；^；¬；或 NOT
仅限 WHERE 表达式	BETWEEN-AND； ?或 CONTAINS； IS NULL 或 IS MISSING； LIKE； =*；SAME-AND
其他	||；()；+ prefix；- prefix

有一类操作符仅限在 WHERE 表达式中使用，参见表 11-10 中给出的示例。

表 11-10 WHERE 表达式举例

符号或助记符	举 例
BETWEEN-AND	where empnum between 500 and 1000; /*empnum 在 500 和 1000 之间*/
?或 CONTAINS	where company ? 'bay'; where company contains 'bay'; /*company 包含 bay*/
IS NULL 或 IS MISSING	where name is null; where name is missing; /*name 为缺失值或空值*/
LIKE	where name like 'D%'; where name like 'D_an_';/*Diana*/ where name like 'D_an%';/*Dianna Dyan*/ /*name 类似 D 开头的字符串、类似 D_an_结构的字符串等*/
=*	where lastname=*'Smith'; /*lastname 像是 Smith 的*/
SAME-AND	where year>1991; /*…more SAS statements…*/ where same and year<1999; /*上述三行语句等同于下面这一条语句*/ where year>1991 and year<1999;

WHERE 子查询语句程序运行日志如图 11-36 所示，运行结果如图 11-37 所示。

```
45    data ins.pilot;
46        set pilotdata;
47        where jobcode='PILOT1';
48    run;

NOTE: 从数据集 WORK.PILOTDATA.读取
了 10 个观测
      WHERE jobcode='PILOT1';
```

图 11-36　WHRER 子查询语句程序运行日志

Obs	EmployeeID	FirstName	LastName	JobCode	Salary	Category
1	E01046	DAVID	CHAPMAN	PILOT1	72660	DOM
2	E01682	VICTOR	TAILOR	PILOT1	44980	DOM
3	E02659	CLIFTON G.	WILDER	PILOT1	53630	DOM
4	E04732	CHRISTIAN	EDMINSTON	PILOT1	76120	DOM
5	E04042	SAMUEL	BENNETT	PILOT1	52870	DOM
6	E03740	CRAIG N.	SAWYER	PILOT1	62280	DOM
7	E03389	LOUISE	STAINES	PILOT1	74390	DOM
8	E01702	ROBERTA J.	CHADWICK	PILOT1	62280	DOM
9	E02391	DONALD E	TAYLOR	PILOT1	44980	DOM
10	E04688	JOHN D.	PERRY	PILOT1	67680	DOM

图 11-37　WHRER 子查询语句运行结果

　　WHERE 子查询语句选取了符合 WHERE 条件的数据放入新数据集中，如果只希望部分变量的部分数据放入新数据集中，需要组合使用 DROP 语句和 KEEP 语句。

3）DROP 语句和 KEEP 语句

　　在输入数据巨大（变量多、数据量大等），后续数据处理只针对部分变量的情况下，使用 DROP 语句和 KEEP 语句既可以节省存储空间，又能够提升分析效率。DROP 语句和 KEEP 语句的语法要求和释义如下。

```
DATA output-SAS-data-set;
    SET input-SAS-data-set;
    <WHERE where-expression;>
    <variable=expression;>
    <DROP variable-list;>
    <KEEP variable-list;>
run;
```

　　注意：DROP/KEEP 后跟一个或多个变量，以空格分隔，作用效果相似。

代码示例如下。

代码示例 1：

```
data work.pilot1;
    set pilotdata;
    where Category='DOM' and JobCode contains 'OT2';
    Bonus=Salary*.10;
    drop EmployeeID Category;
run;
```

代码示例 2：

```
data work.pilot2;
   set pilotdata;
   where Category='DOM' and JobCode contains 'OT2';
   Bonus=Salary*.10;
   keep FirstName LastName Salary JobCode Bonus;
run;
```

代码示例 2 中 KEEP 语句的作用是保留所列 5 个变量，并将其存放入新数据集中。DROP 某个变量和 KEEP 其他变量的效果是相同的。运行结果如图 11-38 所示。

Obs	FirstName	LastName	JobCode	Salary	Bonus
1	NANCY A.	MCELROY	PILOT2	78260	7826
2	WILLIAM J.	MCKENZIE	PILOT2	74620	7462
3	CAROLYN P.	CARTER	PILOT2	74620	7462
4	PAUL J.	GLENNON	PILOT2	74620	7462
5	YIQUN	SANTIAGO	PILOT2	78260	7826
6	SANDRA	SANFORD	PILOT2	74820	7482
7	EDGAR L.	BURTON	PILOT2	79760	7976
8	JOHN F.	MAUNEY	PILOT2	76440	7644
9	ANGELA	TAMBURINI	PILOT2	76440	7644

图 11-38　DROP、KEEP 语句运行结果

本节最后举例说明前面提到的符号和助记符，相关说明如表 11-11～表 11-15 所示。

表 11-11　运算符号表 1

符号（s）	助 记 符	定　　义
=	EQ	等于
^= ¬= ~=	NE	不等于
>	GT	大于
<	LT	小于
>=	GE	大于或等于
<=	LE	小于或等于
	IN	等于列表中某一个或多个

代码示例 1：

```
where Jobcode= 'PILOT1';
where Jobcode eq 'PILOT1';
where Salary ne .;
where Salary>50000;
where Salary lt 50000;
where Salary<=60000;
where Category in ('DOM', 'INT');
```

注意：使用符号和助记符的作用是相同的。

表 11-12　运算符号表 2

符号（s）	定　义
**	乘方
*	乘
/	除
+	加
-	减

代码示例 2：

```
where Salary+Bonus<=10000;
where Salary*0.1<=10000;
where Bonus/Salary<=0.1;
```

表 11-13　运算符号表 3

符号（s）	助 记 符	定　义
&	AND	逻辑与
|	OR	逻辑或
^ ¬ ~	NOT	逻辑否
?	CONTAINS	包含一个子串

代码示例 1：

```
where Category ne 'DOM' and Salary>=50000;
where Category ne 'DOM' or Salary ge 50000;
where Category = 'DOM' | Country='INT';
where Category not in ('AU', 'US');
```

代码示例 2：

```
where Category ='DOM' and Jobcode contains 'T2';
where Category ='INT' and Jobcode ? 'OT2';
```

表 11-14　运算符号表 4

助 记 符	定　义
BETWEEN-AND	包括的区域范围
WHERE SAME AND	扩展一个 where 表达式
IS NULL	缺失值
IS MISSING	缺失值
LIKE	匹配一个模式

表 11-15　运算符号表 5

符号（s）	代替（代表）
%	任意数量的字符
_	一个字符

代码示例如下。

```
where Salary between 50000 and 100000;
where 50000<=Salary<=100000;
where Salary not between 50000 and 100000;
where Employee_ID is null;
where Employee_ID is missing;
where Salary=.;
where Last_Name=' ';
where Name like '%N';
where Name like 'T_m%';
```

11.2.4 给飞行员发放奖金并加薪编程第（3）步

不同级别的飞行员的加薪幅度略有不同，要根据飞行员的级别分别计算加薪。

使用条件语句创建变量 NewSalary 如图 11-39 所示。

```
data ins.pilot;
    set pilotdata;
    Bonus=Salary*0.10;
①  if JobCode='PILOT1' then
        NewSalary=Salary*1.05;
    if JobCode='PILOT2' then
        NewSalary=Salary*1.07;
    if JobCode='PILOT3' then
        NewSalary=Salary*1.09;
run;
```

图 11-39 使用条件语句创建变量 NewSalary

条件语句是创建新数据时常用的 SAS 语句，用于实现对数据的特定逻辑处理要求。

语法要求 1：

```
IF condition THEN action;
```

语法要求 2：

```
IF expression THEN statement;
<ELSE IF expression THEN statement;>
<ELSE IF expression THEN statement;>
<ELSE statement;>
```

语法要求 1 和语法要求 2 可以实现相同的条件逻辑，它们的不同点为 ELSE-IF 只有不满足前面的条件时才执行。

代码示例 1：

```
if JobCode='PILOT1' then
    NewSalary=Salary*1.05;
if JobCode='PILOT2' then
    NewSalary=Salary*1.07;
if JobCode='PILOT3' then
    NewSalary=Salary*1.09;
```

代码示例 2：

```
if JobCode='PILOT1' then
```

```
    NewSalary=Salary*1.05;
else if JobCode='PILOT2' then
    NewSalary=Salary*1.07;
else if JobCode='PILOT3' then
    NewSalary=Salary*1.09;
```

在代码示例 2 中，当 JobCode 的值为 PILOT1 时，后续两个 ELSE-IF 语句不执行。

11.2.5 给飞行员发放奖金并加薪编程第（4）步

按照航空公司领导的要求，计算的最终结果需要以某种报告的形式直观展现。

如图 11-40 所示，在列表打印数据之前，建议对原始数据进行排序，尤其是列表有打印顺序要求的时候，对原始数据排序是必需的步骤。

对数据集进行排序 ①
```
proc sort dat=ins.pilot out=sortedpilotdata;
    by JobCode Bonus;
run;
```

创建列表报表 ②
```
proc print data=sortedpilotdata split='*'label;
    var EmployeeID FirstName LastName Bonus;
    label EmployeeID= '员工号'
          FirstName= '姓'
          LastName= '名'
          Bonus='期望奖金';
    format Bonus dollar8.0;
run;
```

图 11-40　SAS 程序示例

在众多的 SAS 过程步中，SORT 和 PRINT 是常用的过程步，SORT 用于对数据进行排序，PRINT 用于把数据以数据列表的形式打印出来。图 11-41 所示为 PROC 步示意图。

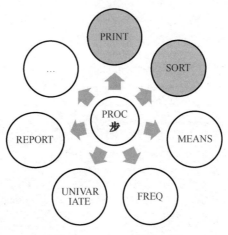

图 11-41　PROC 步示意图

创建列表报表的 PROC 步如下。

1. PROC SORT 对数据进行排序

语法要求和语法释义如下。

```
PROC SORT DATA=libref.sas-data-set
    <OUT=new_SAS_DATA_SET_Name>;/*可以指定新的数据集,也可以不指定*/
    BY variable(s);/*BY 语句指定排序的变量*/
run;
```

BY 后跟一或多个变量,按照变量先后顺序依次对数据进行排序。
代码示例如下。

```
proc sort data=pilotdata
        out=sortedpilotdata;
    by JobCode Salary;
run;
```

程序运行结果如图 11-42 所示。

Obs	EmployeeID	FirstName	LastName	JobCode	Salary	Category
1	E01682	VICTOR	TAILOR	PILOT1	44980	DOM
2	E02391	DONALD E	TAYLOR	PILOT1	44980	DOM
3	E04042	SAMUEL	BENNETT	PILOT1	52870	DOM
4	E02659	CLIFTON G.	WILDER	PILOT1	53630	DOM
5	E03740	CRAIG N.	SAWYER	PILOT1	62280	DOM
6	E01702	ROBERTA J.	CHADWICK	PILOT1	62280	DOM
7	E04688	JOHN D.	PERRY	PILOT1	67680	DOM
8	E01046	DAVID	CHAPMAN	PILOT1	72660	DOM
9	E03389	LOUISE	STAINES	PILOT1	74390	DOM
10	E04732	CHRISTIAN	EDMINSTON	PILOT1	76120	DOM
11	E01287	JONATHAN	GREENE	PILOT2	67340	INT
12	E03739	WILLIAM J.	MCKENZIE	PILOT2	74620	DOM
13	E04348	CAROLYN P.	CARTER	PILOT2	74620	DOM
14	E03875	PAUL J.	GLENNON	PILOT2	74620	DOM

图 11-42 程序运行结果

PROC SORT 的工作原理:SAS 系统重新排列输入数据集中的观测,然后创建一个临时数据集(存放在临时存储空间中)用于存储排序以后的观测,临时数据集中的数据最终会替换原始输入数据集中的数据或者存储到指定的新创建的数据集中。在一般情况下,只有在指定 OUT=参数的情况下,SAS 才会输出到新的数据集,否则会替换原始输入数据集中的数据。

对于数值型变量,SAS 默认按照数值升序排列,如对于 Salary 的排序结果,若希望按照降序排列,则 SAS 支持指定对应参数提示 SAS 排序方式。

2. PROC PRINT 打印数据

PRINT 过程步将 DATA=参数指定的数据集中的数据,默认打印到指定的输出系统,如 SAS 结果输出窗口,或者 pdf 等文件等。语法要求如下。

```
PROC PRINT DATA=libref.sas-data-set;
run;
```

代码示例如下。

```
proc print data=ins.pilot;
run;
```

PROC PRINT 打印数据如图 11-43 所示,PROC PRINT 默认打印出数据集中的全部变量和全部数据。

Obs	EmployeeID	FirstName	LastName	JobCode	Salary
1	E01046	DAVID	CHAPMAN	PILOT1	72660
2	E01682	VICTOR	TAILOR	PILOT1	44980
3	E00746	MARTIN L.	DIXON	PILOT3	120330
4	E02659	CLIFTON G.	WILDER	PILOT1	53630
5	E01642	NANCY A.	MCELROY	PILOT2	78260
6	E04732	CHRISTIAN	EDMINSTON	PILOT1	76120
7	E04042	SAMUEL	BENNETT	PILOT1	52870
8	E03740	CRAIG N.	SAWYER	PILOT1	62280
9	E03739	WILLIAM J.	MCKENZIE	PILOT2	74620
10	E03389	LOUISE	STAINES	PILOT1	74390
11	E03737	EDWARD D.	VAN MAANEN	PILOT3	120330
12	E01702	ROBERTA J.	CHADWICK	PILOT1	62280
13	E00366	MARTHA S.	GLENN	PILOT3	118420
14	E04348	CAROLYN P.	CARTER	PILOT2	74620

图 11-43　PROC PRINT 打印数据

3. PROC PRINT 部分打印

语法要求和语法释义如下。

```
PROC PRINT DATA=libref.sas-data-set;
    VAR variable(s);
    WHERE where-expression;
run;
```

VAR 关键字后可以跟一个或多个变量,用空格分隔;WHERE 语句根据表达式获取数据集中一部分满足条件的数据打印。

代码示例如下。

```
proc print data=ins.pilot;
   var LastName FirstName Salary;
   where Salary > 80000;
run;
```

在上述示例中,只打印数据集中的三个变量:LastName、FirstName 和 Salary,并且只打印满足 WHERE 语句条件的观测。

示例程序的运行结果如图 11-44 所示,图中表头名称默认是字段名称,但是通常我们的报告需要更有业务含义的变量名称。数值数据的默认显示格式是存储数据原有的格式,假如 Salary 的数值数据包含货币意义,需要进一步优化显示的数据。

Obs	LastName	FirstName	Salary
3	DIXON	MARTIN L.	120330
11	VAN MAANEN	EDWARD D.	120330
13	GLENN	MARTHA S.	118420
17	CARLSON	BARBARA A.	124150
18	STANDER	JAN	81900

图 11-44　示例程序的运行结果

4. 优化报告

SAS 支持多种对报告的优化，本节重点讲解对于数据格式的特定显示要求-LABEL 语句，以及对表格表头名称的定制化显示-FORMAT 语句。语法要求和语法释义如下。

```
LABEL variable='label'
      variable='label'
   …;
FORMAT variable(s) format;
```

在 LABEL 语句中，变量名='显示名'指定单个变量的显示名；在 FORMAT 语句中，变量名（一个或多个）后跟输出格式的名称。

代码示例如下。

```
proc print data=pilotdata label;
    var EmployeeID FirstName
      LastName Salary;
    label EmployeeID='员工号'
        FirstName='名'
        LastName='姓'
        Salary='年收入';
    format Salary dollar8.;
run;
```

优化后的结果如图 11-45 所示。

观测	员工号	名	姓	年收入
1	E01046	DAVID	CHAPMAN	$72,660
2	E01682	VICTOR	TAILOR	$44,980
3	E00746	MARTIN L.	DIXON	$120,330
4	E02659	CLIFTON G.	WILDER	$53,630
5	E01642	NANCY A.	MCELROY	$78,260
6	E04732	CHRISTIAN	EDMINSTON	$76,120
7	E04042	SAMUEL	BENNETT	$52,870
8	E03740	CRAIG N.	SAWYER	$62,280
9	E03739	WILLIAM J.	MCKENZIE	$74,620
10	E03389	LOUISE	STAINES	$74,390
11	E03737	EDWARD D.	VAN MAANEN	$120,330
12	E01702	ROBERTA J.	CHADWICK	$62,280
13	E00366	MARTHA S.	GLENN	$118,420
14	E04348	CAROLYN P.	CARTER	$74,620
15	E03875	PAUL J.	GLENNON	$74,620
16	E03587	YIQUN	SANTIAGO	$78,260

图 11-45 优化后的结果

11.2.6 给飞行员发放奖金并加薪编程第（5）步

打印汇总报告和频度报告的程序示例如图 11-46 所示。

汇总报告：使用PROC MEANS，① 对比国内航线和国际航线的飞行员当前薪水和新薪水的平均值

```
proc means data=ins.pilot mean;
    var Salary NewSalary;
    class Category;
run;
```

频度报告：使用PROC FREQ，② 分析国内航线和国际航线飞行员的频次和占比

```
proc freq data=ins.pilot;
    tables Category;
run;
```

图 11-46 打印汇总报告和频度报告的程序示例

PROC MEANS 语句用于计算频次、均值等常见统计量，PROC FREQ 语句和 PROC UNIVARIATE 语句用于计算频次、分位数等统计量。

1. PROC MEANS 统计报告

语法要求和语法释义如下。

```
PROC MEANS DATA=SAS-data-set<statistic(s)>;
run;
```

在一般情况下，PROC MEANS 语句为数据集中所有的数值变量计算非空值的频次、均值、标准差、最小值和最大值。

代码示例如下。

```
proc means data=ins.pilot;
run;
```

程序运行结果如图 11-47 所示。

MEANS PROCEDURE

变量	N	均值	标准差	最小值	最大值
Salary	50	87531.40	23395.15	44980.00	125250.00
Bonus	50	8753.14	2339.52	4498.00	12525.00
NewSalary	50	94135.51	26330.08	47229.00	136522.50

图 11-47 程序运行结果

2. PROC MEANS VAR 语句

PROC MEANS VAR 语句后带一个或多个变量，只对所列变量计算统计量。语法要求和语法释义如下。

```
PROC MEANS DATA=SAS-data-set<statistic(s)>;
    VAR analysis-variable(s);
run;
```

VAR 后带一个或多个变量，只对所列变量计算统计量。PROC MEANS VAR 语句的代码示例与运行结果如图 11-48 所示。

提示：使用 PROC MEANS VAR 语句标识的变量可以用于分析，并且其指定的顺序就是最终显示的顺序。

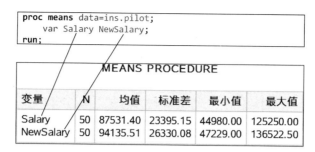

图 11-48　PROC MEANS VAR 语句的代码示例与运行结果

3. PROC MEANS CLASS 语句

PROC MEANS CLASS 语句提示 SAS 系统按照指定的分类变量中的分类值分别统计分析变量的各统计量。语法要求和语法释义如下。

```
PROC MEANS DATA=SAS-data-set<statistic(s)>;
    VAR analysis-variable(s);
        CLASS variable(s);
run;
```

两段 PROC MEANS CLASS 语句的代码示例如图 11-49 所示。PROC MEANS CLASS 语句的运行结果如图 11-50 所示。启用参数 NONOBS MEAN 的运行结果如图 11-51 所示。

```
proc means data=ins.pilot;
    var Salary NewSalary;
    class Category;
run;

proc means data=ins.pilot nonobs mean;
    var Salary NewSalary;
    class Category;
run;
```
NONOBS提示SAS不统计观测数
MEAN提示SAS只计算均值

图 11-49　两段 PROC MEANS CLASS 语句的代码示例

MEANS PROCEDURE

Category	观测的个数	变量	N	均值	标准差	最小值	最大值
DOM	19	Salary	19	68405.79	11439.29	44980.00	79760.00
		NewSalary	19	72550.12	12563.02	47229.00	85343.20
INT	31	Salary	31	99253.55	21019.22	67340.00	125250.00
		NewSalary	31	107365.26	23700.21	72053.80	136522.50

图 11-50　PROC MEANS CLASS 语句的运行结果

MEANS PROCEDURE

Category	变量	均值
DOM	Salary	68405.79
	NewSalary	72550.12
INT	Salary	99253.55
	NewSalary	107365.26

图 11-51　启动参数 NONOBS MEAN 的运行结果

4. PROC MEANS 支持的统计值关键字

除了均值、最大值和最小值，SAS 预定义支持的汇总统计值主要包括三类：描述性统计值、分位数统计值和假设检验统计值，图 11-52 中列出了 SAS 主要支持的统计值关键字。

Descriptive Statistic Keywords				
CLM	CSS	CV	LCLM	MAX
MEAN	MIN	MODE	N	NMISS
KURTOSIS	RANGE	SKEWNESS	STDDEV	STDERR
SUM	SUMWGT	UCLM	USS	VAR
Quantile Statistic Keywords				
MEDIAN | P50	P1	P5	P10	Q1 | P25
Q3 | P75	P90	P95	P99	QRANGE
Hypothesis Testing Keywords				
PROBT	T			

图 11-52　SAS 主要支持的统计值关键字

5. PROC UNIVARIATE 统计报告

语法要求如下。

```
PROC UNIVARIATE DATA=SAS-data-set;
run;
```

代码示例如下。

```
proc univariate data=ins.pilot;
run;
```

PROC UNIVARIATE 运行结果如图 11-53 所示。结果包含指定分析变量的矩信息，基本统计测度信息、分位数信息、位置检测信息及极值观测信息。

图 11-53　PROC UNIVARIATE 运行结果

6. PROC UNIVARIATE VAR 语句

语法要求和语法释义如下。

```
PROC UNIVARIATE DATA=SAS-data-set <options>;
   VAR variable(s);
run;
```

VAR 语句提示 SAS 只对所列一或多个变量计算统计量。
代码示例如下。

```
proc univariate data=ins.pilot
           nextrobs=3;
   var Salary;
run;
```

NEXTROBS=n 指定 PROC UNIVARIATE 语句列出的含有极值观测的数量。极值观测表可以列出 n 条最小值观测和 n 条最大值观测，其默认值是 5，也可以指定为 0，即不输出极值观测表。PROC UNIVARIA VAR 语句的运行结果如图 11-54 所示。

图 11-54　PROC UNIVARIA VAR 语句的运行结果

7. PROC UNIVARIATE ID 语句

语法要求和语法释义如下。

```
PROC UNIVARIATE DATA=SAS-data-set <options>;
   VAR variable(s);
      ID variable(s);
run;
```

ID 语句指定一个或多个变量，提示 SAS 在极值观测表中打印极值对应的变量值。

代码示例如下。

```
proc univariate data=ins.pilot
            nextrobs=3;
    var Salary;
    id EmployeeID;
run;
```

PROC UNIVARIATE ID 语句的运行结果如图 11-55 所示。注意观察图中极值观测表中列出了极值对应的 EmployeeID 的值。

UNIVARIATE PROCEDURE
变量: Salary

矩

N	50	权重总和	50
均值	87531.4	观测总和	4376570
标准差	23395.1521	方差	547333143
偏度	0.38942372	峰度	-0.944732
未校平方和	4.09907E11	校正平方和	2.68193E10
变异系数	26.7277253	标准误差均值	3308.57414

基本统计测度

位置		变异性	
均值	87531.40	标准差	23395
中位数	79550.00	方差	547333143
众数	81900.00	极差	80270
		四分位间距	41890

位置检验: Mu0=0

检验	统计量		p 值	
Student t	t	26.45593	Pr > |t|	<.0001
符号检验	M	25	Pr >= |M|	<.0001
符号秩检验	S	637.5	Pr >= |S|	<.0001

分位数 (定义 5)

水平	分位数
100% 最大值	125250
99%	125250
95%	124150
90%	122240
75% Q3	116510
50% 中位数	79550
25% Q1	74620
10%	62280
5%	52870
1%	44980
0% 最小值	44980

极值观测

最小值			最大值		
值	EmployeeID	观测	值	EmployeeID	观测
44980	E02391	20	124150	E00377	46
44980	E01682	2	124150	E02417	48
52870	E04042	7	125250	E00815	43

图 11-55　PROC UNIVARIATE ID 语句的运行结果

8. PROC FREQ 单因子频数表

语法要求和语法释义如下。

```
PROC FREQ DATA=SAS-data-set<option(s)>;
    TABLES variable(s) <|option(s)>;
    <additional statements>
run;
```

TABLES 后 Variables 指定单个变量名称,提示 SAS 对一个或者多个变量进行分析。

代码示例如图 11-56 所示,运行结果如图 11-57 所示。

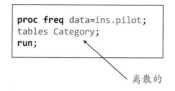

```
proc freq data=ins.pilot;
tables Category;
run;
```
　　　　　　　　　　　　　　　　离散的

图 11-56　代码示例

FREQ 过程

Category	频数	百分比	累积频数	累积百分比
DOM	19	38.00	19	38.00
INT	31	62.00	50	100.00

　　　　　　　　　　　　默认显示 4 个统计量

图 11-57　运行结果

9. PROC FREQ 多因子频数表

语法要求和语法释义如下。

```
PROC FREQ DATA=SAS-data-set<option(s)>;
    TABLES variable*variable <|option(s)>;
    <additional statements>
run;
```

TABLES 后 Varible*Variable 指定多个变量名称，并用星号相连，提示 SAS 对多个变量进行交叉分析。代码示例如下。

```
proc freq data=ins.pilot;
    tables Category*JobCode;
run;
```

PROC FREQ 多因子频数表结果示例如图 11-58 所示。

FREQ 过程

频数 百分比 行百分比 列百分比	表 - Category * JobCode			
	JobCode			
Category	PILOT1	PILOT2	PILOT3	合计
DOM	10 20.00 52.63 100.00	9 18.00 47.37 36.00	0 0.00 0.00 0.00	19 38.00
INT	0 0.00 0.00 0.00	16 32.00 51.61 64.00	15 30.00 48.39 100.00	31 62.00
合计	10 20.00	25 50.00	15 30.00	50 100.00

图 11-58　PROC FREQ 多因子频数表结果示例

综合本节讲述的统计过程步和报表输出过程步，表 11-16 从方法、针对的数据类型和过程步语句的组合使用方法进行汇总对比。

410 | 数据分析实用教程

表 11-16 统计过程步对比表

过 程 步	数 值	字 符	方 法
FREQ 带 TABLES 语句	X	X	查找不同的值
PRINT 带 WHERE 语句	X	X	根据条件，获取部分观测（数据子集）
MEANS 带 VAR 语句	X		使用汇总统计量
UNIVARIATE 带 VAR 语句	X		查找极值或缺失值

10．报表定制化

国际航空公司报告有一些必要的定制化要求，如需要添加报告标题和脚注。程序示例如图 11-59 所示。

图 11-59　程序示例

在实际应用中，用户除了对输出结果有一定的要求，对输出的报告格式也有一定的要求，从输出的文件格式到输出报告的特定提示内容都可能会有一定的要求。SAS 支持多种报表文件格式输出引擎，也支持多种输出内容的打印格式。下面介绍报表标题和脚注。

1）报表标题和脚注

语法要求和语法释义如下。

```
TITLE n'text';      (n: 1-10, default: 1)
FOOTNOTE n'text';   (n: 1-10, default: 1)
```

SAS 代码示例如图 11-60 所示，标题和脚注的代码运行结果如图 11-61 所示。

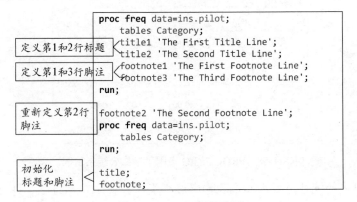

图 11-60　SAS 代码示例

2）SAS 输出系统

SAS 支持多种报告格式引擎，如常见的 PDF、Excel、Word 等。图 11-62 是 SAS 系统支持的输出结果文件类型。

图 11-61　标题和脚注的代码运行结果　　图 11-62　SAS 系统支持的输出结果文件类型

语法要求和释义如下。

```
ODS destination FILE="filename" <options>;
   <SAS code to generate the report>
ODS destination CLOSE;
```

Destination 提示 SAS 输出引擎，FILE 指定输出文件路径和名称，CLOSE 关闭 ODS 输出。

代码示例如下。

```
ods pdf file="c:/temp/salaries.pdf";
proc print data=orion.sales;
   var Employee_ID Last_Name Salary;
   where Salary < 25500;
   format Salary dollar8.;
run;
ods pdf close;
```

11.2.7　给飞行员发放奖金并加薪运行 SAS 完整程序

给飞行员发放奖金的程序已经基本完成，接下来要对程序进行试运行和错误调试。代码示例如图 11-63 所示。

```
1  %let path=\\huanghe\home\sbjx        12
2  Libname ins "&Path\DATA";            13  DATA ins.pilot;
3  DATA pilotdata;                      14  SET pilotdata;
4  infile "&path\pilot.dat";            15  Bonus=Salary*0.10;
5  input EmployeeID $ 1-6               16  if JobCode='PILOT1' then
6  FirstName $ 7-19                     17  NewSalary=Salary*1.05;
7  LastName $ 20-34                     18  If jobCode='PILOT2' then
8  JobCode $ 35-41                      19  NewSalary=Salary*1.07;
9  Salary 42-47                         20  if JobCode='PILOT3' then
10 Category $ 48-50;                    21  NewSalary=Salary*1.09;
11 RUN;                                 22  RUN;

23  proc sort DATA= ins.pilot
24    out=sortedpilotdata;
25    by JobCode Bonus;
26  RUN;
27
28  Title1 '国际航空公司';
29  Title2 '列表显示所有飞行员期望奖金';
30  footnote1 '人力资源部创建';
31  Footnote2 '机密';
32  proc print DATA=sortedpilotdata
33    label;
34    var EmployeeID FirstName
35    LastName Bonus;
36    LABEL EmployeeID='员工号'
37    FirstName='姓'
38    LastName='名'
```

图 11-63　代码示例

11.2.8　给飞行员发放奖金并加薪调试、改写程序

在 SAS 程序运行中，如果运行日志打印出了错误信息（见图 11-64），则需要结合错误信息给出的提示，找到对应的错误代码行，对程序进行调整并重新运行；如果运行日志并未打印出错误信息，说明程序语法编写能成功运行且没有错误，请进一步观察运行结果，是否如预期。

```
2     Libname ins "&Path\DATA";
NOTE: 已成功分配逻辑库引用名"INS"，如下所示:
      引擎:         V9
      物理名: \\huanghe\home\sbjxim\working\SAS_Training\Mary\EG_projects\intr\DATA
3     DATA pilotdata;
4     infile "&path\pilot.dat";
5     input EmployeeID $ 1-6
6     FirstName $ 7-19
7     LastName $ 20-34
8     JobCode $ 35-41
9     Salary 42-47
10    Category $ 48-50;
11    RUN;

NOTE: INFILE "\\huanghe\home\sbjxim\working\SAS_Training\Mary\EG_projects\intr\pilot.dat" 是:
      文件名=\\huanghe\home\sbjxim\working\SAS_Training\Mary\EG_projects\intr\pilot.dat,
      RECFM=V,LRECL=32767,文件大小（字节）=4100,
      上次修改时间=2016年11月25日 09时35分39秒,
      创建时间=2016年11月25日 09时35分39秒

NOTE: 从 INFILE "\\huanghe\home\sbjxim\working\SAS_Training\Mary\EG_projects\intr\pilot.dat"
      中读取了 50 条记录。
      最小记录长度是 80。
      最大记录长度是 80。
NOTE: 数据集 WORK.PILOTDATA 有 50 个观测和 6 个变量。
NOTE: "DATA 语句"所用时间（总处理时间）:
      实际时间           1.10 秒
      CPU 时间           0.17 秒
```

图 11-64　运行日志

11.2.9　给飞行员发放奖金并加薪结果展示

打印的报告在本例中以 HTML 的格式输出，运行结果（部分）如图 11-65 所示。

国际航空公司 列表显示所有飞行员期望奖金			
Obs	员工号	姓	名	期望奖金
1	E01682	VICTOR	TAILOR	$4,498
2	E02391	DONALD E	TAYLOR	$4,498
3	E04042	SAMUEL	BENNETT	$5,287
4	E02659	CLIFTON G.	WILDER	$5,363
5	E03740	CRAIG N.	SAWYER	$6,228
6	E01702	ROBERTA J.	CHADWICK	$6,228
7	E04688	JOHN D.	PERRY	$6,768
8	E01046	DAVID	CHAPMAN	$7,266

国际航空公司 比较当前薪水和加薪后薪水的平均值			
MEANS PROCEDURE			
Category	观测的个数	变量	均值
DOM	19	Salary NewSalary	68405.79 72550.12
INT	31	Salary NewSalary	99253.55 107365.26

人力资源部创建
机密

国际航空公司 飞行员的频次和占比分析				
FREQ 过程				
Category	频数	百分比	累积 频数	累积 百分比
DOM	19	38.00	19	38.00
INT	31	62.00	50	100.00

人力资源部创建
机密

图 11-65　运行部分结果展示

11.2.10　案例练习——提升货运费率及机票价格

国际航空公司飞行员加薪的需求已经基本实现，现在请读者运用学过的 SAS 语句，完成提升货运费率及机票价格的要求。

1．业务场景：提升所有航班的货运费率和机票价格

（1）货运费率每千克提升 50%。

（2）机票价格涨幅按照行程长短不同而不同，具体涨幅如下。

① 短程飞行增加 8%；

② 中程飞行增加 10%；

③ 远程飞行增加 12%。

2．数据资源

（1）原始数据包含出发 Origination、到达 Destination、距离 Range、货运费率 CargoRate、机票价格 PassengerFare、航线类别 Category。

（2）存储在文件 Rates.dat 中。

（3）两个新的计算数据：新的货运费率和新的机票价格。

3．报告要求（3 张）

（1）计算新货运费率并列表打印结果报告。

（2）针对国内航线和国际航线分别比较当前机票价格和新机票价格的平均值。

（3）国内航线和国际航线的频次和占比。

4．编程任务分解

（1）读取 Rates 原始数据文件并创建 SAS 数据集（使用 DATA 步）。

（2）计算新的货运费率（使用 DATA 步）。

（3）计算新的机票价格（使用 DATA 步）。

（4）创建 SAS 数据集的列表报告（使用 PROC 步）。

（5）创建 SAS 数据集的汇总报告（使用 PROC 步）。

11.3　SAS 处理数据集原理

SAS 系统对数据集的处理有特定的机制，了解其处理原理和处理机制可以帮助 SAS 程

序编写人员了解存储在数据集中的数据是如何被 SAS 系统处理完成的,有助于 SAS 程序编写人员在遇到特定处理需要时,特别是在遇到有条件处理、循环处理、特殊数据特殊处理等处理需求情况时,编写出高效且运行结果正确的 SAS 程序。

11.3.1 DATA 步处理逻辑

如图 11-66 所示,SAS 处理 DATA 步分为两个阶段:编译阶段和执行阶段。

图 11-67 是编译阶段的 DATA 步处理逻辑示意图。在编译阶段,SAS 通过扫描 DATA 步的所有语句进行语法检查,在没有语法错误的情况下会将程序转换成机器语言。同时,SAS 会创建程序数据向量(Program DATA Vector,PDV)来保留当前观测。当编译阶段完成时,SAS 会创建新的数据集的描述部分。

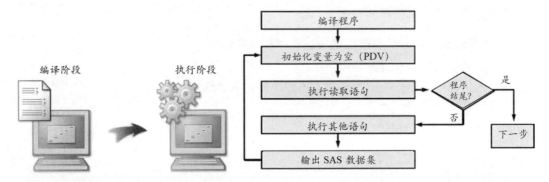

图 11-66　SAS 处理 DATA 步的两个阶段　　图 11-67　SAS 处理 DATA 步编译阶段处理逻辑示意图

11.3.2 编译阶段的 DATA 步处理逻辑

编译阶段的 DATA 步处理逻辑说明如图 11-68 所示。

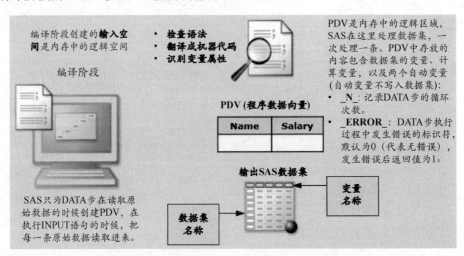

图 11-68　SAS 处理 DATA 步编译阶段处理逻辑说明

用于展示 SAS 处理 DATA 步逻辑的程序代码如下。

```
data work.subset1;
```

```
    set orion.sales;
    where Country='AU' and
          Job_Title contains 'Rep';
    Bonus=Salary*.10;
    drop Country Birth_Date;
run;
```

第 1 步：SAS 扫描每条语句，查找以下错误。

（1）缺失或错误拼写的词；

（2）无效的变量名称；

（3）缺失或无效的标点；

（4）无效的选项。

如果遇到上述任意语法错误，需要编写人员根据日志中输出的错误提示信息修正后，继续运行代码，直到通过第一步基本错误检查。

第 2 步：SAS 在内存中创建输入空间（程序代码如下）和 PDV。

```
data work.subset1;
    set orion.sales;
    where Country='AU' and
          Job_Title contains 'Rep';
    Bonus=Salary*.10;
    drop Country Birth_Date;
run;
```

PDV	_N_	_ERROR_								

备注：SAS 只为 DATA 步在读取原始数据的时候创建 PDV，在执行 INPUT 语句的时候，把每条原始数据读取进来。当 DATA 步读取 SAS 数据集时，SAS 直接将数据读取到 PDV 程序数据向量中。

第 3 步：编译 SET 语句。当 SAS 编译 SET 语句时，输入数据集中的列名加到了 PDV 程序数据向量中。

```
data work.subset1;
    set orion.sales;
    where Country='AU' and
          Job_Title contains 'Rep';
    Bonus=Salary*.10;
    drop Country Birth_Date;
run;
```

PDV	_N_	_ERROR_	Employee_ID N 8	First_Name $8	Last_Name $8	Gender $8	Salary N 8	Job_Title $8	Country $8	Birth_Date N 8	Hire_Date N 8

第 4 步：编译赋值语句。当 SAS 编译赋值语句时，将 Bonus 放入 PDV 程序数据向量中，根据表达式判断 Bonus 是否为数值型。

```
data work.subset1;
   set orion.sales;
   where Country='AU' and
       Job_Title contains 'Rep';
   Bonus=Salary*.10;
   drop Country Birth_Date;
run;
```

PDV	_N_	_ERROR_	Employee_ID N 8	First_Name $ 8	Last_Name $ 8	Gender $ 8	Salary N 8	Job_Title $ 8	Country $ 8	Birth_Date N 8	Hire_Date N 8	Bonus N 8

第 5 步：编译 DROP 语句。当 SAS 编译 DROP 语句时，将对应变量做了从输出数据集删除的标记 D。

```
data work.subset1;
   set orion.sales;
   where Country='AU' and
       Job_Title contains 'Rep';
   Bonus=Salary*.10;
   drop Country Birth_Date;
run;
```

PDV	_N_ D	_ERROR_ D	Employee_ID N 8	First_Name $ 8	Last_Name $ 8	Gender $ 8	Salary N 8	Job_Title $ 8	Country $ 8 D	Birth_Date N 8 D	Hire_Date N 8	Bonus N 8

注意：对于自动变量_N_和_ERROR_语句，SAS 会自动标记删除，无须在 DROP 语句中列出自动变量。

第 6 步：编译结束。在 DATA 步最后，编译阶段结束，SAS 系统开始创建 SAS 数据集 work.subset1 的描述部分。

```
data work.subset1;
   set orion.sales;
   where Country='AU' and
       Job_Title contains 'Rep';
   Bonus=Salary*.10;
   drop Country Birth_Date;
run;
```

输出数据集: work.subset1	Employee_ID N 8	First_Name $ 8	Last_Name $ 8	Gender $ 8	Salary N 8	Job_Title $ 8	Hire_Date N 8	Bonus N 8

11.3.3 执行阶段的 DATA 步处理逻辑

完成编译阶段的处理后 SAS 进入执行阶段。SAS 执行阶段的处理逻辑可以简单概括为对输入数据或文件中的每一条观测逐条处理（处理完一条观测，获取下一条观测继续处理，直到处理完所有需要处理的观测），按顺序逐句执行编译好后的 SAS 待执行语句（编译后待执行 SAS 语句逐句执行，直至 SAS 程序结尾为止，结束对一条观测的处理过程）。其执行过程主要包括：初始化变量为空值，执行读取语句，判断是否程序结尾，执行其他语句，如逻辑语句等，输出 SAS 数据。

第 1 步：初始化各个变量值。在执行阶段，SAS 逐条处理数据，按照 PDV 中的变量类型，初始化各变量为空值。

```
data work.subset1;
    set orion.sales;
    where Country='AU';
    Bonus=Salary*.10;
    drop Country Birth_Date;
run;
```

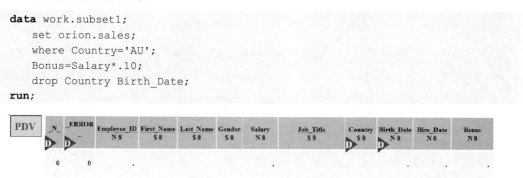

第 2 步：执行 SET 语句和 WHERE 语句。SAS 执行 SET 语句和 WHERE 语句，数据集 Orion.sales 中满足 WHERE 条件的第一条数据读入 PDV。此处 WHERE 语句与 SET 语句同时执行，原因是 WHERE 语句先过滤输入数据，满足条件的观测，才会读入 PDV 中进行后续 SAS 语句的处理。

```
data work.subset1;
    set orion.sales;
    where Country='AU';
    Bonus=Salary*.10;
    drop Country Birth_Date;
run;
```

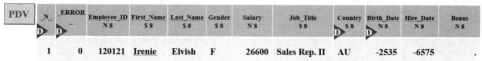

注意：Country 和 Birth_Date 的数据也更新到了 PDV 中，尽管它们不会被输出。

第 3 步：执行赋值语句。SAS 执行赋值语句，根据该条观测中的 Salary 计算 Bonus 并更新 PDV。

```
data work.subset1;
    set orion.sales;
    where Country='AU';
    Bonus=Salary*.10;
    drop Country Birth_Date;
run;
```

PDV	_N_	_ERROR_	Employee_ID N 8	First_Name $ 8	Last_Name $ 8	Gender $ 8	Salary N 8	Job_Title $ 8	Country $ 8	Birth_Date N 8	Hire_Date N 8	Bonus N 8
	1	0	120121	Irenie	Elvish	F	26600	Sales Rep. II	AU	-2535	-6575	2660.00

第 4 步：第一条观测处理完毕，SAS 执行到 DATA 步结尾，将处理完成的观测从 PDV 输出到输出数据集。DROP 语句没有显式执行。

```
data work.subset1;
    set orion.sales;
    where Country='AU';
    Bonus=Salary*.10;
    drop Country Birth_Date;
run;
```

PDV	_N_	_ERROR_	Employee_ID N 8	First_Name $ 8	Last_Name $ 8	Gender $ 8	Salary N 8	Job_Title $ 8	Country $ 8	Birth_Date N 8	Hire_Date N 8	Bonus N 8
	1	0	120121	Irenie	Elvish	F	26600	Sales Rep. II	AU	-2535	6575	2660.00

输出数据集：work.subset1	Employee_ID N 8	First_Name $ 8	Last_Name $ 8	Gender $ 8	Salary N 8	Job_Title $ 8	Hire_Date N 8	Bonus N 8
	120121	Irenie	Elvish	F	26600	Sales Rep. II	6575	2660.00

注意：Country 和 Birth_Date 的数据没有输出。

第 5 步：隐式返回。执行控制回到 DATA 步起始，循环执行下一条观测直到最后一条满足条件的观测处理完成。

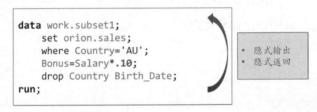

```
data work.subset1;
    set orion.sales;
    where Country='AU';
    Bonus=Salary*.10;
    drop Country Birth_Date;
run;
```
- 隐式输出
- 隐式返回

PDV	_N_	_ERROR_	Employee_ID N 8	First_Name $ 8	Last_Name $ 8	Gender $ 8	Salary N 8	Job_Title $ 8	Country $ 8	Birth_Date N 8	Hire_Date N 8	Bonus N 8
	1	0	120121	Irenie	Elvish	F	26600	Sales Rep. II	AU	-2535	6575	.

第 6 步：执行 SET 语句和 WHERE 语句。第二条满足 WHERE 条件的观测写入 PDV。

```
data work.subset1;
    set orion.sales;
    where Country='AU';
    Bonus=Salary*.10;
    drop Country Birth_Date;
run;
```

PDV	_N_	_ERROR_	Employee_ID N 8	First_Name $ 8	Last_Name $ 8	Gender $ 8	Salary N 8	Job_Title $ 8	Country $ 8	Birth_Date N 8	Hire_Date N 8	Bonus N 8
	2	0	120125	Christina	Ngan	F	27475	Sales Rep. II	AU	-523	8217	.

第 7 步：执行赋值语句，计算 Bonus 并更新 PDV。

```
data work.subset1;
    set orion.sales;
    where Country='AU';
    Bonus=Salary*.10;
    drop Country Birth_Date;
run;
```

PDV	N_	ERROR_	Employee_ID N 8	First_Name $ 8	Last_Name $ 8	Gender $ 8	Salary N 8	Job_Title $ 8	Country $ 8	Birth_Date N 8	Hire_Date N 8	Bonus N 8
	2	0	120125	Christina	Ngan	F	27475	Sales Rep. II	AU	-523	8217	2747.50

第 8 步：第二条观测处理完毕，SAS 执行到 DATA 步结尾，将处理完成的观测从 PDV 输出到输出数据集。

```
data work.subset1;
    set orion.sales;
    where Country='AU';
    Bonus=Salary*.10;
    drop Country Birth_Date;
run;
```

PDV	N_	ERROR_	Employee_ID N 8	First_Name $ 8	Last_Name $ 8	Gender $ 8	Salary N 8	Job_Title $ 8	Country $ 8	Birth_Date N 8	Hire_Date N 8	Bonus N 8
	2	0	120125	Christina	Ngan	F	27475	Sales Rep. II	AU	-523	8217	2747.50

输出数据集：work.subset1	Employee_ID N 8	First_Name $ 8	Last_Name $ 8	Gender $ 8	Salary N 8	Job_Title $ 8	Hire_Date N 8	Bonus N 8
	120121	Irenle	Elvish	F	26600	Sales Rep. II	6575	2660.00
	120125	Christina	Ngan	F	27475	Sales Rep. II	8217	2747.50

注意：PDV 一次只处理一条观测，输出数据集包含一条或多条观测。

如此往复，直到符合条件的观测全部处理完毕。DATA 步循环结束，执行完毕。

11.3.4 带 IF 表达式的执行阶段的 DATA 步处理逻辑

带 IF 表达式的 DATA 步逻辑处理与带 WEHRE 语句的 DATA 步处理逻辑一致，都是逐行扫描和执行程序，逐条处理观测。不同之处是，带 IF 表达式的 DATA 步会处理输入数据表中的全部观测后停止继续处理，而 WHERE 语句会先过滤掉不满足条件的观测，只有满足条件的观测才会逐条处理。下面的执行过程步骤能够清楚展示出处理逻辑的不同之处。

第 1 步：初始化 PDV 各变量。

```
data work.subset1;
    set orion.sales;
    if Country='AU' then
        Bonus=Salary*.10;
    drop Country Birth_Date;
run;
```

PDV	_N_	_ERROR_	Employee_ID N8	First_Name $8	Last_Name $8	Gender $8	Salary N8	Job_Title $8	Country $8	Birth_Date N8	Hire_Date N8	Bonus N8
	0	0	.				.			.	.	.

第 2 步：执行 SET 语句，将 Orion.sales 中的第一条观测写入 PDV。

```
data work.subset1;
   set orion.sales;
   if Country='AU' then
      Bonus=Salary*.10;
   drop Country Birth_Date;
run;
```

PDV	_N_	_ERROR_	Employee_ID N8	First_Name $8	Last_Name $8	Gender $8	Salary N8	Job_Title $8	Country $8	Birth_Date N8	Hire_Date N8	Bonus N8
	1	0	120121	Irenie	Elvish	F	26600	Sales Rep. II	AU	-2535	-6575	.

注意：第一条观测是指 Orion.sales 中的第一条观测，无须满足其他条件。

第 3 步：执行条件语句。判断是否满足 IF 表达式条件，如果满足，则计算 Bonus 并更新 PDV。

```
data work.subset1;
   set orion.sales;
   if Country='AU' then
      Bonus=Salary*.10;
   drop Country Birth_Date;
run;
```

PDV	_N_	_ERROR_	Employee_ID N8	First_Name $8	Last_Name $8	Gender $8	Salary N8	Job_Title $8	Country $8	Birth_Date N8	Hire_Date N8	Bonus N8
	1	0	120121	Irenie	Elvish	F	26600	Sales Rep. II	AU	-2535	6575	2660.00

第 4 步：第一条观测处理完毕。SAS 执行到 DATA 步结尾，将处理完成的观测从 PDV 输出到输出数据集。

```
data work.subset1;
   set orion.sales;
   if Country='AU' then
      Bonus=Salary*.10;
   drop Country Birth_Date;
run;
```

PDV	_N_	_ERROR_	Employee_ID N8	First_Name $8	Last_Name $8	Gender $8	Salary N8	Job_Title $8	Country $8	Birth_Date N8	Hire_Date N8	Bonus N8
	1	0	120121	Irenie	Elvish	F	26600	Sales Rep. II	AU	-2535	6575	2660.00

输出数据集：work.subset1

Employee_ID N8	First_Name $8	Last_Name $8	Gender $8	Salary N8	Job_Title $8	Hire_Date N8	Bonus N8
120121	Irenie	Elvish	F	26600	Sales Rep. II	6575	2660.00

第 5 步：隐式返回。执行控制回到 DATA 步起始，循环执行下一条，直到最后一条满足条件的观测处理完成。

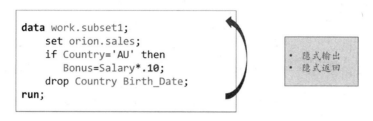

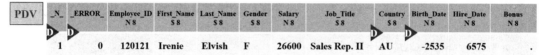

注意：SAS 在循环交替时，保留 PDV 中的当前来自输入数据集的数据，第一条读入后改写，而计算变量 Bonus 设置为缺失值。

第 6 步：执行 SET 语句，第二条观测读入 PDV。

```
data work.subset1;
   set orion.sales;
   if Country='AU' then
      Bonus=Salary*.10;
   drop Country Birth_Date;
run;
```

PDV	_N_	_ERROR_	Employee_ID N 8	First_Name $ 8	Last_Name $ 8	Gender $ 8	Salary N 8	Job_Title $ 8	Country $ 8	Birth_Date N 8	Hire_Date N 8	Bonus N 8
	2	0	120123	Kimiko	Hotstone	F	26190	Sales Rep. II	US	1228	8460	.

第 7 步：执行条件语句，判断是否满足 IF 表达式条件，如果不满足，则不计算 Bonus。

```
data work.subset1;
   set orion.sales;
   if Country='AU' then
      Bonus=Salary*.10;
   drop Country Birth_Date;
run;
```

PDV	_N_	_ERROR_	Employee_ID N 8	First_Name $ 8	Last_Name $ 8	Gender $ 8	Salary N 8	Job_Title $ 8	Country $ 8	Birth_Date N 8	Hire_Date N 8	Bonus N 8
	2	0	120123	Kimiko	Hotstone	F	26190	Sales Rep. II	US	1228	8460	.

第 8 步：SAS 执行到 DATA 步结尾，将处理完成的第二条观测从 PDV 输出到输出数据集。

```
data work.subset1;
   set orion.sales;
   if Country='AU' then
      Bonus=Salary*.10;
```

```
    drop Country Birth_Date;
run;
```

PDV	_N_	_ERROR_	Employee_ID N 8	First_Name $ 8	Last_Name $ 8	Gender $ 8	Salary N 8	Job_Title $ 8	Country $ 8	Birth_Date N 8	Hire_Date N 8	Bonus N 8
	2	0	120123	Kimiko	Hotstone	F	26190	Sales Rep. II	US	1228	8460	.

输出数据集: work.subset1	Employee_ID N 8	First_Name $ 8	Last_Name $ 8	Gender $ 8	Salary N 8	Job_Title $ 8	Hire_Date N 8	Bonus N 8
	120121	Irenie	Elvish	F	26600	Sales Rep. II	6575	2660.00
	120123	Kimiko	Hotstone	F	26190	Sales Rep. II	8460	.

IF 条件语句会判断 SET 数据集中的全部观测，数据满足条件，计算 THEN 语句后的赋值语句；数据不满足条件，不计算 THEN 语句后的赋值语句。所有观测全部处理完并输出到新数据集中。

第 12 章　SAS 编程进阶

本章在 SAS 编程基本概念的基础上，针对在实际数据分析过程中常见的数据读取和数据处理问题，以问题和解答的组织形式，在对语法重点说明的同时，将示例数据、程序、运行结果组合在一起，帮助读者快速准确地学习 SAS 编程的进阶应用。

12.1　读取原始数据（文本）文件

原始数据（文本）文件是数据分析中常见的数据存储格式。数据存储在原始数据文件中，方便传输、保存和移动，但也存在一系列问题。例如，存储的数据可能是从各种系统、各种数据库中导出的数据，也可能是人工输入的数据，存在缺失数据、特定格式数据，甚至错误数据等问题。而原始数据文件对存储的数据没有任何格式上的规范化要求。因此，在读取数据的时候，需要提示 SAS 系统，哪些行或哪些列的数据需要特别处理才能得到预期的数据结果。

本节采用一题一答的组织形式，列举了 12 种常见原始数据文件读取过程中遇到的特殊数据处理问题，在读者学习 SAS 编程语法的同时，启发其在实际分析过程中选择适合的语法完成程序编写。

12.1.1　读取原始数据文件

1. 读取数据中包含缺失值的带分隔符的原始数据文件

示例数据（包含缺失值）如下。

```
Chloe,,11/10/1995,,Running,music,Gymnastics
Travis,2,1/20/1998,$2,Baseball,Nintendo,Reading
Jennifer,0,8/21/1999,$0,Soccer,Painting,Dancing
```

提示：列表输入会将一个或多个连续的分隔符作为一个分隔符处理，并不作为缺失值处理。如果文本中的某条记录有缺失值，SAS 会继续读取下一列记录并在日志中提示。

语法要求和语法释义如下。

```
INFILE 'raw-data-file' DSD ;
```

DSD 选项的语法说明如下。

（1）默认将分隔符置成逗号。
（2）把连续的分隔符处理成缺失值。
（3）提示 SAS 系统读取被引号引起来的带分隔符的数据。

程序示例如下。

```
data work.kids1;
    infile "c:\stu.txt" dsd;
    input name $
        siblings
        bdate : mmddyy10.
        allowance : comma2.
        hobby1 : $10.
        hobby2 : $10.
        hobby3 : $10.;
run;
```

读取包含缺失值的带分隔符的原始数据文件的结果如图 12-1 所示。

观测	name	siblings	bdate	allowance	hobby1	hobby2	hobby3
1	Chloe	.	13097	.	Running	music	Gymnastics
2	Travis	2	13899	2	Baseball	Nintendo	Reading
3	Jennifer	0	14477	0	Soccer	Painting	Dancing

图 12-1 有缺失值的带分隔符原始数据文件结果展示

2．读取数据尾部为缺失值的带分隔符的原始数据文件

示例数据（数据尾部为缺失值）如下。

```
Chloe 2 11/10/1995 $5 Running Music Gymnastics
Travis 2 1/20/1998 $2 Baseball Nintendo _____
Jennifer 0 8/21/1999 $0 Soccer _____ _____
```

语法要和语法释义求如下。

INFILE *'raw-data-file'* <**DLM**=> **MISSOVER** ;

在 INFILE 语句中使用 MISSOVER 选项，可以防止 SAS 系统在读到当前记录末尾的时候自动读取下一行记录。读到记录末尾时，把未发现值的列当作缺失值处理。

程序示例如下。

```
data work.kids2;
    infile "c:\stu1.txt" missover;
    input name $
        siblings
        bdate : mmddyy10.
        allowance : comma2.
        hobby1 : $10.
        hobby2 : $10.
        hobby3 : $10.;
run;
```

读取尾部为缺失值的带分隔符的原始数据文件的结果如图 12-2 所示。

观测	name	siblings	bdate	allowance	hobby1	hobby2	hobby3
1	Chloe	2	13097	5	Running	music	Gymnastics
2	Travis	2	13899	2	Baseball	Nintendo	
3	Jennifer	0	14477	0	Soccer		

图 12-2　尾部缺失值处理结果展示

3. 读取代码内嵌数据行（1）

示例数据（代码内嵌数据行）如下。

```
join 25
henry 55
cynthia 44
karen 21
;
```

数据嵌入SAS代码中，通常数据量小，并且在没有独立外部数据文件的情况下使用。语法要求和语法释义如下。

```
DATALINES;
...
;
```

程序示例如下。

```
data new;
    input name $ age;
    datalines;
join 25
henry 55
cynthia 44
karen 21
;
run;
```

读取内嵌数据的结果展示如图 12-3 所示。

Obs	name	age
1	join	25
2	henry	55
3	cynthia	44
4	karen	21

图 12-3　读取内嵌数据的结果展示

提示：DATALINES 语句是 DATA 步的最后一句，紧跟着第一条数据，数据段的结尾需要用空语句（只有分号）结束。

4. 读取代码内嵌数据行(2)

语法要求和语法释义如下。

```
DATA SAS-data-set;
    INFILE DATALINES|DATALINES4;
    INPUT specifications;
DATALINES;
...
;
run;
```

在 DATA 步中使用 INFILE 语句指定输入数据来自 DATALINES，同时指定 DATALINES 读入的参数，如 DSD 参数、DLM 分隔符参数。DATALINES4 用于处理数据值中包含逗号字符。如果需要处理的数据值中不包含逗号，请使用 DATALINES。

程序示例如下。

```
data nums;
    infile datalines dsd dlm='a';
    input X Y Z;
    datalines;
1aa2a3
4aa5a6
7a8a9
;
proc print; run;
```

在上面这段代码中，设定 DSD 属性的三个作用分别是：设定分隔符为空格；将连续两个分隔符处理为缺失值；提示 SAS 系统读取被引号引起来的带分隔符的数据。但是内嵌数据的分隔符是字符 a，因此需要使用 dlm='a'明确指定分隔符为字符 a，否则数据处理结果会全部是缺失值。结果展示如图 12-4 所示。

Obs	X	Y	Z
1	1	.	2
2	4	.	5
3	7	8	9

图 12-4　结果展示

5．读取多行记录为一条观测

示例数据如下。

本例中原始数据的一条数据分布在三行记录中，需要使用多条 INPUT 语句分三次读

入为一条 SAS 观测。

语法要求和语法释义如下。

```
DATA SAS-data-set;
    INFILE DATALINES;
    INPUT specifications;
    INPUT specifications;
    <additional SAS statements>
DATALINES;
...
;
run;
```

INPUT 语句提示 SAS 系统读取下一行数据，多个 INPUT 语句读取多行数据。

程序示例如下。

```
data work.kids3;
    infile datalines MISSOVER;
    input name $ siblings;
    input bdate mmddyy10.
        allowance comma2.;
    input hobby1:$10.
        hobby2:$10.
        hobby3:$10.;
    datalines;
Chloe 2
11/1/1995 $5
Running Music Gymnastics
Travis 2
1/30/1998 $2
Baseball Nintendo
;
run;
```

注意：本例中的内嵌数据，最后一行尾部是缺失值，需要在 infile 语句中使用 MISSOVER。

读取多行记录为一条观测的结果展示如图 12-5 所示。

观测	name	siblings	bdate	allowance	hobby1	hobby2	hobby3
1	Chloe	2	13088	5	Running	Music	Gymnastics
2	Travis	2	13909	2	Baseball	Nintendo	

图 12-5　读取多行记录为一条观测的结果展示

6. 读取带格式的数据

非标准数值数据如图 12-6 所示。

428 | 数据分析实用教程

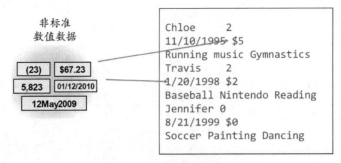

图 12-6 非标准数值数据

语法要求如下。

INPUT *column-pointer-control variable informat* ···;

Chloe 2

11/1/1995 $5

Running music Gymnastics

Travis 2

1/20/1998 $2

Baseball Nintendo Reading

Jennifer 0

8/21/1999 $0

Soccer Painting Dancing

请将上述数据放入 kids4.txt 文件中，用于运行。

```
data work.kids4;
   infile "kids4.txt";
   input name $ 1-10 siblings 11;
   input @1 bdate mmddyy10.
        +1 allowance comma2.;
   input hobby1:$10. hobby2:$10. hobby3:$10.;
run;
```

column-pointer-control 的含义及其作用如下。
- @n 是绝对指针控件，用于将输入指针移动到特定列。
- @n 移动指针到列 n，即需要读取的变量的起始列位置。
- +n 是指针控件，用于从左向右移动输入指针到与当前位置相对为 n 的位置。
- +指示指针向前移动 n 列。

读取的结果展示如图 12-7 所示。

观测	name	siblings	bdate	allowance	hobby1	hobby2	hobby3
1	Chloe	2	13097	5	Running	music	Gymnastics
2	Travis	2	13899	2	Baseball	Nintendo	Reading
3	Jennifer	0	14477	0	Soccer	Painting	Dancing

图 12-7 读取的结果展示

如果原始数据是带有特定格式的数据,则需要用格式化输入方法正确读取原始数据。原始数据的读取方法总结如表 12-1 所示。

表 12-1 原始数据的读取方法总结

读 取 方 法	数据的种类	数据的格式
列表输入	标准和/或非标准	以分隔符分隔
列输入	标准	按列排列
格式化输入	标准和/或非标准	按列排列

格式化输入语法如下。

INPUT *column-pointer-control variable informat* …;

column-pointer-control 释义如下。

① @*n*->移动指针到第 *n* 列。
② @point-variable->移动指针到给定的第 point-variable 列位置。
③ @(expression)->移动指针到表达式值列位置。表达式值必须是正整数。
④ +*n*->移动指针 *n* 列。
⑤ +point-variable->移动指针 point-variable 列。
⑥ +(expression)->移动指针表达式值数量列。表达式值必须是整数或 0。如果表达式值不是整数,SAS 系统将截取浮点数的整数部分使用。如果表达式值是负数,指针从后向前移动。如果当前指针位置小于 1,指针移动到第一列。如果表达式值是 0,指针不移动。如果表达式值大于输入数据的长度,指针移动至下一条记录的第一列。

读取代码举例及对应含义如表 12-2 所示。

表 12-2 读取代码举例及对应含义

举 例	含 义
@12	到 12 列位置
@*N*	到 *N* 列位置
@(*n*-1)	到 *N*-1 列位置
+5	跳过 5 个空格位置
+*n*	跳过 *N* 个空格位置
+(*n*+1)	跳过 *N*+1 个空格位置

7. 读取嵌有空格的字符

示例数据(嵌有空格)如下。

```
Joseph    11  joergensen     red
Mitchel   13  MC Allister    bule
Su Ellen  14  Fischer-Simon  green
```

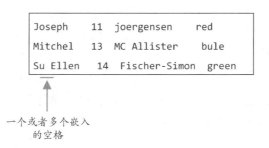

一个或者多个嵌入的空格

语法要求如下。

```
INPUT <pointer-control> variable <&>
```

&支持读取字符串内有一个或多个非连续"单个的"空格,该修饰符从下一个非空列开始读取,直到两个连续空格、定义的变量长度、输入数据行的结尾三个条件满足其一为止。

程序示例如下。

```
data list1;
    infile "C:\life.txt";
    input name $ & score;
run;
```

```
data list2;
    infile "C:\life.txt";
    input name $ score;
run;
```

结果展示如图 12-8 所示。

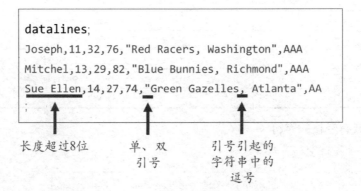

图 12-8　结果展示

8. 读取带有特殊字符的字符串

示例数据如下。

```
datalines;
Joseph,11,32,76,"Red Racers, Washington",AAA
Mitchel,13,29,82,"Blue Bunnies, Richmond",AAA
Sue Ellen,14,27,74,"Green Gazelles, Atlanta",AA
;
```

长度超过8位　　单、双引号　　引号引起的字符串中的逗号

语法要求和语法释义如下。

```
<:| ~> <informat.>
```

：可以在 INPUT 语句中指定一个输入格式,用于读取变量值,通常用于读取超过 8 个字符的字符串或包含非标准数值的数据。

~ 将单引号、双引号及字符串中的分隔符特殊处理为普通字符，同时需要在 INFILE 语句中添加 DSD 参数。

程序示例如下。

```
DATA scores;
    infile datalines dsd;
    input Name : $9. Score1-Score3
        Team ~ $25. Div $;
    datalines;
Joseph,11,32,76,"Red Racers, Washington",AAA
Mitchel,13,29,82,"Blue Bunnies, Richmond",AAA
Sue Ellen,14,27,74,"Green Gazelles, Atlanta",AA
;
run;
```

特殊字符处理后的结果展示如图 12-9 所示。

Obs	Name	Score1	Score2	Score3	Team	Div
1	Joseph	11	32	76	"Red Racers, Washington"	AAA
2	Mitchel	13	29	82	"Blue Bunnies, Richmond"	AAA
3	Sue Ellen	14	27	74	"Green Gazelles, Atlanta"	AA

图 12-9　特殊字符处理后结果展示

9. 多次读取一行记录为一条观测

示例数据如下。

```
Chloe    IN 11/10/1995 $5Running Music Gymnastics
Travis   IL Baseball Nintendo Reading
Jennifer IN 8/21/1999 $0Soccer Painting Dancing
```

上述数据有带格式的数据，如 11/10/1995 及 $5，并且一条数据中间有缺失数据，如第二行数据缺少日期和金额两个数据。SAS 支持多个 INPUT 语句读取同一行数据，并针对上述数据进行处理。

语法要求如下。

```
@ ;
```

在同一 DATA 步迭代中，为下一个 INPUT 语句的执行，保留当前输入记录行。指定 @ 后，指针位置不变，没有新的数据行读入输入缓冲，同一迭代的下一个 INPUT 语句读取当前记录而不是新记录。

程序示例如下。

```
data work.kids5;
    infile "kids5.dat";
    input name $ 1-8 state $ 10-11 @;
    if state='IN' then
        input @13 bdate mmddyy10.
            @24 allowance comma2.
            hobby1:$10. hobby2:$10. hobby3:$10.;
```

```
        else input @13 hobby1:$10.
              hobby2:$10. hobby3:$10.;
    run;
```

读取后结果展示如图 12-10 所示。第二条观测中的 bdate 和 allowance 的数据正确地处理为缺失值。

Obs	name	state	bdate	allowance	hobby1	hobby2	hobby3
1	Chloe	IN	13097	5	Running	Music	Gymnastics
2	Travis	IL	.	.	Baseball	Nintendo	Reading
3	Jennifer	IN	14477	0	Soccer	Painting	Dancing

图 12-10　读取后结果展示

10．同时多次读取一行和读取多行记录为一条观测，释放记录锁定

示例数据如下。

```
Chloe    IN 11/10/1995 $5Running Music Gymnastics
Travis   IL
Baseball Nintendo Reading
harness  AM 12/08/1995 Baseball Reading
Jennifer IN 8/21/1999 $0Soccer Painting Dancing
```

上述数据既包含带格式的数据，也包含中间和末尾含有缺失值的数据，这其实是日常数据中比较常见的原始数据。

语法要求如下。

```
    @ ;
```

当下列情况发生时，SAS 系统释放@保持的记录。

（1）空 INPUT 语句，示例如下。

```
INPUT;
```

（2）不带@的非空 INPUT 语句。

（3）下一个 DATA 步迭代开始。

程序示例如下。

```
data work.kids5;
    infile datalines MISSOVER;
    input name $ 1-8 state $ 10-11 @;
    if state='IN' then
        input @13 bdate mmddyy10.
              @24 allowance comma2.
              hobby1:$10. hobby2:$10. hobby3:$10.;
    else if state='IL' then    input /hobby1:$10. hobby2:$10. hobby3:$10.;
    else  input @13 bdate mmddyy10.
              @24 hobby1:$10. hobby2:$10. hobby3:$10.;
datalines;
Chloe    IN 11/10/1995 $5Running Music Gymnastics
```

```
Travis    IL
Baseball Nintendo Reading
harness  AM 12/08/1995 Baseball Reading
Jennifer IN 8/21/1999  $0Soccer Painting Dancing
;
run;
```

读取后的结果如图 12-11 所示。第二条观测是读取两行数据行后的结果，包含两个缺失值的处理。第三条观测中包含一个 allowance 的缺失值处理和尾部数据 hobby3 的缺失值处理。

Obs	name	state	bdate	allowance	hobby1	hobby2	hobby3
1	Chloe	IN	13097	5	Running	Music	Gymnastics
2	Travis	IL	.	.	Baseball	Nintendo	Reading
3	harness	AM	13125	.	Baseball	Reading	
4	Jennifer	IN	14477	0	Soccer	Painting	Dancing

图 12-11　读取后的结果

11．读取在一条记录中包含多条观测的数据

示例数据如下。

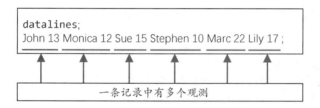

语法要求如下。

`@@ ;`

@@通常叫作双尾@占行指示符。在不同 DATA 步迭代中，为下一条 INPUT 语句的执行保留当前输入记录。它必须放在 INPUT 语句的最后，在一条输入记录包含多条观测值的时候应用。

程序示例如下。

```
data test;
    input name $ age @@;
    datalines;
John 13 Monica 12 Sue 15 Stephen 10 Marc 22 Lily 17
;
Run;
```

一条记录多个观测结果展示如图 12-12 所示。

Obs	name	age
1	John	13
2	Monica	12
3	Sue	15
4	Stephen	10
5	Marc	22
6	Lily	17

图 12-12　一条记录多个观测结果展示

12. 读取一条记录中有多条观测且数据中有缺失值的数据

示例数据如下。

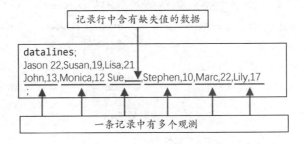

程序示例如下。

```
data test;
infile datalines DSD DLM=',';
    input name $ age @@;
    datalines;
Jason,22,Susan,19,Lisa,21
John,13,Monica,12,Sue, ,Stephen,10,Marc,22,Lily,17
;
Run;
```

提示：根据数据的特点，选择合适的参数进行特定的组合，有时候并不是一次组合就可以完美处理所有特殊数据，需要具体问题具体分析，如果不能一次处理，可以分批次处理。

INFILE 语句使用 DSD+DLM 组合，可以处理带分隔符并且有缺失值的数据。在 INPUT 语句中添加@@符号，可以处理一行数据有多条观测的情况。多次读取含缺失值结果展示如图 12-13 所示。

结果展示		
Obs	name	age
1	Jason	22
2	Susan	19
3	Lisa	21
4	John	13
5	Monica	12
6	Sue	.
7	Stephen	10
8	Marc	22
9	Lily	17

图 12-13　多次读取含缺失值结果展示

提示：@与@@的区别参见表 12-3。

12.1.2　读取原始数据文件方法汇总

SAS 支持的常用的读取原始数据文件的方法：列表输入、带格式输入和按列输入。我们在前面章节都陆续介绍完成了，本节对这三种方法的特点、目标和用法进行了简单汇总，请根据实际需要采用不同的方法读取原始数据以获得正确结果。

列表输入的语法要求如下。

```
DATA output-SAS-data-set;
    INFILE 'raw-data-file-name' DLM='delimiter';
    INPUT variable1 <$>
                variable2 <$>
                …variableN <$>;
run;
```

带格式输入的语法要求如下。

```
DATA SAS-data-set;
      INFILE 'raw-data-file-name';
      INPUT
@n variable informat …;
+n variable informat …;
      INPUT
specifications /
      #n specifications;
      <additional SAS statements>
run;
```

按列输入的语法要求如下。

```
DATA output-SAS-data-set;
    INFILE 'raw-data-file-name';
    INPUT variable1 <$> startcol-endcol
              variable2 <$> startcol-endcol
              …
              variableN <$> startcol-endcol;
run;
```

输入数据与用法汇总表如表 12-3 所示。

表 12-3　输入数据与用法汇总表

输入数据	目标	用法
多条记录	创建单条观测	在带 DO 循环的 INPUT 语句中使用 #n 或行指针控件
单条记录	创建多条观测	在 INPUT 末尾添加@@
带有变量长度等属性的数据和记录	读取带分隔符的数据	列表输入（带或不带格式修饰），INFILE 语句使用 TRUNCOVER、MISSOVER、DLM、DLMSTR 或 DSD 等选项
	读取不带分隔符数据	INFILE 语句使用 LENGTH、TRUNCOVER、MISSOVER 等选项

续表

输 入 数 据	目 标	用 法
数据文件包含多种数据形式		带多个 INPUT 语句的 IF-THEN 语句，并在需要时结尾使用@或@@
流数据	用特殊选项控制读取	带 DATALINES 和其他选项的 INFILE 语句
从特定列位置起始		@ 列指针控制
前置空格	保留这些空格	INPUT 语句带 $CHARw. 输入格式
非空格分隔符		使用列表输入或带冒号修饰符的列表输入法处理。SAS 语法：INFILE 语句带 DLM 或 DLMSTR 选项，以及 DSD 选项，或者两种选项都有

12.2 访问 Excel 工作表

Excel 工作表是另一种常见的文件存储格式。本节着重围绕如何访问 Excel 工作表及正确读取数据的 SAS 程序语法要求展开阐述。

12.2.1 访问 Excel 工作表语法

定义 Excel 逻辑库访问 Excel 文件及其工作表的语法要求如下。

```
LIBNAME libref <engine> <PATH=>"workbook-name" <option(s)>;
```

SAS 系统提供两种支持访问 Excel 工作表的产品，产品及对应说明如下。

1. SAS/ACCESS Interface to PC Files

（1）引擎：pcfiles。
（2）SAS 和 Office 可以是不同位数。
（3）32 位 Office 和 64 位 SAS。

2. SAS/ACCESS Interface to Excel

（1）引擎：Excel。
（2）SAS 和 Office Excel 必须具有相同位数，32 位或 64 位。

Excel 逻辑库定义完成后，用 PROC PRINT 语句打印工作表。详请参见 12.2.2 访问 Excel 工作表示例。

注意：SAS/ACCESS 的两个产品都可以实现对 Excel 文件和 Excel 工作表的访问，需要根据已部署好的 Office 和 SAS 的位数，决定采用不同产品提供的对应引擎来定义 Excel 逻辑库。读取 Excel 数据原理示意图如图 12-14 所示。

使用 LIBNAME 和 CLEAR 语句取消对 Excel 逻辑库的引用。释放 Excel 逻辑库的语法要求如下。

```
LIBNAME libref CLEAR;
```

提示：如果一个 Excel 工作表被 SAS 逻辑库引用，则该工作表不能在 Excel 中同时打开，原因是 SAS 系统对逻辑库引用的 Excel 文件加了锁。

图 12-14　读取 Excel 数据原理示意图

12.2.2　访问 Excel 工作表示例

待读取的 Excel 工作表如 12-15 所示。

图 12-15　待读取的 Excel 工作表

Excel 中工作表按照 SAS 数据集两级命名的原则-Excel 逻辑库名称.'工作表名称$'n 引用。其中，工作表的名称需要后跟$符号，并用单引号括起来，最后再加一个 n 结尾组成完整的引用名。代码示例如下。

```
libname prodx excel path="…\products.xls";
proc print data=prodx.'Children$'n;
run;
libname prodx clear;
```

读取 Excel 部分运行结果如图 12-16 所示。

Obs	Category	name
1	Category	Clothes,Fit Racing Cap
2	Clothes,	Clothes,Sports glasses Satin Alumin.
3	Clothes,	Clothes,Big Guy Men's Clima Fit Jacket
4	Clothes,	Clothes,Big Guy Men's Fresh Soft Nylon Pants
5	Clothes,	Clothes,Big Guy Men's Micro Fibre Jacket
6	Clothes,	Clothes,Big Guy Men's Mid Layer Jacket

图 12-16　读取 Excel 部分运行结果

12.3 创建自定义格式

第 11 章详细介绍了 SAS 编程中关于 SAS 输入格式和输出格式的基本概念和语法要求,但是在某些特定数据处理需求的情况下,SAS 系统提供的预定义格式并不一定满足实际应用的特定要求。例如,如果需要将年龄数值显示为"老年"等字符串显示值,需要两步,第一步是创建自定义格式,第二步是使用自定义格式打印(PRINT 过程步)数据。使用自定义格式打印数据我们在第 11 章已经阐述过,即使用 FORMAT 语句为变量指定显示格式。本节将着重介绍自定义格式的创建。

图 12-17 描述了如何展示年龄阶段而不是实际年龄的步骤。

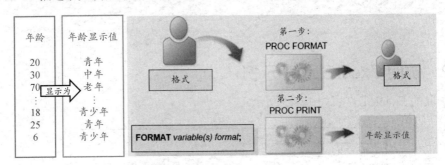

图 12-17 展示年龄阶段的步骤

12.3.1 创建自定义格式的语法要求

语法要求和语法释义如下。

```
PROC FORMAT;
    VALUE <$> format-name
        value-or-range1='formatted-value1'
        value-or-range2='formatted-value2'
        ...;
run;
```

format-name 自定义格式的命名规范(VALUE 语句中)如下。

(1) 1~32 位字符。
(2) 字符数据的格式以$开头,其余是字母和下画线的组合。
(3) 数值数据的格式必须以字母或下画线开头。
(4) 不能以数字结尾。
(5) 不能与 SAS 已有的固定格式重名。
(6) 不能以小数点结尾。

value-or-range 1...n 表示原始数据的值或者区间范围;formatted-value 1...n 表示对应的显示值。两个值用"="连接对应。

命名和区间示例如下。

表 12-4 是自定义格式类型和名称,表 12-5 是自定义格式的区间值。

表 12-4　自定义格式类型和名称

数 据 类 型	格式的名称
字符型	$CTRYFMT
	$_ST3FMT_
数值型	ORIONSTAR_SALRAMGE2_FMT_
	_SALRANGE

值或区间包括三种：单值、区间值和一系列值。单值就是对应数据中的一个数据值，区间值是数据值的一个区间范围，请注意字符和数值数据的区间的不同表示方法；而不连续的一系列值也可以用逗号分隔表示。

表 12-5　自定义格式区间值

值 或 区 间	等价于	格式化显示值
'AU'或 1	=	'Australia'
'B'-'D'或 0-50000	=	'Tier 1'
'U', 'V'或 1,2,3	=	'Below 49.9'
OTHER	=	'Australia'

需要注意的几个规则如下。

（1）字符型数据要用引号括起来，数值数据不需要。
（2）在区间内，用横线（-）分隔区间两端。在一系列值里，用逗号分隔单个值。
（3）格式化显示的值始终都是字符串存储格式，无论是创建字符型格式还是数值型格式。
（4）使用关键字 OTHER 来指定不符合任何一个"值或区间"的值。

12.3.2　定义连续区间

连续区间是区间范围形式的 value-to-range,表示连续的一系列数值。其中，<符号表示小于不等于，-<连用表示小于且等于，<-连用表示大于但不等于。简单来说，<符号放在-符号的某一端，那么该区间方位就不包括这一端的边界值。连续区间定义的对应表如表 12-6 所示。

LESS-THAN (<) 符号

表 12-6　连续区间定义的对应表

第 一 个 值	符号（s）	最后一个值	区　　间
50000	-	100000	>=50000 & <=100000
50000	<-	100000	> 50000 & <=100000
50000	-<	100000	>= 50000 & <100000
50000	<-<	100000	> 50000 & <100000

程序示例如下。

```
proc format;
    value tiers
    20000-49999='Tier1'
```

```
        50000-99999='Tier2'
        100000-250000='Tier3';
run;

proc format;
    value tiers
        20000-<50000='Tier1'
        50000-<100000='Tier2'
        100000-250000='Tier3';
run;

proc format;
    value tiers
        low-<50000='Tier1'
     50000-<100000='Tier2'
     100000 - high='Tier3';
run;
```

上例中,关键字 low 表示变量中存储的数据中的最小值,关键字 high 表示变量中存储的数据中的最大值。通常在不确定某个变量在表中的最大值和最小值时使用,防止出现部分数据不在区间中而无法正确显示为显示值。

12.3.3 创建多个自定义格式

在 VALUE 语句中只允许定义一种格式。但是,在一个 PROC FORMAT 步中可以定义多个 VALUE 语句来实现多种格式的定义。

程序示例如下。

```
proc format;
    value $ctryfmt
        'AU'='Australia'
        'US'='United States'
        other='Miscoded';
run;
proc format;
    value $ctryfmt
        'AU'='Australia'
        'US'='United States'
        other='Miscoded';
    value $sports
        'FB'='Football'
        'BK'='Basketball'
        'BS'='Baseball';
run;
```

12.4 使用 SAS 函数

SAS 系统提供了海量的数据处理、数据分析的过程,即 SAS 函数,方便使用 SAS 编程语言实现数据分析，以及快速实现常见的处理和分析需要。本节对部分常见的字符处理函数、日期处理函数、字符串连接函数等不同类别的 SAS 函数展开了详细介绍。

12.4.1 SAS 函数的概念

SAS 函数是一个过程，可以实现对一组在括号内的参数的计算或转换，并且最终返回一个值（数值型或字符型的结果值）。

语法要求如下。

function-name (argument-1<, argument-n>)

使用 SAS 函数时，只需要指定函数名称后跟括号括起来的参数。参数可以是常量、变量、SAS 表达式和其他函数。

在 DATA 步语句中的任何地方都可以使用 SAS 函数，在部分统计过程步中也可以使用 SAS 函数，还可以在 SQL 语法中的 WHERE 语句中使用 SAS 函数。

12.4.2 SAS 函数的种类

SAS 函数种类的细分表如表 12-7 所示。

表 12-7 SAS 函数种类的细分表

字 符				连 接
SCAN SUBSTR CHAR TRANWRD	UPCASE LOWCASE PROPCASE	LEFT RIGHT LENGTH	FIND TRIM STRIP COMPRESS COMPBL	||/!! CAT CATS CATT CATX
描述性统计	截 断	日 期		转 换
SUM MEAN MIN MAX N NMISS	ROUND CEIL FLOOR INT	YEAR QTR MONTH DAY WEEKDAY	TODAY DATE MDY YRDIF	INPUT PUT

SAS 系统提供了 400 多个函数，本书只针对表 12-7 中列出的 SAS 函数展开详细阐述。

12.4.3 SCAN 函数

SCAN 函数用于分隔字符串为单个词并返回特定的词或返回空值，其语法要求如下。

SCAN(*string, n <, charlist <,modifier>>*)

语法释义如下。

（1）对于少于 n 个词的字符串，SCAN 函数返回空值。当 n 为负值时，从字符串末尾开始向字符串初始逆向查找。

（2）默认分隔符包括 blank ! $ % & ( ) * + , - . / ; < ^ |。
（3）下列修饰符可以改变 SCAN 函数的处理字符常量、变量或表达式。

a,b,c,d,f,g,h,I,k,l,m,n,o,p,q,r,s,t,u,w,x

SCAN 函数的修饰符如表 12-8 所示。

表 12-8　SCAN 函数的修饰符

修饰符	作用说明
A or a	添加字母字符到字符串
B or b	倒序扫描
C or c	添加控制字符到字符串
D or d	添加数字到字符串
M or m	多个连续的分隔符或分隔符在字符串语句的开始和结尾处，指定其长度为 0
N or n	添加数字、下画线及英文字母到字符串
Q or q	忽略被括号括起来的字符串中的分隔符
R or r	在返回结果中去掉前置、后尾空格

SCAN 函数的练习对应表如表 12-9 所示。

表 12-9　SCAN 函数的练习对应表

原始字符串	SAS 函数表达式	返回结果
"$%This+is an(ex-tremely)**crazy**test! "	scan(Sentence, 1)	"This"
	scan(Sentence, 6)	"crazy"
	scan(Sentence, 8)	
	scan(Sentence, -2)	"crazy"
	scan(Sentence, 2, '*')	"crazy"
	scan(Sentence, 2, '*', 'M')	

例 找到一个字符串中的第一个和最后一个单词

程序代码示例如下。

```
data firstlast;
    input String $60.;
    First_Word=scan(string, 1);
    Last_Word=scan(string, -1);
    datalines4;
Jack and Jill
& Bob & Carol & Ted & Alice &
Leonardo
! $ % & ( ) * + , - . / ;
;;;;
proc print data=firstlast;
run;
```

程序的运行结果如图 12-18 所示。

Obs	String	First_Word	Last_Word
1	Jack and Jill	Jack	Jill
2	& Bob & Carol & Ted & Alice &	Bob	Alice
3	Leonardo	Leonardo	Leonardo
4	! $ % & ( ) * + , - . / ;		

图 12-18　程序的运行结果

12.4.4　更多字符串处理函数

语法要求和释义如下。

```
SUBSTR(string, start <, length>)
CHAR(string, position)
TRANWRD(source, target, replacement)
UPCASE(string)
LOWCASE(string)
PROPCASE(argument <,delimiter(s)>)
```

SUBSTR：从特定位置开始提取子字符串。
CHAR：返回字符串中特定位置的一个字符。
TRANWRD：替换或删除字符串中连续的给定词或字符模式，无须指定开始位置。
UPCASE：字符串全部大写。
LOWCASE：字符串小写。
PROPCASE：首字母大写，其余字母小写，默认分隔符或指定分隔符标识新词的开始。如果没有 LENGTH 语句指定长度，则 PROPCASE 使用第一参数长度。

程序示例及运行结果如表 12-10 所示。

表 12-10　程序示例及运行结果

原始字符串	SAS 函数表达式	返 回 结 果
'978-1-59994-397-8'	substr(String, 7, 5)	'59994'
'CS2　　'	char(String, 3)	'2'
'Shoes, Small, Red'	tranwrd(String, 'Small', 'Medium')	'Shoes, Medium, Red'
'HEATH*BARR*LITTLE EQUIPMENT SALES'	propcase(String, ' *')	'Heath*Barr*Little Equipment Sales'

12.4.5　字符串长度和对齐函数

语法要求和释义如下。

```
LENGTH(argument)
LEFT(string)
RIGHT(string)
```

LENGTH：返回字符串（不包含尾部空格）的长度，如果字符串为空串，则返回值为 1。
LEFT：字符串靠左，前置空格移至尾部。
RIGHT：字符串靠右，尾部空格移至前部。

程序示例和运行结果如表 12-11 所示。

表 12-11　程序示例和运行结果

原始字符串	SAS 函数表达式	返 回 结 果
"　　　Happy New Year's Day!!!　　　"	length(String)	26
	length(left(String))	23
	length(right(String))	30

12.4.6　字符串查找和空格处理函数

语法要求和释义如下。

```
FIND(string,substring <,modifiers,startpos>)
TRIM(string)
STRIP(string)
COMPRESS(source <,chars>)
COMPBL(string)
```

FIND：在指定字符串中搜索特定的子字符串，返回找到的第一个子字符串首字母的位置，如果没有找到，则返回 0。

TRIM：去掉字符串的尾部空格，空串返回空。

STRIP：去掉参数前后空格，空串返回长度为零的字符串，等价于 trimn(left (string))，但是运行速度更快。

COMPRESS：去掉 source 中 CHARS 参数指定的字符，如果没有指定 CHARS 参数，则去掉所有空格。

COMPBL：把字符串中两个或多个连续空格替换成一个空格。

程序示例及运行结果如表 12-12 所示。

表 12-12　程序示例及运行结果

原始字符串	SAS 函数表达式	返 回 结 果
'She sells seashells? Yes, she does. '	find(String, 'she', 'i')	1
'　　ABCD　　'(11)	length(trim(String))	7
	length(strip(String))	4
'20 01-005 024'	compress(String)	'2001-005024'
	compress(String, '-')	'20 01005 024'
	compress(String, '-')	'2001005024'
'ABC - DEF　　GH'	compbl(String)	'ABC - DEF GH'

12.4.7　连接字符串函数

语法要求和释义如下。

```
string1 !! string2    or    string1 || string2
CAT(string-1, … ,string-n)
CATS(string-1, … ,string-n)
```

```
CATT(string-1, … ,string-n)
CATX(separator, string-1, … ,string-n)
```

!!或||：连接操作符，简单连接两个字符串，不处理空格。
CAT：连接字符串，不去掉字符串前后空格。
CATS：连接字符串，去掉字符串前后空格。
CATT：连接字符串，只去掉字符串尾部空格。
CATX：去掉字符串前后的字符串，用分隔符连接多个字符串，返回连接后的字符串。
程序示例及运行结果如表 12-13 所示。

表 12-13　程序示例及运行结果

原始字符串	SAS 函数表达式	返 回 结 果
String1=" 919 " (5) String2="531-0000" (8)	'(' !! String1 !! ')' !! String2	"(919)531-0000 " (15)
String1=" John " (6) String2="Smith " (9) String3="Mr." (3)	cat(String3, String1, String2)	"Mr. John Smith " (18)
	cats(String3, String1, String2)	"Mr.JohnSmith" (12)
	catt(String3, String1, String2)	"Mr. JohnSmith" (13)
	catx(' ', String3, String1, String2)	"Mr. John Smith" (14)

例 **找出字符串中的空格**

程序示例如下。

```
data a;
   input string $char8.;
   original='*' || string || '*';
   stripped='*' || strip(string) || '*';
   trimed='*' || trim(string) || '*';
   trimned='*' || trimn(string) || '*';
   datalines;
  abcd
     abcd
abcdefgh
 x y z
;
run;
```

程序的查找结果如图 12-19 所示。

Obs	string	original	stripped	trimed	trimned
1	abcd	* abcd *	*abcd*	* abcd*	* abcd*
2	abc	* abc*	*abc*	* abc*	* abc*
3	abcdefgh	*abcdefgh*	*abcdefgh*	*abcdefgh*	*abcdefgh*
4	x y z	* x y z*	*x y z*	* x y z*	* x y z*

图 12-19　程序的查找结果

12.4.8 描述性统计函数

描述性统计函数的语法要求和简要说明如下。

```
SUM(argument-1,argument-2,…,argument-n)
MEAN(argument-1,argument-2,…,argument-n)
MIN(argument-1,argument-2,…,argument-n)
MAX(argument-1,argument-2,…,argument-n)
N(argument-1,argument-2,…,argument-n)
NMISS(argument-1,argument-2,…,argument-n)
```

SUM 计算参数之和，MEAN 计算参数平均数，MIN 找到参数中最小值，MAX 找到参数中最大值，N 计算参数个数，NMISS 计算参数中非缺失值个数。

程序示例如下。

```
data math;
    var1=2;
    var2=6;
    var3=.;
    var4=4;
    Nmissing=N(var1-var4);
    missValue=NMISS(var1-var4);
    maximum=max(of var1-var4);
    average=mean(of var1-var4);
    minimum=min(of var1-var4);
    total=sum(of var1-var4);
run;
```

程序的结果如图 12-20 所示。

Obs	var1	var2	var3	var4	Nmissing	missValue	maximum	average	minimum	total
1	2	6	.	4	1	0	6	4	2	12

图 12-20 程序的结果

注意：多个参数之间用逗号分隔。

SAS 变量列表简化对应多个变量的相似处理。

SAS 变量列表是一种应用一组变量名字的简写方法，即在变量名字列表的前面使用关键字 OF。SAS 支持如下四种类型的变量列表。

（1）数字区间：指定变量 X1 到 Xn，如 QTR1 – QTR4。

（2）名字区间：指定变量 X 和变量 A 之间的变量，可以只指定其中的数值、字符变量。

（3）名字前缀：带有特定前置字符的变量。

（4）特殊 SAS 名称：全部变量、所有数值变量、所有字符变量。

在函数中，可以通过上述方法对一组变量的引用简写化。

SAS 的变量列表如图 12-21 所示。

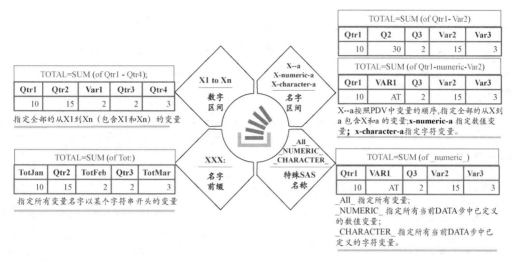

图 12-21　SAS 的变量列表

12.4.9　截取函数

截取函数的语法要求和说明如下。

```
ROUND(argument <,round-off-unit>)
CEIL(argument)
FLOOR(argument)
INT(argument)
```

ROUND：截取数值变量的值为最接近 Round-off 指定的单位，如果不指定单位，则截取为整数。

CEIL：返回大于或等于参数值的最小的整数。

FLOOR：返回小于或等于参数值的最大整数。

INT：返回参数值的整数部分。

程序示例和对应结果如表 12-14 所示。

表 12-14　程序示例和对应结果

程序示例	结果
round(**12.12**)	12
round(**42.65**, **.1**)	42.7
round(**-6.478**)	-6
round(**96.47**, **10**)	100
round(**6.478**)	6
ceil(**6.478**)	7
floor(**6.478**)	6
int(**6.478**)	6

提示：对于大于或等于 0 的数值，FLOOR 和 INT 返回相同的数值；对于小于 0 的数值（如-6.478），CEIL 和 INT 返回相同的数值。

12.4.10 日期函数

SAS 系统提供多种日期处理函数，为用户提供多种日期信息数据。SAS 日期函数通过给定的日期，可以提供年、月、季度、周的对应信息数据。日期函数语法、期望值和返回值如表 12-15 所示。

表 12-15 日期函数定义 1

日期函数语法	期 望 值	返 回 值
YEAR(*SAS-date*)	年	4 位年
QTR(*SAS-date*)	季度	数值 1~4
MONTH(*SAS-date*)	月	数值 1~12
DAY(*SAS-date*)	一个月的第几天	数值 1~31
WEEKDAY(*SAS-date*)	一周的第几天	数值 1~7 （1=星期日，2=星期一，以此类推）

程序示例如下。

```
data birthday;
    BirthDate=894;
    BirthWeekDay=weekday(BirthDate);
    BirthDay=day(BirthDate);
    BirthMonth=month(BirthDate);
    BirthQtr=qtr(BirthDate);
    BirthYear=year(BirthDate);
    output;
run;
```

以上代码的运行结果如图 12-22 所示。

Obs	BirthDate	BirthWeekDay	BirthDay	BirthMonth	BirthQtr	BirthYear
1	894	4	13	6	2	1962

图 12-22 以上代码的运行结果

除了上述日期函数，SAS 系统还提供多种生成日期的函数。例如，系统当前日期、给定的某天、计算两个日期之间的年份差等，如表 12-16 所示。

表 12-16 日期函数定义 2

日期函数语法	SAS 创建的日期值
TODAY() DATE()	当前日期（SAS 日期是举例 1960 年 1 月 1 日的天数）
MDY(month, day, year)	一个有年月日的日期值
YRDIF(start-date, end-date, \<basis\>)	根据指定的日期技术准则计算并返回两个日期之间的年份差

程序示例如下。

```
data birthday2;
    BirthDate='13JUN1962'd;
    Brithdt=mdy(6, 13, 1962);
```

```
        Today=today();
        Date=date();
        AGE1=int(YRDIF(BirthDate, today(), 'AGE'));
        AGE2=int(YRDIF(BirthDate, date(), 'AGE'));
        output;
run;
```

程序的运行结果如图 12-23 所示。

Obs	BirthDate	Brithdt	Today	Date	AGE1	AGE2
1	894	894	21489	21489	56	56

图 12-23　程序的运行结果

12.4.11　转换函数

1. 不同数据类型之间的自动转换

SAS 系统根据用户需要，支持数值和字符变量之间的自动转换。自动转换有两种：一种是字符到数值的自动转换，在比较、计算、赋值及使用数值函数的过程中，SAS 会自动转换字符为数值；另一种是数值到字符的自动转换，在赋值、字符操作、字符参数的引用等过程中，SAS 会自动转换数值为字符。

数据自动转换逻辑如图 12-24 所示。

图 12-24　数据自动转换逻辑

下面介绍几个字符到数值自动转换的例子。

（1）赋值给已经定义过的数值变量：

```
num=char;
```

（2）用于数学计算：

```
num2=num1+char;
```

（3）与数值进行逻辑比较：

```
if num>char;
```

（4）使用数值参数函数：

```
num2=mean(num1, char);
```

数值到字符自动转换的示例如下。

（1）赋值给之前定义的字符变量：

```
char=num;
```

（2）变量与要求字符值的操作符连用：

```
char2=char1||num;
```

（3）使用字符参数变量：

```
char=substr(num, 3, 1);
```

注意：对于非标准数值，字符到数值的自动转换会产生一个缺失的数值，并在日志中提示。

2. 使用 SAS 提供的转换函数直接转换不同数据类型

前面讲述的自动转换有特定的使用场景，在其他情况下，用户依然需要对不同类型的数据进行转换。SAS 提供的转换函数有 PUT 函数和 INPUT 函数。转换函数的转换逻辑如图 12-25 所示。

图 12-25　转换函数的转换逻辑

SAS 中的转化函数的语法要求如下。

PUT(source, format)

数值转换成字符时，结果始终是字符串，并右对齐。

INPUT(source, informat)

字符转换成数值时，输入字符是数值型，指定的长度应等于字符串变量的长度。

程序示例如下。

```
data NewPerl;
    set Perl;
    NewHired=input(Hired, date9.);
    TempSSN=put(SSN, 9.);
    NewSSN=catx('-', substr(TempSSN,1,3), substr(TempSSN,4,2), substr(TempSSN,6));
run;
```

程序转换结果如图 12-26 所示。在 Perl 表中，Hired 存储了字符格式的日期，SSN 数值变量存储的是数字。通过赋值语句和 PUT 函数创建的 NewHired 变量为数值型变量，存储了日期的数值。通过赋值语句和 INPUT 函数及 CAT 函数等创建的字符变量 TempSSN 存储字符"444444444"，字符变量 NewSSN 存储变换格式后的字符"444-44-4444"。

	Obs	Hired	First	Last	SSN
Perl	1	27MAR2003	Samatha	Jones	444444444
	2	01SEP2006	Timothy	Peters	999999999

	Obs	Hired	First	Last	SSN	NewHired	TempSSN	NewSSN
NewPerl	1	27MAR2003	Samatha	Jones	444444444	15791	444444444	444-44-4444
	2	01SEP2006	Timothy	Peters	999999999	17045	999999999	999-99-9999

图 12-26　程序转换结果

12.5 有条件处理

由于数据的多样性和复杂性,同一数据源中的不同数据可能需要进行不同的处理,常见的方法有两种:一种是将这些数据存放在不同数据表中分别处理后,再合并到一张表中;另一种是利用有条件处理语句对满足特定要求的数据行有针对性地进行特定处理。第 11 章介绍过 IF-ELSE 有条件处理,本节将介绍其他两种有条件处理语句:DO-END 和 SELECT-WHEN。

12.5.1 DO-END 循环语句

根据不同条件循环处理多条语句是一种常见的数据处理要求。SAS 在 IF 条件处理中,嵌入 DO-END 循环机制,可以轻松实现对程序可执行语句的批量循环处理。

语法要求如下。

```
IF expression THEN
    DO;
        executable statements
    END;
ELSE IF expression THEN
    DO;
        executable statements
    END;
```

程序示例如下。

```
data work.bonus;
   set orion.sales;
   if Country='US' then
      do;
         Bonus=500;
         Freq='Once a Year';
      end;
   else if Country='AU' then
      do;
         Bonus=300;
         Freq='Twice a Year';
      end;
run;
```

其他程序示例如下。

```
data work.bonus;
   set orion.sales;
   if Country='AU' then
     do;
       Bonus=300;
       Freq='Twice a Year';
     end;
   else if Country='US' then
     do;
```

```
        Bonus=500;
        Freq='Once a Year';
      end;
run;
```

```
data work.bonus;
   set orion.sales;
    if Country='US' then
      do;
        Bonus=500;
        Freq='Once a Year';
      end;
    else if Country='AU' then
      do;
        Bonus=300;
        Freq='Twice a Year';
      end;
run;
```

```
data work.bonus;
   set orion.sales;
   length Freq $ 12;

   if Country='US' then
     do;
       Bonus=500;
       Freq='Once a Year';
     end;
   else if Country='AU' then
     do;
       Bonus=300;
       Freq='Twice a Year';
     end;
run;
```

12.5.2 SELECT-WHEN

除了 IF-ELSE 有条件处理，SAS 还提供了 SELECT-WHEN 有条件处理。与 IF-ELSE 类似，SELECT-WHEN 支持多条件同时处理。

语法要求如下。

```
SELECT <(select-expression)>;
      WHEN-1 (when-expression-1 <…, when-expression-n>) statement;
      WHEN-n (when-expression-1 <…, when-expression-n>) statement;
      <OTHERWISE statement;>
END;
```

程序示例（写法一）如下。

```
data work.bonus;
   set orion.sales;
```

```
   select (country);
      when ('US') Bonus=500;
      when ('AU') Bonus=300;
      otherwise;
   end;
run;
```

程序示例（写法二）如下。

```
data work.bonus;
   set orion.sales;
   select;
      when (Country='US') Bonus=500;
      when (Country='AU') Bonus=300;
      otherwise;
   end;
run;
```

12.6　PROC SQL 简介

SQL 是一个标准化的并被广泛使用的数据查询处理语言，用 SQL 可以检索和更新关系表与数据库表中的数据。通过在 SAS 程序中使用 SQL 查询，为大多数流行的关系数据库提供广泛的支持。SAS 的 SQL 语句支持大多数 ANSI SQL 语法。PROC SQL 用于处理 SQL 语句。

12.6.1　PROC SQL 的概念

使用 PROC SQL 可以获取和操作数据表中的有序数据。在 PROC SQL 语法中，数据表可以是一个 SAS 数据集或任意其他类型的数据文件，无论是哪种都可以通过 SAS/ACCESS 引擎访问。数据表中的一行与 SAS 数据集中的观测相同，一列与 SAS 数据集中的变量相同。

图 12-27 是 PROC SQL 的处理示意图。

图 12-27　PROC SQL 的处理示意图

使用 PROC SQL 从数据表中获取数据的过程称为查询，可以从一张表或多张表中关联查询。PROC SQL 将获取到的数据存到结果集中。在默认情况下，一次 PROC SQL 查询产生一个结果集报告。SAS 支持指定 PROC SQL 的输出结果存储到一张数据表中。

12.6.2 PROC SQL 的作用

PROC SQL 可以读取 SAS 数据集、数据库表和 SAS 视图中的数据，输出到报告、SAS 数据集、数据库表或 SAS 视图中。PROC SQL 的作用如图 12-28 所示。

图 12-28　PROC SQL 的作用

12.6.3 PROC SQL 和常规 SAS 语句

PROC SQL 与 SAS DATA 步或 PROC 步在数据读取、处理、输出过程中实现了相似的功能。它们的不同之处在于，PROC SQL 可以一步实现读取、处理和输出，支持复杂的数据匹配，以及连接多个数据表时无须排序。而 SAS DATA 步处理过程针对多个数据表时，可能需要使用循环、排列、哈希对象等复杂处理。PROC SQL 更简洁、更直接，但是如果数据逻辑复杂到一定程度，PROC SQL 一步实现后的程序易读性和可维护性都会降低。

PROC SQL 与常规 SAS 语句的对比如图 12-29 所示。

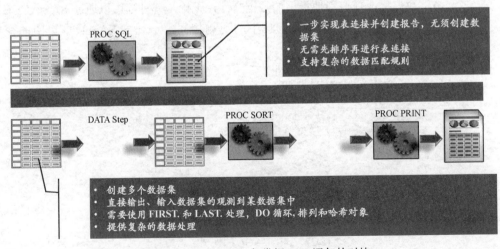

图 12-29　PROC SQL 与常规 SAS 语句的对比

12.6.4 PROC SQL 查询表语句

PROC SQL 查询表语句是根据查询条件，查找获取某一张或多张表中的数据的。

语法要求如下。

```
PROC SQL;
    SELECT column-1<, column-2…>
        FROM table-1…
        <WHERE expression>
        <GROUP BY column-1<, column-2…>>
        <HAVING expression>
        <ORDER BY column-1<, column-2…>>;
QUIT;
```

SELECT 语句以 SELECT 关键字开头，分号结尾，无须 run 语句，PROC SQL 语句也可以执行；SELECT 语句由多个小的子句组成，每个子句都以关键字开头，但是子句后无须分号结尾。SELECT 语句后的 *column-1<, column-2…>* 用于指定结果变量，多个结果变量之间以逗号分隔。SELECT 语句中指定的结果变量可以是 FROM 语句指定的数据表 *table-1…* 中的变量，也可以是计算变量或文本字符串，如果选择 FROM 所在列表中的全部变量，请在 SELECT 语句后使用*号表示。SELECT 和 FROM 是必需的两个子句。

WHERE 语句是可选的，用于选取部分数据。

GROUP BY 语句按照指定列分组。

HAVING 语句指定条件获取部分分组数据。

ORDER BY 语句按照指定列排序。

程序示例如下。

```
proc sql;
    select Employee_ID, Job_Title, Salary
    from orion.sales_mgmt
    where Salary>95000;
quit;
```

12.6.5　PROC SQL 创建表语句

查询数据后可以将数据用 create table 语句存入输出表中。

语法要求如下。

```
PROC SQL;
    CREATE TABLE table-name AS
        SELECT column-1<, column-2…>
            FROM table-1…
            <WHERE expression>
            <additional clauses>;
QUIT;
```

程序示例如下。

```
proc sql;
    create table direct_reports as
      select Employee_ID, Job_Title, Salary
      from orion.sales_mgmt
```

```
        where Salary>95000;
quit;
```

12.6.6 PROC SQL 连接表语句

SELECT 语句可以实现多张表的连接。SELECT 选定最终输出的列，FROM 指定多张表（以逗号分隔），WHERE 指定连接的条件。join-condition(s) 是 SQL 表达式，用于从操作符和操作数序列中产生一个值。SQL 表达式可以是任意有效的 SAS 表达式，但不一定是等式。

语法要求如下。

```
PROC SQL;
    SELECT column-1<, column-2…>
        FROM table-1, table-2…
        <WHERE join-condition(s)>
        <additional clauses>;
QUIT;
```

程序示例如下。

```
proc sql;
    select sales_mgmt.Employee_ID, Employee_Name,
        Job_Title, Salary
    from orion.sales_mgmt, orion.employee_addresses
    where sales_mgmt.Employee_ID=employee_addresses.Employee_ID;
quit;
```

12.6.7 PROC SQL 表别名语句

在同时处理多张表的情况下，通常需要对部分表定义别名，使用别名对数据逻辑进行程序编写会减少程序的复杂度，提高可读性。

语法要求如下。

```
FROM table-1 <AS> alias-1,
        table-2 <AS> alias-2 …
```

程序示例如下。

```
proc sql;
    select s.Employee_ID, Employee_Name,
        Job_Title, Salary
    from orion.sales_mgmt as s,
        orion.employee_addresses as a
    where s.Employee_ID=a.Employee_ID;
quit;
```

12.6.8 PROC SQL 插入数据语句

本节介绍如何使用 PROC SQL 在数据表中加入一条数据。

语法要求如下。

```
PROC SQL;
   SELECT column-1<, column-2…>
      FROM table-1, table-2…
      INSERT INTO table-name <(column-1 <, column-2,…>)>
         VALUES (value-1 <, value-2,…>)     <VALUES (value-1 <, value-2,…>)…>;
QUIT;
```

注意：在一条 VALUES 语句中插入一条数据，数据的排列顺序与 INSERT INTO 语句中所列表的变量顺序一致。

程序示例如下。

```
proc sql;
   create table proclib.paylist
      (IdNum char(4), Gender char(1), Jobcode char(3), Salary num,
       Birth num informat=date7.  format=date7., Hired num
       informat=date7. format=date7.);
   insert into proclib.paylist
   values('1639','F','TA1',42260,'26JUN70'd,'28JAN91'd)
   values('1065','M','ME3',38090,'26JAN54'd,'07JAN92'd)
   values('1400','M','ME1',29769,'05NOV67'd,'16OCT90'd)
   values('1561','M',null,36514,'30NOV63'd,'07OCT87'd)
   values('1221','F','FA3',.,'22SEP63'd,'04OCT94'd);
   select * from proclib.paylist;
proc printto; run;
```

PROC SQL 语法汇总如图 12-30 所示。

语句	任务
PROC SQL	创建、管理、访问、更新表和基于表的视图中的数据
ALTER TABLE	修改、添加或删除列（变量）
CONNECT	创建关系型数据库连接
CREATE INDEX	创建索引
CREATE TABLE	创建 PROC SQL 表
CREATE VIEW	创建 PROC SQL 视图
DELETE	删除行
DESCRIBE	显示表或视图的定义
DISCONNECT	断开与关系型数据库的连接
DROP	删除表、视图和索引
EXECUTE	向数据库发送数据库特定的非查询 SQL 语句
INSERT	添加数据行
RESET	在不重启当前过程的情况下重置运行环境参数
SELECT	选择并执行数据行
UPDATE	修改数据值
VALIDATE	验证查询语句的正确性

图 12-30 PROC SQL 语法汇总

第 13 章 SAS 宏编程

在了解了 SAS 语言的基本语法,以及对数据处理的基本操作后,本章将介绍 SAS 的宏编程。用户掌握了 SAS 宏编程,能够大大地提高 SAS 代码的编程效率。同时,用户在掌握了本章内容后,还可以编写宏程序生成自定义的 SAS 代码。

13.1 SAS 宏简介

本节内容会先对 SAS 宏的概念和主要功能进行概括的介绍。

13.1.1 SAS 宏的概念

SAS 宏又称为 SAS 宏工具,是一种文本处理工具,可用于自动化和自定义 SAS 代码。宏工具由宏处理器和 SAS 宏语言组成。

用户使用 SAS 宏语言替换 SAS 程序中的文本,并自动生成和执行代码。SAS 宏语言通过简化用户编写的程序的维护工作并帮助用户创建灵活、可自定义的代码,提高用户编程的效率。用户可以使用 SAS 宏工具将少量或大量文本打包到文本包中,并指定名称。

用户创建的文本包可分为两种:宏变量和宏程序。宏变量将文本替换为 SAS 程序。用户利用宏工具在 SAS 程序中的任何位置创建和解析宏变量。宏程序生成自定义 SAS 代码。宏程序有时被称为宏定义,简称宏。

13.1.2 SAS 宏的主要功能

除了使 SAS 程序更加灵活和可定制,宏工具还有助于最大限度地减少执行特定任务时必须键入的 SAS 代码量。因此,它可以减少程序的开发时间和维护时间,如图 13-1 所示。但是,使用宏工具生成的 SAS 代码不会比其他 SAS 代码更快地编译或执行。无论代码是如何生成的,宏代码的效率都取决于底层 SAS 代码的效率。

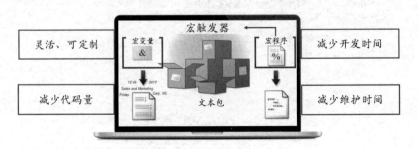

图 13-1 SAS 宏触发器示意图

13.2 熟悉 SAS 宏变量

SAS 宏变量可以提供各种信息,包括操作系统信息、SAS 会话信息或用户定义的值。信息存储为文本,该文本包括完整或部分 SAS 步及完整或部分 SAS 语句。宏变量有时被称为符号变量,因为 SAS 程序可以将宏变量作为 SAS 代码的符号引用。宏变量存储完整或部分 SAS 语句和步骤。

SAS 宏变量分为两类:自动宏变量和用户自定义宏变量。

用户自定义宏变量语法要求和释义如下。

```
%LET macro-variable=value;
```

(1) 宏变量名称遵循 SAS 命名约定。
(2) 如果宏变量已存在,则其值将被覆盖。

自动宏变量语法释义如下。
(1) 系统定义。
(2) 在 SAS 调用时创建。
(3) 全局范围(始终可用)。
(4) 由 SAS 分配的值。
(5) 在某些情况下,可以由用户分配值。

13.2.1 宏变量的存储

无论是自动宏变量,还是用户自定义宏变量,宏变量都独立于 SAS 数据集之外,并且包含一个文本字符串值,在用户更改之前保持不变。

宏变量的名称和值存储在符号表中。自动宏变量的值始终存储在全局符号表中,这意味着这些值始终在 SAS 会话中可用。用户自定义宏变量的值通常存储在全局符号表中,用户也可以指定将其存储在本地符号表中。

13.2.2 宏变量的引用

编程时,如果需要将宏变量的值替换为程序,必须在代码中引用宏变量。用户需要在宏变量名称前加上符号&。该引用使宏处理器搜索指定的宏变量的存储值,并将该值替换为程序而不是引用。宏程序在程序编译和执行之前完成这部分工作。语法要求如下。

```
&macro-variable-name
```

语法释义如下。
(1) 可以出现在程序的任何地方。
(2) 不区分大小写。
(3) 一种宏触发的表示方法。
(4) 传递给宏处理器进行处理。

程序示例如下。

```
data new;
   set orion.sales;
   where Salary>&Amount;              /*在 where 语句中引用 Amount 宏变量*/
run;

Title "Total Sales for &Country";    /*在 title 语句中引用 Country 宏变量*/

options symbolgen;
proc print data=&syslast;
   title "Listing of &syslast";      /*在 title 语句中引用 syslast 自动宏变量*/
run;
```

```
8     options symbolgen;
9     proc print data=&syslast;
SYMBOLGEN: 宏变量 SYSLAST 解析为 WORK.TEST
SYMBOLGEN: 宏变量 SYSLAST 解析为 WORK.TEST
10    title "Listing of &syslast";
11    run;
NOTE: 从数据集 WORK.TEST. 中读取了 19 个观测
NOTE: "PROCEDURE PRINT" 所用时间（总处理时间）：
      实际时间            0.22 秒
      CPU 时间            0.01 秒
```

13.2.3　常用的自动宏变量举例

表 13-1 列出了常用的自动宏变量的名称、描述（自动宏变量中存储的信息）及值。

表 13-1　常用的自动宏变量的名称、描述（自动宏变量中存储的信息）及值

名 称	描 述	值
SYSDATE	当前 SAS 会话开始的日期（以 DATE7.为输出格式）	03FEB17
SYSDATE9	当前 SAS 会话开始的日期（以 DATE9.为输出格式）	03FEB2017
SYSDAY	当前 SAS 会话开始的日期在一周中的一天	Tuesday
SYSLAST	最近创建的 SAS 数据集的名称，格式为 libref.name。如果尚未创建数据集，则值为_NULL_	_NULL_
SYSSCP	正在使用的操作系统的缩写（如 OS、WIN、HP64）	WIN
SYSTIME	当前 SAS 会话开始的时间	10:47
SYSVER	正在使用的 SAS 版本	9.4
SYSUSERID	当前 SAS 进程的登录名或用户 ID	joeuser
SYSPARM	SAS 调用中指定的值	.
SYSERR	SAS DATA 步或 PROC 步执行后返回代码（0 =成功）	0
SYSLIBRC	LIBNAME 语句执行后返回代码（0 =成功）	0

13.2.4　用户自定义宏变量

使用%LET 语句创建用户自定义宏变量并为其指定值。已经生成的用户自定义宏变量保留在全局符号表中，直到它们被删除或会话结束。用户可以使用%SYMDEL 语句删除

不需要的用户自定义宏变量。语法要求如下。

%LET *macro-variable=value;*

语法释义如下。

（1）最小长度为 0 个字符（空值）。
（2）最大长度为 65534 个字符（64KB）。
（3）值是数字时，存储为文本字符串。
（4）不计算数学表达式。
（5）大小写敏感。
（6）删除前导和末尾空白。
（7）如果有引号，存储为值的一部分。

注意：建议及时从全局符号表中删除不需要的宏变量，以释放内存。删除不需要的宏变量的语法要求如下。

%SYMDEL *macro-variables;*

程序示例如下。

```
%let name= Ed Norton;
%let name2=' Ed Norton ';
%let title="Joan's Report";
%let start=;
%let sum=3+4;
%let total=0;
%let total=&total+&sum;
%let x=varlist;
%let &x=name age height;
%symdel x;
```

在运行完上面的示例代码后，全局符号表中存储的用户自定义宏变量如表 13-2 所示。

表 13-2　全局符号表中存储的用户自定义宏变量

符 号 名 称	示　　例
name	Ed Norton
name2	' Ed Norton '
title	"Joan's Report"
start	
sum	3+4
total	0+3+4
x	varlist
varlist	name age height

13.2.5　宏变量引用的组合

在实际应用中，宏变量可能在代码中被组合引用。不同的引用场景可能会带来意想不到的问题，下面列出了 3 种不同的宏变量引用的组合及其代码示例。

① 宏变量引用处在文本最前面：不会产生任何解析问题。
② 相邻宏变量引用：不会产生任何解析问题。
③ 宏变量引用后还有尾随的文本：可能会产生解析问题。由于 PLOT 步的特殊语法特性，这在本例中不是问题。

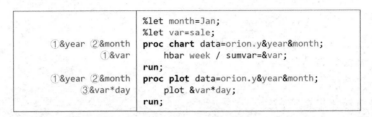

13.2.6 宏变量引用的分隔

用数据集 Insales.Temp 创建数据 Sales1 和 Sales2。

上面这段代码示例展示了一种错误的宏变量引用会产生的问题。"&name1"和"&name2"并不会被编译成"Sales1"和"Sales2"。

正确的分隔宏变量引用的方法是在宏变量引用的后面加句点。语法要求和释义如下。

&*macro-variable-name period*(.)

解析宏变量时，句点不会显示为文本。当扫描程序遇到不能作为引用一部分的字符时，该字符会被识别为宏变量引用的结尾。

程序示例如下。

```
/* 错误引用：没有句点(.)*/
%let graphics=g;
proc &graphicschart data=orion.country;
   hbar country / sumvar=population;
run;
proc &graphicsplot data=orion.country;
   plot population*country;
run;
```

```
12   %let graphics=g;
WARNING: 没有解析符号引用 GRAPHICSCHART。
13   proc &graphicschart data=orion.country;
         -
         10
ERROR 10-205: 期望要执行的过程名。
```

```
/* 正确引用：GRAPHICS 应该是 null 或 G */
%let graphics=g;
proc &graphics.chart data=orion.country;
   hbar country / sumvar=population;
run;
proc &graphics.plot data=orion.country;
   plot population*country;
run;
```

```
27   %let graphics=g;
28   proc &graphics.chart data=orion.country;
29      hbar country / sumvar=population;
30   run;
SYMBOLGEN: 宏变量 GRAPHICS 解析为 g
NOTE: 从数据集 ORION.COUNTRY. 读取了 7 个观测
NOTE: "PROCEDURE GCHART"所用时间（总处理时间）：
     实际时间          1.67 秒
     CPU 时间          0.42 秒
```

根据上面介绍的宏变量引用的分隔方法，就可以解决前面的问题。正确的宏变量引用的代码如下。

注意：分隔符可以结束任何宏变量引用，但仅当后面的字符是 SAS 名称的一部分时才需要分隔符。

13.2.7 宏变量值的显示

1. %PUT 语句

如果需要在 SAS 日志中显示宏变量的值，则可以使用%PUT 语句或 SYMBOLGEN 系统选项。

使用%PUT 语句将消息（包括宏变量值）写入 SAS 日志。%PUT 语句在 SAS 程序中的任何位置都有效。语法要求如下。

```
%PUT text;
```

```
%PUT _all_;
%PUT _user_;
%PUT _automatic_;
```

语法释义如下。

%PUT 语句可以添加的参数如下。

（1）_ALL_：列出所有宏变量的值。
（2）_AUTOMATIC_：列出所有自动宏变量的值。
（3）_USER_：列出所有用户自定义宏变量的值。
程序示例如下。

```
%put _user_;
```

```
73 %put _user_;
GLOBAL NAME Sales
GLOBAL GRAPHICS g
GLOBAL OFFICE1 Sydney
GLOBAL OFFICE2 New York
```

```
%put _automatic_;
```

```
76 %put _automatic_;
AUTOMATIC AFDSID 0
AUTOMATIC AFDSNAME
AUTOMATIC AFLIB
AUTOMATIC AFSTR1
AUTOMATIC AFSTR2
AUTOMATIC FSPBDV
AUTOMATIC SYSADDRBITS 64
AUTOMATIC SYSBUFFR
AUTOMATIC SYSCC 0
AUTOMATIC SYSCHARWIDTH 1
AUTOMATIC SYSCMD
AUTOMATIC SYSDATASTEPPHASE
AUTOMATIC SYSDATE 06JUL18
AUTOMATIC SYSDATE9 06JUL2018
AUTOMATIC SYSDAY Friday
AUTOMATIC SYSDEVIC
AUTOMATIC SYSDMG 0
...
```

2. SYMBOLGEN 系统选项

除了%PUT 语句，SYMBOLGEN 系统选项也可以用于设定在系统日志中显示宏变量。默认选项为 NOSYMBOLGEN。但是，当打开 SYMBOLGEN 系统选项时，SAS 会在解析时将宏变量值写入 SAS 日志。激活 SYMBOLGEN 系统选项时，SAS 会在程序中为每个宏变量写入一条消息给日志，该消息指出宏变量的名称和已解析的值。日志中消息的位置由 SAS 确定。由于 SYMBOLGEN 是系统选项，因此在修改它或直到结束 SAS 会话之前，其设置一直有效。语法要求如下。

```
OPTIONS SYMBOLGEN;
```

```
OPTIONS NOSYMBOLGEN;
```

程序示例如下。

```
options symbolgen;
%let office=Sydney;
proc print data=orion.Employee_Addresses;
   where City="&office";
   var Employee_Name;
   title "&office Employees";
run;
options nosymbolgen;
```

```
3    options symbolgen;
4    %let office=Sydney;
5    proc print data=orion.Employee_Addresses;
6       where City="&office";
SYMBOLGEN:  宏变量 OFFICE 解析为 Sydney
7       var Employee_Name;
SYMBOLGEN:  宏变量 OFFICE 解析为 Sydney
8       title "&office Employees";
9    run;
```

13.2.8 系统宏函数

SAS 系统提供若干宏函数，用于处理、计算与 SAS 宏相关的字符，以及调用系统函数等。

宏函数的主要作用如下。

（1）使用宏变量。
（2）执行算术运算。
（3）执行、触发 SAS 函数。
（4）在宏程序和开放代码中均可以使用宏函数。

表 13-3 列出了一些常用的系统宏函数。

表 13-3　一些常用的系统宏函数

宏函数	描述
%UPCASE	将字母从小写转换为大写
%SUBSTR	从字符串中提取子字符串
%SCAN	从字符串中提取单词
%INDEX	搜索指定文本的字符串
%EVAL	执行算术和逻辑运算
%SYSFUNC	执行 SAS 函数
%STR	掩蔽特殊字符
%NRSTR	掩蔽特殊字符，如宏触发器

接下来介绍几种常用的系统宏函数的使用方法。

1. %SUBSTR

语法要求如下。

```
%SUBSTR(argument, position<,n>);
```

语法释义如下。

（1）返回从指定位置开始的 n 个字符长度的字符串参数。

（2）当未提供 n 时，%SUBSTR 函数返回从指定位置开始到参数字符串末尾的部分。

程序示例如下。

```
OPTIONS SYMBOLGEN;
%let var=substringLV;
%let brand=%Substr(&var, %length(&var)-1);
%put ********brand=&brand*******;
OPTIONS NOSYMBOLGEN;
```

```
11    OPTIONS SYMBOLGEN;
12
13    %let var=substringLV;
14    %let brand=%Substr(&var, %length(&var)-1);
SYMBOLGEN:  宏变量 VAR 解析为 substringLV
SYMBOLGEN:  宏变量 VAR 解析为 substringLV
15    %put ********brand=&brand*******;
SYMBOLGEN:  宏变量 BRAND 解析为 LV
********brand=LV*******
16
17    OPTIONS NOSYMBOLGEN;
```

注意：常量文本参数不需要引号。

示例代码中第三行 "%let brand=%Substr(&var, %length(&var)-1);" 用到的 %length 也是一个系统宏函数，用于确定字符串长度。

2. %SCAN

语法要求如下。

```
%SCAN(argument, n<,delimiters>);
```

语法释义如下。

（1）返回字符串参数的第 n 个单词，其中单词是由分隔符（Delimiters）分隔的字符串。

（2）如果未指定分隔符，则使用默认的分隔符集。

（3）默认的分隔符有：空格 . (& ! $ *); - /, %。

（4）如果字符串参数中的单词少于 n 个，则返回空字符串。

程序示例如下。

```
OPTIONS SYMBOLGEN;
%put SYSLAST=&syslast;
%put DSN=%scan(&syslast,2,.);

OPTIONS NOSYMBOLGEN;
```

```
34   OPTIONS SYMBOLGEN;
35
36   %put SYSLAST=&syslast;
SYMBOLGEN:  宏变量 SYSLAST 解析为 WORK.TEST
SYSLAST=WORK.TEST
37   %put DSN=%scan(&syslast,2,.);
SYMBOLGEN:  宏变量 SYSLAST 解析为 WORK.TEST
DSN=TEST
38
39   OPTIONS NOSYMBOLGEN;
```

注意：参数和分隔符无须用引号引起来，因为%SCAN 函数会将它们处理为字符串。

3．%EVAL

语法要求如下。

```
%EVAL(expression);
```

语法释义如下。

（1）%EVAL 函数评估算术和逻辑表达式。

（2）只返回非整数结果的整数部分。

（3）返回文本结果。

（4）对逻辑运算返回 1（真）或 0（假）。

（5）若在算术运算表达式中使用非整数值，则%EVAL 函数会将其视为字符串，返回空值和错误消息。

程序示例如下。

```
%let thisyr=%substr(&sysdate9, 6);
%let lastyr=%eval(&thisyr-1);
proc means data=orion.order_fact_new maxdec=2 min max mean;
   class order_type;
   var total_retail_price;
   where year(order_date) between &lastyr and &thisyr;
   title1 "&lastyr 和 &thisyr 的订单";
   title2 " (报告日期 &sysdate9)";
run;
```

代码运行结果如图 13-2 所示。

2015 和 2016 的订单
(报告日期 24Jun2016)
MEANS PROCEDURE

分析变量: Total_Retail_Price Total Retail Price for This Product				
Order Type	观测数	最小值	最大值	均值
1	174	3.20	1136.20	126.74
2	62	6.20	1937.20	212.88
3	55	9.60	702.00	172.10

图 13-2 代码运行结果

4. %SYSFUNC

语法要求如下。

```
%SYSFUNC(SAS function(argument(s))<,format>);
```

语法释义如下。

（1）%SYSFUNC 函数执行 SAS 函数或用户自定义函数。
（2）SAS function(argument(s))是 SAS 函数的名称及其对应的参数。
（3）<,format>是第一个参数返回值的输出格式，可以不指定。
（4）(argument(s))不能使用前面带有单词 OF 的参数列表。

程序示例如下。

```
%let thisyr=%substr(&sysdate9, 6);
%let lastyr=%eval(&thisyr-1);
proc means data=orion.order_fact_new maxdec=2 min max mean;
    class order_type;
    var total_retail_price;
    where year(order_date) between &lastyr and &thisyr;
    title1 "&lastyr 和 &thisyr 的订单";
    /* 此处执行的是时间函数 time()，在标题第二行显示时间 */
    title2 "(报告日期 &sysdate9 时间%sysfunc(time(),timeAMPM8.) )";
run;
```

代码运行结果如图 13-3 所示。

2015 和 2016 的订单
(报告日期 24Jun2016 时间 2:31 PM)

MEANS PROCEDURE

分析变量: Total_Retail_Price Total Retail Price for This Product

Order Type	观测数	最小值	最大值	均值
1	174	3.20	1136.20	126.74
2	62	6.20	1937.20	212.88
3	55	9.60	702.00	172.10

图 13-3　代码运行结果

注意：%SYSFUNC 一次执行一个 SAS 函数。如果在单个宏语句或表达式中执行多个 SAS 函数，则每个 SAS 函数应使用单独的%SYSFUNC：%put%sysfunc(year(%sysfunc(today()))); 。

5. %STR

语法要求如下。

```
%STR(argument);
```

语法释义如下。

（1）掩蔽令牌（Token，SAS 编译文本的基本单位），从而使宏处理器不会将它们编译为宏级语法。特殊令牌如表 13-4 所示。

（2）使触发器正常工作。

（3）在其参数中保留前导和末尾的空白。

（4）在其参数中掩蔽紧跟在百分号（%）后面的不成对的引号或括号。

（5）不对触发器&和%进行掩蔽。

表 13-4 特殊令牌

特 殊 字 符	助 记 符
+ - * / , < > = ; ' " ~ ^ ( ) # 空格	LT EQ GT LE GE NE AND OR NOT IN

程序示例如下。

```
%put statement=%str(title "S&P 500";);
%put statement2=%nrstr(title "S&P 500";);
```

```
40   %put statement=%str(title "S&P 500";);
WARNING: 没有解析符号引用 P。
statement=title "S&P 500";
41   %put statement2=%nrstr(title "S&P 500";);
statement2=title "S&P 500";
```

6．%NRSTR

语法要求如下。

```
%NRSTR(argument);
```

语法释义如下。

%NRSTR 与%STR 函数的作用相同，只是它还会掩蔽宏触发器。

注意： 有关令牌的内容参见 13.3.2 节的内容。

13.3 如何编译宏语言

熟悉了 SAS 宏变量的存储和引用，以及一些常用的 SAS 宏变量后，我们还需要了解 SAS 系统如何对宏语言进行编译，宏变量如何被赋值、应用、替换等，这是学习编写 SAS 宏程序的必要前提。

13.3.1 程序编译的基本过程

SAS 系统在进行代码编译时，若代码不包含任何宏，则程序编译流程如图 13-4 所示。

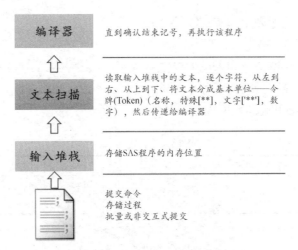

图 13-4 程序编译流程

13.3.2 令牌类型

令牌（Token）是文本扫描程序传递给编译器的基本单位。文本扫描程序可以识别四类令牌：文字令牌、数字令牌、名称令牌和特殊令牌，如表 13-5 所示。

表 13-5 令牌类型及说明

令牌类型	说明
文字	用引号引起来的字符串
数字	数字、日期值、时间值和十六进制数
名称	以下画线或字母开头的字符串
特殊	对 SAS 有特殊意义的字符或字符组，特殊字符包括：* / + - ** ; $ ( ) . & % =

注意：空格不是令牌，空格用来分隔令牌。

13.3.3 宏处理器

%LET 语句和宏变量引用是宏语言的一部分。如图 13-5 所示，当待编译的程序中含有宏语言时，某些特定的令牌序列（称为宏触发器）警告文本扫描程序应将后续代码发送到宏处理器，由宏处理器负责处理所有宏语言元素，包括宏变量解析、宏语言语句、宏函数和宏调用。

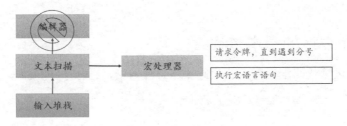

图 13-5 宏处理器示意图

文本扫描程序将以下令牌序列识别为宏触发器。

（1）百分号（%）紧跟一个名称令牌，如%LET。

（2）&后面紧跟一个名称令牌，如&amount。

13.3.4 程序编译过程概览

图 13-6～图 13-15 会展示含有宏变量引用的代码片段是如何被编译的。

（1）待编译的代码首先进入输入堆栈（见图 13-6）。

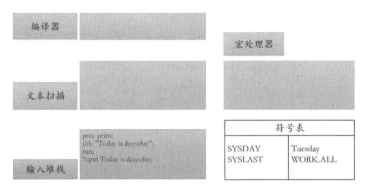

图 13-6 待编译的代码进入输入堆栈

（2）普通文本直接通过文本扫描进入编译器（见图 13-7）。

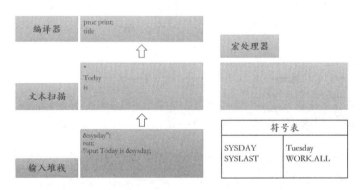

图 13-7 普通文本直接通过文本扫描进入编译器

（3）当遇到宏变量引用时，代码被发送到宏处理器（见图 13-8）。

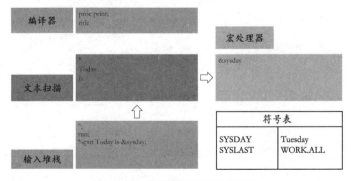

图 13-8 代码被发送到宏处理器

（4）宏处理器会查询符号表，查找相应的宏变量值（见图13-9）。

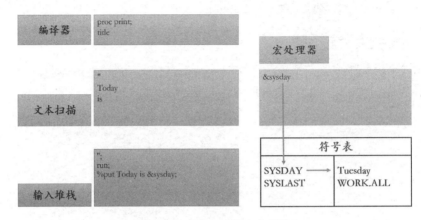

图13-9　查找相应的宏变量值

（5）宏处理器会将查询到的宏变量值返回到输入堆栈（见图13-10）。

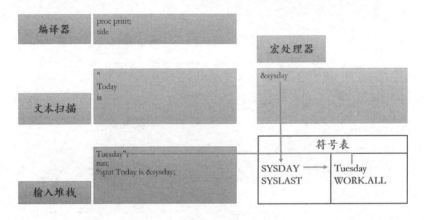

图13-10　返回到输入堆栈

（6）输入堆栈会将替换成宏变量值后的文本传给文本扫描（见图13-11）。

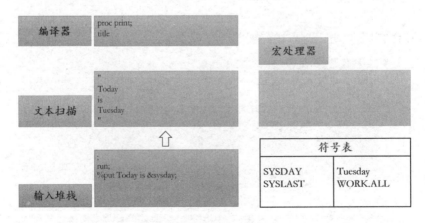

图13-11　传给文本扫描

（7）经文本扫描后的代码进入编译器（见图13-12）。

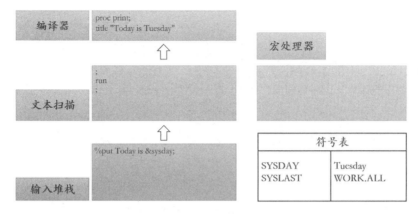

图13-12　经文本扫描后的代码进入编译器

（8）编译器遇到程序段结束记号，将编译执行相应代码段（见图13-13）。

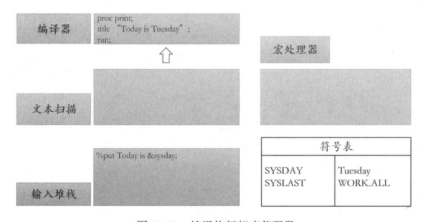

图13-13　编译执行相应代码段

（9）宏函数会被发送到宏处理器等待处理（见图13-14）。

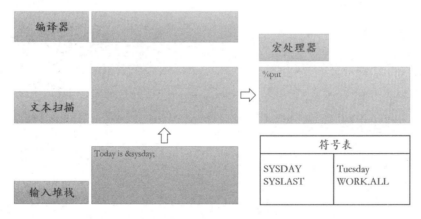

图13-14　宏函数会被发送到宏处理器等待处理

（10）遇到宏变量引用时，宏处理器会查询符号表相应的值，如此往复（见图13-15）。

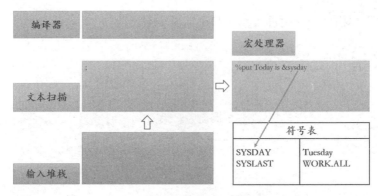

图 13-15　查询符号表相应的值

13.4　宏程序简介

除了使用 SAS 宏函数，当用户需要对一系列数据集进行相同或类似的 SAS 分析时，还可以自己定义宏程序来封装代码。宏程序可以生成文本。宏程序包含编程逻辑、动态控制生成的文本及生成文本的时间。宏程序也可以接收参数。

语法要求如下。

宏程序定义语法要求：

```
%MACRO macro-name;
   ... （见语法释义）
%MEND <macro-name>;
```

宏程序定义语法释义：

（1）宏语言语句或表达式

（2）完整或部分 SAS 语句

（3）完整或部分 SAS 步

（4）任何文字

（5）以上的任何组合

宏程序引用语法要求：

```
OPTIONS MPRINT;
%macro-name
```

宏程序引用语法释义：

*MPRINT:查看 Marco 执行生成的文本

13.4.1　宏程序的简要流程

当宏程序被引用时，其简要流程如图 13-16 所示。

图 13-16　宏程序的简要流程

定义 1：

```
%macro calc;
    proc means data=orion.order_fact;
    run;
%mend calc;
```

引用 1：

```
OPTIONS MPRINT MLOGIC;
%calc
```

定义 2：

```
%macro calc;
    proc means data=
%mend calc;
```

引用 2：

```
OPTIONS MPRINT;
%calc
Orion.order_fat;
Run;
```

以上两个代码示例的实际执行效果是一样的。

13.4.2 宏编译和宏存储

当代码不指定用户自定义宏程序的存储库时，在默认情况下用户自定义宏程序会被存储在 work.sasmacr 下。用户也可以自己指定宏程序库。

宏编译语法要求如下。

OPTIONS MSTORED SASMSTORE=<*libname*>

宏编译语法释义如下。

（1）MSTORED 允许在永久库中存储已编译的宏。
（2）SASMSTORE= 指定一个永久库来存储编译的宏。

宏存储语法要求如下。

%MACRO <*macro name*> / STORE SOURCE

宏存储语法释义如下。
SOURCE 选项将宏程序的源代码与编译的代码一起存储。
程序示例如下。

```
libname orion "&path";
Options MCOMPILENOTE=ALL;
Options mstored sasmstore=orion;
%macro time / store source;
    %put The current time is
    %sysfunc(time(), timeampm.).;
%mend time;
```

```
%time
```

```
51    Options MCOMPILENOTE=ALL;
52    Options mstored sasmstore=orion;
53
54    %macro time / store source;
55        %put The current time is
56        %sysfunc(time(), timeampm.).;
57    %mend time;
NOTE：宏 TIME 完成编译，没有错误，
      6 条指令，120 个字节。
58
59    %time
The current time is        2:07:18 PM.
```

13.4.3 宏参数

宏参数是在宏程序中指定的可在宏中使用的一个或多个宏变量。其定义与引用的语法要求如下：

定义：

```
%MACRO macro-name(<Parameter Lists>);
       macro text
%MEND;
```

引用：

```
%macro-name(<value Lists>)
```

参数列表的类型包括位置参数、关键字参数和混合参数三种。

位置参数在定义和引用时的位置顺序不能变动，所以可以称为特定顺序参数。在定义时列出参数-1，…，参数-n。在引用时列出值-1，…，值-n。

关键字参数对位置顺序没有要求。在定义时可以指定初始值，也可以不指定。如果在定义时不指定初始值，在引用时就必须赋值。在定义时列出 keyword=<value>,…, keyword=<value>。在引用时列出 keyword=value,…, keyword=value.

13.4.4 宏参数类型

1. 位置参数

位置参数的特征如下。

（1）在定义宏程序时，只指定参数名称。

（2）在调用宏程序时，参数位置必须与宏程序中定义的相应参数的顺序相同。例如，下例中，第一个%count()调用中的 nocum 对应宏定义中的 opts。

当为一个或多个位置参数指定空值时，使用逗号作为省略值的占位符。

位置参数的示例代码如下。

```
%macro count(opts, start, stop);
   proc freq data=orion.orders;
       where order_date between "&start"d and "&stop"d;
       table order_type / &opts;
       title1 "Orders from &start to &stop";
   run;
%mend count;
%count(nocum, 01jan2008, 31dec2008)
%count(, 01jul2008, 31dec2008)
```

2. 关键字参数

关键字参数的特征如下。

（1）在定义宏程序时，指定参数名称、等号及初始值。如果不指定初始值，则等号后为空。

（2）关键字参数可以按任何顺序出现，并且可以在没有占位符的情况下从调用中省略。

（3）如果从调用中省略，则关键字参数将使用默认值。

关键字参数的示例代码如下。

```
%macro count(opts=, start=01jan08, stop=31dec08);
   proc freq data=orion.orders;
       where order_date between "&start"d and "&stop"d;
       table order_type / &opts;
       title1 "Orders from &start to &stop";
   run;
%mend count;
%count(opts=nocum)
%count(stop=01jul08, opts=nocum nopercent)
%count()
```

3. 混合参数

混合参数即位置参数和关键字参数的混合。在使用混合参数时，需要将位置参数放在关键字参数前面。混合参数的示例代码如下。

```
%macro count(opts, start=01jan08, stop=31dec08);
   proc freq data=orion.orders;
       where order_date between "&start"d and "&stop"d;
       table order_type / &opts;
       title1 "Orders from &start to &stop";
   run;
%mend count;
options mprint;
%count(nocum)
%count(stop=30jun08, start=01apr08)
%count(nocum nopercent, stop=30jun08)
%count()
```

代码运行结果如图13-17所示。

本例中，在定义宏程序时，使用了混合参数，其中"opts"为位置参数，而"start"和"stop"为关键字参数。

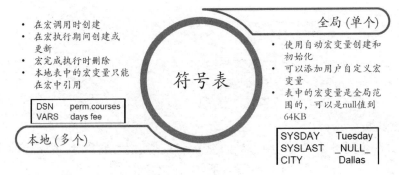

图 13-17　代码运行结果

13.4.5　全局与本地符号表

SAS 的符号表用于存储宏程序中引用的变量及其对应值。SAS 的符号表分为全局和本地两种。这两种符号表的特点如图 13-18 和图 13-19 所示。

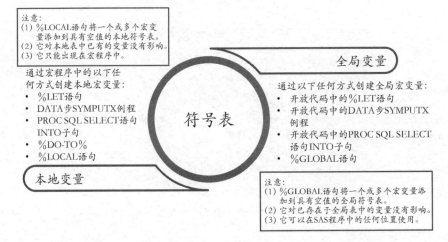

图 13-18　符号表 1

图 13-19　符号表 2

以简单的宏变量定义为例，当用户定义一个宏变量时，SAS 会先在本地符号表中查找是否有该宏变量的定义；如果没有，则再查找全局符号表，如图 13-20 所示。

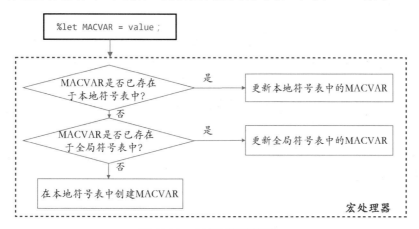

图 13-20　定义宏变量流程 1

同样地，当用户引用宏变量时，SAS 也会先在本地符号表中查找是否有该宏变量的定义；如果没有，则再查找全局符号表，如图 13-21 所示。

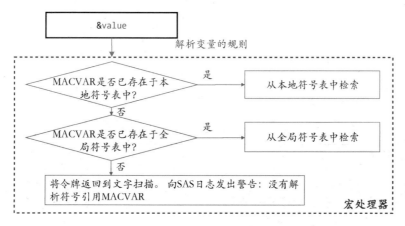

图 13-21　定义宏变量流程 2

13.5　在数据操作中使用宏（案例研究）

本节将会结合一个案例介绍 SAS 宏语言的实际应用。下面先介绍一下这个案例的情况。

13.5.1　设定商业目标

1. 场景

在 Orion 逻辑库中创建新的订单表。

（1）将一系列文本文件导入相应的 SAS 数据集，创建合并后的订单表：orders_new。

（2）创建一系列统计报告和条形图。

日报：销售报告。
周报：按订单类型报告。

2．编程要求

（1）读取订单原始数据文件，以创建 SAS 数据集。
（2）创建每日报告（宏程序）。
（3）创建频数报告（宏程序）。
（4）创建 SAS 数据集的图形报告（PROC SGPLOT 步骤）。
（5）自动生成报告（宏程序）。

3．输入

数据文件：orders××××.dat（见图 13-22）。

```
1230058123,1,121039,63,11JAN2012,11JAN2012
1230080101,2,99999999,5,15JAN2012,19JAN2012
1230106883,2,99999999,45,20JAN2012,22JAN2012
1230147441,1,120174,41,28JAN2012,28JAN2012
1230315085,1,120134,183,27FEB2012,27FEB2012
1230333319,2,99999999,79,02MAR2012,03MAR2012
1230338566,2,99999999,23,03MAR2012,08MAR2012
1230371142,2,99999999,45,09MAR2012,11MAR2012
1230404278,1,121059,56,15MAR2012,15MAR2012
```

图 13-22　输入数据文件

数据文件中的各列数据用逗号分隔，各列信息分别为：订单 ID、订单类型、员工 ID、客户 ID、订货日期、发货日期。

SAS 数据表：order_fact_new（见表 13-6）。

表 13-6　SAS 数据表

变量名	描述
Customer_ID	客户 ID
Employee_ID	员工 ID
Street_ID	街道 ID
Order_ID	订单 ID
Order_Type	订单类型
Product_ID	产品 ID
Quantity	订单中的商品数量
Total_Retail_Price	总零售价
CostPrice_Per_Unit	单位成本价
Discount	相对于正常总零售价的折扣百分比
Order_date	订货日期
Delivery_Date	发货日期

4．结果要求

结果要求的 3 份报告如下。

（1）日报：销售报告。

(2) 周报。

频报：互联网订单（Order_Type = 3），脚注显示平均订单金额和最后订货日期。

条形图：根据用户选择的时间段动态计算自动包含的统计信息。

13.5.2 创建 SAS 程序

下面来创建具体的程序。

1. 步骤一：读取原始数据

程序示例如下。

```
%macro readraw(first=, last=);   ① 关键字参数列表
  %do year=&first %to &last;     ② 宏程序中的迭代处理
    data year&year;
      infile "&path\orders&year..dat" delimiter=',';
      format Order_ID Order_Type Employee_ID Customer_ID 12.;
      format Order_Date Delivery_Date DATE9.;
      informat Order_Date Delivery_Date DATE9.;
      label Order_ID='订单ID' Order_Type='订单类型' Employee_ID='员工ID'
            Customer_ID='客户ID' Order_Date='订货日期' Delivery_Date='发货日期';
      input Order_ID Order_Type Employee_ID Customer_ID Order_Date Delivery_Date;
    run;
  %end;
  /* 合并所有年度订单表至 orders_new */
  data orders_new;
    set year&first - year&last;
  run;
%mend readraw;

%readraw(first=2012, last=2016)    ③ 宏调用
```

上述程序实现包含如下两部分。

第一部分：将一系列文本文件导入相应的 SAS 数据集，运行结果如图 13-23 所示。
程序示例如下。

```
data yearXXXX;
    infile "&path\ordersXXXX..dat" delimiter=',';
    format Order_ID Order_Type Employee_ID Customer_ID 12.;
    format Order_Date Delivery_Date DATE9.;
    informat Order_Date Delivery_Date DATE9.;
    label Order_ID='订单ID' Order_Type='订单类型'
        Employee_ID='员工ID' Customer_ID='客户ID'
        Order_Date='订货日期' Delivery_Date='发货日期';
    input Order_ID Order_Type Employee_ID Customer_ID
        Order_Date Delivery_Date;
run;
```

```
1230058123,1,121039,63,11JAN2012,11JAN2012
1230080101,2,99999999,5,15JAN2012,19JAN2012
1230106883,2,99999999,45,20JAN2012,22JAN2012
1230147441,1,120174,41,28JAN2012,28JAN2012
1230315085,1,120134,183,27FEB2012,27FEB2012
1230333319,2,99999999,79,02MAR2012,03MAR2012
1230338566,2,99999999,23,03MAR2012,08MAR2012
1230371142,2,99999999,45,09MAR2012,11MAR2012
1230404278,1,121059,56,15MAR2012,15MAR2012
```

图 13-23　运行结果

第二部分：合并且创建一个数据集 orders_new。

程序示例如下。

```
data orders_new;
    set year2012 - year2016;
run;
```

SET 语句中的 "-" 应用的是在 SAS 编程第二部分提到的 SAS 函数的变量列表。在本例中，输入为 2012—2016 年的 5 个数据表。数据表如图 13-24 所示。

观测	Order_ID	Order_Type	Employee_ID	Customer_ID	Order_Date	Delivery_Date
1	1230058123	1	121039	63	11JAN2012	11JAN2012
2	1230080101	2	99999999	5	15JAN2012	19JAN2012
3	1230106883	2	99999999	45	20JAN2012	22JAN2012
4	1230147441	1	120174	41	28JAN2012	28JAN2012
5	1230315085	1	120134	183	27FEB2012	27FEB2012
6	1230333319	2	99999999	79	02MAR2012	03MAR2012
7	1230338566	2	99999999	23	03MAR2012	08MAR2012
8	1230371142	2	99999999	45	09MAR2012	11MAR2012
9	1230404278	1	121059	56	15MAR2012	15MAR2012
10	1230440481	1	120149	183	22MAR2012	22MAR2012
11	1230450371	2	99999999	16	24MAR2012	26MAR2012
12	1230453723	2	99999999	79	24MAR2012	25MAR2012
13	1230455630	1	120134	183	25MAR2012	25MAR2012
14	1230478006	2	99999999	2788	28MAR2012	30MAR2012
15	1230498538	1	121066	20	01APR2012	01APR2012

图 13-24　数据表

在步骤一的示例代码中，涉及常用的迭代处理。迭代处理的语法要求如下。

```
%DO index-variable=start %TO stop <%BY increment>;
text
%END;
```

语法释义如下。

（1）%DO 和%END 仅在宏程序内有效。

（2）index-variable 是在本地符号表中创建的宏变量（如果它不存在于另一个符号表中）。

（3）start、stop 和 increment 值可以是任何解析为整数的有效宏表达式。

（4）%BY 子句是可选的，默认增量为 1。

（5）文本可以是以下任何一种：常量文字、宏变量或表达式、宏语句、宏调用。

```
%macro readraw(first=2007, last=2011);
    %do year=&first %to &last;
        data year&year;
            infile "&path\orders&year..dat";
            input order_ID order_type order_date : date9.;
        run;
    %end;
%mend readraw;
%readraw(first=2008, last=2010)
```

2. 步骤二：创建日报

程序示例如下。

```
                                    %macro daily(date=&sysdate9);
自动宏变量&sysdate9    ①              proc print data=orion.order_fact_new;
                                        where order_date="&date"d;
                                        var product_id total_retail_price;
自动宏变量&date        ①                title "每日销售: &date";
                                    run;
                                    %mend daily;
```

3. 步骤三：创建周报——频报

步骤三先对数据根据订单时间进行排序，用排序后的数据生成两种报表，一种是日报，另一种是周报。判断生成的是日报还是周报，需要用条件处理，如图 13-31 中标注①的位置。代码中还涉及在 DATA 步中创建宏变量的方法，如代码中标注②的位置。接下来会针对这些方法进行详细讲解。

程序示例如下。

```
               %macro order_stat(type=, from=01jan2016, to=31dec2016, outds=order_one);
                   proc sort data=orion.order_fact_new out=order_fact_new;
                       by order_date;
                       quit;
                   data &outds.;
                       keep order_date order_type quantity total_retail_price;
                       set order_fact_new end=final;
                       where order_date ge "&start"d and order_date le "&stop"d;

条件处理  ①          %if &type=%then
                       %do;
                           %put ***********All order type***************;
                       %end;
                   %else
                       %do;
                           where same and %str(order_type)=&type;
                       %end;
                   Number+1;
                   Amount+total_retail_price;
                   Date=order_date;
                   retain date;
```

```
                       if final then
                           do;
                               if number=0 then
                                   do;
                                       call symputx('dat', 'N/A');
                                       call symputx('avg', 'N/A');
在DATA步中  ②                      end;
创建宏变量                         else
                                   do;
                                       call symputx('dat', put(date, mmddyy10.));
                                       call symputx('avg', put(amount/number, dollar8.));
                                       call symputx('total_amt', put(amount, dollar8.));
                                       call symputx('total_order', put(number, dollar8.));
                                   end;
                           end;
                       run;
                   %put *&=dat***&=avg***&=total_amt***&=total_order*;
               %mend order_stat;
```

1）条件处理

步骤三中的示例代码涉及常用的条件处理，条件处理的语法要求如下。

```
%IF expression %THEN action;
%ELSE action;
```

```
%IF expression %THEN %DO;
   statement; statement;…
%END;
%ELSE %DO;
   statement; statement;…
%END;
```

语法释义如下。

（1）字符常量没有被引号引起来，区分大小写。
（2）%ELSE 语句是可选的。
（3）%IF-%THEN 语句和%ELSE 语句只能在宏程序中使用。

```
%macro cust(place);
    %let place=%upcase(&place);
    data customers;
        set orion.customer;
        %if &place=US %then
            %do;
                where country='US';
                keep customer_name customer_address country;
            %end;
        %else
            %do;
                where country ne 'US';
                keep customer_name customer_address country location;
                length location $ 12;
                if country="AU" then location='Australia';
                else if country="CA" then location='Canada';
                else if country="DE" then location='Germany';
                else if country="IL" then location='Israel';
                else if country="TR" then location='Turkey';
                else if country="ZA" then location='South Africa';
            %end;
    run;
%mend cust;
```

案例研究中条件处理的逻辑如图 13-25 所示。

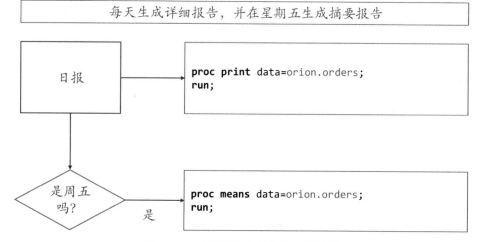

图 13-25 案例研究中条件处理的逻辑

下面看一个条件处理的例子。

程序示例如下。

```
     %macro where(state);
①       %if &state=%str("OR") %then
            %put Oregon;
         %else
            %put Wherever;
     %mend where;

     %where("OR");
```

OR是一个特殊字符，这里使用%str()来掩蔽它

```
%macro listing(custtype);
   proc print data=orion.customer noobs;
      %if &custtype= %then
         %do;
            var Customer_ID Customer_Name Customer_Type_ID;
            title "全部客户";
         %end;
      %else
         %do;
            where Customer_Type_ID=&custtype;
            var Customer_ID Customer_Name;
            title "客户类型: &custtype";
         %end;
   run;
%mend listing;
```

宏函数中的条件处理和普通代码中的条件处理的区别如表 13-7 所示。

表 13-7 宏函数中的条件处理和普通代码中的条件处理的区别

	%IF - %THEN	IF-THEN
有效范围	宏程序	DATA 步
执行区间	SAS 代码处理	数据处理

续表

	%IF - %THEN	IF-THEN
处理	宏处理器	DATA 步编译器
目的	确定在输入堆栈上放置哪些 SAS 代码以进行标记化，编译和最终执行	确定在 DATA 步的每次执行时迭代期间要执行的 DATA 步语句或多个语句

程序示例如下。

```
① %let avg dat total_amt total_order;

   %macro freq_onetype(type=, start=01jan2016, stop=31dec2016, inds=);
       %order_stat(type=&type, from=&start, to=&stop, outds=&inds);
       proc freq data=&inds.;
           tables quantity;
           title1 "从 &start 至 &stop 的订单";
   ②      %if &type=%then
               %do;
                   title2 "所有类型订单";
               %end;
           %else
               %do;
                   title2 "仅 &type 类型订单";
                   where same and order_type=&type;
                   footnote1 "平均网络订单: &avg";
                   footnote2 "最新网络订单: &dat";
               %end;
       run;
   %mend freq_onetype;
```

在全局符号表中 ①
条件处理 ②

2）在 DATA 步中创建宏变量

步骤三中的示例代码还涉及在 DATA 步中创建宏变量，方法是调用 SYMPUTX 语句，语法要求如下。

```
CALL SYMPUTX(macro-variable, value);
```

语法释义如下。

SYMPUTX 例程在执行时将可用于 DATA 步的值分配给宏变量。它可以使用以下内容创建宏变量。

（1）静态值。

（2）动态（数据相关）值。

（3）动态（数据相关）名称。

程序示例如下。

```
%let custID=9;
data _null_;
    set orion.customer;
    where customer_ID=&custID;
    call symputx('name', Customer_Name);
    call symputx('foot', '部分网络订单');
run;
proc print data=orion.order_fact_new;
```

```
    where customer_ID=9;
    var order_date order_type quantity total_retail_price;
    title1 "客户编号: &custID";
    title2 "客户名称: &name";
    Footnote "&foot";
run;
```

上述程序的运行结果如图 13-26 所示。

客户编号: 9
客户名称: Cornelia Krahl

观测	order_date	Order_Type	Quantity	Total_Retail_Price
160	15APR2013	3	1	$29.40
273	07JUN2014	3	2	$16.00
288	10AUG2014	3	3	$1,542.60
289	10AUG2014	3	2	$550.20
316	02DEC2014	3	2	$39.20
326	25DEC2014	3	1	$514.20

部分网络订单

图 13-26　程序的运行结果

3）在 SQL 中创建宏变量

INTO 子句根据查询结果在 SQL 中创建宏变量。

创建单个宏变量的语法要求如下。

```
SELECT col1, col2, …
    INTO :mvar1, :mvar2,…
    FROM table-expression
    WHERE where-expression
    ORDER BY col1, col2,…;
```

语法释义如下。

这种形式的 INTO 子句不会删除前导或末尾的空白。

创建多个宏变量的语法要求如下。

```
SELECT col1, col2,…
    INTO :Avar1-:Avar3,
         :Bvar1-:Bvar3,…
    FROM table-expression
    WHERE where-expression
    ORDER BY col1, col2,…;
```

语法释义如下。

使用前面介绍的内容创建宏变量。

创建带有值列表的变量的语法要求如下。

```
SELECT col1
    INTO :macro-variable
        SEPARATED BY 'delimiters'
    FROM table-expression
```

```
    WHERE where-expression
    ORDER BY col1, col2,…;
```

语法释义如下。

SEPARATED BY 参数将多个值存储在单个宏变量中。

将多个值存储在单个宏变量中的示例代码如下。

```
proc sql noprint;
    select sum(total_retail_price) format=dollar8.
        into :total
        from orion.order_fact
        where year(order_date)=2011 and order_type=3;
quit;
%put &=total;
```

```
SYMBOLGEN: 宏变量 TOTAL 解析为  $6,731
88     %put &=total;
TOTAL= $6,731
```

将多个值存储在多个宏变量中的示例代码如下。

```
title 'Top 2011 Sales';
proc sql outobs=3 double;
    select total_retail_price, order_date format=mmddyy10.
        into :price1-:price3, :date1-:date3
        from orion.order_fact
        where year(order_date)=2011
        order by total_retail_price desc;
quit;
%put &price1 &date1, &price2 &date2, &price3 &date3;
```

```
SYMBOLGEN: 宏变量 PRICE1 解析为 $1,937.20
SYMBOLGEN: 宏变量 DATE1 解析为 06/20/2011
SYMBOLGEN: 宏变量 PRICE2 解析为 $1,066.40
112    %put &price1 &date1, &price2 &date2, &price3 &date3;
SYMBOLGEN: 宏变量 DATE2 解析为 11/01/2011
SYMBOLGEN: 宏变量 PRICE3 解析为 $760.80
SYMBOLGEN: 宏变量 DATE3 解析为 12/12/2011
$1,937.20 06/20/2011, $1,066.40 11/01/2011, $760.80 12/12/2011
```

带有值列表的变量的示例代码如下。

```
proc sql noprint;
    select distinct country
        into :countries separated by ','
        from orion.customer;
quit;
%put &=Countries;
```

```
SYMBOLGEN:  宏变量 COUNTRIES 解析为 AU,CA,DE,IL,TR,US,ZA
98     %put &=Countries;
COUNTRIES=AU,CA,DE,IL,TR,US,ZA
```

4. 步骤四：生成周报（柱形图）

```
                 %macro bar_chart(inds=, orders=, average=, from=, to=);
PROC SGPLOT  ①      proc sgplot data=&inds.;
                        vbar order_type / response=total_retail_price stat=mean
                            group=order_type dataskin=gloss;
                        refline &average / axis=y;
系统宏函数    ②       inset ("订单总数:"="&orders"
                              "总平均值:"="%sysfunc(putn(&average,dollar4.))") /border
                            textattrs=(Color=blue Weight=Bold);
                        xaxis type=discrete;
                        yaxis values=(0 to 320 by 40);
                        format total_retail_price dollar4. order_type 3.;
                        label total_retail_price="平均订单数";
                        title "从 &from 至 &to 的报表";
                    run;
                        title;
                 %mend bar_chart;
```

SGPLOT 过程步可创建一个或多个数据可视化图形，并可以将它们叠加在一组轴上。图 13-27 列出了 SGPLOT 过程步可生成的一些代表性数据分析图。

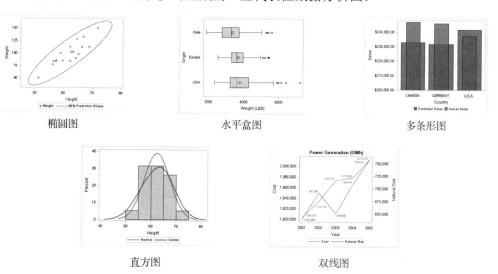

椭圆图　　　　　水平盒图　　　　　多条形图

直方图　　　　　双线图

图 13-27　SGPLOT 过程步可生成的一些代表性数据分析图

柱形图的语法要求如下。

```
PROC SGPLOT <option(s)>;
    VBAR category-variable </option(s)>;
    REFLINE values <option(s)>;
    INSET "text-string-1" < …"text-string-n"> | (label-list) </option(s)>;
    XAXIS </option(s)>;
    YAXIS </option(s)>;
run;
```

VBAR 选项的语法释义如下。

（1）DATASKIN=NONE | CRISP | GLOSS | MATTE | PRESSED | SHEEN 指定在绘图上使用的特殊效果。

（2）RESPONSE=response-variable 为绘图指定数字响应变量。

（3）STAT=FREQ | MEAN | MEDIAN | PERCENT | SUM 指定垂直轴的统计量。

（4）GROUP=variable 指定用于对数据进行分组的变量。

REFLINE 选项创建水平或垂直参考线。

AXIS=X | X2 | Y | Y2 指定包含参考线值的轴。

INSET：在图的轴内添加一个文本框。

XAXIS 和 YAXIS：指定 X/Y 轴的轴选项，可以控制轴的特征和结构。

（1）TYPE=DISCRETE | LINEAR | LOG | TIME 指定轴的类型。

（2）VALUES=(values-list) | ("string-list") 指定轴上的刻度值。

（3）RANGES=(start–end <start2–end2 startN–endN…>) 指定断轴范围。

程序示例如下。

```
%let start=01Jan2016;
%let stop=31Dec2016;
proc means data=orion.order_fact_new noprint;
    where order_date between "&start"d and "&stop"d;
    var total_retail_price;
    output out=stats n=count mean=avg;
run;
data _null_;
    set stats;
    call symputx('orders', count);
    call symputx('average', avg);
run;
proc sgplot data=orion.order_fact_new;
    where order_date between "&start"d and "&stop"d;
    vbar order_type / response=total_retail_price
        stat=mean group=order_type dataskin=gloss;
    refline &average / axis=y;
    inset ("订单总数:"="&orders"
  "总平均值:"="% sysfunc(putn(&average, dollar4.))")
        /border textattrs=(Color=blue Weight=Bold);
    xaxis type=discrete;
    yaxis values=(0 to 320 by 40);
    format total_retail_price dollar4. order_type 3.;
    label total_retail_price="平均订单数";
    title "从 &start 至 &stop 的报表";
run;
```

代码运行结果如图 13-28 所示。

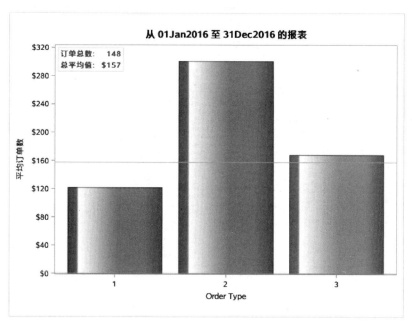

图 13-28 代码运行结果

5. 步骤五：自动生成日报和周报

```
%macro reports;
    %if %sysfunc(exist(orion.orders_new))=0 %then
        %do;
            %readraw(first=2012, last=2016)
        %end;
    data abcd;
        y1=INTNX('DAY', "&sysdate9"d, -1096, 'same');  /* 当前年份为 2019年 */
        call symputx('w1', put(y1, date9.));
        y2=put(INTNX('DAY', y1, -6, 'same'), date9.);
        call symputx('w2', y2);
    run;
    %put ****&=w1*****&=w2**;
    %daily(date=&w1);

①  %if &sysday=Friday %then
②      %weekly(type=3, start=&w2, stop=&w1, inds=order_new);
%mend reports;

%reports;
```

条件处理 ①
网络订单 ②

13.5.3 运行 SAS 程序

编写好的代码可以在 SAS Display Manager、SAS Enterprise Guide 或 SAS Studio 中进行调试、运行，如图 13-29 所示。

图 13-29　运行 SAS 程序

13.5.4　调试/修改程序

在调试过程中,可以关注"日志"和"结果"窗口,对代码进行必要的修改,如图 13-30 所示。

图 13-30　调试/修改程序

13.5.5　检查结果

2016 年 6 月 13 日的销售情况如图 13-31 所示。

周订单频数报表如图 13-32 所示。

图 13-31　2016 年 6 月 13 日的销售情况

图 13-32　周订单频数报表

周订单条形图如图 13-33 所示。

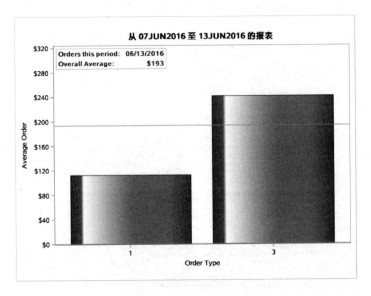

图 13-33　周订单条形图

13.6　间接引用宏变量

在前面的介绍中，我们了解了 SAS 宏编程的概念，SAS 宏变量的分类、使用，以及如何编写 SAS 宏程序。除了以上常见和基本的用法，宏变量还有其他用法：如何在 SAS 日志中显示宏变量的值，以及如何实现宏变量的间接引用。

13.6.1　在日志中显示宏变量的值

SAS 程序可以在日志中显示单个宏变量的值，或者在日志中批量显示一系列宏变量的值。下面分别介绍一下具体的方法。

1．单个宏变量

SAS 程序用%put &=xxx 的形式在日志中输出单个宏变量的值。程序示例如下。

```
data _null_;
   set orion.customer;
   call symputx('name', Customer_Name);
run;
%put ******&=name***********;
```

```
115   data _null_;
116      set orion.customer;
117      call symputx('name', Customer_Name);
118   run;
NOTE: 从数据集 ORION.CUSTOMER. 读取了 77 个观测
NOTE: "DATA 语句"所用时间（总处理时间）:
```

```
            实际时间            0.10 秒
            CPU 时间            0.03 秒
119 %put ******&=name***********;
******NAME=Kenan Talarr***********
```

2. 一系列宏变量

当 SAS 程序需要显示一系列用户自定义宏变量的值时，可直接用%put _user_;显示所有用户自定义宏变量。程序示例如下。

```
data _null_;
   set orion.customer;
   call symputx('name'||left(Customer_ID), Customer_Name);
run;
%put _user_;


78 %put _user_;
GLOBAL CLIENTMACHINE 10.0.2.2
GLOBAL GRAPHINIT
GLOBAL GRAPHTERM
GLOBAL NAME Kenan Talarr
GLOBAL NAME10 Karen Ballinger
GLOBAL NAME1033 Selim Okay
GLOBAL NAME11 Elke Wallstab
GLOBAL NAME1100 Ahmet Canko
GLOBAL NAME111 Karolina Dokter
GLOBAL NAME11171 Bill Cuddy
GLOBAL NAME12 David Black
GLOBAL NAME12386 Avinoam Zweig
GLOBAL NAME13 Markus
```

13.6.2 间接引用宏变量

如果只显示某类用户自定义宏变量的值，则可以利用多个&符号的正向再扫描规则，图 13-34 所示为&&name&custID。

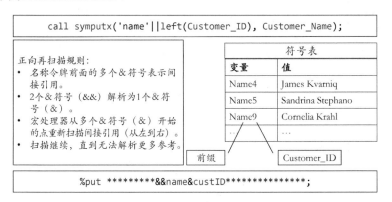

图 13-34　&&name&custID

根据正向再扫描规则，&&name&custID 的编译过程如图 13-35 所示。

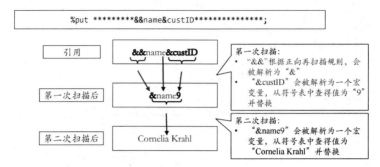

图 13-35 &&name&custID 的编译过程

程序示例如下。

```
%macro convert(datalib=, baselib=);
    data temp;
        set sashelp.vtable(keep=libname memname);
        where lowcase(strip(libname))=lowcase(strip("&baselib"));
        call symputx('cnt', _n_);
    run;
    %let cnt=&cnt;
    %do i=1 %to &cnt;
        data _null_;
            set temp;
            if _n_=&i then
                call symputx('table'||left(&i), memname);
        run;
        data &datalib..&&table&i;      /* 间接引用宏变量 */
            set &baselib..&&table&i;   /* 间接引用宏变量 */
        run;
    %end;
%mend;
%convert(datalib=work, baselib=orion);
```

运行日志如图 13-36 所示，运行结果如图 13-37 所示。

图 13-36 运行日志   图 13-37 运行结果

第 14 章　SAS Enterprise Guide 操作应用

14.1　SAS Enterprise Guide 简介

SAS Enterprise Guide 是一款易于使用的 Microsoft Windows 客户端应用程序，可为 SAS 的强大功能提供直观、可视化的界面操作。使用 SAS Enterprise Guide，用户可以：

（1）透明地访问 SAS 和其他类型的数据；
（2）在交互式任务窗口中使用数据，这些窗口可指导用户完成许多分析和报告任务；
（3）将结果导出到其他应用程序或网页，并使用户能够安排项目在之后的时间运行；
（4）分析数据并产生出色的分析结果，而无须了解如何编写 SAS 程序。

SAS Enterprise Guide 还包含一个完整的编程接口，用户可以使用该接口编写、编辑和提交 SAS 代码。当然，在线帮助、嵌入式上下文相关帮助和入门教程都可以帮助 SAS 编程人员完成工作。

SAS Enterprise Guide 的初始界面包括菜单栏、快捷操作栏、搜索框、列表窗口和工作区五大部分，如图 14-1 所示。

图 14-1　SAS Enterprise Guide 界面图

（1）菜单栏：包含 SAS Enterprise Guide 的所有功能操作入口。
（2）快捷操作栏：包含一些编辑、视图操作、过程流切换常用的操作快捷入口。
（3）搜索框：可以搜索 SAS Enterprise Guide 中包含的对象。
（4）列表窗口：初始显示"项目树"和"服务器"上下两个列表窗口。用户可以根据自己的喜好，点击"响应"图标切换成"任务"、"SAS 文件夹"、"提示管理器"或"数据探索历史"列表，也可以在菜单栏的"视图"中进行切换。
（5）工作区：SAS Enterprise Guide 中的过程流的主体显示区。用户主要在这个区域对数据进行创建、导入、操作、分析，编写程序、分析代码，以及创建并编辑报表等工作。

下面的一些练习可以帮助读者熟悉 SAS Enterprise Guide 的使用。练习中使用的 SAS Enterprise Guide 的版本是 7.15。如果 SAS Enterprise Guide 的版本不同，操作步骤可能会略有差异。

14.2 SAS Enterprise Guide 上机练习

14.2.1 浏览 SAS Enterprise Guide 工作区

（1）打开 SAS Enterprise Guide。

进入 SAS Enterprise Guide 时，将自动显示"欢迎使用 SAS Enterprise Guide"对话框，以便创建新项目或打开现有项目。"打开项目"标题下列出的任何项目都有 .egp 文件扩展名。

（2）选择"新建项目"。

如果欢迎窗口未打开，则可以通过选择"文件"→"新建"→"项目"来创建新项目，也可以通过选择"文件"→"打开"→"项目"打开现有项目。

（3）SAS Enterprise Guide 默认显示三个主窗口，这三个主窗口的标记分别为项目树、过程流、资源窗格（在默认情况下，资源窗格显示服务器）。

（4）在默认情况下，项目树和资源窗停靠在左侧。单击"下箭头"，将窗口固定在左侧或自动隐藏。虽然窗口被自动隐藏，但在 SAS Enterprise Guide 窗口的边框上显示窗口名称。当将鼠标指针放在窗口名称上时，窗口可见。

从"视图"菜单打开项目树、过程流和其他有用的窗口。为了将所有窗口重置为原始位置，应从菜单栏中选择"工具"→"选项"，选择"全部重置"→"确定"。

（5）选择"文件"→"打开"→"数据"，插入现有的 SAS 数据集。

（6）要导航到存储在个人计算机上的数据，请选择"我的电脑"。导航到教师指示的位置并选择 customers 数据集，单击"打开"，使 SAS 数据集添加到项目中。

customers 数据集的快捷方式将添加到项目树和过程流中。在默认情况下，几行数据的快照显示在工作区的数据网格中。

（7）将数据源添加到项目后，可以将其用于分析和报告。在数据网格中打开 customers 数据集后，选择"说明"→"描述数据特征"。

（8）"描述数据特征"任务采用向导格式，向导中共有三个步骤。用户可以执行这三个步骤中的每个步骤并修改任何选项。步骤 1 可以验证要分析的数据源。选择"下一步"。

（9）如果需要有关特定任务的更多信息，则通过任务对话框访问 SAS Enterprise Guide 帮助工具。要了解有关描述数据特征任务的更多信息，请单击任务对话框中的"帮助"按钮，查看与"描述数据特征"任务和报告选项相关的帮助内容。单击"关闭"按钮，关闭帮助窗口。

（10）在任务的第 2 步可以自定义报告选项，包括汇总报表、图形和 SAS 数据集。要更改包含任何字符列的频率计数的数据集名称，请在"频数数据"窗格中选择"浏览"。

（11）在"文件名"字段中输入 Customer Counts，然后选择"保存"→"下一步"。

（12）在步骤 3 中，键入"15"，以限制每个变量报告的唯一分类值的最大个数。

（13）选择"完成"，以运行任务并查看结果。

为了在运行任务时观察任务的状态，请选择 SAS Enterprise Guide 左下角的"详细信息"，会出现"任务状态"窗口，指示正在处理的任务、状态和服务器。

输出包括字符列的频率计数、数字列的摘要统计信息及表征每个列的基本图形。

（14）为了查看当前项目的内容，可以单击工具栏上的"过程流"图标、双击项目树中的"过程流"或按 F4 键。"描述数据特征"任务已添加到项目树和过程流中，并链接到 customers 数据集。

（15）双击项目树或过流程中的"描述数据特征"图标，返回任务结果。为了查看任务代码，请单击"代码"选项卡。

（16）日志窗口中的"日志汇总"选项卡显示了所执行的每个 SAS 任务消息。为了查看日志，请单击"日志"选项卡。

（17）此任务生成两个数据集。第一个被创建的数据集会自动显示。单击"输出数据（2）"选项卡，查看包含频率计数的数据集。

（18）输出数据可以轻松导出为各种其他软件格式，如 Microsoft Excel。为了自动在 Excel 中打开数据，请选择"发送至"→"Microsoft Excel"。关闭 Excel 并不保存更改。

（19）为了保存到目前为止生成的任务、代码和结果的集合，必须保存项目。从菜单栏中选择"文件"→"项目另存为"选项，然后单击"我的电脑"图标，导航到相应的文件位置，并键入"Workshop1"作为文件名，单击"保存"按钮。

（20）在单个项目中创建多个过程流并重命名，用以组织项目。右击项目树中的"过程流"，然后选择"重命名"，输入"Demos"。

（21）练习创建单独的过程流。选择"文件"→"新建"→"过程流"选项。重命名过程流的另一种方法是右击"过程流"，选择"属性"选项，然后在标签字段中输入"Exercises"。

在项目树中将数据等项目从一个过程流复制并粘贴到另一个过程流。

（22）单击工具栏上的"保存 Workshop1"图标。

14.2.2 分配 SAS 逻辑库

（1）选择"文件"→"新建"→"项目"选项。

（2）要创建逻辑库，首先选择"工具"→"分配项目逻辑库"选项。

（3）在"分配项目逻辑库"向导的步骤 1 的名称字段中输入"ORION"。选择课程数据所在的服务器，然后单击"下一步"。

（4）在步骤2中，定义引擎并提供必要的信息，以连接到数据。"文件系统引擎类型"和"BASE 引擎"读取最新版本的 SAS 数据集，提供课程数据的路径，然后单击"下一步"。

（5）在步骤3中，在"名称"字段中输入"access"，在"值"字段中输入"readonly"，这可以确保即使在操作系统或数据库级别被授予对数据的写访问权限，SAS 也无法对数据库中的数据源进行更改。单击"下一步"。

（6）在步骤4中，验证设置并选择"测试逻辑库"，会看到"确定"出现。单击"完成"。

（7）为了访问 ORION 逻辑库中的数据源，请选择"视图"→"服务器"或单击"资源窗格"，展开"服务器"→"*您的服务器名称*"→"逻辑库"→"ORION"。双击"ORDERS"添加快捷方式到项目。

刷新服务器视图查看 ORION 逻辑库的当前内容。通过高亮显示服务器名称并单击"刷新"按钮来执行此操作。

（8）将项目另存为"Workshop2"。

14.2.3 使用导入数据任务

1. 第1部分：导入 Microsoft Excel 电子表格产品

（1）在"Workshop2"项目中，从菜单栏中选择"文件"→"打开"→"数据"，导航到课程数据的位置；然后选择"Product"Excel 文件，将其打开。

（2）导入数据任务会自动启动。确保 Product 是源数据文件，输出的 SAS 数据集是 products。单击"下一步"。

（3）在步骤（2）中，确保 Product List 工作表被选中。选中"首行范围包含字段名称"和"重命名列以遵守 SAS 命名规则"。单击"下一步"。

（4）在步骤（3）中，将第一行中的名称更改为 Product_ID，将标签更改为 Product ID。

（5）此外在步骤（3）中，将 Supplier_ID 的类型更改为"字符串"。系统会提示选择一种方法来确定字符变量的长度。单击"确定"→"下一步"。

（6）在步骤（4）中，接受"高级选项"的默认设置。单击"完成"。

（7）在"输出数据"选项卡上验证结果。为了查看生成的 DATA 步代码，请单击"代码"选项卡。

（8）通过双击项目中的"导入数据"图标，可以访问任务和新创建的 SAS 数据集。重命名导入数据任务，强调在导入过程中创建的 SAS 数据集的名称。右击项目树或过程流中的"导入数据"图标，然后选择"重命名"，输入"Import Products"。

（9）保存"Workshop2"项目。

2. 第2部分：导入固定宽度的文本文件

（1）在"Workshop2"项目中，从菜单栏中选择"文件"→"打开"→"数据"，导航到课程数据的位置并打开 orders.txt，该文件将添加到项目中。由于它不是结构化数据集，因此不能用于报告或查询。

（2）使用导入数据任务从文本文件创建自定义 SAS 数据集。右击项目树或过程流中的 orders.txt，选择"导入数据"。

（3）在导入数据任务的步骤（1）中，确保输出的数据集为 orders。接受默认逻辑库，然后单击"下一步"。

（4）在步骤（2）中，选择"固定列"。选中"文件在以下记录号上包含字段名"复选框，并确保该值为 1。选中"重命名列以遵守 SAS 命名规则"复选框。

（5）单击每个字段的开头，定义列分隔符。单击"下一步"。

（6）在步骤（3）中，按如下所述修改变量的属性。

① 通过清除"包含"复选框排除 Employee_ID 变量。

② 在 Discount 列"输出格式"框中单击两次并单击"..."，在数值类别中，滚动选择 PERCENTw.d 格式。将总宽度更改为 5 并单击"确定"。

③ 将 Profit 的类型列中的下拉列表更改为"货币"。单击"下一步"。

（7）在步骤（4）中，不要进行任何更改。单击"完成"，创建导入的 SAS 数据集。将导入数据任务和订单数据集添加到项目中。

（8）保存"Workshop2"项目。

14.2.4 生成单因子频数报告

（1）创建新项目并从课程数据中添加 products SAS 数据集。

（2）为了打开单因子频数任务，选择"说明"→"单因子频数"。

（3）将 Product_Category 从"要分配的变量"窗格拖放到"任务角色"窗格中的"分析变量"角色上。

（4）在选择项窗格中选择"统计量"。要仅包含频数和百分比，请在频数表选项窗格中选择"频数和百分比"。

（5）在选择项窗格中选择"结果"。为了创建带频数和百分比的数据集，请选中"创建带频数和百分比的数据集"复选框。单击"浏览"并在"文件名"字段中输入"Product Counts"。单击"保存"。

（6）在选择项窗格中选择"标题"。为了修改标题，取消勾选"使用默认文本"复选框。在"文本"字段中，删除"单因子频数结果"的默认标题，然后输入"Number of Products per Category"。

（7）要在项目中为"单因子频数"任务图标提供更具描述性的名称，请在选择项窗格中选择"属性"，然后单击"编辑"。在"标签"字段中输入"Products per Category"。单击"确定"。

（8）单击"运行"，以生成报告并检查结果。在"结果"选项卡上查看报告。单击"输出数据"选项卡，查看数据集。

（9）为了删除自动添加到输出的标题"FREQ 过程"，请选择"工具"→"选项"。从选择项窗格中的任务下选择任务常规设置。取消勾选"在结果中包括SAS过程的标题"复选框。单击"确定"。

（10）为了重新运行任务，请在"结果"选项卡上选择"刷新"。

（11）将项目保存为"Workshop3"。

14.2.5 创建条形图

（1）在"Workshop3"项目中，将 customers 数据集添加到项目中。

（2）选中项目树或过程流中的 customers 数据集，选择"任务"→"图形"→"条形图向导"。

（3）在步骤（1）中，验证 customers 数据集是否为活动数据集。单击"下一步"。

（4）在步骤（2）中，选中"水平条形图"复选框。为了给每个国家/地区在条形图中创建单独的水平条，请在条下拉列表中选择"Customer_Country"。

（5）为了将条形长度按降序排序，请单击"属性"图标。在属性窗口中，选择"按条高度降序排列"，再单击"确定"。

（6）根据平均年龄设置条形的长度，请从"条长度"下拉列表中选择"Customer_Age"。

（7）单击"统计量"图标，将统计量类型改成"平均值"。单击"确定"。单击"下一步"。

（8）在步骤（3）中，进行以下操作。

① 选中"三维图"复选框。
② 在"彩条图绘图依据"下拉列表中选择"条类别"。
③ 选中"数据标签"复选框并从下拉列表中选择"平均值"。
④ 选中"使用参考线"复选框。
⑤ 单击"下一步"。

（9）在步骤（4）中，将标题改为 Average Customer Age by Country，单击"完成"。

（10）在条形图向导中进行其他修改时，请在高级视图中打开该任务。右击项目树或过程流中的"条形图"图标，选择"打开"→"打开为高级视图"。

（11）在高级视图中，将格式应用于变量，以修改外观。在选择项窗格中选择"数据"。格式化 Customer_Age，以便将数据标签四舍五入到一个小数位，右击"Customer_Age"并选择"属性"。

（12）选择"更改"以应用格式。在格式窗口中，从类别窗格中选择"数值"，从输出格式窗格中选择"w.d"。将总宽度更改为 4，将小数位更改为 1。单击"确定"，返回任务对话框。

（13）在选择项窗格中选择"布局"，将形状更改为"圆柱"。

（14）在选择项窗格中选择"水平轴"。在标签框中输入"Average Customer Age"，并将字体大小更改为 12。

（15）在选择项窗格中选择"参考线"。选中"指定线条的值"复选框，输入 20 并单击"添加"。重复以上操作添加 40 和 60。将"样式"更改为"虚线"，并将"颜色"更改为"浅灰色"。

（16）在选择项窗格中选择"垂直轴"。在标签框中输入"Country"。

（17）在选择项窗格中选择"属性"，并选择"编辑"。在"常规"窗格中，将任务标签更改为 Avg Age/Country。

（18）默认图表格式是 ActiveX。为了能够在任务运行后与图形交互，它必须是 HTML 格式。在"结果"窗格中，选择"定制结果格式、样式和行为"，然后选择"HTML"。单击"确定"。

（19）单击"运行"以生成图形，并提示替换结果时选择"是"。单击"结果-

HTML"选项卡。为了能够进一步探索和修改图形的 ActiveX 功能，请右击图形并选择"属性"。

14.2.6 选择列和筛选行

（1）创建新项目并添加 orders SAS 数据集。

（2）创建包含 01JAN2013 或之后的 Internet orders 的新数据集，请先单击数据网格上的"过滤和排序"选项卡。

（3）在变量选项卡上，单击双向右箭头，添加所有列。所有 Internet orders 数据集的 Employee_ID 列都等于 99999999，因此可以从结果中删除它。在已选变量窗格中突出显示 Employee_ID 列，然后单击向左的箭头。

（4）单击"过滤"选项卡，定义下面显示中显示的两个过滤器。

① Order_Type 是一个编码列，其中 1 代表零售，2 代表目录销售，3 代表互联网销售。

② SAS 日期以 01JAN1960 起始作为数字来存储。根据特定日期构建过滤器，可以通过单击"…"从数据中选择特定日期，或者输入 SAS 日期常数。SAS 日期常数必须以"DDMONYYYY"d 这种形式输入。例如，2013 年 1 月 1 日将被输入为"01JAN2013"d。

（5）单击"排序"选项卡。选择 Order_Date 作为排序变量，并将排序顺序更改为"降序"。

（6）单击"结果"选项卡。在"任务名"字段中输入"Internet Orders 2013+"。单击"更改"，然后在"文件名"字段中输入"internetorders2013"。单击"保存"。

（7）单击"确定"并验证结果。此数据源是 SAS 表，可以导出或用作其他任务的输入。

（8）查询生成器也可用于生成类似的结果。为了比较这两个任务，请双击项目中的 orders 表，从数据网格中选择"查询生成器"。

（9）通过查询生成器可以命名查询图标及创建的 SAS 表的名称和存储位置。在"查询名称"字段中输入"Internet Orders 2013+ Query"。单击"输出名称"字段旁边的"更改"。在"文件名"字段中输入"internet2013query"，然后单击"保存"。

（10）为了选择所有列，请在选择项窗格中选择"t1 (orders)"，然后将其拖放到"选择数据"选项卡上，所有列都将添加到查询中。在"选择数据"选项卡上突出显示 Employee_ID 列并单击"删除"按钮来删除它。

（11）在"选择数据"选项卡上查看或修改列属性。突出显示 Order_Date 并单击右边的"属性"按钮（右侧从上至下第三个按钮），以查看属性窗口。

（12）将格式应用于此列，请选择"更改"。在"格式"窗口中，从"类别"窗格中选择"Date"，从"输出格式"窗格中选择"MMDDYYw.d"，将总宽度更改为 10。单击"确定"返回查询生成器。

（13）为了得到仅包含 01JAN2013 及之后的 Internet orders 数据集，请单击"过滤数据"选项卡。将 Order_Type 拖放到"过滤数据"选项卡，启动"基本过滤器向导"。

（14）在步骤 1 中，将运算符更改为等于，然后在"值"字段中输入"3"。

（15）单击"下一步"，以验证过滤器并单击"完成"。

（16）将 Order_Date 拖放到"过滤数据"选项卡。在步骤 1 中，将运算符更改为"大于或等于"，并在"值"字段中输入""01JAN2013"d"。

(17)单击"下一步",以验证过滤器并单击"完成"。这两个过滤器由 AND 运算符自动连接。

(18)单击"对数据排序"选项卡,将 Order_Date 拖放到"对数据排序"选项卡上,并将排序方向更改为"降序"。

(19)单击"运行",执行查询并查看生成的 SAS 表。

(20)将项目保存为"Workshop4"。

14.2.7　使用表达式创建列

(1)在"Workshop4"项目中,双击"orders 表",选择"查询生成器"。

(2)在"查询名称"字段输入"Shipping Detail Query"。单击"更改"并在"文件名"字段中输入"shipping"。单击"保存"。

(3)确认"选择数据"选项卡处于活动状态。在 orders 表中添加以下列:Order_ID、Order_Date、Delivery_Date、Product_ID、Total_Retail_Price、Shipping、Profit。

(4)向查询添加新列,首先单击"选择数据"选项卡上的"添加新的计算列"图标,或者选择"计算列"→"新建"。

(5)在步骤 1 中,选择"高级表达式"→"下一步"。

(6)在步骤 2 中,展开"选定的列",双击"Delivery_Date"把它加到表达式中。选择或输入减号。双击"Order_Date"完成表达式。单击"下一步"。

(7)在步骤 3 中,在"列名"字段中输入"Days_to_Deliver",在"标签"字段中输入"Days to Deliver"。单击"下一步"。

(8)在步骤 4 中,查看新列属性的摘要,然后单击"完成"。

(9)重复此过程,以创建 Invoice_Amt 列。首先单击"添加新的计算列"图标。

(10)在步骤 1 中,选择"高级表达式"→"下一步"。

(11)在步骤 2 中,向下滚动,在"函数"文件夹下找到"SUM 函数"。双击"SUM 函数",将其添加到表达式。注意,SUM 函数的语法位于函数列表的右侧。

(12)选择"收藏夹"→"表",快速折叠"函数"文件夹。展开"选定的列"。双击"Total_Retail_Price",然后输入或选择逗号。双击"Shipping"以完成表达式:SUM(t1.Total_Retail_Price, t1.Shipping)。

(13)单击"下一步"。在步骤 3 中,在"列名"字段中输入"Invoice_Amt"。在"标签"字段中输入"Invoice Amount"。为了将数据值显示为货币,请单击"输出格式"字段旁边的"更改"。在格式窗口的"类别"窗格中选择"货币",在输出格式窗口中选择"DOLLARw.d"。将总宽度更改为 10,将小数位更改为 2。单击"确定"→"下一步"。

(14)验证属性摘要,然后单击"完成"。这两个新列都将添加到选择项窗格和"选择数据"选项卡中。

(15)为了强调交货时间最长的订单,请按 Days_to_Deliver 的降序对表进行排序。单击"对数据排序"选项卡,然后将 Days_to_Deliver 列拖放到选项卡区域,将排序方向更改为"降序"。

(16)运行查询并检查结果。保存"Workshop4"项目。

14.2.8　按组进行汇总和过滤

（1）在"Workshop4"项目中，右击项目树或过程流中的"orders 表"，然后选择"查询生成器"。

（2）将查询命名为 Top Products Query，并将输出表命名为 Top Products。

（3）在选择项窗格中双击"Product_ID"和"Profit"，将这两列添加到"选择数据"选项卡。

（4）在"选择数据"选项卡上，单击 Profit 列的"汇总"列。从下拉列表中选择"SUM 统计信息"。注意，"自动选择组"复选框应该被选中。

（5）单击"过滤数据"选项卡，将 SUM_of_Profit 从选择项窗格拖放到"过滤汇总数据"窗格。

（6）在"新建过滤器向导"中，验证列名是 SUM_of_Profit。在"运算符"字段中选择"大于"，在"值"字段中输入"500"，然后单击"完成"。

（7）单击"对数据排序"选项卡，将 SUM_of_Profit 拖放到选项卡区域，并将排序方向更改为"降序"。

（8）单击"运行"并验证结果。保存"Workshop4"项目。

14.2.9　将 SAS 程序添加到项目中

（1）打开一个新项目并添加 products SAS 数据集。

（2）打开现有 SAS 程序，选择"文件"→"打开"→"程序"。导航到课程数据的位置，然后选择"e1Ad01.sas"→"打开"。程序的快捷方式将添加到项目中。

（3）此程序没有缩进，更易于阅读。选择"编辑"→"格式化代码"，改善间距，或者右击该程序并选择"格式化代码"。

（4）此程序中的第一个语句创建了一个逻辑库，将逻辑库路径更新为自己的课程数据路径。执行 SAS 程序，在工具栏上选择"运行"。频率报告和 4 个新的 SAS 数据集（children、sports、outdoors、clothing）将被添加到项目中。由于 children 是创建的第一个数据集，因此它会自动放置在新的"输出数据"选项卡上，从"输出数据"选项卡中的下拉列表或"过程流"访问所有其他数据集。

（5）目前，原始的过程流中未显示 e1Ad01 程序与 products 数据集之间的直接连接，可以在过程流中手动连接这些项目，以直观地显示程序引用 products 数据集。这不是必需的，但有助于控制过程流的顺序。为了链接图标，请右击过程流中的"products"，然后选择"将 products"链接至→"e1Ad01"，并单击"确定"。

（6）双击项目树或过程流中的"e1Ad01"图标，返回到程序。为了添加列出了 children 数据集中的产品的报告，请使用 SAS 程序中的 PRINT 过程步。在程序末尾，输入"pr"，界面会显示出键字列表。突出显示 PROC 后，可以按空格键或 Enter 键将 PROC 添加到程序中。

（7）过程名称列表会自动显示。为了将 PRINT 添加到程序中，请先输入"p"。使用向下箭头键选择"PRINT"，然后按空格键或 Enter 键，也可以双击"PRINT"。

（8）接下来，PROC PRINT 语句的有效选项列表会显示出来。输入"da"并按空格键选择"DATA ="。

（9）一个项目中的逻辑库会显示出来。输入"children"，将 children 添加到程序中。

（10）PROC PRINT 语句的有效选项列表再次出现。输入"la"并输入分号，以完成语句，如"proc print data=children label;"。

（11）为了列出特定变量，请输入"var"并按空格键，children 数据集中的变量列表会显示出来。双击"Product_Name"、"Product_Category"和"Supplier_Name"。

（12）继续使用自动完成功能编写步骤的其余部分。

（13）突出显示程序中的 PROC PRINT 步，然后选择"运行"→"运行选择项"。当系统提示您是否替换结果时，请选择"是"。

（14）该程序包含三个步，并创建多个数据集和报告。为了更好地可视化程序流程，请返回"程序"选项卡，然后选择"分析程序"→"程序流分析"。

（15）在"分析 SAS 程序"窗口中，选择"开始分析"。在"要创建的过程流的名称"字段中输入"Products Analysis"。选择"创建过程流"。

如果在 SAS Enterprise Guide 会话中有打开的数据集，则分析可能会失败。为了查看和关闭任何打开的数据集，请选择"工具"→"查看打开的数据集"。

新的过程流会被添加到项目中，并说明程序中的步骤流程。

（16）程序编辑器还包括语法提示。双击项目树或过程流中的 e1Ad01 程序，将鼠标指针放在程序中的任何关键字上，会显示针对该特定步骤或语句的语法详细信息的提示。提示包含有用的在线资源链接。按 F1 键也会显示语法帮助。

（17）输入 SAS 函数时，也可以使用语法帮助。使用 FIND 功能创建另一个数据集，其中包含以 shoes 作为名称的一部分产品。在 DATA 语句的末尾键入"shoes"，创建其他数据集。在 DATA 步骤中的 RUN 语句之前添加以下 IF 语句：

```
if find(Product_Name,"shoes","i") > 0 then output shoes;
```

请注意语法提示如何在键入时提供 FIND 函数中每个参数的描述。

（18）选择"运行"并替换结果。单击"输出数据"选项卡，然后从下拉列表中选择"SHOES"。

（19）返回"程序"选项卡并选择"保存"→"e1Ad01s 另存为"，保存修改后的程序。将程序保存为 e1Ad01s 并单击"保存"。

（20）将项目保存为"Workshop5"。